KB146328

자동차
구조 & 정비

전문도서의 양심선언

골든-벨

또다른 정보의 바다

쇼 핑 몰 ←
동 호 회 ←
수험정보 ←
골든벨TV ←
자 료 실 ←
Q & A ←

'멀티 플렉스'에서 자동차 역사, 모터바이크, 로드롤러, 카레이싱, 바이크 레이싱, 캠핑카 등등 온갖 탈 것 문화의 영상을 수록하여 흥미진진한 볼거리를 제공합니다.

자동차 입문기초자료, 자동차 정비 및 공학, 현장실무, 하이테크 정비의 유익한 정보를 생생한 동영상으로 볼 수 있습니다.

아울러 자동차 생활에 당신이 필요한 모든 자료와 정보를 「골든벨」에서 지금 책으로도 훔칠 수 있도록 펼쳐 놓았습니다.

클릭해보세요!

www.gbbook.co.kr

새로운 천년을 맞이하며...

지구촌의 인류는 새로운 천년의 시간을 눈앞에 두고 끊임없는 도전과 발전의 계단을 오르고 있다. 자동차 산업 역시 국제 경제논리에 발맞추어 외국 모터사와의 경쟁력 확보와 최첨단 기술의 습득과 개발을 위해 꾸준한 노력을 가하고 있다.

더불어 1999년 국가기술자격 편제가 대폭적으로 변경되면서 자동차 분야에 종사하는 우리들도 성숙을 위한 도약을 도모하게 되었는데, 기존의 「자동차 정비교본」을 변화된 제도와 시험과목에 맞추어 내용을 정선하고 미래 자동차에 장착될 첨단 기술분야를 추록하여 출간을 하게 된 것이 본서이다.

자동차분야에 발을 딛은 여러분들이 실무에 접하기 전에 전초적인 역할을 할 수 있기를 기원하며 엮은 이 책은 자동차 이론을 체계적으로 집대성하였다 해도 과언이 아닐 것이다.

이 책은 다음과 같은 내용으로 엮었다.

◯ 예나 지금이나 미래까지도 절대 변함없을 자동차 기본 이론을 정선하였다.

◯ 기관편에서 전자제어 연료 분사장치 중 기존의 내용들은 L-제트로닉 위주였으나 본 서에서는 K-제트로닉, D-제트로닉까지도 서술하였다.

◯ 전기편에서는 기초전기 · 전자에서부터 신세대 자동차에 장착될 HEI, DLI 등을 추록하였다.

◯ 섀시편에서는 기본적인 섀시 장치 이외에 전자제어 자동 변속기, 정속 주행장치, ECS, ABS, TCS, 차속감응식 동력 조향장치까지 열거하였다.

마지막으로 이 책을 공부하는 당신이 당당하게 새로운 천년을 맞을 수 있기를 기원하며 부족한 면이나 조언을 주신다면 겸허히 받아들일 것을 약속드린다.

독자제현들의 훌륭한 결실을 간절히 염원하며...

제 1 편 기 관(Engine)

제❶장 자동차의 기본적인 구조

제❷장 기 관

제 2 편   전 기 (Electric)

제 1 장 자동차 전기장치

제 3 편 새 시 (Chassis)

제1장 자동차 새시

제 1 편

기 관

제1장
자동차의 기본적인 구조

자동차는 크게 나누어 섀시와 보디로 구성되어 있으며 그 장치별로 구분하면 다음과 같다.

1.1 섀시(chassis)

섀시는 자동차가 직접 주행하는데 필요한 모든 주요 부품을 말하는 것으로 프레임, 동력발생 장치(기관), 동력 전달장치, 현가 장치, 조향 장치, 제동 장치 등이 여기에 해당된다.

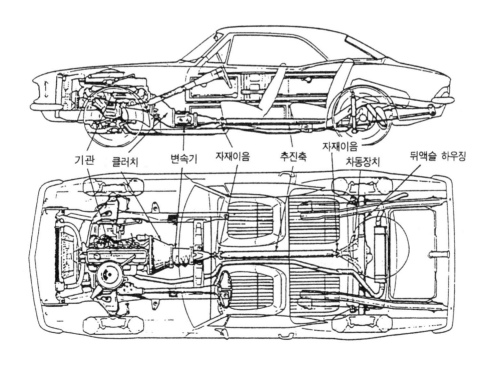

기관　클러치　변속기　자재이음　추진축　자재이음　차동장치　뒤액슬 하우징

▲ 그림1　자동차의 구조

(1) 프레임

프레임은 자동차의 뼈대이며, 기관 및 섀시의 각 장치와 차체가 설치되며 자동차의 수명을 좌우하게 된다. 최근에는 자동차 무게를 줄이기 위하여 프레임을 없앤 프레임 리스(framless body)형이 승용차에서 사용되고 있다.

(2) 동력 발생 장치(기관)

동력 발생장치는 자동차가 주행하는데 필요한 동력을 발생하는 장치를 말하며, 그 구성요소는 기관 주요부와 냉각 장치, 윤활 장치, 연료 장치, 흡·배기 장치 등으로 구성되어 있다.

(3) 동력 전달 장치

동력 전달 장치는 동력 발생 장치에서 발생된 동력을 구동 바퀴에 전달하는 부품의 총칭으로 여기에는 기관의 동력을 단속(斷續)하기 위한 클러치, 자동차의 주행 상태에 따라 회전력을 변환시키는 변속기, 변속기의 회전력을 종감속 장치에 전달하는 중간 연결체인 드라이브 라인, 기관의 동력을 마지막으로 감속하여 구동력을 증가시키는 종감속 장치, 곡선로 주행시 좌·우 바퀴에 회전 속도의 차이를 주어 원활하게 선회하게 하는 차동 장치 및 구동력을 바퀴에 전달하는 액슬축과 노면과의 접촉으로 구동력을 발생하는 바퀴 등으로 구성되어 있다.

(4) 현가 장치

현가 장치는 자동차가 노면을 주행할 때 발생되는 충격이나 진동 등을 흡수·완화하여 자동차의 각 장치 및 승객에 직접 전달되는 것을 방지하는 장치로 각종 스프링 장치와 쇽업소버 및 스태빌라이저 등으로 구성되어 있다.

(5) 조향 장치

조향 장치는 자동차의 주행 방향을 임의로 바꾸는 장치를 말하는 것으로 기계식 조향 장치와 동력 조향 장치로 구분한다. 그 구성 부품에는 조향 핸들, 조향기어 박스, 피트먼 암 및 드래그 링크, 타이로드, 조향 너클 등으로 구성되어 있다.

(6) 제동 장치

제동 장치는 주행 중인 자동차의 속도를 감속 및 정차시키거나 또는 정차 중인 자동차의 자유 이동을 방지하는 장치이다. 그 종류에는 풋 브레이크, 핸드 브레이크 및 감속 브레이크로 구분하며, 구성요소는 유압을 발생하는 마스터 실린더, 유압에 의해 브레이크 슈를 밀어주는 휠 실린더 및 브레이크 슈와 브레이크 드럼, 브레이크 파이프 등으로 구성되어 있다.

(7) 전기 장치

전기 장치는 자동차의 모든 전장 부품에 전류를 공급하는 장치로 기관 전기 장치와 섀시 전기 장치로 구분한다. 기관 전기 장치에는 축전지를 비롯하여 기관 시동을 위한 기동 전동기, 기관 시동 후 방전된 축전지를 충전하고 전장 부품에 전류를 공급하기 위한 충전 장치, 그리고 연소실에 유입된 혼합기를 점화·연소시키기 위한 점화 장치 등으로 구성되어 있다.

또 섀시 전기 장치로는 야간 주행 및 안전을 위한 각종 등화 장치, 비 또는 눈에 의해 시야가 가리는 것을 방지하는 안전 장치와 주행 중 위험이 있을 때 신호하는 경보 장치 및 냉·난방 장치 등으로 구성되어 있다.

1.2　보디(body ; 차체)

보디는 사람이 타거나, 화물을 싣는 부분으로 그 모양은 승용차, 승합차(버스), 화물차, 등과 같이 용도에 따라 구조가 다르며 주로 차실, 기관실, 트렁크실 및 펜더 등으로 구성되어 있다.

제2장
기 관(Engine)

제1절 기관 일반

1.1 열 기관(Heat Engine)

열 기관이란 가솔린, LPG, 디젤 등의 연료를 연소시켜 발생된 열에너지를 기계적 에너지로 바꾸어 동력을 발생시키는 기계이며, 열 기관의 구비조건은 다음과 같다.

① 연료를 연소시켜 열 에너지를 발생시킬 수 있어야 한다.

② 연소 가스가 직접 기관에 작용하여 열 에너지를 기계적 에너지로 변환시킬 수 있어야 한다.

③ 동력의 발생 자체가 그 본래의 목적이어야 한다.

④ 연료의 소비가 적고 정숙하며, 기관의 진동이 적어야 한다.

⑤ 단위 중량당 출력이 크고, 출력의 변화에 대한 적응력이 좋아야 한다.

⑥ 수명이 길고 경량이며, 소형이어야 한다.

⑦ 연료 가격이 싸야 하며, 정비가 쉬워야 한다.

⑧ 배기 가스 중에 인체에 유해한 성분이 적어야 한다.

1.2 열 기관의 분류

열기관의 분류에는 연료를 연소시키는 방식에 따라 외연 기관과 내연기관이 있으며, 자동차용 기관은 주로 내연기관을 사용하고 있다.

(1) 외연 기관(外燃機關)

　이 기관은 열 에너지를 연소실 밖에서 공급받아 기계적인 에너지로 바꾸는 방식이며, 피스톤의 왕복 운동을 크랭크 축에 의해서 회전 운동으로 바꾸는 왕복형의 증기 기관과 증기의 팽창을 직접 임펠러(impeller)의 회전 운동으로 변화시키는 회전형의 증기 터빈이 있다.

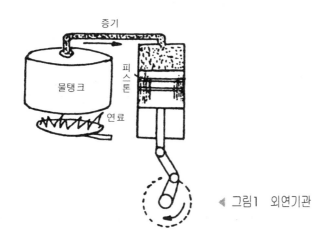

◀ 그림1 외연기관

(2) 내연 기관(內燃機關)

　이 기관은 열 에너지를 연소실 내에서 발생시켜 기계적인 에너지로 바꾸는 방식이며, 다음과 같이 분류한다.

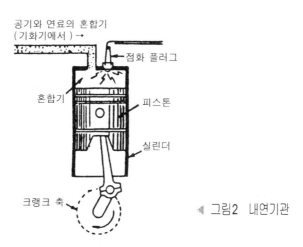

◀ 그림2 내연기관

1) 왕복형(피스톤형) 기관

이 형식은 피스톤의 왕복 운동을 크랭크 축에 의해서 회전 운동으로 바꾸는 기관이며, 가솔린 기관, 디젤 기관, LPG 기관 등이 여기에 속한다.

2) 회전형(유동형)기관

이 형식은 폭발력을 로터에 의하여 직접 회전력으로 변환시켜 기계적인 에너지를 얻는 기관이며, 로터리 기관(Rotary Engine ; 방켈 기관), 가스터빈(Gas Tubin)등이 여기에 속한다.

3) 분사 추진형 기관

이 형식은 배기 가스를 고속으로 분출시킬 때 그 반작용으로 추진력을 얻는 기관이며, 제트 기관(Jet Engine), 로케트 기관(Rocket Engine) 등이 여기에 속한다.

(3) 내연 기관의 구조

내연 기관의 구성은 기관 주요부를 비롯하여 냉각 장치, 윤활 장치, 흡·배기 장치 및 연료 장치와 전기 장치 등으로 구성되어 있으며 기관의 출력이 약하거나 이상이 있을 경우에는 점검한다. 기관을 분해·정비할 때에는 다음의 기준에 준한다.

① 실린더의 압축 압력이 표준 압축 압력의 70% 이하일 때

② 윤활유 소비율이 표준 소비율보다 50% 이상일 때

③ 연료의 소비율이 표준 소비율보다 60% 이상일 때

④ 기관의 가동시간 및 주행거리

1.3 내연 기관의 분류

(1) 기계적 사이클에 의한 분류

1) 4 행정 사이클 기관(4 stroke cycle engine)

♣ 참고사항 ♣

❶ 행정 : 상사점(TDC)과 하사점(BDC) 사이의 거리를 말한다. 즉 피스톤이 상사점에서 하사점으로, 하사점에서 상사점으로 왕복 운동하는 것을 행정이라 한다. 피스톤의 상승행정은

압축과 배기이고, 하강행정은 흡입과 폭발행정이다.

❷ 상사점(TDC) : 피스톤이 더 이상 상승하지 못하는 지점을 말한다.

❸ 하사점(BDC) : 피스톤이 더 이하로 하강하지 못하는 지점을 말한다.

❹ 사이클이란 혼합기나 공기가 실린더 내에 흡입된 후 배가가스로 되어 실린더 밖으로 나갈 때까지 실린더 내에서의 가스의 주기적인 변화를 말한다.

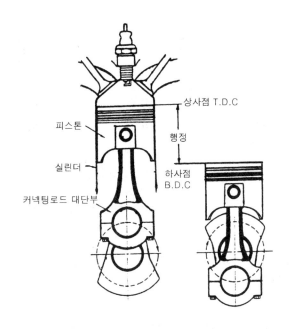

▲ 그림3 상·하사점 및 행정

이 형식의 기관은 피스톤이 흡입·압축·폭발 및 배기의 4 개 행정을 크랭크 축이 2 회전하여 1 사이클을 완성하는 기관이다. 크랭크 축이 2회전 할 때 가솔린 기관은 캠 축 및 배전기 축이 1 회전하고, 디젤 기관은 캠 축 및 연료 분사 펌프의 캠 축이 1회전하며 흡·배기 밸브가 1번 개폐된다.

① 흡입 행정

흡입 행정은 사이클의 맨 처음 행정이다. 흡입 밸브는 열리고 배기 밸브는 닫혀 있고 피스톤이 상사점에서 하사점으로 내려가며, 실린더내의 부압(負壓 ; 부분진공)에 의해서 혼합기를 실린더에 흡입한다. 흡입밸브는 상사점 전 약 10° 정도에서 열려 하사점 후 45° 정도에 닫힌다. 피스톤은 1 행정을 완료하며, 크랭크 축은 180° 회전을 한다.

② 압축 행정

압축행정은 흡·배기 밸브는 모두 닫혀 있고, 피스톤이 하사점에서 상사점으로 올라가는 행정으로서 혼합기를 연소실에 압축한다. 피스톤은 2행정을 완료하며, 크랭크 축은 360° 회전을 하여 1회전하게 된다. 가솔린 기관과 디젤 기관의 압축 행정의 제원은 아래 표와 같다.

구 분	가솔린 기관	디젤 기관
압 축 비	6 ~ 11 : 1	15 ~ 20 : 1
압 축 압 력	8 ~ 11kgf/cm²	30 ~ 45kgf/cm²
압 축 온 도	120 ~ 140℃	500 ~ 550℃
압축을 하는 목적	① 연료의 기화를 도와 준다. ② 공기와 연료의 혼합을 도와 준다. ③ 폭발력을 높이기 위하여	착화성을 좋게 하기 위하여

♣ 참고사항 ♣

❶ 압축비 : 피스톤이 하사점에 있을 때 실린더 전체 체적과 피스톤이 상사점에 도달하였을 때 연소실 체적과의 비를 말하며, 가솔린 기관은 압축비가 높을수록 출력이 증대되지만 노킹이 발생된다. 압축비 = $\dfrac{연소실체적 + 행정체적}{연소실체적}$ 으로 나타낸다.

❷ 기관의 회전속도가 증가하면 압축압력도 상승한다.

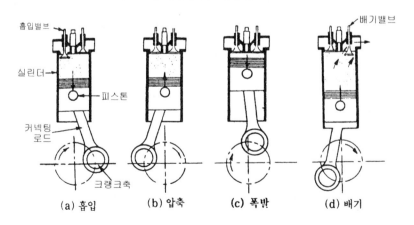

(a) 흡입   (b) 압축   (c) 폭발   (d) 배기

▲ 그림4 4행정 사이클 기관의 작동 순서

③ 폭발 행정(동력 행정)

폭발행정은 흡·배기 밸브가 모두 닫혀 있고, 혼합기에 점화·연소되면서 실린더 내의 압력이 상승한다. 이때의 압력으로 피스톤은 상사점에서 하사점으로 내려가며, 피스톤 헤드에 가해진 힘은 커넥팅 로드를 통하여 크랭크 축에 전달되어 회전한다.

그리고 피스톤은 3 행정을 완료하며, 크랭크 축은 540° 회전을 한다. 최대 폭발 압력은 폭발(동력) 행정에서 상사점(TDC)후 10~15° 지점에서 발생하여야 최대 출력을 얻을 수 있다. 가솔린 기관과 디젤 기관의 폭발행정 제원은 다음 표와 같다.

구 분	가 솔 린 기 관	디 젤 기 관
폭 발 압 력	35 ~ 45kgf/cm^2	55 ~ 65kgf/cm^2

④ 배기 행정

배기행정은 흡입 밸브는 닫혀 있고 배기 밸브는 열린다. 피스톤은 하사점에서 상사점으로 올라가면서 연소 가스를 배출한다. 피스톤은 4 행정을 완료하며, 크랭크 축은 720° 회전한다. 배기 가스의 온도는 600 ~ 700℃이며, 배기 가스의 압력은 3 ~ 4kgf/cm^2이다.

♣ 참고사항 ♣

4 행정 사이클 기관은 4 사이클 기관 또는 4행정 기관이라고도 부르며, 오토 사이클(Otto cycle)이라고 부른다. 4행정 사이클 기관의 작동은

❶ 흡입 행정 : 0 ~ 180°　　❷ 압축 행정 : 180 ~ 360°
❸ 폭발 행정 : 360 ~ 540°　　❹ 배기 행정 : 540 ~ 720° 한다.

⑤ 4 행정 사이클 기관의 장점 및 단점

장 점

㉮ 각 행정이 완전히 구분되어 있기 때문에 불확실한 곳이 없다.

㉯ 흡입 행정에서의 냉각 효과로 인하여 각 부분의 열적 부하가 적다.

㉰ 저속에서 고속으로의 넓은 범위의 회전 속도 변화가 가능하다.

㉱ 흡입 행정의 기간이 길어 체적 효율이 높다.

㉲ 블로바이(blow-by : 압축 가스 샘) 현상이 적어 연료 소비율이 적다.

ⓑ 기동이 쉽고 불안전한 연소에 의한 실화가 발생되지 않는다.

♣ 참고사항 ♣

체적효율(體積效率) : 실린더 내에 넣을 수 있는 공기의 무게와 운전상태에서 실제로 흡입할 수 있는 공기 무게의 비율을 말하며, 내연기관은 고속에서 체적효율의 저하로 회전력이 저하한다.

단 점

ⓐ 밸브 기구가 복잡하고 이에 대한 정비가 필요하다.

ⓑ 밸브 기구의 부품수가 많아 충격이나 기계적 소음이 크다.

ⓒ 폭발 횟수가 적어 실린더 수가 적을 경우 운전이 곤란하다.

ⓓ 가격이 비싸고 마력당 중량이 무겁다.

ⓔ 크랭크 축 2회전에 1회의 폭발행정을 하므로 회전력의 변동이 크다.

ⓕ 탄화수소(HC)의 배출은 적으나 질소산화물(NOx)의 배출이 많다.

2) 2 행정 사이클 기관

이 형식의 기관은 크랭크 축이 1 회전할 때 피스톤이 2 행정 하여 1 사이클을 완성하는 기관이다. 즉 크랭크 축이 1 회전할 때 1 회의 동력이 발생된다.

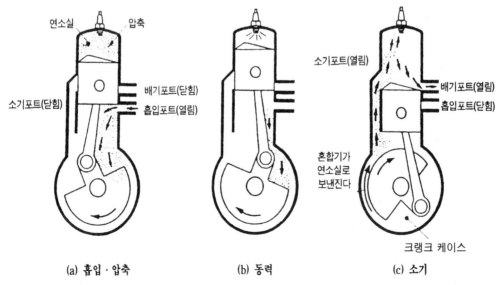

(a) 흡입 · 압축   (b) 동력   (c) 소기

▲ 그림5 2행정 사이클 기관의 작동 순서

① 상승 행정

피스톤이 배기구멍을 막은 후부터 실린더 내의 혼합기를 압축시킨다. 피스톤이 상승하기 시작할 때 흡입구멍을 통하여 크랭크 케이스로 혼합기를 흡입한다. 그리고 피스톤이 배기 구멍 및 소기구멍을 막을 때까지는 배기가 이루어진다. 2행정 사이클 기관의 피스톤 헤드에는 디플렉터를 둔 형식도 있다.

② 하강 행정

상승 행정 끝 무렵에 연소실내에 압축된 혼합기가 점화 플러그에 의해서 연소된다. 폭발 압력에 의해 피스톤이 하강하여 배기구멍을 열면 배기 가스 자체의 압력으로 배기가 이루어진다. 그리고 피스톤이 하강 끝무렵에 소기구멍을 통하여 실린더에 흡입된다.

♣ 참고사항 ♣

❶ 디플렉터(deflector) : 2 행정 사이클 기관에서 혼합기에 와류를 촉진시키고 압축비를 높게 하며, 잔류 가스를 배출시키기 위하여 피스톤 헤드에 설치된 돌출부를 말한다.
❷ 블로 다운(blow-down) : 배기 행정 초기에 배기 밸브가 열려 연소 가스의 자체 압력으로 배출되는 현상을 말한다.

③ 2행정 사이클 기관의 장점 및 단점

❖ 장 점

㉮ 4 행정 사이클 기관에 비하여 1.6 ~ 1.7 배의 출력이 발생된다.
㉯ 크랭크 축 1 회전에 1 회의 폭발이 발생되기 때문에 회전력의 변동이 적다.
㉰ 실린더 수가 적어도 회전이 원활하다.
㉱ 크랭크 케이스 소기형은 밸브 기구가 없거나 있어도 간단하여 소음이 적다.
㉲ 마력당 중량이 적고 값이 싸며, 취급이 쉽다.
㉳ 배기 가스 재순환 특성으로 질소산화물의 배출이 적다.

❖ 단 점

㉮ 배기 행정이 4 행정 사이클 기관에 비해 ½ 밖에 되지 않기 때문에 배기가 불완전하다.
㉯ 유효 행정이 짧아 흡입 효율이 저하된다.

ⓓ 소기 및 배기구멍이 열려있는 시간이 길어 평균 유효 압력 및 효율이 저하된다.

ⓔ 구멍으로 소기 하는 경우 피스톤이 소손되기 쉽다.

ⓕ 저속 운전이 어려우며, 역화가 발생된다.

ⓖ 실린더 벽에 구멍이 있기 때문에 피스톤 링의 소손 및 마멸이 된다.

ⓗ 흡·배기가 불완전하여 열손실이 크며, 탄화수소의 배출이 많다.

ⓘ 연료 및 윤활유의 소비율이 크다.

♣ 참고사항 ♣

평균 유효 압력(平均有效壓力) : 1사이클 중 수행된 일을 행정 체적으로 나눈 값이며, 평균 유효 압력을 증가시키려면 압축비상승, 흡기량 등을 증가시켜야 한다.

(2) 열역학적 사이클에 의한 분류

1) 정적 사이클(오토 사이클)

일정한 체적하에서 연소하는 사이클이며, 가솔린 기관 및 LPG 기관에서 이용된다.

2) 정압 사이클(디젤 사이클)

일정한 압력하에서 연소하는 사이클이며, 유기 분사식(有氣 噴射式)인 저·중속 디젤 기관에서 이용된다.

3) 복합 사이클(사바테 사이클)

일정한 압력 및 체적하에서 연소하는 사이클이며, 무기 분사식(無氣 噴射式)인 고속 디젤 기관에서 이용된다.

4) 클러크 사이클

2 행정 사이클 기관에 사용되는 연소 사이클이다.

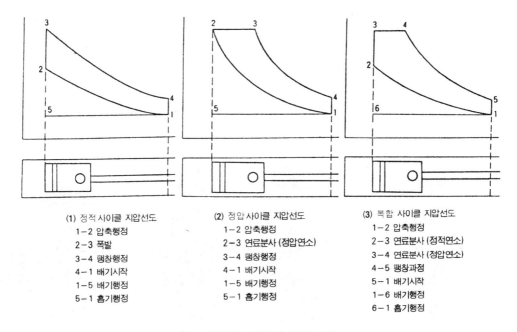

(1) 정적 사이클 지압선도
  1-2 압축행정
  2-3 폭발
  3-4 팽창행정
  4-1 배기시작
  1-5 배기행정
  5-1 흡기행정

(2) 정압 사이클 지압선도
  1-2 압축행정
  2-3 연료분사 (정압연소)
  3-4 팽창행정
  4-1 배기시작
  1-5 배기행정
  5-1 흡기행정

(3) 복합 사이클 지압선도
  1-2 압축행정
  2-3 연료분사 (정적연소)
  3-4 연료분사 (정압연소)
  4-5 팽창과정
  5-1 배기시작
  1-6 배기행정
  6-1 흡기행정

▲ 그림6 열역학 사이클에 따른 분류

♣ 참고사항 ♣

❶ 어느 사이클이라도 압축비가 증가하면 열효율이 상승하며 다음과 같은 관계가 있다.
  ➊ 공급 열량과 압축비가 일정할 때의 열효율 : 오토 사이클>사바테 사이클>디젤 사이클 순이 된다.
  ➋ 공급 압력과 최고 압력이 일정할 때 열효율 : 디젤 사이클>사바테 사이클>오토 사이클 순이 된다.
❷ 지압선도(P-v선도) : 기관 작동 중 실린더내의 압력과 부피의 관계를 나타내는 선도를 말하며, 1사이클을 완료하였을 때 피스톤이 한 일의 양을 표시한다.

(3) 밸브 배치에 따른 분류

1) I 헤드형(I-head type)

이 형식은 흡·배기 밸브를 모두 실린더 헤드에 배열한 기관이다.

2) L 헤드형(L-head type)

이 형식은 흡·배기 밸브를 실린더 블록의 한쪽에 배열한 기관이다.

3) F 헤드 기관(F-head type)

이 형식은 흡입 밸브는 실린더 헤드에 배기 밸브를 실린더 블록에 배열한 기관이다.

4) T 헤드형(T-head type)

이 형식은 흡·배기 밸브를 실린더 블록의 좌우에 배열한 기관이다.

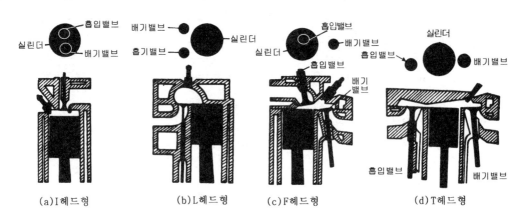

(a) I 헤드형　　(b) L 헤드형　　(c) F 헤드형　　(d) T 헤드형

▲ 그림7　밸브 배치에 따른 분류

(4) 실린더 배열에 의한 분류

실린더 배열에는 모든 실린더를 일렬 수직으로 설치한 직렬형, 실린더 2조를 V형으로 배열한 V형, V형 기관을 펴서 양쪽 실린더 블록이 수평면상에 있는 수평 대향형, 실린더가 공통의 중심선에서 방사선 모양으로 배열된 성형(또는 방사형)등이 있다.

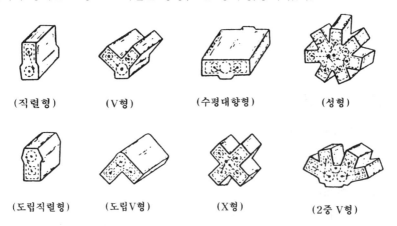

(직렬형)　　(V형)　　(수평대향형)　　(성형)

(도립직렬형)　　(도립V형)　　(X형)　　(2중 V형)

▲ 그림8　실린더 배열에 따른 분류

(5) 행정/안지름비에 따른 분류

1) 정방형 기관(스퀘어 엔진)

이 기관은 실린더 안지름과 피스톤 행정의 크기가 똑같은 것이다.

2) 단행정 기관(오버 스퀘어 엔진)

이 기관은 실린더 안지름이 피스톤 행정 보다 큰 것이다. 즉, 행정/안지름의 값이 1.0보다 작은 것이며 다음과 같은 특징이 있다.

① 피스톤 평균 속도를 올리지 않고도 회전속도를 높일 수 있어 단위 실린더 체적당 출력이 크다.

② 흡·배기 밸브 지름을 크게 할 수 있어 체적효율을 높일 수 있다.

③ 직열형 기관의 경우 높이를 낮게 할 수 있다.

④ 피스톤이 과열하기 쉽다.

⑤ 폭발압력이 커 크랭크 축 베어링의 폭이 넓어야 한다.

⑥ 회전속도가 증가하면 관성력의 불평형으로 회전부 진동이 증가한다.

⑦ 기관의 길이가 길어진다.

3) 장행정기관(언더 스퀘어 엔진)

이 기관은 실린더 안지름보다 피스톤 행정이 큰 형식이며, 특징은 회전수가 비교적 적고, 큰 회전력과 측압을 감소시킬 수 있다.

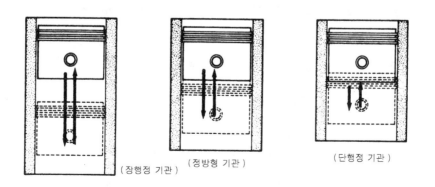

▲ 그림9 행정/안지름비에 따른 분류

♣ 참고사항 ♣

❶ 피스톤 평균 속도 : 피스톤의 이동 속도는 상사점과 하사점에서는 0이며, 중간 부분에서는 최대가 되는데 이 피스톤의 이동 속도를 평균화한 것이며 다음 식으로 나타낸다.

피스톤 평균 속도 = $\dfrac{2 \times 행정 \times 회전속도}{60}$ (m/ sec)이다.

❷ 축압 : 피스톤이 상사점과 하사점에서 운동방향을 바꿀 때 실린더 벽에 압력을 가하는 현상이다. 특히 폭발(동력)행정에서 가장 크며, 커넥팅 로드의 길이와 피스톤 행정에 관계한다.

❸ 가솔린 기관의 3대 요건 :
　❶ 규정의 압축 압력, ❷ 정확한 시기에 정확한 점화, ❸ 적당한 혼합비 등이다.

1.4 실린더 압축압력 시험과 흡기다기관 진공시험

(1) 실린더 압축압력 시험

실린더 압축압력 시험의 목적은 기관에 이상이 있을 때, 또는 기관의 성능이 현저하게 저하되었을 때 분해 수리(over haul)여부를 결정하기 위한 수단으로 이용되는 시험 중의 하나이다. 또 기관의 튜업(tune-up)작업에서도 맨 처음 하여야 하며, 이 시험으로 실린더 벽, 피스톤, 밸브 등의 기관 내부의 기계적 결함을 알 수 있다.

1) 준비 작업

① 축전지의 충전 상태를 점검한다

② 기관을 시동하여 난기운전(웜업)시킨 후 정지한다.

③ 모든 점화플러그를 뺀다(디젤 기관의 경우에는 분사노즐이나 예열 플러그를 뺀다).

④ 연료가 공급되지 않도록 차단한다.

⑤ 가솔린 기관의 경우는 점화 1차선을 분리한다.

⑥ 공기 청정기 엘리먼트와 팬 벨트를 제거한다.

2) 측정 방법

① 가솔린 기관의 경우 기화기의 초크밸브와 스로틀 밸브를 완전히 연다. 디젤 기관의 경우에는 공기식 조속기를 부착한 때에는 스로틀 밸브를 열도록 한다.

② 가솔린 기관은 점화 플러그 구멍에, 디젤기관은 분사노즐 구멍이나 예열 플러그 구멍에

압축압력계를 압착시킨다.

③ 기관을 크랭킹시켜 4~6회 압축시킨다. 이때 크랭킹시 회전속도는 200~300rpm이다.

④ 첫 압축 압력과 맨 나중 압축압력을 기록한다.

3) 결과 분석

① 정상 : 규정값의 90%이상인 경우와 각 실린더와의 차이가 10%이내인 경우이다.

② 규정값 이상인 경우 : 규정값의 10%이상 초과한 경우에는 실린더 헤드를 분해한 후 연소 실내의 카본(carbon)을 제거한다.

③ 밸브 불량인 경우 : 규정값보다 낮으며 습식시험을 하여도 압축 압력이 상승하지 않는다.

④ 실린더 벽, 피스톤 링의 마멸인 경우 : 계속되는 행정에서 조금씩 압력이 상승하며, 습식 시험에서는 뚜렷하게 상승한다.

⑤ 헤드 개스킷 불량, 실린더 헤드가 변형된 경우 : 인접한 실린더의 압축 압력이 비슷하게 낮으며, 습식 시험을 하여도 압력이 상승하지 않는다.

♣ 참고사항 ♣

습식 시험이란 밸브 불량, 실린더 벽, 피스톤 링, 헤드 개스킷 불량 등의 상태를 판정 하기 위하여 점화 플러그 구멍으로 기관오일을 10cc정도 넣고 1분 후에 다시 시험하는 것을 말한다.

(2) 흡입다기관 진공도 시험

1) 진공계로 알아낼 수 있는 결함

흡입다기관의 진공도를 측정하고자 할 때 진공계 호스는 기화기식 기관의 경우는 기화기 아래 부분이나 흡입다기관 진공구멍에, 전자제어 연료분사장치 기관에서는 서지탱크 진공구멍에 설치하여야 한다. 진공도 시험으로 알 수 있는 결함은 다음과 같다.

① 기화기 조정 불량(기화기의 공전 조정 및 혼합비 조정)

② 점화시기의 틀림

③ 밸브 작동 불량

④ 배기장치의 막힘

⑤ 실린더 압축 압력의 누출

2) 결과 분석

① 정상 : 공전 운전에서 바늘이 45~50cmHg사이에서 정지하거나 조금씩 움직인다.

② 실린더 벽, 피스톤 링의 마멸인 경우 : 30~40cmHg사이에서 정지한다.

③ 밸브 소손인 경우 : 정상보다 5~10cmHg 정도 낮으며 바늘이 규칙적으로 움직인다.

④ 밸브 개폐시기(타이밍)이 맞지 않은 경우 : 바늘이 20~40cmHg사이에서 정지한다.

⑤ 밸브 밀착불량인 경우 : 정상보다 5~8cmHg정도 낮다.

⑥ 밸브 가이드 마멸인 경우 : 바늘이 35~50cmHg사이를 빠르게 움직인다.

⑦ 밸브 스템이 고착되어 완전히 닫히지 않은 경우 : 바늘이 35~40cmHg사이에서 흔들린다.

⑧ 밸브 스프링의 장력이 약한 경우 : 바늘이 25~55cmHg사이에서 흔들린다.

⑨ 흡입 다기관 및 기화기 개스킷에서 흡기가 누출될 경우 : 바늘이 8~15cmHg 사이에서 정지한다.

⑩ 헤드 개스킷이 파손 된 경우 : 바늘이 13~45cmHg의 낮은 위치와 높은 위치 사이를 규칙적으로 흔들린다.

⑪ 기화기 조정 불량인 경우 : 바늘이 33~43cmHg사이를 천천히 움직인다.

⑫ 점화 플러그 간극 불량인 경우 : 조금 높은 공전 상태에서 바늘이 흔들리지는 않으나 낮은 공전 속도에서는 매우 작은 범위로 흔들린다.

⑬ 점화시기가 늦은 경우 : 정상 보다 5~8cmHg 정도 낮다.

⑭ 배기장치가 막힌 경우 : 처음에는 정상을 나타내다가 일단 0까지 내려 갔다가 다시 상승하여 40~43cmHg에서 정지한다.

제2절　기관 주요부

　기관 주요부는 동력을 발생하는 부분으로 그 구조는 작동 방식, 실린더의 배치, 냉각 방식에 따라 다소 차이는 있으나 기본적인 구조는 거의 동일하며 실린더 헤드, 실린더 블록, 피스톤 커넥팅 로드 어셈블리, 크랭크 축, 플라이 휠, 크랭크 축 베어링, 밸브 및 밸브 기구 등으로 구성되어 있다.

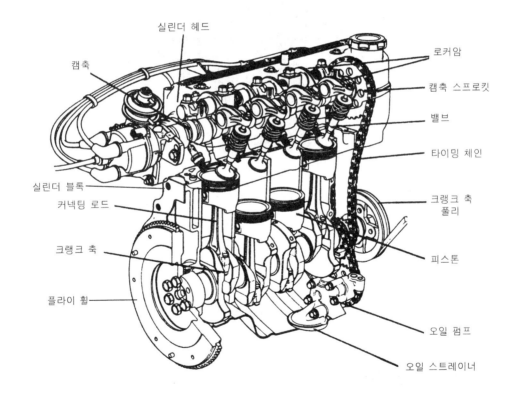

▲ 그림1　기관 주요부

2.1 실린더 헤드(Cylinder Head)

실린더 헤드는 헤드 개스킷을 사이에 두고 실린더 블록에 몇 개의 볼트로 설치되며, 헤드의 안쪽은 연소실의 일부가 되고 흡입 밸브와 배기 밸브 및 가솔린 기관은 점화 플러그가, 디젤 기관은 예열 플러그와 분사노즐이 설치되어 있다. 실린더 헤드의 구비 조건은 다음과 같다.

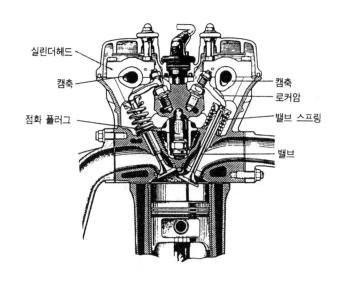

실린더헤드
캠축
점화 플러그
캠축
로커암
밸브 스프링
밸브

▲ 그림2 실린더 헤드

① 고온에서 열팽창이 적어야 한다.

② 폭발 압력에 견딜 수 있는 강성과 강도가 있어야 한다.

③ 조기 점화를 방지하기 위하여 가열되기 쉬운 돌출부가 없어야 한다.

④ 열전도성이 좋고, 주조나 가공이 쉬워야 한다.

♣ 참고사항 ♣

❶ 조기 점화 : 프리 이그니션(free ignition)이라고도 하며 압축된 혼합기의 연소가 점화 플러 그에서 불꽃을 발생하기 이전에 열점에 의해서 점화되는 현상으로 조기 점화의 원인은 배기 밸브의 과열, 연소실에 카본의 퇴적으로 인한 열점의 형성, 점화 플러그의 과열, 돌출부의 과열 등이다.

❷ 열점 : 열이 부분적으로 집적(集積)된 부분으로서 연소실 벽이나 밸브 헤드 주위의 돌출물 에 의해서 형성된다.

(1) 실린더 헤드의 재질

　헤드의 재질은 보통 주철과 알루미늄 합금이며, 현재는 주로 알루미늄 합금을 사용한다. 알루미늄 합금 실린더 헤드의 특징은 다음과 같다.

　　① 열전도율이 크기 때문에 연소실의 온도를 낮출 수 있다.

　　② 압축비를 높일 수 있으며, 무게가 가볍다.

　　③ 냉각 성능이 우수하므로 조기 점화의 원인이 되는 열점이 잘 생기지 않는다.

　　④ 열팽창률이 크기 때문에 변형이 쉽고 부식이나 내구성이 적다.

(2) 헤드 개스킷(Head Gascket)

1) 기 능

　헤드 개스킷은 실린더 헤드와 블록 사이의 접착면을 밀착시켜 기밀을 유지하는 작용과 냉각수 및 기관오일의 누출을 방지한다.

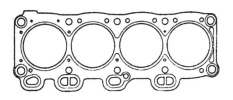

▲ 그림3　헤드 개스킷

2) 구비 조건

　　① 고온·고압에 잘 견딜 수 있는 내열성과 내압성이 커야 한다.

　　② 기밀 유지성이 크고, 냉각수 및 기관 오일이 누출되지 않아야 한다.

　　③ 적당한 강도와 복원성이 있어야 한다.

3) 종 류

　① 보통 개스킷

　　이 개스킷은 강철판 또는 구리판으로 석면을 싸서 만든 것으로 많이 사용되나 두께가 두꺼워 고압축비·고부하 및 고출력을 요하는 기관에서는 부적합하다.

② 스틸 베스토 개스킷

이 개스킷은 강철판 양쪽면에 돌출부를 만들고 흑연을 혼합한 석면을 압착한 후 표면에 흑연을 발라 만든 것으로 고열·고부하·고압축 및 고출력 기관에서 많이 사용하며 비교적 두께가 얇다.

③ 스틸 개스킷

이 개스킷은 강철판만으로 얇게 만든 것으로 압축 복원성이 양호하여 고급 기관에서 사용하고 있다.

4) 헤드 개스킷 설치시 주의사항

① 기관을 분해 수리하였을 때에는 반드시 새 개스킷을 사용한다.

② 오일 구멍 및 냉각수 구멍 등을 확실하게 맞추어 사용한다.

③ 접힌 부분, 마크, 표식, 석면이 있는 부분을 실린더 헤드쪽으로 가게 하여 설치한다.

④ 개스킷 양면에 접착제를 발라 설치하여 밀착을 양호하게 하고 기밀 유지를 향상시킨다.

5) 헤드 개스킷 파손 점검 방법

① 압축 압력계로 압축 압력을 측정한다.

압축 압력을 측정하였을 때 서로 인접한 실린더의 압축 압력이 낮은 상태로 비슷하다. 습식 시험에서도 압력의 변화가 없다.

② 흡입 다기관의 진공도에 의하여 진공계로 점검한다.

흡입 다기관의 진공도를 측정한 결과 진공계의 지침이 $13\sim45\,cmHg$ 에서 지침이 일정하게 움직인다.

③ 라디에이터 캡을 열었을 때 냉각수에 기관오일이 떠있거나 시동 후에는 냉각수에 기포가 발생되는가로 점검한다.

(3) 연소실

연소실은 실린더 헤드·실린더 및 피스톤에 의해 형성되고 혼합기의 연소와 연소 가스의 팽창이 시작되어 동력을 발생하는 곳으로 밸브 및 점화 플러그가 설치되어 있다. 이론상 열효율 및 연소실의 체적은 압축비에 따라 정해지며 혼합기를 연소시킬 때 높은 효율을 얻을 수 있는 형상으로 설계되어야 하며 구비조건은 다음과 같다.

① 압축 행정 끝에서 강한 와류를 일으킬 수 있어야 한다.

② 출력을 높일 수 있어야 한다.

③ 연소실 내의 표면적이 최소가 되도록 하여야 한다.

④ 가열되기 쉬운 돌출부를 두지 않아야 한다.

⑤ 노킹을 일으키지 않는 형상이어야 한다.

⑥ 밸브 면적을 크게 하여 흡·배기 작용을 원활히 되도록 하여야 한다.

⑦ 열효율이 높으며 유해한 배기가스의 성분이 적어야 한다.

⑧ 화염 전파에 소요되는 시간을 가능한 짧게 하여야 한다.

♣ 참고사항 ♣

❶ 열효율(熱效率) : 기관의 출력과 그 출력을 발생하기 위하여 실린더내에서 연소된 연료 속
   의 에너지와의 비율이며 열효율의 종류에는 이론 열효율, 도시 열효율, 정미 열효율 등이
   있다. 열효율은 가솔린 기관이 약 25~32%, 디젤 기관이 35~40%정도이며 일정한 연료소
   비로서 큰 출력이 내는 상태를 열효율이 높다고 한다.

❷ 화염 전파 거리 : 점화 플러그의 중심 전극에서 연소실 끝 부분까지의 거리를 말한다.

❸ 와류(渦流) : 혼합기 또는 공기가 소용돌이를 일으키는 현상으로서 흡입 행정시에 발생하
   는 것과 압축 행정의 끝 무렵에 발생하는 것이 있다.

그리고 I헤드형 기관의 연소실에는 반구형(半球型), 쐐기형, 지붕형, 욕조형(浴槽型)형 등이
있다.

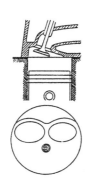 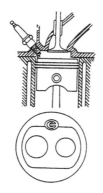 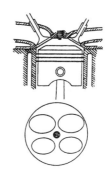

(a) 쐐기형 연소실   (b) 욕조형 연소실   (c) 지붕형 연소실

▲ 그림4 I헤드형 기관의 연소실

또, 최근에는 기관의 출력증대 및 유해 배기가스를 감소시키기 위하여 다음과 같은 연소실이 개발되어 사용되고 있으며, 그 특징은 다음과 같다.

1) 다구형(多口型) 연소실

① 점화 플러그의 설치 위치가 알맞아 화염 전파거리가 짧고, 압축 행정시에 와류가 얻어진다.

② 지름이 큰 밸브의 설치가 용이하여 체적 효율을 높일 수 있기 때문에 고속 안정성이 좋은 DOHC나 SOHC 밸브 기구에 적합하다.

③ 연소실이 간단하여 체적당 표면적이 작아 열효율이 높다.

④ 흡기 구멍을 오프셋(Off-Set)시켜 혼합기의 와류를 촉진시켜 체적당 출력을 높일 수 있다.

2) 저공해 연소실(低公害練燒室)

① 부연소실

㉮ 주연소실 옆에 작은 부연소실이 설치되어 있다.

㉯ 점화하기 쉽도록 짙은 혼합기를 부연소실로 흡입한다.

㉰ 부연소실에서 연소된 불꽃이 주연소실로 분출된다.

㉱ 강한 와류로 희박한 혼합기를 연소시키는 방식이다.

㉲ 부연소실 흡기용 밸브가 별도로 설치되어 있다.

② 난류 생성(亂流 生成) 포트(port)식

㉮ 연소실 내에 강한 와류를 일으킬 수 있는 난류 생성 포트를 둔 형식이다.

㉯ 연소시 화염 전파 시간을 짧게 하여 열효율을 높인다.

㉰ 완전 연소를 유도하여 유해 가스 발생을 억제한다.

③ 부흡기 밸브식(제트 밸브식)

㉮ 일반적인 흡·배기 밸브 외에 보조 흡기 밸브(제트 밸브)를 두었다.

㉯ 혼합기에 강한 와류를 일으켜서 희박한 혼합기라도 안정된 연소를 할 수 있도록 한 형식이다.

ⓒ 1실린더 3 밸브식(흡입밸브 2개, 배기밸브 1개인 형식)이 여기에 속한다.

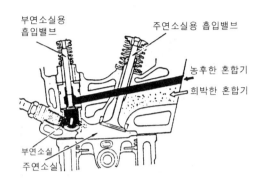

(a) 부연소실식

(b) 난류 생성포트식

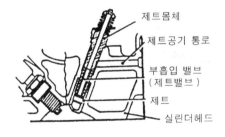

(c) 부흡기 밸브식

▲ 그림5 저공해 연소실

④ 흡기 가이드식(Intake Guide type)

　㉮ 연소실 내 흡기 밸브 시트 사이에 가이드 벽을 설치한 형식이다.

　㉯ 흡입되는 혼합기에 강한 와류가 발생토록 한다.

⑤ 1실린더 2점화 플러그식

　㉮ 각 연소실에 2개의 점화 플러그를 부착하여 동시에 점화시키는 형식이다.

　㉯ 연소 시간을 단축하여 연소 속도가 빨라지는 효과를 얻도록 한 것이다.

　㉰ 다량의 배기 가스를 재순환해도 연소 시간이 거의 변하지 않는 특징이 있다.

⑥ 1 실린더 4 밸브식

　㉮ 한 개의 실린더에 흡기 밸브 2 개, 배기 밸브 2 개를 둔 형식이다.

㉯ 배기 가스 재순환에 따른 출력의 저하를 보상한다.

㉰ 과급기를 설치하여 흡·배기 효율을 높이는 기관에서 사용된다.

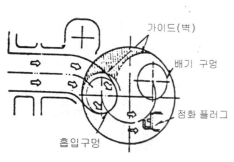

(a) 흡입 가이드식

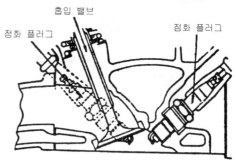

(b) 1실린더 2점화플러그

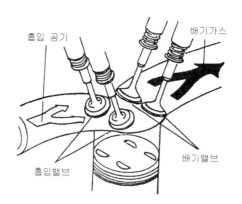

(c) 1실린더 4밸브식

▲ 그림6 저공해 연소실 Ⅱ

(4) 실린더 헤드의 정비

1) 실린더 헤드의 분해

실린더 헤드 볼트를 풀 때는 실린더 헤드의 변형을 방지하기 위하여 힌지 핸들을 사용하여 대각선의 바깥쪽에서 중앙을 향하여 푼다.

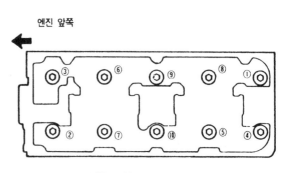

▲ 그림7 헤드 볼트 푸는 순서

♣ 참고사항 ♣

실린더 헤드를 떼어 내는 방법

❶ 연질해머(플라스틱, 고무해머 등)로 두드려 떼어 내는 방법

❷ 호이스트를 이용하여 자중에 의해 떼어 내는 방법

❸ 압축 압력을 이용하여 떼어 내는 방법

등이 있으며 정이나 (-)드라이버를 실린더 헤드와 블록의 접합면 사이에 넣고 해머 등으로 쳐서 떼어내서는 안된다.

2) 실린더 헤드의 조립

실린더 헤드 볼트를 조일 때는 실린더 헤드의 변형을 방지하기 위하여 토크 렌치를 사용하여 규정 토크로 2~3 회 나누어 대각선의 중앙에서 바깥쪽을 향하여 조인다.

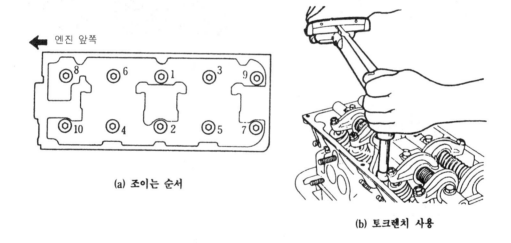

(a) 조이는 순서

(b) 토크렌치 사용

▲ 그림8 헤드 볼트 조임 순서

3) 실린더 헤드 변형 점검

① 헤드의 변형 원인

㉮ 제작시 열처리 조작이 불충분하다.

㉯ 헤드 개스킷이 불량하다.

㉰ 실린더 헤드 볼트를 불균일하게 조였다.

㉱ 기관이 과열되었다.

㉮ 냉각수가 동결되었다.

② 헤드 변형 점검 방법

곧은자(직각자)와 디크니스(필러) 게이지를 사용하여 6 군데를 측정한다. 이때 변형이 규정값(0.05mm) 이상이면, 정반에 광명단을 바르고 실린더 헤드를 접촉시킨 후 광명단이 묻은 부분을 스크레이퍼나 평면 연삭기로 연삭하여 수정한다.

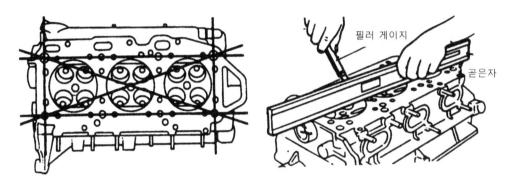

▲ 그림9 헤드 변형 점검

♣ 참고사항 ♣

실린더 헤드를 연삭하면 연소실 체적이 감소하게 되므로 압축비가 높아진다.

4) 헤드의 균열 점검 방법

실린더 헤드 및 블록의 균열 점검 방법에는 자기 탐상법, 육안 검사법, 염색 탐상법 등이 있다.

2.2　실린더 블록(Cylinder Block)

실린더 블록은 기관의 기초 구조물이며, 수명을 결정한다. 공냉식 기관은 실린더의 바깥 둘레에 냉각 핀이 부착되어 있다. 수냉식 실린더 블록은 위 크랭크 케이스와 일체로 주조(鑄造)되며 내부에는 실린더와 물재킷, 오일 통로가 설치되고 물 재킷 바깥쪽에는 겨울철 냉각수 빙결에 의한 동파를 방지하기 위한 코어 플러그(core plug)가 설치되어 있다.

또 외부에는 여러가지 부수 장치를 부착하도록 되어 있다. 실린더 블록의 구비조건과 재질은 다음과 같다.

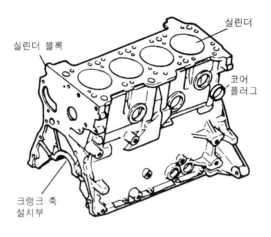

▲ 그림10 실린더 블록

(1) 실린더 블록의 구비조건

① 충분한 강도와 강성이 있어야 한다.

② 구조가 복잡하므로 내마멸성 및 내부식성이 커야 한다.

③ 주조와 기계 가공이 쉬워야 한다.

④ 소형이며 가벼워야 한다.

(2) 실린더 블록의 재질

1) 알루미늄 합금

이것은 알루미늄(Al) + 규소(Si)계 합금으로 소량의 망간(Mn), 마그네슘(Mg), 구리(Cu), 철(Fe), 아연(Zn) 등을 첨가한 실루민(silumin)을 사용한다. 알루미늄 합금제 실린더 블록의 특징은 기계적 성질이 우수하고 비중이 작으며, 수축이 비교적 적고 절삭성이 좋으며, 주조성이 우수하다. 그러나 열팽창률이 크고 내마멸성·강도 및 내부식성이 적은 결점이 있다.

2) 보통 주철

이것은 F 25 C 가 많이 사용된다. 보통 주철재 실린더 블록의 특징은 내마멸성, 절삭성, 강도, 주조성이 좋으나, 인장 강도가 10～20kgf/㎟ 정도이고 비중이 7.2 정도로서 경량화에는 부적합하다.

3) 특수 주철

이것은 보통 주철에 몰리브덴(Mo), 니켈(Ni), 크롬(Cr), 망간(Mn) 등을 첨가한 것이다. 특수 주철재 실린더 블록의 특징은 강도, 내열성, 내식성, 내마멸성 등이 우수하다.

(3) 실린더(Cylinder)

실린더는 피스톤 행정의 약 2 배의 길이를 가진 진 원통형의 것으로 피스톤이 기밀을 유지하면서 왕복 운동을 하여 열에너지를 기계적 에너지로 바꾸어 동력을 발생시킨다. 실린더 형식에는 실린더 블록과 동일 재료로 만든 일체식과 실린더 블록과 별개의 재료로 만든 후 실린더 블록에 끼우는 실린더 라이너식으로 분류된다.

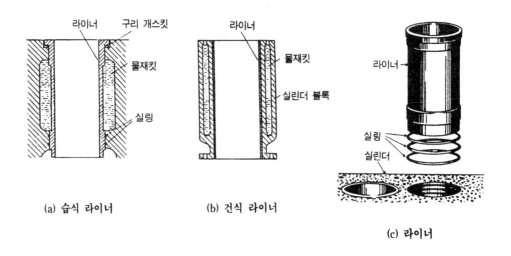

(a) 습식 라이너   (b) 건식 라이너

(c) 라이너

▲ 그림11 라이너

♣ 참고사항 ♣

실린더 벽은 정밀하게 다듬질되어 있으며, 피스톤의 마찰 및 마멸을 적게 하기 위해서 실린더 벽에 크롬(Cr)으로 도금한 것도 있다. 크롬 도금의 두께는 약 0.1mm 정도이며, 크롬 도금한 피스톤 링은 크롬 도금한 실린더에 사용하지 않는다.

1) 실린더 라이너(슬리브)

라이너는 일반적으로 보통주철의 실린더 블록에 특수 주철의 라이너를 끼우는 경우와 알루미늄제 실린더 블록에 주철로 만든 라이너를 끼우는 방식이 있다. 그 종류에는 습식과 건식이 있으며 그 특징은 다음과 같다.

① 습식 라이너(wet type liner)

습식은 라이너의 바깥 둘레가 물 재킷의 일부분으로 되어 있어 냉각수와 직접 접촉된다. 두께는 5~8 mm 이며, 위쪽의 플랜지(flange)에 의해서 실린더 블록에 설치된다. 또 실린더 헤드와 기밀(氣密)과 수밀(水密)을 유지하기 위해 라이너 윗면이 실린더 블록의 윗면보다 약간 높게 되어 있다. 라이너 아래쪽에는 2~3개의 고무제 실링(seal ring)이 설치되어 있다. 그리고 교환할 때에는 라이너 바깥 둘레에 진한 비눗물을 바르고 삽입한다.

♣ 참고사항 ♣

실링의 기능은 크랭크 케이스로 냉각수가 누출되는 것을 방지하고, 작동 중 열팽창에 의한 변형을 방지한다.

② 건식 라이너

건식은 실린더 블록과의 마찰력으로 고정되며, 끼울 때 실린더 안지름 100 mm 당 2~3 ton 의 힘이 필요하다. 라이너의 두께는 2~4 mm 정도로서 냉각수와 간접적으로 접촉된다. 그리고 건식은 라이너를 실린더 벽에 끼운 후 호닝(horning ; 실린더벽 다듬질)작업을 하여야 한다.

③ 라이너 사용시 이점

㉮ 특수주철을 사용하여 원심주조법으로 제작할 수 있다.

㉯ 실린더 안쪽면에 크롬으로 도금하기가 쉽다.

㉰ 습식 라이너인 경우 라이너만 교환하면 된다.

(4) 실린더의 정비

1) 실린더 마멸의 원인

① 실린더와 피스톤 및 피스톤 링의 접촉에 의해서 마멸된다.

② 연소 생성물에 의해서 마멸된다.

③ 흡입 가스 중 먼지와 이물질에 의해서 마멸된다.

④ 하중 변동에 의해서 마멸된다.

⑤ 농후한 혼합기에 의해서 마멸된다.

2) 실린더 마멸시 영향

① 블로바이에 의한 출력 감소 및 기관오일이 희석(稀釋)된다.

② 연료 및 윤활유 소비량이 증대된다.

③ 정상 운전이 불가능해진다.

3) 실린더 마멸량 측정 방법

① 측정 계기

실린더 마멸량을 측정할 수 있는 계기에는 실린더 게이지·내경 마이크로미터 및 텔리스코핑 게이지와 외경 마이크로미터 등이 있다.

② 측정 부위

실린더 마멸량을 측정할 경우에는 실린더 상·중·하 3군데에서 각각 축 방향과 축의 직각 방향으로 합계 6군데를 측정한다.

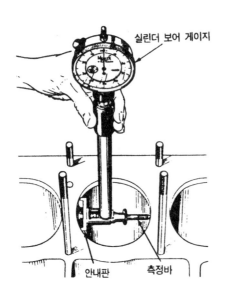

(a) 실린더 보어 게이지

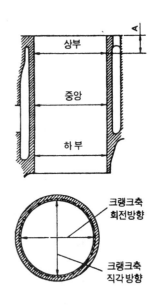

(b) 실린더벽 마멸량 측정 부위

▲ 그림12 실린더벽 마멸량 측정

③ 마멸 경향

최대 마멸부와 최소 마멸부의 안지름의 차이를 마멸량 값으로 정한다. 실린더의 마멸량은 상사점(TDC) 부근이 가장 크고, 하사점(BDC) 부근은 거의 마멸되지 않는다. 그리고 실린더의 마멸량은 축방향 보다 축 직각 방향쪽(측압쪽)이 더 크다.

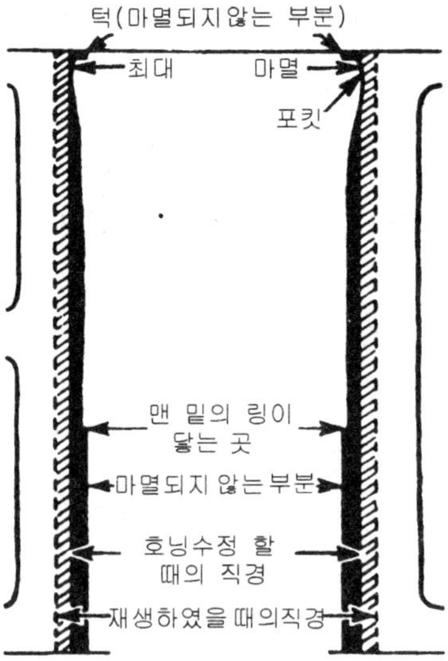

◀ 그림13 실린더벽 마멸 경향

♣ 참고사항 ♣

상사점 부근이 마멸이 큰 이유

❶ 피스톤 링의 호흡 작용에 의해서 마멸된다.
❷ 폭발행정시 피스톤 헤드가 받은 압력이 가장 크므로 피스톤 링과 실린더 벽과의 밀착력이 최대가 되기 때문이다.
❸ 윤활이 불량하기 때문에 유막이 끊어져 피스톤 링이 실린더 벽에 직접 접촉되기 때문이다.

④ 실린더 블록의 수밀 시험

기관을 완전히 분해하고 수압은 4.0~4.5 kgf/㎠, 수온은 40℃ 정도로 한다.

4) 실린더의 수정작업(보링)

① 실린더의 수정

실린더 마멸량이 다음 한계값을 넘으면 보링하여 수정한다.

실린더 안지름	수정 한계값
70 mm 이상인 기관	0.20 mm 이상 마멸되었을 때
70 mm 이하인 기관	0.15 mm 이상 마멸되었을 때

② 보링값 정하기

실린더 최대 마모 측정값＋수정 절삭량(0.2 mm)으로 계산하여 피스톤 오버 사이즈에 맞지 않으면 계산값보다 크면서 가장 가까운 값으로 선정한다. 피스톤 오버 사이즈 표준값(STD)에는, 0.25 mm, 0.50 mm, 0.75 mm, 1.00 mm, 1.25 mm, 1.50 mm 의 6 단계로 되어 있다. 또 실린더를 보링 작업을 한 후에는 바이트 자국을 없애기 위한 연마작업인 호닝(horning)을 하여야 한다.

♣ 참고사항 ♣

❶ 호닝 후 실린더 상호간의 안지름 차이는 0.02 mm 정도, 실린더 상호간의 안지름 차이는 0.05mm이하로 하여야 한다.

❷ 수정절삭은 수정값으로부터 0.005mm정도의 호닝여유를 두어야 한다.

❸ 오버 사이즈 한계는 실린더 지름이 70mm이상인 경우에는 1.50mm, 70mm이하인 경우에는 1.25 mm 이하이어야 한다.

예 제

예제 1　표준 안지름이 73.00mm인 어느 실린더에서 0.23mm가 마멸되었을 때 보링값(수정값)과 오버 사이즈 값을 각각 구하시오.

풀 이　최대 마멸량 73.23mm＋0.2(진원 절삭값)＝73.43mm이다. 그러나 피스톤 오버 사이즈 규격에는 0.43mm가 없으므로 이 값보다 크면서 가장 가까운 값인 0.50mm를 선정한다. 따라서 보링값은 73.50mm이고, 표준값보다 0.50mm가 더 커졌으므로 오버사이즈 값은 0.50mm이다.

2.3　크랭크 케이스(Crank Case)

　크랭크 케이스는 크랭크 축이 지지되는 위 크랭크 케이스와 기관 오일이 저장되는 아래 크랭크 케이스로 분류된다. 위 크랭크 케이스는 크랭크 축을 지지하는 새들(saddle)부와 베어링이 설치되어 있으며, 크랭크 축에 오일을 공급하기 위한 오일 통로가 설치되어 있다. 또 강성을 증대시키기 위한 리브(rib)가 설치되어 있다. 그리고 아래 크랭크 케이스는 오일 팬(oil pan)이라고도 부르며 재질은 강철판이나 알루미늄 합금이고 개스킷을 사이에 두고 설치되어 있다.

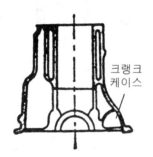

크랭크 케이스

◀ 그림14　크랭크 케이스

2.4　피스톤 커넥팅로드 어셈블리

(1) 피스톤(Piston)

　피스톤은 실린더 내를 12~13 m / sec 정도의 속도로 왕복 운동하며 혼합기의 폭발 압력으로부터 받은 동력을 커넥팅 로드에 전달하여 크랭크 축에 회전력을 발생시키고 흡입·압축 및 배기 행정에서는 크랭크 축으로 부터 동력을 받아 각각의 작용을 한다.

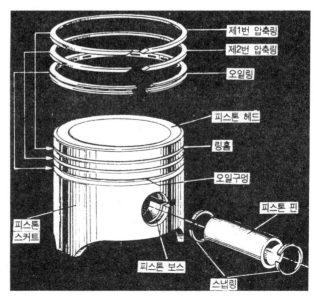

제1번 압축링
제2번 압축링
오일링
피스톤 헤드
링홈
오일구멍
피스톤 핀
피스톤 스커트
피스톤 보스
스냅링

▲ 그림15　피스톤의 구조

1) 피스톤의 구조

① 피스톤 헤드(piston head)

혼합기가 연소될 때 고온·고압의 가스에 노출되는 부분이며, 안쪽면에 리브(rib)가 설치되어 있다. 피스톤 헤드의 형상에는 편평형, 돔(볼록)형, 쐐기형, 밸브 노치형, 불규칙형, 오목형 등이 있다.

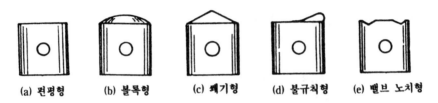

(a) 편평형 (b) 볼록형 (c) 쐐기형 (d) 불규칙형 (e) 밸브 노치형

▲ 그림16 피스톤 헤드의 형상

② 피스톤 링지대 (piston ring belt)

링지대에는 피스톤 링을 끼우는 링홈, 링홈과 링홈 사이의 랜드(land)로 구분되어 있다. 그리고 제1번 랜드에는 헤드부의 높은 열이 스커트부로 전달되는 것을 방지하기 위해 히트 댐(heat dam)을 두는 형식도 있다.

③ 피스톤 보스부(piston boss section)

보스부는 피스톤 핀을 지지하는 부분으로 강성을 증대시키기 위하여 두께가 두꺼우며, 핀의 마찰에 의해 온도가 상승하여 스커트측보다 열팽창이 크다. 또 보스부의 지름이 스커트부보다 작게 제작되어 있다.

④ 피스톤 스커트부(piston skirt section)

스커트부는 피스톤이 왕복 운동을 할 때 측압을 받는 부분이며, 피스톤 헤드의 지름보다 크게 되어 있다.

♣ 참고사항 ♣

피스톤의 지름은
❶ 피스톤 헤드부의 지름은 열팽창을 고려하여 스커트부의 직경보다 작다.
❷ 피스톤 보스부의 지름은 열팽창을 고려하여 스커트 부(측압부)의 지름보다 작다.

❸ 피스톤의 지름은 스커트부의 측압부 상단 10mm 지점에서 외경 마이크로미터로 측정한다.

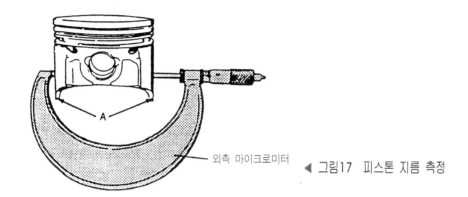

외측 마이크로미터

◀ 그림17 피스톤 지름 측정

2) 피스톤의 구비 조건

① 고온에서 강도가 저하되지 않아야 한다.

② 기관의 온도가 변화하더라도 가스의 누출(블로바이)이 없어야 한다.

③ 열팽창 및 기계적 마찰 손실이 적어야 한다.

④ 열전도가 양호하여야 한다.

⑤ 관성을 줄이기 위해 무게가 가벼워야 한다.

⑥ 피스톤 상호간의 무게 차이가 작아야 한다.

♣ 참고사항 ♣

피스톤 커넥팅 로드 어셈블리 무게 오차

❶ 피스톤 중량의 오차는 7g(2%) 이내 이어야 한다.

❷ 커넥팅 로드 어셈블리 중량의 오차는 15 ~ 20g(2%) 이내 이어야 한다.

❸ 피스톤 커넥팅 로드 어셈블리 중량의 오차는 30g(2%) 이내 이어야 한다.

3) 피스톤의 재질

① 특수 주철재 피스톤의 특징

이 피스톤의 특징은 피스톤 간극을 적게 할 수 있고, 피스톤의 슬랩과 블로바이 현상이 적으며 피스톤의 강도가 큰 장점이 있으나, 피스톤의 비중이 크기 때문에 관성이 증가되는 결점이 있다.

♣ **참고사항** ♣

❶ 블로바이(blow-by)현상 : 압축과 폭발 행정에서 가스가 피스톤과 실린더 사이로 누출되는 현상을 말한다.

❷ 블로 배(blow-back)현상 : 압축 및 폭발 행정에서 가스가 밸브와 밸브 시트 사이로 누출되는 블로바이 현상을 말한다..

❸ 피스톤 슬랩(piston slap) : 실린더와 피스톤 간극이 클 때 일어나는 현상으로, 피스톤이 운동방향을 바꿀 때 측압에 의하여 실린더 벽을 때리는 현상이다. 저온에서 현저하게 발생되며, 오프셋(Off-set) 피스톤을 사용하여 방지한다.

② 알루미늄 합금 피스톤의 특징

이 피스톤은 열전도성이 양호하며, 비중이 적어, 고속, 고압축비 기관에 적합하다. 또 압축비를 높일 수 있어 출력을 증대시킬 수 있는 장점이 있으나, 강도가 적고 열팽창 계수가 큰 결점이 있다. 알루미늄 합금 피스톤의 종류에는 구리계 Y-합금 피스톤과 규소계 로-엑스(Lo-ex) 피스톤이 있다.

4) 피스톤 간극

① 간극의 정의

피스톤 간극은 기관 작동 중 열팽창을 고려하여 두며, 실린더 안지름과 피스톤 최대 바깥지름(스커트 부)과의 간극이다. 간극을 두는 값은 피스톤의 재질, 형상, 실린더의 냉각 상태 등에 따라 정해지며 알루미늄 합금 피스톤의 경우 실린더 안지름의 0.05% 정도 둔다.

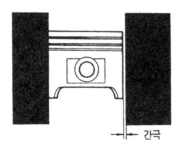

← 간극

◀ 그림18 피스톤 간극

② 측정 기구

피스톤 간극은 스커트부에서 측정하며, 측정기구와 방법은 다음과 같다.

㉮ 디크니스(필러) 게이지와 스프링 저울을 사용하는 방법

㉯ 내·외경 마이크로미터를 사용하는 방법

㉰ 외경 마이크로미터와 텔리스코핑 게이지를 사용하는 방법

③ 피스톤 간극이 클 때의 영향

㉮ 블로바이가 발생한다.

㉯ 압축 압력이 저하한다.

㉰ 기관의 출력이 저하한다.

㉱ 기관오일이 연료로 희석되거나 오염된다.

㉲ 연료 및 기관오일 소비량이 증대된다.

㉳ 피스톤 슬랩 현상이 발생된다.

㉴ 기관 기동이 어려워진다.

④ 피스톤 간극이 적을 때 영향

㉮ 실린더 벽에 형성된 오일의 유막 파괴되어 마찰이 증대된다.

㉯ 마찰에 의한 소결(고착 ; 타붙음) 현상이 발생된다.

5) 피스톤의 종류

형상에 의한 피스톤의 종류는 여러 종류로 되어 있으나 여기서는 많이 사용되는 형식만 다루기로 한다.

① 캠연마 피스톤

이 피스톤은 보스부는 두께가 두껍고 스커트부는 얇게 되어 있으며, 보스부는 열팽창이 스커트보다 크기 때문에 단경(짧은 지름)으로 하고, 스커트부는 장경(긴 지름)으로 제작한 피스톤이다. 기관이 정상 운전 온도(75~85℃)에 이르면 진원에 가깝게 된다.

② 스플릿 피스톤(split piston)

이 피스톤은 측압이 작은 쪽(폭발 행정시 측압을 받는 쪽의 반대쪽)의 스커트 위쪽에 U형 또는 T형의 세로 홈(slot)을 두어 스커트부에 열이 전도되는 것을 제한하는 피스톤이다.

③ 인바 스트럿 피스톤(invar strut piston)

이 피스톤은 열팽창 계수가 매우 작은 인바강(Ni 35 ~ 36% + C 0.1 ~ 0.3% + Mn 0.4%)의 기둥(strut)을 피스톤 핀 보스부나 인바제 링을 스커트 위쪽에 넣고 일체 주조한

것이다. 피스톤의 열팽창이 억제되어 항상 일정한 간극을 유지할 수 있으며, 열팽창에 의한 변형이 적고 작동이 조용하고 수명이 길다.

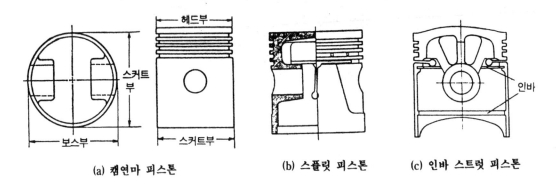

<table>
<tr><td>(a) 캠연마 피스톤</td><td>(b) 스플릿 피스톤</td><td>(c) 인바 스트럿 피스톤</td></tr>
</table>

▲ 그림19 피스톤의 종류 I

④ 슬리퍼 피스톤(slipper piston)

이 피스톤은 측압을 받지 않는 보스부의 스커트부를 떼어 낸 피스톤이며, 무게가 가볍기 때문에 고속용 기관에서 사용된다.

⑤ 오프셋 피스톤(Off-set piston)

이 피스톤은 피스톤의 중심과 피스톤 핀의 중심 위치를 약 1.5~3.0 mm 정도 오프셋(편심) 시킨 피스톤이며, 피스톤의 경사 변환시기를 늦어지게 하여 피스톤의 슬랩을 감소시킨다.

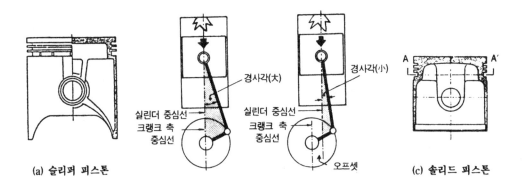

(a) 슬리퍼 피스톤   (b) 오프셋 피스톤   (c) 솔리드 피스톤

▲ 그림20 피스톤의 종류 Ⅱ

♣ 참고사항 ♣

❶ 피스톤에 각인(刻印)되는 사항은 피스톤 번호, 피스톤 헤드의 치수, 조립방향 표시 및 피스톤 핀의 치수와 피스톤의 등급 마크, 피스톤 구분 마크 등이다.

❷ 기관에서 피스톤을 떼어내려고 할 때에는 실린더 헤드→오일팬→턱(있으면)순으로 작업한다.

(2) 피스톤 링(Piston Ring)

피스톤 링은 적당한 탄성을 갖게 하기 위하여 그 일부를 절단하여서 개방시킨 구조로 피스톤의 링 홈에 끼워지며, 일반적으로 2~3개의 압축 링과 1~2개의 오일 링을 사용하고 2개의 오일 링을 사용할 경우에는 1개는 피스톤 스커트부에 설치된다.

1) 피스톤 링의 3대 기능

① 기밀 유지 작용(실린더내의 가스 누출 방지 작용, 밀봉작용)을 한다.

② 오일 제어 작용(실린더벽의 오일긁어 내리기)을 한다.

③ 열 전도 작용(냉각 작용)을 한다.

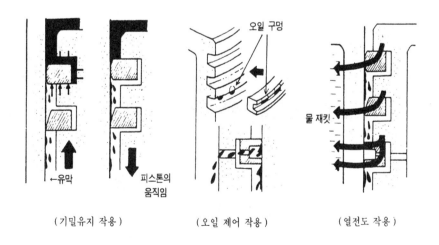

▲ 그림21 피스톤 링의 3대작용

2) 피스톤 링의 구비 조건

① 내마멸성과 내열성이 커야 한다.

② 제작이 쉽고 적절한 장력이 있어야 한다.

③ 실린더 면에 일정한 면압(面壓)을 가하여야 한다.

④ 열전도가 양호하고 고온에서 장력의 변화가 적어야 한다.

⑤ 실린더 벽의 재질보다 다소 경도가 낮아야 한다.

3) 피스톤 링의 재질

링의 재질은 특수 주철, 구상 흑연 주철, 회주철 등을 사용하여 원심 주조로 제작된다. 또 내마멸성을 높이기 위하여 제1번 압축링(top-ring)과 오일링에는 크롬으로 도금을 하기도 하며, 크롬 도금의 두께는 0.05mm 정도이다.

4) 피스톤 링의 종류

① 압축 링

압축링은 피스톤 헤드의 가까운 쪽에 2~3개가 설치되며, 기능은 피스톤과 실린더 벽 사이의 기밀을 유지하고 동시에 오일을 긁어내리는 작용을 한다. 제1번 압축링은 챔버형, 카운터보어형, 테이퍼형 등이, 제2번 압축링에는 스크레이퍼형, 플레인형, 홈형 등이 사용된다.

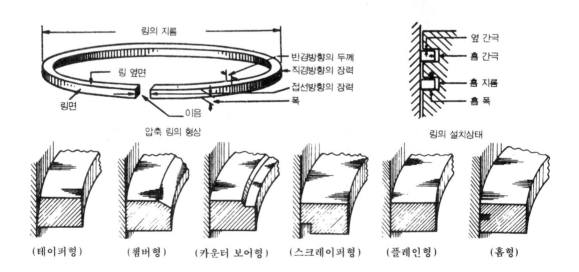

▲ 그림22 압축링과 그 종류

피스톤 링에는 오일의 흡수력이 좋은 주석 또는 흑연을 도금하여 링의 오일 흡수로 실린더 벽과의 길들임성을 좋게 하고 소손을 방지하기 위하여 사용한다.

② 오일 링

오일링은 압축링 밑에 1~2개가 설치되며 기능은 실린더 벽에 뿌려진 과잉의 오일을 긁어내리는 일만을 한다. 종류에는 드릴형, 슬롯형, 레디어스 슬롯형, 웨지 슬롯형이 있다. 최근에는 고속용 기관에서는 U 플렉스 링을 사용하며, 오일링의 유연성을 향상시키고 장력을 증대시키기 위해 익스팬더(expender)링도 사용하기도 한다.

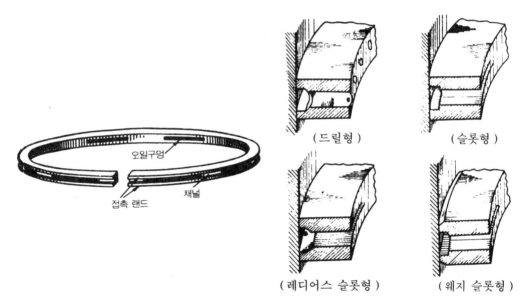

오일구멍

접촉 랜드　　채널

(드릴형)　　(슬롯형)

(레디어스 슬롯형)　　(웨지 슬롯형)

▲ 그림23　오일링과 그 종류

커터형 오일 링　　익스팬더가 붙은 오일 링　　코일 익스팬더가 붙은 오일 링

▲ 그림24　익스팬더를 둔 오일 링

♣ 참고사항 ♣

❶ 실린더 벽에 비산되는 오일의 양은 실린더 벽의 윤활 작용, 실린더와 피스톤의 냉각 작용, 청정 작용, 실린더와 피스톤의 기밀 작용을 하기 때문에 필요량보다 많다.

❷ 피스톤 링의 플래터(flutter) 현상 : 기관의 회전 속도가 증가함에 따라 피스톤이 운동방향을 바꿀 때 발생하는 링의 떨림 현상이다. 즉 링의 관성력과 마찰력의 방향이 변화되면서 링 홈에 누출 가스의 압력에 의하여 면압이 저하된다.

따라서 피스톤 링과 실린더 벽 사이에 간극이 형성되어 피스톤 링의 기능이 상실되므로 블로바이 현상이 발생되기 때문에 기관의 출력이 저하, 실린더의 마모 촉진, 피스톤의 온도 상승, 오일 소모량의 증가되는 영향을 초래하게 된다. 플래터 현상을 방지하는 방법으로는 피스톤 링의 장력을 증가시켜 면압을 높게 하거나, 링의 중량을 가볍게 하여 관성력을 감소시키며, 링 이음부 부근에 면압의 분포를 높게 한다.

5) 피스톤 링 이음부(절개부 ; end gap)

링 이음부는 열팽창을 고려하여 두며, 피스톤 링은 이음부에 의해서 장력이 형성되며, 링의 기능을 원활히 수행하기 위해 둔다. 링의 장력이 너무 크거나 작으면 다음과 같은 영향을 기관에 미치게 된다.

① 장력이 너무 작을 때 미치는 영향

㉮ 블로바이로 인해 기관의 출력이 저하된다.

㉯ 피스톤의 열전도성이 불량하여 피스톤의 온도가 상승된다.

② 장력이 너무 클 때 미치는 영향

㉮ 실린더 벽과의 마찰력이 증대되어 마찰 손실이 발생된다.

㉯ 실린더 벽의 유막(oil film)이 끊겨 마멸이 증대된다.

㉰ 링 이음부 간극 측정

링 이음부 간극 측정은 마멸된 실린더의 경우에는 최소 마멸된 부위에서 피스톤 헤드로 링을 수평이 되게 한 후 필러 게이지로 측정(이때 0.2~0.4mm정도)한다.

링 이음부는 간극은 제1 번 링을 가장 크게 두며, 제1 번 링은 대략 실린더 안지름 25mm 당 0.1 mm, 제2번 링은 0.075 mm, 오일 링은 0.05mm 정도를 둔다. 링 이음 부 간극이 크면 블로바이 발생 및 오일 제어 작용이 불량해지고, 간극이 적으면 마찰과 마멸이 증대되고 링의 소손 및 이음부의 고착이 발생한다. 그리고 피스톤 링 홈의 간극(사이드 간극)이 적을 경우에는 피스톤 링을 유리판 위에 컴파운드를 놓고 그 위에서 연마·수정하여 끼우도록 한다.

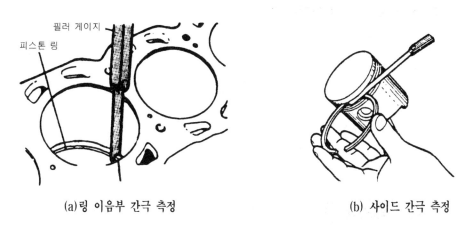

(a)링 이음부 간극 측정   (b) 사이드 간극 측정

▲ 그림25 링 이음부 간극 측정 및 사이드 간극 측정

④ 링 이음의 종류

㉮ 버트 이음(Butt Joint) : 이 이음은 링 이음부의 모양이 직각으로 된 형상으로 종절형 또는 직절형 이라고도 부르며 제작이 쉬워 가장 많이 사용되고 있다.

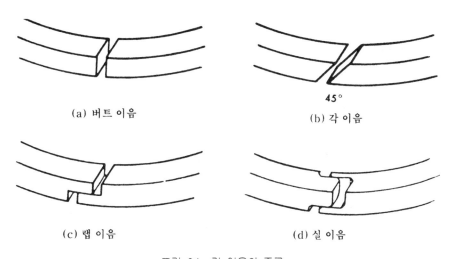

(a) 버트 이음   (b) 각 이음

(c) 랩 이음   (d) 실 이음

▲ 그림 26 링 이음의 종류

㉣ 랩 이음(Lap Joint) : 이 이음은 링 이음부의 모양이 계단형으로 되어 있어 단절형 또는 계단형이라고도 부른다.

㉤ 각 이음(Angle Joint) : 이 이음은 링 이음부의 모양이 45°로 경사지게 절단된 형상으로 경사질 또는 앵글 이음이라고도 부른다.

6) 피스톤 링의 기능에 영향을 주는 요소

① 링 이음 간극 및 장력

② 링과 링 홈의 틈새(사이드 간극)

③ 링 상·하 측면의 평면도

④ 링 이음의 방향

⑤ 링의 폭과 두께 치수의 감소 유무

♣ 참고사항 ♣

피스톤 링을 피스톤에 조립할 때는 각인된 쪽이 실린더 헤드 쪽으로 향하도록 하고 링 이음부는 크랭크 축 방향과 축의 직각방향(측압쪽)을 피해서 120 ~ 180° 방향으로 서로 엇갈리게 조립하여야만 이음 간극으로 블로바이 현상이 발생되는 것을 방지할 수 있다.

7) 피스톤 링의 형상

① 동심형

이 형상의 링은 실린더 벽에 가해지는 면압이 전 둘레에 균일하지 않다.

② 편심형

이 형상의 링은 절개부 쪽의 폭이 좁고 그 반대쪽의 폭이 넓으며, 실린더 벽에 가해지는 압력이 균일하다.

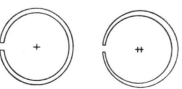

◀ 그림27 링의 형상

(a) 동심형 링   (b) 편심형 링

(3) 피스톤 핀(Piston pin)

피스톤 핀은 피스톤과 커넥팅 로드를 연결하는 핀으로 양쪽 끝은 보스부에 지지되고, 중앙부는 커넥팅 로드의 소단부가 연결되며 핀은 반복되는 연소 가스의 압력과 고속으로 왕복 운동하는 피스톤의 관성력에 의한 굽힘과 전단력을 받게되므로 강도를 높이고 무게를 가볍게 하고, 오일 통로로 사용하기 위하여 가운데가 빈 것(중공 ; 中空)으로 만들어져 있다.

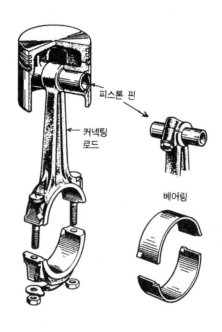

▲ 그림28　피스톤 핀의 설치 상태

1) 피스톤핀의 구비 조건

① 관성이 증대되는 것을 방지하기 위하여 가벼워야 한다.

② 압축력과 인장력을 받기 때문에 충분한 강도가 있어야 한다.

③ 커넥팅 로드 소단부에서 미끄럼 운동을 하기 때문에 내마멸성이 커야한다.

2) 피스톤 핀의 재질

피스톤 핀은 내부식성과 경도가 크고, 내마멸성, 내열성, 인성(금속의 질긴 성질)이 커야 하므로 저탄소 침탄강, 니켈 - 크롬강(Ni - Cr), 니켈 - 몰리브덴강(Ni - Mo) 등을 사용한다.

3) 피스톤 핀의 설치 방법

① 고정식

이 방식은 피스톤 핀을 피스톤 보스부에 고정 볼트로 고정한 것이며, 커넥팅 로드 소단부
에는 고정 부분이 없기 때문에 자유롭게 움직일 수 있다.

② 반부동식(또는 요동식)

이 방식은 피스톤 핀을 커넥팅 로드 소단부에 클램프 볼트로 고정하거나 압입하여 설치
한 것이며, 피스톤 보스부에 고정 부분이 없기 때문에 자유롭게 움직일 수 있다.

③ 전부동식(또는 부동식)

이 방식은 피스톤 핀을 피스톤 보스부나 커넥팅 로드 소단부 등 어느 곳에도 고정시키지
아니한 것이며, 피스톤의 보스부의 양쪽에 스냅링을 끼워 피스톤 핀의 이탈을 방지하고 있
다.

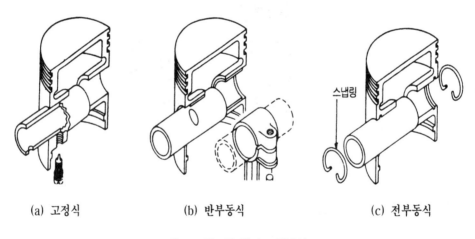

(a) 고정식   (b) 반부동식   (c) 전부동식

▲ 그림29 피스톤 핀의 고정방식

♣ 참고사항 ♣

❶ 피스톤 핀을 중공으로 하는 이유는 무게를 가볍게 하고 오일 통로로 활용하기 위함이다.

❷ 피스톤에 피스톤 핀을 끼울 때 가열하여 끼우는 이유는 피스톤이 팽창하였을 때 핀과 핀
구멍의 간극이 적당하게 되어 핀의 끼움을 쉽게 하고 냉각시 핀의 빠짐을 방지하기 위함이며,
이때 알루미늄 합금계 피스톤의 경우 피스톤을 히터로 100℃정도 가열한 후 끼워야 한다.

❸ 피스톤 핀의 오버 사이즈 : 0.125 mm 마다 1 단계로 하여 0.125mm, 0.25mm, 0.375 mm 로 3 단계로 되어 있다.

(4) 커넥팅 로드(Conneting rod)

커넥팅 로드는 피스톤과 크랭크 축을 연결하여 피스톤의 왕복 운동을 크랭크 축의 회전 운동으로 변환시켜 주는 연결봉으로서 피스톤이 받은 폭발력을 크랭크 축에 전달하고 흡입·압축 및 배기행정에서는 크랭크 축의 운동을 피스톤에 전한다.

1) 구 조

커넥팅로드는 소단부, 대단부, 본체(생크)로 구성되어 있으며, 소단부는 부싱을 통하여 피스톤 핀과 연결되고, 대단부는 크랭크 핀과 연결되어 있다.

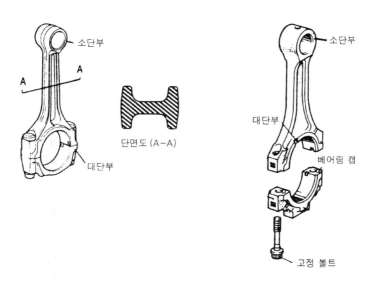

▲ 그림30　커넥팅 로드

2) 재 질

커넥팅로드의 재질은 니켈-크롬강, 크롬-몰리브덴강을 단조로 제작하며, 최근에는 무게를 가볍게 할 목적으로 두랄루민(Al+Cu+Mg의 알루미늄합금)을 사용하기도 한다.

3) 커넥팅 로드의 길이

커넥팅 로드의 길이는 소단부의 중심선과 대단부의 중심선 사이의 거리이며 피스톤 행정의

1.5~2.3배, 크랭크 회전 반지름의 3.0~4.5배 정도이다. 커넥팅 로드의 길이가 길면 측압이 감소하므로 실린더의 마멸이 적은 장점이 있으나, 기관의 높이가 높아지고 무게가 무거워지며 강성이 적어지는 결점이 있다.

반대로 커넥팅 로드의 길이가 짧으면 강성이 증대되고 무게가 가벼워지고, 기관의 높이가 낮아지기 때문에 고속용에 적합한 장점이 있으나, 실린더 벽에 가해지는 측압이 커 실린더의 마멸이 증대되는 결점이 있다.

4) 커넥팅 로드의 휨과 비틀림 측정기구

커넥팅 로드 얼라이너로 측정하며, 얼라이너의 상부나 하부에 간극이 생기면 휨이 생긴 상태이고, 왼쪽 또는 오른쪽에 간극이 생기면 비틀림이 생긴 상태이다. 휨과 비틀림의 한계값은 100 mm에 대하여 0.03 mm 이내이다. 휨 또는 비틀림이 있을 경우에는 프레스로 수정한다.

커넥팅 로드에 변형이 발생하면 실린더 벽, 피스톤과 링의 편마멸, 피스톤의 측압 증가, 압축 압력의 저하, 크랭크축 저널의 편마멸 및 회전에 무리를 주며, 기관 베어링의 소손 등을 일으킨다.

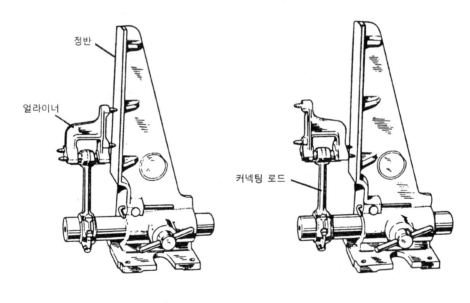

정반

얼라이너

커넥팅 로드

(a) 휨 점검(상하틈새)   (b) 비틀림 점검(좌우틈새)

▲ 그림31 커넥팅로드 점검

2.5　크랭크 축(Crank Shaft)

　　크랭크 축은 실린더 블록의 아래쪽 반원부에 메인 저널의 상반부가, 하반부는 블록에 볼트를 지지하는 베어링 캡으로 설치되며, 각 저널에는 기관 베어링이 들어 있다. 각 실린더의 폭발 행정에서 얻어진 피스톤의 왕복 직선 운동을 커넥팅 로드의 운동을 통하여 회전 운동으로 바꾸어 주는 중심 축이다.

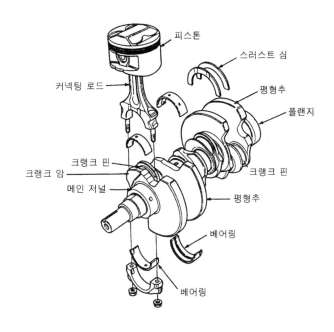

▲ 그림32　크랭크 축

(1) 크랭크 축의 구조

① 크랭크 핀 (Crank pin)

　　크랭크 핀은 커넥팅 로드의 대단부와 연결되어 피스톤의 압력을 받는 부분이다.

② 크랭크 암 (Crank arm)

　　크랭크 암은 크랭크 핀과 메인 저널을 연결하는 부분이다.

③ 메인 저널 (main journal)

　　메인 저널은 크랭크 축의 하중을 지지하며, 크랭크 케이스에 설치되는 부분이다.

④ 평형추 (balance weight)

평형추는 크랭크 축의 정적 및 동적 평형을 유지하는 부분이다.

⑤ 플랜지 (flange)

플랜지는 플라이 휠을 설치하기 위한 부분이다.

(2) 크랭크 축의 구비 조건

① 고속 회전을 하므로 정적 및 동적 평형이 잡혀 있어야 한다.

② 강성과 강도가 충분하여야 한다.

③ 내마멸성이 커야 한다.

♣ 참고사항 ♣

크랭크 축에 오버랩(crank shaft over lap)을 두는 이유

크랭크 축 오버 랩이란 메인 저널의 중심선과 핀 저널의 중심사이 거리를 짧게 한 것을 말하며, 오버 랩 시키는 이유는 크랭크 축의 강성이 증대되고 피스톤 행정을 실린더 안지름 보다 작게 하는 단행정 기관으로 하여 고속 회전을 할 수 있다.

(3) 크랭크 축의 재질

크랭크 축의 재질은 단조제의 경우에는 고탄소강(S45C~S55C), 크롬 - 몰리브덴강(Cr - Mo), 니켈 - 크롬강(Ni - Cr)등이며, 주조제는 미하나이트 주철, 구상 흑연 주철 등이다.

(4) 크랭크 축의 점화 순서

1) 점화 시기를 정할 때 고려할 사항

① 연소가 같은 간격으로 일어나게 한다.

② 크랭크 축에 비틀림 진동이 발생되지 않게 한다.

③ 혼합비가 각 실린더에 동일하게 분배 되도록 한다.

④ 인접한 실린더에 연이어서 폭발이 일어나지 않도록 한다.

2) 다기통 기관에서 점화순서를 실린더 배열순으로 하지 않는 이유

① 크랭크 축 회전에 무리가 가지 않도록 하기 위함이다.

② 발생동력을 평등하게 하기 위함이다.

③ 기관의 원활한 회전을 하기 위함이다.

④ 기관의 진동을 방지하기 위함이다.

⑤ 크랭크 축의 비틀림 및 휨을 방지하기 위함이다.

3) 4 실린더 기관의 점화 순서

4실린더 기관은 제1번과 제4번, 제2번과 제3번 크랭크 핀이 동일 평면 위에 있으며, 크랭크 축이 180° 회전할 때마다 폭발행정이 일어난다. 따라서 제1번 피스톤이 하강행정을 하면 제4번 피스톤도 하강행정을 하며, 제2번과 제3번 피스톤은 상승행정을 한다.

따라서 제1번 피스톤이 흡입행정을 하면 제4번 피스톤은 폭발행정을 하고, 이때 제2번 피스톤이 압축행정을 하게 되면 제3번 피스톤은 배기행정을 한다. 이에 따라 4개의 피스톤이 크랭크 축 720°(1행정을 하는 경우 180°이므로 180°×4=720°)에 1사이클을 완료하게 된다. 4실린더의 점화순서에는 1-3-4-2와 1-2-4-3이 있으며 이들의 점화순서를 표로 나타내면 다음과 같다.

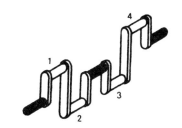

▲ 그림33 직렬 4실린더형 크랭크 축

《표1》 **점화순서 「1 - 3 - 4 - 2」**

실린더 번호 \ 크랭크축의 회전각도	1회전		2회전	
	0~180°	180~360°	360~540°	540~720°
1	폭발	배기	흡입	압축
2	배기	흡입	압축	폭발
3	압축	폭발	배기	흡입
4	흡입	압축	폭발	배기

《표2》 점화순서 「1 - 2 - 4 - 3」

크랭크축의 회전각도 실린더 번호	1회전		2회전	
	0~180°	180~360°	360~540°	540~720°
1	폭발	배기	흡입	압축
2	압축	폭발	배기	흡입
3	배기	흡입	압축	폭발
4	흡입	압축	폭발	배기

예 제

예제 1 어느 4행정 사이클 4실린더 기관에서 그 점화순서가 1-3-4-2이다. 제1번 실린더가 압축행정을 할 때 다른 실린더는 각각 어떤 행정을 하고 있는가?

풀 이

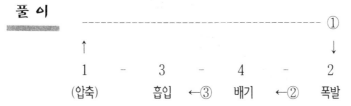

```
        ────────────────────────────────── ①
        ↑                              ↓
        1    -    3    -    4    -    2
      (압축)      흡입 ←③  배기 ←②  폭발
```

따라서, 제1번 실린더가 압축 행정을 할 때 제2번 실린더는 폭발행정, 제3번 실린더는 흡입행정, 제4번 실린더는 배기행정을 각각 한다.

예제 2 어느 4행정 사이클 4실린더 기관에서 그 점화순서가 1-2-4-3이다. 제3번 실린더가 배기행정을 할 때 다른 실린더는 각각 어떤 행정을 하고 있는가?

풀 이

```
        1    -    2    -    4    -    3
       폭발 ←③  압축 ←②  흡입 ←①  (배기)
```

따라서, 제3번 실린더가 배기 행정을 할 때 제2번 실린더는 압축행정, 제3번 실린더는 폭발행정, 제4번 실린더는 흡입행정을 각각 한다.

4) 직렬 6 실린더 기관의 점화 순서

직렬 6실린더 기관은 제1번과 제6번, 제2번과 제5번, 제3번과 제4번의 각 크랭크 핀이 동일 평면위에 있으며, 각각은 120°의 위상차를 지니고 있다. 크랭크축을 마주 보고 제1번과 제6번 크랭크 핀을 상사점으로 하였을 때 제3번과 제4번 크랭크 핀이 오른쪽에 있는 우수식(점화순서는 1 - 5 - 3 - 6 - 2 - 4)과 제3번과 제4번 크랭크핀이 왼쪽에 있는 좌수식(점화순서 1 - 4 - 2 - 6 - 3 - 5)이 있다. 그리고 직렬 6실린 엔진의 크랭크축이 120° 회전할 때마다 1회의 폭발행정을 하므로 크랭크 축 2회전하는 동안 각 실린더가 1번씩 폭발행정을 한다.

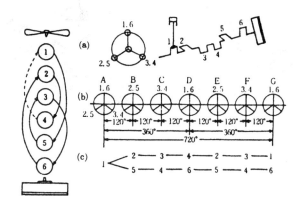

▲ 그림34 우수식 점화순서와 그 행정과의 관계

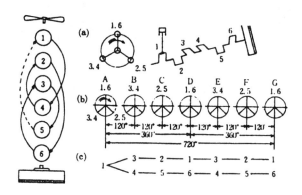

▲ 그림35 좌수식 점화순서와 그 행정과의 관계

5) 8실린더 형기관의 점화순서

직렬 8실린더형은 직렬 4실린더 기관의 크랭크 축 2개를 90°의 위상차를 두고 연결한 것이며, 기관의 길이가 길어 현재는 거의 사용되지 않는다. V-8기관의 크랭크축은 직렬 4실린더 기관의 크랭크 축과 같이 180° 위상차로 할 수 있으나 90° V형에서는 90°의 위상차로 4방향에 크랭크 핀을 둔 형식을 주로 사용한다. 직렬 8실린더 기관의 점화순서에는 1 - 6 - 2 - 5 - 8 - 3 - 7 - 4와 1 - 5 - 7 - 3 - 8 - 4 - 2 - 6이 있다.

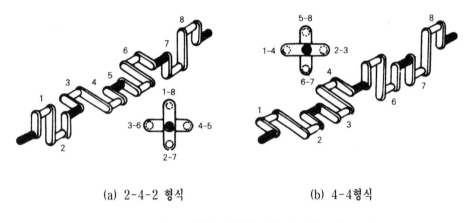

(a) 2-4-2 형식   (b) 4-4형식

▲ 그림36 직렬 8실린더 기관의 크랭크 축

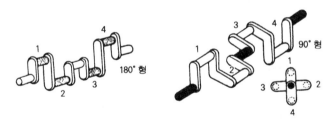

▲ 그림37 V-8기관의 크랭크축

(5) 크랭크 축 정비

1) 크랭크 축 휨 점검

V블록과 다이얼 게이지를 사용하여 측정하며 휨 값은 게이지 지침이 움직인 전체값의 ½이다. 한계값은 크랭크 축의 길이가 500 mm 이하인 경우에는 0.03 mm, 축의 길이가 500 mm 이상

일 경우에는 0.05 mm이다. 가벼운 휨은 언더 사이즈로 절삭하여 수정하고, 한계값 이상일 때에는 프레스로 수정한다.

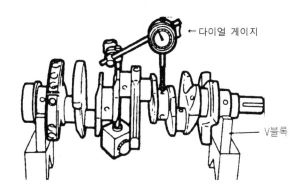

▲ 그림38　크랭크 축의 휨 점검

2) 크랭크 축에 균열(龜裂)이 있으면 교환한다.

3) 크랭크 축의 엔드 플레이(축방향 움직임 또는 축방향 유격)측정

　엔드 플레이 측정은 플라이 바로 크랭크 축을 한쪽으로 밀고 다이얼 게이지나 필러(디크니스)게이지로 점검한다. 한계값은 0.30mm이며, 스러스트 베어링을 사용하는 경우에는 스러스트 베어링을 교환하고, 스러스트 심(thrust shim)방식에서는 심을 교환한다. 엔드 플레이가 크거나 작으면 다음과 같은 영향을 미치게 된다.

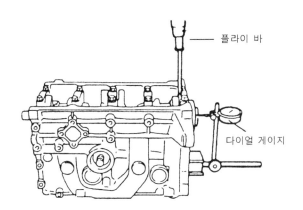

▲ 그림39　크랭크축 엔드 플레이 측정

① 엔드 플레이가 클 때 영향

㉮ 소음이 발생하고, 피스톤 측압이 커진다.

㉯ 실린더 및 피스톤, 커넥팅 로드 베어링에 편마멸이 일어난다.

㉰ 커넥팅 로드에 비틀림 하중이 작용한다.

㉱ 밸브 개폐 시기가 틀려진다.

㉲ 클러치 작동시 충격 또는 진동이 발생한다.

㉳ 베어링에서 오일이 누출된다.

② 엔드 플레이가 적을 때 영향

㉮ 마찰·마멸이 증가한다.

㉯ 스러스트 베어링에 열이 발생되어 고착이 발생한다.

㉰ 기계적 손실이 증대한다.

4) 크랭크 축 저널의 마멸량 점검

① 크랭크축의 마멸 원인

㉮ 타원 마멸원인

메인 베어링 저널이나 크랭크 핀은 폭발 압력이나 압축 압력을 받는 곳이 정해져 있어 타원으로 마멸된다.

㉯ 테이퍼 또는 경사 마멸 원인

㉠ 크랭크 축의 휨이나 비틀림이 있을 때

㉡ 커넥팅 로드의 휨이 있을 때

㉢ 피스톤 핀 구멍의 평행도가 불량할 때

㉣ 베어링 캡의 변형이 있을 때

㉤ 실린더 블록의 변형이 있을 때

② 크랭크 축 마멸시의 영향

㉮ 베어링 간극이 커지므로 유압이 저하된다.

㉯ 오일 소비량이 증가한다.

㉰ 소음 및 진동이 발생된다.

③ 크랭크축 마멸 한계값

⑦ 진원 마멸 ; 0.2 mm

⑭ 타원 마멸 및 테이퍼 마멸 ; 0.03 mm

⑮ 진원 마멸 상태가 한계값 이내일지라도 타원 또는 테이퍼 마멸이 한계값을 초과하면
크랭크 축을 수정하여야 한다.

④ 측정 기구 및 측정 방법

외측용 마이크로미터를 사용하여 크랭크 축의 오일 구멍과 양 끝단을 피하여 축 방향에
서 2 곳, 축의 직각 방향에서 2 곳을 측정하여 축의 최소 측정값을 기준으로 판정한다.

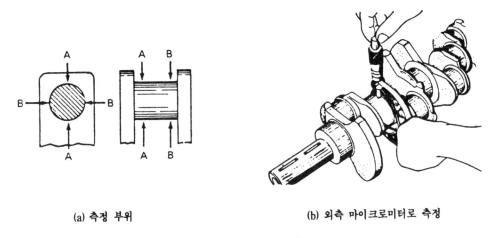

(a) 측정 부위   (b) 외측 마이크로미터로 측정

▲ 그림40 크랭크축 저널 마멸량 측정

⑤ 수정 방법 (U / S (언더 사이즈) 구하기)

⑦ 축의 최소 측정값을 구한다.

⑭ 최소 측정값에서 0.2 mm(진원 절삭량)를 뺀다.

⑮ 진원 절삭량을 뺀 값보다 작고 가장 가까운 값을 수정 기준값에서 택한다.

예제

예제 1 어떤 크랭크 축의 저널 직경의 표준값이 60.00 mm 이고 최소 측정값이 59.75 mm 이라면 수정값은 얼마인가?

풀 이 59.75mm−0.2 mm =59.55 mm 따라서 59.55 mm 보다 적고 가장 가까운 값의 수정값은 59.50 mm 가 된다. 따라서 수정값은 59.50 mm 또는 U / S(언더 사이즈) 값은 0.50 mm 가 된다. 크랭크 축을 연마 수정하면 축의 지름이 작아지므로 표준값에서 연마량 을 빼야한다. 따라서 그 치수가 작아지기 때문에 언더 사이즈(US 또는 U / S) 라 한다.

⑥ 언더 사이즈 수정의 기준값

언더 사이즈의 기준값은 0.25 mm마다 1 단계로 하여 0.25 mm, 0.50 mm, 0.75 mm, 1.00 mm, 1.25 mm, 1.50 mm로 6 단계로 되어 있다.

⑦ 언더 사이즈 수정의 한계값

크랭크 축의 지름	수정 한계값
50 mm 이하	1 . 00 mm
50 mm 이상	1 . 50 mm

2.6 크랭크 축 풀리와 비틀림 진동 방지기

(1) 크랭크 축 풀리

크랭크 축 풀리는 물 펌프 및 발전기와 동력 조향 장치의 오일 펌프, 에어컨 컴프레서 등의 구동을 위한 것이며 크랭크 축의 앞 끝에 설치되어 있다. 또 가장 자리에 점화 시기 표지가 있다.

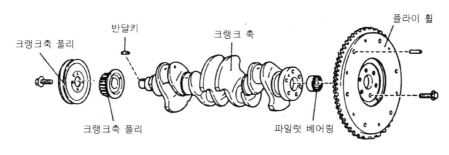

▲ 그림41 크랭크 축 풀리

(2) 비틀림 진동 방지기(진동 댐퍼)

크랭크 축의 회전력이 주기적으로 변함에 따라 생기는 비틀림 진동을 흡수하는 장치로 크랭크 축 앞 끝에 크랭크 축 풀리와 일체로 설치하여 진동을 흡수 한다. 크랭크 축에 비틀림 진동이 발생하는 원인은 다음과 같다.

① 크랭크 축의 회전력이 클수록 커진다.
② 크랭크 축의 길이가 길수록 커진다.
③ 크랭크 축의 강성이 적을수록 커진다.
④ 기관의 회전 속도가 느릴수록 커진다.
⑤ 플라이 휠에서 멀수록 커진다.
⑥ 기관의 주기적인 회전력 작용에 의해 발생된다.

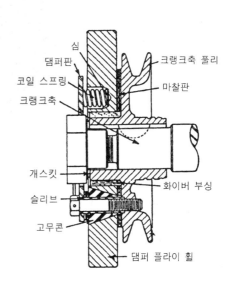

그림42 비틀림 진동 방지기 ▶

2.7 사일런트 축(카운트 사프트 ; Silent shaft or Count Shaft)

(1) 기 능

사일런트 축은 기관에서 피스톤, 커넥팅 로드의 관성에 의해 발생되는 상하 진동이나 피스톤 측압에 의해 발생되는 좌우 진동 및 소음 발생을 방지하는 작용을 한다.

(2) 진동의 크기

기관에서 발생되는 진동의 크기는 운동 부분의 중량이 클수록 크며, 회전속도가 빠를수록 커진다.

(3) 구 조

크랭크 축 좌우에 진동을 발생시키는 축을 부측압 방향에는 위쪽에, 주측압 쪽에는 아래쪽에 각각 설치하여 크랭크 축의 2 배 정도 빠른 속도로 회전하여 진동을 흡수한다.

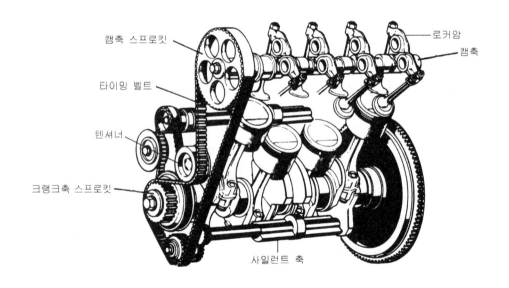

▲ 그림43 사일런트 축

(4) 작 동

1) 상하 진동

피스톤이 왕복 운동을 할 때 크랭크 축의 회전각이 0°, 180°, 360°일 때 위로 들어 올리는 힘이 발생되지만 사일런트 축은 크랭크 축의 2 배로 회전하기 때문에 사일런트 축에서 발생되는 원심력이 아래 방향으로 작용하여 진동을 방지한다.

2) 좌우 진동

피스톤의 측압에 의해 발생되는 좌우 진동은 크랭크 축의 회전각이 45°, 225° 일 때는 시계 회전 방향으로 발생되고 사일런트 축은 시계 회전 반대 방향으로 발생되고, 크랭크 축의 회전 각이 135°, 315° 일 때는 시계 회전 방향으로 발생되므로 사일런트 축은 시계 회전 방향으로 발생되어 피스톤에 의해서 발생되는 좌우 진동을 방지한다.

2.8   플라이 휠(Fly Wheel)

플라이 휠은 크랭크 축 뒷면에 볼트로 고정되어 있으며, 폭발행정 중 회전력을 저장하였다가 크랭크 축의 회전을 원활히 하는 작용을 한다. 즉, 기관의 맥동적인 회전을 원활한 회전으로 유지시키는 일을 한다. 플라이 휠은 운전 중 관성이 크고, 자체 무게는 가벼워야 하므로 중앙부는 두께가 얇고 주위는 두껍게 한 원판으로 되어 있다.

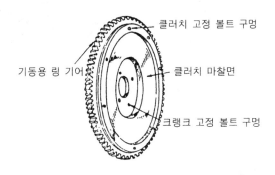

클러치 고정 볼트 구멍

기동용 링 기어

클러치 마찰면

크랭크 고정 볼트 구멍

▲ 그림44   플라이 휠

또 플라이 휠의 뒷면에는 기관의 동력을 단속(斷續)하는 클러치가 설치되며, 바깥 둘레에는 기관 시동시 기동 전동기의 피니언과 맞물려 회전력을 전달받는 링 기어가 열 박음(가열 끼워 맞춤) 되어 있다. 링 기어는 4 실린더 기관에서는 2 곳, 6 실린더 기관은 3 곳, 8 실린더 기관은 4 곳이 현저하게 마멸된다.

♣ 참고사항 ♣

　　플라이 휠 링 기어의 일부분이 마멸되었을 때는 링 기어를 120 ～ 150℃가 되도록 토치 램프로 가열하여 두들겨 빼내어 그 위치를 바꾸어 끼운다. 이 때 링 기어를 약 200℃로 가열한 다음 가볍게 두들겨 끼운다. 이것을 열박음이라 한다.

2.9 기관 베어링(Engine Bearing)

　　기관 베어링은 회전 또는 직선 운동을 하는 크랭크 축을 보호 지지하면서 운동을 원활하게 하도록 하는 기계 부품으로 마찰 및 마멸을 감소시켜 기관에서 발생되는 출력의 손실을 감소시키는 작용을 한다. 기관 베어링은 평면 베어링(plain bearing)이며 평면 베어링에는 분할형(split type)과 부시형(bushing)이 있다.

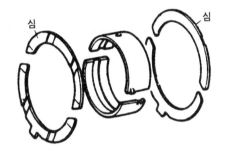

(a) 분할형 (b) 스러스트형 (c) 부시형 (부싱)

▲ 그림45　기관 베어링

♣ 참고사항 ♣

　　평면 베어링은 2개의 마찰면이 평면으로 되어 있는 베어링으로서 일체형인 부시와 분할 베어링으로 분류되며, 분할 베어링은 베이스와 캡으로 나누어진다. 베어링에 설치되는 오일 홀은 압력의 분포가 낮은 부분에 만들며, 구조가 간단하고 가격이 싸다. 또한 베어링의 정비가 용이하고 충격에 견디는 힘이 크기 때문에 베어링에 작용하는 하중이 클 때 사용된다.

(1) 베어링의 구조

1) 베어링 크러시(bearing Crush)

크러시란 베어링 바깥 둘레와 하우징 안 둘레와의 차이를 말하며, 마찰 부분에서 발생된 마찰열을 하우징으로 전달하고 또 베어링을 하우징에 밀착시켜 열전도가 잘 되도록 하기 위해 둔 것이다. 따라서 크러시가 너무 작으면 온도 변화에 의하여 헐겁게 되어 베어링이 움직이게 되고, 크러시가 너무 크면 조립시 베어링 안쪽면으로 변형되어 찌그러진다.

2) 베어링 스프레드(bearing Spread)

스프레드란 베어링 하우징의 지름과 베어링을 하우징에 끼우지 않았을 때의 베어링 바깥지름과의 차이를 말하며, 두는 이유는 다음과 같다.

① 조립시 베어링이 제자리에 밀착되도록 한다.

② 조립시 캡에 베어링이 끼워져 있어 작업이 편리하다.

③ 크러시가 압축됨에 따라 안쪽으로 찌그러지는 것을 방지한다.

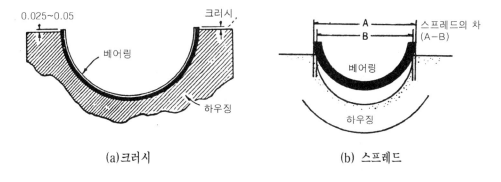

(a)크러시   (b) 스프레드

▲ 그림46 크러시와 스프레드

3) 베어링의 구비 조건

① 하중 부담 능력이 있어야 한다.

② 내피로성이 커야 한다.

③ 매입성이 좋아야 한다.

④ 추종 유동성이 있어야 한다.

⑤ 내부식성 및 내마멸성이 커야 한다.

⑥ 마찰계수가 작아야 한다.

4) 베어링의 재료

베어링 재료에는 구리, 납, 은, 카드뮴, 알루미늄 등의 합금인 배빗메탈, 켈밋합금, 알루미늄 합금 등이 있다. 어느 것이나 크랭크 축 저널의 재질보다 융점이 낮고 연하므로 한계 윤활상태가 되면 자체가 소모되어 저널의 마멸을 방지한다.

① 배빗 메탈(Babbit metal)

배빗메탈은 주석(Sn)계와 납(Pb)계가 있으며, 주석계 합금 배빗 메탈 은 주석(Sn) 80 ~ 90%, 납(Pb) 1% 이하, 안티몬(Sb) 3 ~ 12%, 구리(Cu) 3 ~ 7%로 조성되어 있다. 납 합금 배빗 메탈 은 주석(Su) 1%, 납(Pb) 83%, 안티몬(Sb) 15%, 구리(Cu) 1%로 조성되어 있다. 배빗 메탈의 특징은 길들임성, 내부식성, 매입성은 양호하지만, 고온 강도가 낮고 열전도율이 불량하며, 피로 강도가 좋지 않다.

② 켈밋 합금(Kelmet Alloy)

켈밋 합금은 구리(Cu) 60~ 70%, 납(Pb) 30 ~ 40%로 조성되어 있으며, 특징은 열전도율이 양호하여 베어링의 온도를 낮게 유지할 수 있고, 고온 강도가 좋고 부하 능력 및 반융착성이 좋아 고속, 고온, 고하중용 기관에 사용된다. 그러나 경도가 높기 때문에 내부식성, 길들임성, 매입성이 낮고, 열팽창률이 크기 때문에 베어링의 오일 간극을 크게 설정해야 한다.

③ 트리 메탈(Three metal)

트리 메탈은 강철의 셀에 아연(Zn) 10%, 주석(Sn) 10%, 구리(Cu) 80% 를 혼합한 연청동(또는 켈밋 합금)을 중간층에 융착하고 연청동 표면에 배빗메탈을 0.02~0.03mm 정도로 코팅한 베어링이다. 특징은 열적 및 기계적 강도를 크고 길들임성, 내식성, 매입성을 좋다.

④ 알루미늄 합금 베어링

알루미늄 합금 베어링은 알루미늄(Al)에 주석(Sn)을 혼합한 것이며, 특징은 배빗 메탈과 켈밋 메탈의 장점을 가지며, 길들임성과 매입성은 켈밋 메탈과 배빗 메탈의 중간 정도로 좋지 않다.

5) 베어링의 오일 간극

오일 간극은 일반적으로 0.02 ~ 0.05mm 정도이며, 간극이 크면 유압이 저하되고 실린더 벽에 비산되는 오일의 양이 과대하여 연소실에 유입되므로 오일의 소비가 증대된다. 반대로 간극이 적으면 저널과 베어링 표면이 직접 접촉되어 마찰 및 마멸이 증대되고 실린더 벽에 오일의 공급이 불량하게 된다. 베어링 오일간극 및 크랭크축의 테이퍼 마멸 등의 점검은 플라스틱 게이지로 한다.

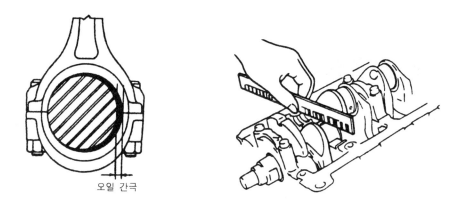

오일 간극

▲ 그림47 오일 간극과 오일간극 점검

2.10 밸브 기구

4 행정 사이클 기관은 폭발 행정에 필요한 혼합기를 연소실 안으로 흡입하고 또 연소 가스를 외부로 배출하기 위해 연소실에 밸브를 두고 있다. 흡입 밸브는 실린더 내로 혼합기 또는 공기를 유입하는 작용을 하고, 배기 밸브는 실린더 내의 연소 가스를 바깥쪽으로 배출하는 작용을 한다. 이들의 밸브를 개폐하는 장치를 밸브 기구라고 한다.

(1) 밸브 기구의 분류

밸브 기구는 캠 축, 밸브 리프터(또는 태핏), 푸시로드, 로커암 축 어셈블리, 밸브 등으로 구성되어 있으며, OHC형, I-헤드형(OHV), L-헤드형(SV) 등이 있다.

1) OHC(Over Head Cam Shaft)형 밸브 기구

이 형식은 실린더 헤드에 캠 축을 설치하고 밸브를 개폐시키는 것이며, 캠이 밸브를 직접 개폐시키는 다이렉트형, 캠의 회전 운동을 스윙 암을 작동시켜 밸브를 개폐시키는 스윙 암형, 캠의 회전 운동을 로커암에 전달하여 밸브를 개폐시키는 로커암형으로 분류된다. 또 OHC형에는 1개의 캠 축으로 모든 밸브를 개폐시키는 SOHC형과 2개의 캠 축으로 각각의 흡·배기 밸브를 구동하는 DOHC형이 있으며 DOHC형의 특징은 다음과 같다.

① 흡입 효율을 높일 수 있다.   ② 허용 최고 회전속도를 높일 수 있다.

③ 연소 효율을 높일 수 있다.   ④ 응답성이 향상된다.

⑤ 구조가 복잡하고, 가격이 비싸다.

♣ 참고사항 ♣

OHC의 종류

❶ SOHC 다이렉트형 : 캠이 밸브 스템 끝 위쪽에 설치된 리프터를 통하여 밸브를 직접 개폐시키는 형식이다.

❷ SOHC 스윙 암형 : 캠이 밸브 스템 끝 위쪽에 설치된 스윙 암을 통하여 밸브를 개폐시키는 형식이다.

❸ SOHC 로커암형 : 캠이 로커암을 작동시키면 로커암이 밸브를 개폐시키는 형식이다.

❹ DOHC 다이렉트형 : 실린더 헤드에 흡·배기 밸브 개폐용 캠 축을 각각 설치한 형식이다.

❺ DOHC 스윙 암형 : 실린더 헤드에 흡·배기 밸브 개폐용 캠 축을 각각 설치한 형식이다.

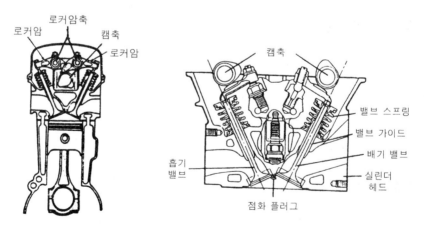

▲ 그림48 SOHC형   ▲ 그림49 DOHC형

2) ㅣ - 헤드형(I-head type or OHV)밸브 기구

이 형식은 캠 축, 밸브 리프터, 푸시로드, 로커암 축 어셈블리, 밸브로 구성되어 있으며 흡·배기 밸브가 모두 실린더 헤드에 설치되어 있으므로 밸브 리프터와 밸브 사이에 푸시로드와 로커암 축 어셈블리의 두 부품이 더 설치되어 있다. 작동은 캠 축이 회전 운동을 하면 푸시로드가 밸브 리프터에 의하여 상하 운동을 하면 로커암이 그 설치축을 중심으로하여 요동(搖動)을 한다.

이에 따라 로커암의 밸브쪽 끝이 밸브 스템 끝을 눌러 열리게 하고, 밸브 스프링의 장력으로 닫힌다. I-헤드형은 흡·배기가스의 흐름저항이 적고, 밸브 헤드의 지름과 양정을 크게 할 수 있다. 또 연소실 형상도 간단해 고압축비를 얻을 수 있어 열효율을 높일 수 있고 노킹 발생도 비교적 적으나 밸브 기구가 복잡하고 소음과 관성력이 커지는 결점이 있다.

(2) L - 헤드형(SV)밸브 기구

이 형식은 캠 축, 밸브 리프터, 밸브로 구성되어 있으며 흡·배기밸브는 실린더 블록에 일렬로 설치되어 있다. 캠 축은 크랭크 케이스 옆이나 그 위쪽에 설치되며 캠 축의 회전운동을 밸브 리프터의 상하운동으로 밸브를 개폐한다. L-헤드형은 구조가 간단하고 부품수가 적으나 흡·배기 통로의 휨이 크고, 연소실이 편평해 노킹발생이 크다. 현재는 거의 사용하지 않는다.

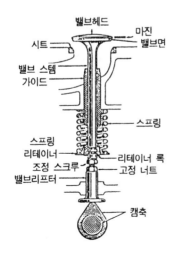

▲ 그림50 L-헤드형 밸브 기구

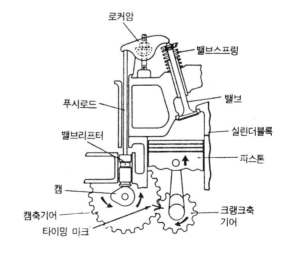

▲ 그림51 ㅣ-헤드형 밸브 기구

(3) 밸브기구의 구성 부품과 그 기능

1) 캠 축과 캠(cam shaft & cam)

캠 축은 기관의 밸브 수와 같은 수의 캠이 배열된 축이다. 캠 축의 주기능은 흡·배기밸브 개폐이며, 부수직으로 오일펌프·배선기 및 연료펌프를 구동시키기도 한다. 재질은 특수주철, 저탄소 침탄강, 중탄소강을 화염경화나 고주파 경화시킨 것을 사용한다.

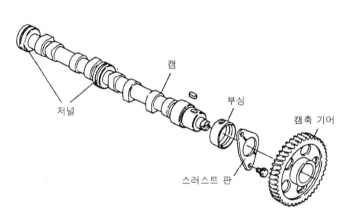

▲ 그림52 캠 축

① 캠의 구조

㉮ 노즈(nose) : 밸브가 완전히 열리는 점이다.

㉯ 플랭크(Flank) : 밸브 리프터 또는 로커암과 접촉되는 부분이다.

㉰ 로브(lobe) : 밸브가 열려서 닫힐 때까지의 둥근 돌출차를 말한다.

㉱ 양정 (lift) : 기초원과 노즈사이의 거리이다.

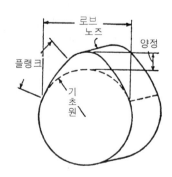

◀ 그림53 캠의 구조

② 캠의 특징

㉮ 접선 캠의 특징

㉠ 플랭크가 기초원에 대하여 접선을 이루고 있어 제작은 쉬우나 밸브의 개폐가 급격히 이루어진다.

㉡ 밸브가 닫힐 때 밸브 운동이 캠을 따라가지 못하므로 장력이 강한 밸브 스프링을 사용하여야 한다.

㉢ 밸브 시트에 큰 충격을 주므로 고속용 기관에는 부적합하며 캠의 플랭크가 직선이므로 리프터 밑면이 원호(圓弧)로 되어 있다.

㉯ 볼록 캠의 특징

㉠ 원호 캠이라고도 부르며 플랭크가 원호로 되어 있으며 제작이 비교적 쉬우며, 고속용 기관에서 평면 리프터와 조합하여 사용하고 있다.

㉡ 등가속도의 캠에 비하여 밸브의 개폐시에 가속도가 크다.

㉰ 오목 캠의 특징

㉠ 플랭크가 오목하게 되어 있어 밸브의 가속도를 일정하게 할 수 있고 롤러 리프터와 조합 사용하고 있다.

㉡ 정 가속 캠이라고도 부르며, 대형 기관에서 사용한다.

㉱ 비례 캠의 특징

㉠ 볼록 캠의 일종으로 특정 회전수에서 밸브 기구의 변형을 고려하여 제작된 것이다.

㉡ 캠의 가속도 변화를 원활하게 하여 밸브 기구에 충격이 발생되는 것을 방지한다.

③ 캠 축의 구동 방식

㉮ 기어 구동식

기어 구동식은 크랭크 축 기어와 캠 축 기어의 물림에 의해 구동되는 방식이며 점화시기 표지가 가 새겨져 있다. 재질은 크랭크 축 기어는 탄소강이나 크롬 강을 사용하고, 캠 축 기어는 소음과 마멸을 적게 하기 위해 합성 수지(베이클라이트) 사용한다.

또 회전이 원활하고 소음을 적게 하기 위해 헬리컬 기어 또는 스파이럴 기어를 사용하고 있다. 4행정 사이클 기관의 경우 크랭크 축기어와 캠 축기어의 지름의 비는 1 : 2이고, 회전비는 2 : 1이다.

♣ 참고사항 ♣

타이밍 기어(timming Gear) : 크랭크 축기어와 캠축기어는 피스톤의 상하 운동에 맞추어서 밸브 개폐시기와 점화시기를 바르게 유지하므로 타이밍 기어라고 한다. 이 타이밍 기어의 백래시(back lash)가 커지면(기어가 마멸되면) 밸브 개폐시기가 틀려진다. 그리고 백래시란 한 쌍의 기어가 물렸을 때 기어 이빨면 뒤에 생기는 간극을 말한다.

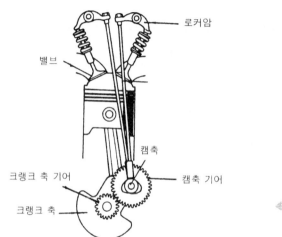

로커암
밸브
캠축
크랭크 축 기어
캠축 기어
크랭크 축

◀ 그림54 기어 구동식

㉯ 체인 구동식

체인 구동식은 크랭크 축과 캠 축에 스프로킷을 설치하고 체인으로 구동하는 방식이다. 이 구동식은 체인의 헐거움을 자동 조절하는 텐셔너(tensioner)와 진동을 방지하는 댐퍼(damper)가 설치되어 있다. 특징은 캠 축의 위치를 자유로이 정할 수 있고, 소음이 적으며 전달 효율이 높다.

캠축 스프로킷
타이밍 체인
크랭크 축 스프로킷

그림55 체인 구동식 ▶

㉓ 벨트 구동식

　벨트 구동식은 체인 대신 고무제 투스 벨트(rubber tooth velt)로 구동하며 소음이 없고 구동이 원활하다.

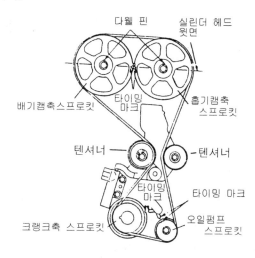

▲ 그림56　벨트 구동식

2) 밸브 리프터(valve lift)

　밸브 리프터는 밸브 태핏이라고도 부르며 종류에는 기계식과 유압식이 있다. 작용은 캠의 회전 운동을 상하 운동으로 바꾸어 밸브 또는 푸시 로드에 전달하는 일을 한다.

　① 기계식 밸브 리프터

　　기계식 리프터의 형상은 I-헤드형은 원통형이고 그 내부에는 푸시로드를 받는 오목면이 있다. L-헤드형은 캠의 접촉면에 플랜지부가 있고 상부에는 밸브 간극 조정용 스크루가 있다.

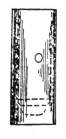
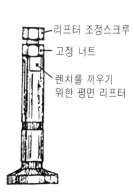

그림57　기계식 밸브 리프터 ▷

(a) OHV형　　(b) L헤드형

리프터 밑면은 편마멸을 방지하기 위하여 리프터 중심과 캠 중심을 오프셋(Off-set)시키고 있다.

② 유압식 리프터

유압식 리프터는 오일의 순환 압력과 오일의 비압축성을 이용하여 기관의 작동 온도에 관계없이 항상 밸브 간극을 0으로 유지시키도록 한 방식이다. 이 방식의 특징은 다음과 같다.

㉮ 기관 윤활 장치에서 공급되는 유압을 이용한다.

㉯ 밸브 기구의 작동이 정숙하다.

㉰ 밸브 간극 점검 및 조정이 필요 없다.

㉱ 밸브 기구에서 발생되는 충격을 오일이 흡수하므로 밸브 기구의 내구성이 좋다.

㉲ 밸브 개폐 시기가 정확하여 기관 성능이 향상된다.

㉳ 오일 펌프나 윤활회로에 고장이 발생하면 작동이 불량하거나 정지한다.

㉴ 구조가 복잡하다.

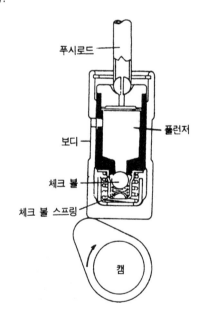

▲ 그림58 유압식 밸브 리프터의 구조

또 유압식 밸브 리프터의 작동은 다음과 같다.

① 밸브가 닫혀 있을 때의 작동

　오일 펌프에서 공급되는 오일이 리프터 보디와 플런저(plunger)에 마련된 오일 구멍을 통하여 플런저 아래쪽 방의 체크 볼(check ball)을 열고 들어와 채워지면 플런저를 밀어 올려서 밸브 간극을 0으로 유지한다.

② 밸브가 열릴 때의 작동

　캠이 작동하기 시작하여 밸브 리프터 보디가 상승하면 푸시 로드에 의해 플런저와 플런저 스프링이 눌리기 때문에 플런저 아래쪽 방의 오일이 가압되어 체크 볼이 닫히게 된다. 이에 따라 플런저와 리프터가 일체로 되어 푸시 로드를 밀어 올려 밸브를 연다.

③ 밸브가 닫힐 때의 작동

　캠이 더 회전하여 리프터 보디를 아래에서 미는 힘이 없어지면 플런저 아래쪽 방의 유압이 낮아져 체크 볼이 플런저의 구멍에서 떨어진다. 따라서 리프터 보디는 유압과 밸브 스프링의 장력에 의하여 캠으로 밀리고 플런저는 푸시 로드가 눌러 내리기 때문에 밸브 간극은 0으로 유지된다.

♣ 참고사항 ♣

　리크 다운 : 유압식 밸브 리프터에서 밸브가 열릴 때 플런저와 보디 사이에서 오일 누출로 인하여 완전히 플런저가 상승하지 못하는 현상이다. 즉 밸브가 열리는 초기에 캠에 의해서 밸브 리프터 보디가 상승하면서 플런저 스프링을 압축하면 유압이 상승하여 체크 볼을 막을 때까지 플런저 아래 쪽 방내의 오일이 누출되어 푸시 로드를 밀어올리는 시간이 지연되는 현상으로서 리크 다운은 플런저와 보디의 마멸 또는 오일의 점도가 낮으면 발생된다.

3) 푸시로드(Push-rod)

　푸시로드는 밸브 리프터와 로커암의 한 끝을 잇는 강철제의 막대이며 위·아래 접촉면은 표면 경화되어 있다.

4) 로커암 축 어셈블리(Rocker arm assembly)구성부품과 작용

　① 로커암 : 밸브 스템 끝을 눌러 밸브를 개폐시키는 역할을 하는 부분이다.

　② 로커암 스프링 : 로커암이 작동 중에 축방향으로 이동하는 것을 방지한다.

　③ 로커암 축 : 내부는 중공으로 되어 오일 통로의 역할과 로커암을 지지한다.

④ 로커암 지지대 : 로커암 축을 실린더 헤드에 지지한다.

♣ 참고사항 ♣

　　로커암은 로커암 축을 중심으로 원호 운동을 하기 때문에 굽힘이 작용되므로 위쪽에 리브를 두어 강성을 크게 하며, 밸브 또는 캠 축과 접촉되는 부분은 마찰이 발생되므로 크롬강이 사용된다. 또한 로커암은 밸브 쪽을 캠쪽 또는 푸시로드 쪽보다 I-헤드형 기관에서는 1.4 ~ 1.6 배정도, OHC 기관에서는 1.3 ~ 1.6 배정도 길게 되어 있다.

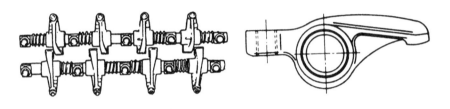

▲ 그림59　로커암 축 어셈블리

5) 밸브(Valve)

　　자동차용 기관에서는 포핏 밸브(poppet valve)가 사용되고 흡기와 배기 밸브로 되어 있으며 밸브 헤드, 마진, 밸브 면, 스템, 밸브 스프링 리테이너 록홈 및 스템 끝 등의 주요부로 되어 있다. 밸브의 기능은 혼합기를 실린더에 유입하거나 연소 가스를 대기 중에 배출하고, 압축과 폭발 행정에서는 가스의 누출을 방지하는 역할을 한다. 열릴 때에는 밸브 기구에 의해서, 닫힐 때에는 스프링의 장력에 의해서 닫힌다.

① 밸브의 구비 조건

　㉮ 고온·고압에 충분히 견딜 수 있는 강도가 있어야 한다.

　㉯ 혼합기에 이상 연소가 발생되지 않도록 열전도가 양호하여야 한다.

　㉰ 혼합기나 연소 가스에 접촉되어도 부식되지 않아야 한다.

　㉱ 관성력이 증대되는 것을 방지하기 위하여 가능한 가벼워야 한다.

　㉲ 충격과 항장력에 잘 견디고 내구력이 있어야 한다.

② 밸브의 재질

　㉮ 밸브 헤드

　　헤드의 재질은 크롬(Cr 14 ~ 26%), 니켈(Ni 13 ~ 22%), 텅스텐(W 2 ~ 3%)을 혼합한

합금강이나 내열성과 내부식성이 우수한 오스테나이트계의 내열강을 사용한다.

㉯ 밸브 스템

스템의 재질은 크롬(Cr 7.5 ~ 13%), 니켈(Ni 2.5 ~ 3%)을 혼합한 합금강이나 내마멸성과 내부식성이 우수한 페라이트계의 내열강을 사용한다.

㉰ 밸브 스템 끝

코발트(Co 40 ~ 55%), 크롬(Cr 15 ~ 33%), 텅스텐(W 10 ~ 18%)을 혼합한 스텔라이트를 융착하여 사용한다.

♣ 참고사항 ♣

최근에는 밸브 헤드는 오스테나이트계를 스템은 페라이트계를 사용하여 전기용접 한다.

③ 밸브의 주요부

㉮ 밸브 헤드(Valve Head)

밸브 헤드는 고온·고압의 가스에 노출되며, 특히 배기밸브는 열적부하가 매우 크다. 그리고 흡입효율을 높이기 위해 흡입밸브 헤드의 지름을 크게 하고 있으며 밸브 헤드의 구비조건은 다음과 같다.

㉠ 가스의 통과에 대해서 유동 저항이 적은 통로를 형성하여야 한다.

㉡ 내구력이 크고 열전도가 잘되어야 한다.

㉢ 관성이 증대되지 않도록 경량이어야 한다.

㉣ 기관의 출력을 증대시키기 위하여 밸브 헤드의 지름을 크게 하여야 한다.

또 밸브 헤드 형상에 따라 평면형, 튤립형, 반 튤립형, 버섯형이 있다.

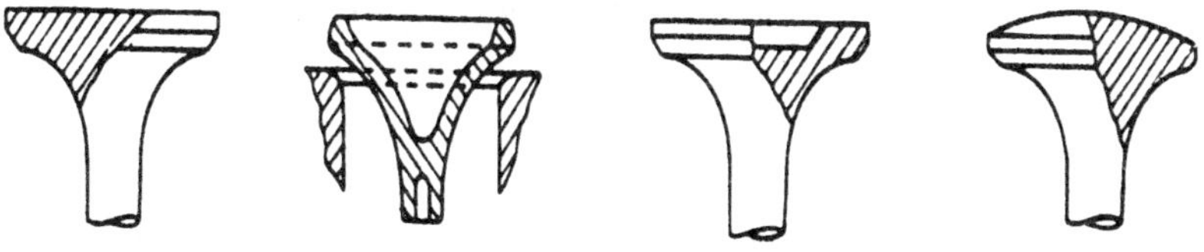

(a) 플랫형   (b) 튤립형   (c) 반튤립형   (d) 버섯형

▲ 그림60 밸브 헤드의 형상

♣ 참고사항 ♣

　홉입 밸브 헤드의 지름은 홉입 효율 및 체적 효율을 증대시키기 위하여 배기 밸브 헤드의
지름보다 크며, 배기 밸브 헤드의 지름은 연소실을 감소시키기 위하여 작게 제작하지만 일반적
으로 밸브 헤드의 지름은 2밸브식일 때 실린더 지름의 48 ~ 50% 정도이고 4 밸브식일 때는
실린더 지름의 35 ~ 37% 정도이다. 양정은 밸브 헤드 지름의 ¼정도로 하지만 홉입 밸브의
양정은 밸브 헤드 지름의 21 ~ 26% 정도이고 배기 밸브의 양정은 밸브 헤드 지름의 25 ~ 30%
정도이다.

㉯ 밸브 마진(Valve margin)

　밸브 마진은 기밀 유지를 위하여 고온과 충격에 대한 저항력을 가져야 하며 마진의
두께는 일반적으로 1.2 mm 정도이며, 0.8 mm 이하일 때는 교환한다.

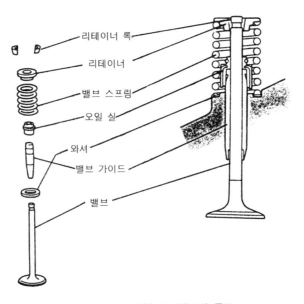

리테이너 록
리테이너
밸브 스프링
오일 실
와셔
밸브 가이드
밸브

▲ 그림61　밸브의 구조

㉰ 밸브 면(Valve face)

　밸브 면은 시트(seat)에 밀착되어 기밀유지 및 냉각작용(75%)을 하며, 밸브 면과 시트
의 접촉 폭은 1.5 ~ 2.0 mm 이다. 밸브면 각은 30°, 45°, 60° 의 3 종류가 있으나 45°를
주로 사용한다.

㉱ 밸브 스템(valve stem)

밸브 스템은 밸브 가이드에 끼워져 밸브의 상하 운동을 유지하는 부분이며, 밸브 헤드부의 열을 가이드를 통하여 25%를 냉각한다. 그리고 배기 밸브 스템의 지름이 흡입 밸브 스템의 지름보다 크다. 밸브 스템의 휨 점검시에는 다이얼 게이지, 정반, V블록 등이 필요하다.

㉲ 밸브 스템 끝(Valve stem end)

밸브 스템 끝은 캠이나 로커 암과 충격적으로 접촉되는 부분이며, 밸브의 열팽창을 고려하여 밸브 간극이 설정된다. 그리고 밸브 스템 끝은 평면으로 연마되어야 한다. 또 밸브 스템 끝 부분은 밸브 간극(태핏간극)이 클 때 찌그러지는 원인이 된다.

♣ 참고사항 ♣

나트륨 밸브 : 밸브 스템을 중공으로 하고 금속 나트륨을 체적의 40 ~ 60% 봉입한 밸브이다.

6) 밸브 시트(Valve seat)

시트는 밸브 면과 접촉되어 연소실의 기밀을 유지하는 작용을 하며, 연소시에 받는 밸브 헤드의 열을 실린더 헤드로 전달한다. 밸브 시트의 각은 30°, 45°, 60°이고 시트의 폭은 1.5~2.0 mm이다. 밸브 면과 시트 사이에 1/4~1° 정도의 간섭각을 두기도 하는데 이것은 열팽창을 고려 한 것이다. 밸브나 밸브 시트를 교환하였을 때에는 래핑(lapping)작업을 하여야 한다.

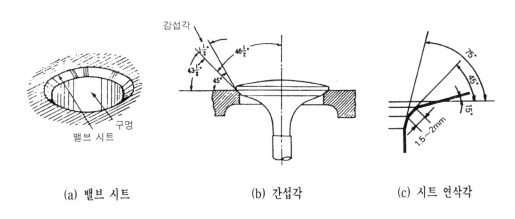

(a) 밸브 시트   (b) 간섭각   (c) 시트 연삭각

▲ 그림62 밸브 시트

❤ 참고사항 ❤

❶ 시트 폭이 넓으면 밸브의 냉각 작용이 양호하지만, 접촉 압력이 작아 블로바이가 발생하기 쉬우며, 시트 폭이 좁으면 냉각 작용은 불량하나 접촉 압력이 크기 때문에 블로바이가 발생되지 않는다.

❷ 밸브 시트의 침하량이 1mm 일 때는 와셔를 넣고, 침하량이 2mm 일 때는 시트를 교환한다.

❸ 밸브 래핑 : 밸브 페이스와 시트의 접촉이 불량할 때 랩재를 사용하여 정밀·연마하는 작업이다. 래핑 작업은 래퍼를 양손에 끼우고 좌우로 돌리면서 이따금 가볍게 충격을 준다.

❹ 밸브시트의 연삭법 : 밸브 시트의 접촉각이 45° 일 때 사용되는 밸브 시트의 연삭각은 15°, 45°, 75° 이다.

7) 밸브 스프링(Valve Spring)

밸브 스프링은 밸브가 닫혀 있는 동안 기밀을 유지하며, 밸브가 개폐 될 때 캠의 모양에 따라 확실하게 작동하도록 하여야 하며, 그 구비조건은 다음과 같다.

바깥 스프링

안 스프링

이중 스프링   원통형   원뿔형   넓음   좁음

▲ 그림63 밸브 스프링의 종류

① 밸브 면과 시트가 확실히 접촉되어 기밀을 유지하도록 충분한 장력이 있어야 한다.

② 밸브 스프링의 고유 진동인 서징(surging)을 일으키지 않아야 한다.

③ 기관의 최고 회전 속도에서 견딜 수 있는 정도의 내구성이 있어야 한다.

④ 밸브 기구의 관성력을 이기고 캠의 형상대로 움직이도록 하여야 한다.

그리고 밸브 스프링의 재질은 니켈 강 또는 규소 크롬강(스프링 강)을 사용한다.

♣ 참고사항 ♣

❶ 밸브 스프링의 장력이 너무 크면 기밀유지 및 냉각은 양호하나 시트의 침하가 증대되고, 너무 약하면 기밀유지 및 냉각이 불량하고 서징 현상이 발생된다.

❷ 서징 현상 : 고속시 밸브 스프링의 신축이 심하여 밸브의 고유 진동수와 캠의 공명에 의해 스프링이 튕기는 현상이며, 서징 현상이 발생되면 밸브의 개폐시기가 불량하고 소음 및 기밀 유지가 불량해 진다. 서징의 방지법은 다음과 같다.

　❶ 고유 진동수가 서로 다른 2중 스프링을 사용한다.

　❶ 정해진 양정 내에서 충분한 스프링 정수를 얻도록 한다.

　❶ 부등 피치의 스프링을 사용한다.

　❶ 밸브 스프링의 고유 진동수를 높게 한다.

　❶ 원뿔형 스프링(conical spring)을 사용하여 서징을 방지한다.

❸ 밸브 스프링 점검 사항

　❶ 자유고(自由高) : 규정 높이의 3% 이상 감소되었을 때는 교환한다.

　❶ 직각도(直角度) : 자유고 100mm 에 대하여 3mm 이상 변형되었을 때는 교환한다.

　❶ 장력(張力) : 규정 장력의 15% 이상 감소되었을 때는 교환한다.

　❶ 접촉면은 ⅔이상 수평일 것

8) 밸브 스프링 리테이너와 록

① 밸브 스프링 리테이너는 록에 의해 밸브 스템에 고정되며 밸브 스프링의 시트 역할을 한다.

② 록은 리테이너를 고정하는 장치로 말굽형, 핀형, 분활형이 있으며 분활형이 주로 사용된다.

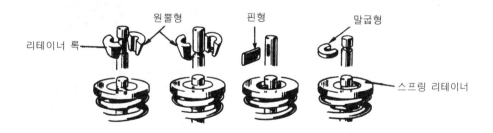

▲ 그림64　스프링 리테이너와 록

9) 밸브 가이드(Valve Guide)

밸브 가이드는 밸브의 상하 운동 및 시트와 밀착을 바르게 유지하도록 밸브 스템을 안내해

주는 부분이다. 그리고 밸브 가이드는 밸브 헤드의 변형, 가이드의 휨, 밸브 스프링 설치 불량 등으로 인하여 편마멸을 일으킨다.

▲ 그림65 밸브 가이드

10) 밸브 회전 기구

① 두는 목적

㉮ 밸브 시트에 카본이 쌓이는 것을 방지한다.

㉯ 밸브 면과 시트의 밀착을 양호하게 한다.

㉰ 밸브 스템과 가이드에 카본이 쌓이는 것을 방지하여 밸브의 스틱 현상을 방지한다.

㉱ 밸브 면과 시트, 스템과 가이드의 편마멸을 방지한다.

㉲ 밸브 헤드의 부분적인 온도 상승을 방지하여 균일하게 유지할 수 있다.

② 회전 기구의 종류

㉮ 릴리스 형식 (자유회전식)

이 형식은 와셔모양의 스프링 리테이너 록, 팁 컵으로 구성되어 밸브가 완전히 열렸을 때 팁 컵에 의하여 밸브는 밸브 스프링의 장력을 받지 않기 때문에 기관의 진동으로 회전한다.

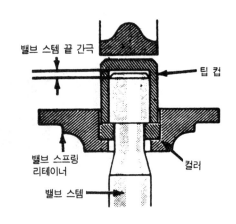

그림66 릴리스 형식 ▶

㉯ 포지티브 형식 (강제 회전식)

이 형식은 시팅 컬러, 스프링 리테이너, 볼, 플렉시블 와셔 등으로 구성되어 밸브가 열릴 때 강제적으로 밸브를 회전한다.

시프팅 컬러
스프링
로커 암
플랙시블 와서
리테이너

로터불
← 회전방향

플랙시블 와서　스프링
로터불
리테이너
경사면 테이퍼

▲ 그림67　포지티브 형식

11) 밸브 개폐 시기

흡입 밸브는 상사점 전 $10 \sim 30°$ 에서 열려, 하사점 후 $45 \sim 60°$ 에서 닫히고, 배기 밸브는 하사점 전 $45 \sim 60°$ 에서 열려, 상사점 후 $10 \sim 30°$ 에서 닫힌다. 그리고, 상사점 부근에서 흡·배기 밸브가 동시에 열려 있게 되는데 이것을 밸브 오버랩(Valve Over Lap)이라고 한다. 밸브 오버랩을 두는 이유는 흡입효율의 향상 및 잔류 배기 가스를 배출하기 위함이다.

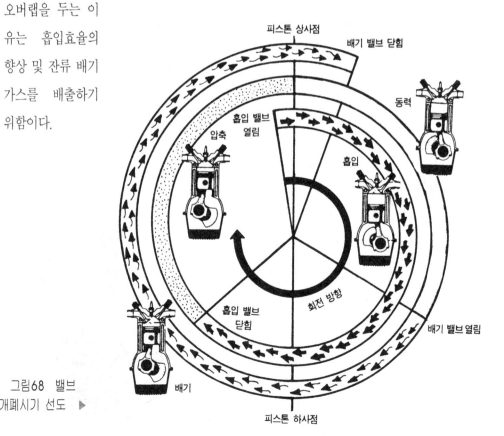

피스톤 상사점
배기 밸브 닫힘
동력
흡입
압축
흡입 밸브 열림
흡입 밸브 닫힘
회전 방향
배기 밸브 열림
배기
피스톤 하사점

그림68 밸브 개폐시기 선도 ▶

예 제

예제 1

어느 4행정 사이클 기관의 밸브 개폐시기가 다음과 같다. 각 행정 기간과 밸브 오버랩을 각각 구하시오.

- 흡입밸브 열림 : 상사점 전 18°
- 흡입밸브 닫힘 : 하사점 후 46°
- 배기밸브 열림 : 하사점 전 38°
- 배기밸브 닫힘 : 상사점 후 13°

풀 이

① 흡입행정 기간 = 흡입밸브 열림 각 + 180° + 흡입밸브 닫힘 각

$$= 18° + 180° + 46° = 244°$$

② 배기행정 기간 = 배기밸브 열림각 + 180° + 배기밸브 닫힘각

$$= 38° + 180° + 13° = 231°$$

③ 압축행정 기간 = 180° − 흡입밸브 닫힘각

$$= 180° − 46° = 134°$$

④ 폭발행정 기간 = 180° − 배기밸브 열림 각

$$= 180° − 38° = 142°$$

⑤ 밸브 오버랩 기간 = 흡입밸브 열림 각 + 배기 밸브 닫힘 각

$$= 18° + 13° = 31°$$

12) 밸브 간극

밸브 간극은 기관 작동 중 열팽창을 고려하여 I-헤드형과 OHC형에서는 밸브 스템 끝과 로커암 사이에, L-헤드형은 밸브 리프터(태핏)와 스템 끝사이에 두고 있다. 일반적으로 배기밸브쪽 간극을 더 크게 두는데 이것은 배기 밸브쪽의 온도가 높아 열팽창률이 크기 때문이다.

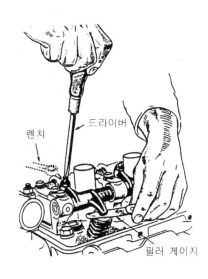

렌치
드라이버
필러 게이지

그림69 OHC형 기관의 밸브간극 점검 ▶

대략 흡입 밸브의 간극은 0.20~0.35mm, 배기밸브의 간극은 0.3~0.4mm정도이며, 기관이 냉각되었을 때와 웜업된 후의 간극이 달라진다.

그리고 밸브 간극이 너무 크면 정상 운전온도에서 밸브가 완전히 열리지 못하며, 간극이 너무 작으면 일찍 열리고 늦게 닫혀 열림기간이 길어짐으로 인하여 실화나 역화가 발생하기 쉬워진다. 밸브 간극을 점검할 때에는 기관의 작동이 정지된 상태에서 필러(디크니스)게이지를 사용한다.

제3절 윤활 장치

운동 부분에 유막을 형성하여 마찰력이 큰 고체마찰을 액체 마찰로 바꾸는 것을 윤활이라고 하고 여기에 사용하는 오일을 윤활유라 하며 유막을 유지하는 윤활 공급 계통 전체를 윤활 장치라고 한다.

3.1 윤활유의 작용

① 감마 작용 : 강인한 유막을 형성하여 마찰 및 마멸을 방지하는 작용이다.

② 밀봉 작용(기밀 유지 작용) : 고온·고압의 가스가 누출되는 것을 방지하는 작용이다.

③ 냉각 작용(열전도 작용) : 마찰열을 흡수하여 방열하고 고착을 방지하는 작용이다.

④ 세척 작용(청정 작용) : 먼지와 연소 생성물의 카본, 금속 분말 등을 흡수하는 작용이다.

⑤ 응력 분산 작용(충격 완화 작용) : 부분적인 압력을 오일 전체에 분산시켜 평균화시키는 작용이다.

⑥ 방청 작용(부식 방지 작용) : 수분 및 부식성 가스가 침투하는 것을 방지하는 작용이다.

3.2 윤활유가 갖추어야 할 조건

① 점도지수가 크고, 점도가 적당하여야 한다.

② 청정력이 커야 한다.

③ 열과 산에 대하여 안정성이 있어야 한다.

④ 기포의 발생에 대한 저항력이 있어야 한다.

⑤ 카본 생성이 적어야 한다.

⑥ 응고점이 낮아야 한다.

⑦ 비중이 적당하여야 한다.

⑧ 인화점 및 발화점이 높아야 한다.

♣ 참고사항 ♣

❶ 점도 : 액체를 이동시킬 때 나타나는 내부 저항이며, 오일의 가장 중요한 성질이다.

❷ 유성 : 금속 마찰면에 유막을 형성하는 성질을 말한다.

❸ 점도지수 : 오일이 온도 변화에 따라 점도가 변화하는 정도를 표시하는 것으로서, 점도 지수가 높을수록 온도에 의한 점도 변화가 적다.

❹ 인화점 : 일정한 용기 속에 윤활유(연료유)를 넣고 가열하면 증기가 발생되어 공기와 혼합한다. 혼합기가 가연 한계 범위이면 불꽃에 쉽게 인화되는데 이 때 가장 낮은 온도를 말한다.

❺ 발화점 : 윤활유(연료유)는 그 온도가 높아지면 외부로부터 불꽃을 가까이하지 않아도 자연 발화하여 연소한다. 이때의 최저 온도를 착화점 또는 발화점이라 한다.

3.3 윤활유의 분류

윤활유의 분류에는 점도에 따른 분류인 SAE분류와, 기관의 사용조건 및 온도에 따른 분류인 API와 SAE신분류가 있다.

(1) SAE 분류

SAE(미국 자동차 기술 협회)분류는 점도에 따라서 분류한 기관의 오일이며, SAE번호로 그 점도를 표시하며, 번호가 클수록 점도가 높은 오일이다. SAE분류는 다음과 같다.

① 겨울철용 오일 : SAE # 20W, 10, 20을 사용한다.

② 봄·가을철용 오일 : SAE # 30을 사용한다.

③ 여름철용 오일 : SAE # 40을 사용한다.

④ 다급용 오일 : 전계절 오일, 범용 오일이라고도 하며 가솔린 기관은 10W - 30, 디젤 기관은 20W - 40 을 사용한다.

♣ 참고사항 ♣

❶ 오일의 점도 측정 방법에는 세이볼트 초(SUS), 앵귤러 점도, 레드우드 점도 등이 있다.

❷ 겨울철에 점도가 너무 높은 오일을 사용하면 크랭크축의 회전저항이 커져 시동이 어렵게 된다.

(2) API 분류

API(미국 석유 협회)분류는 기관 운전 상태의 가혹도에 따라서 오일을 분류한 것이다.

1) 가솔린 기관용 오일

용 도	운전 조건
ML(Motor Light)	가장 좋은 운전 조건(경부하)에서 사용한다.
MM(Motor Moderate)	중간 운전 조건(중부하)에서 사용한다.
MS(Motor Severe)	가장 가혹한 운전 조건(고온·고부하)에서 사용한다.

2) 디젤 기관용 오일

용 도	운전 조건
DG(Diesel General)	가장 좋은 운전 조건(경부하)에서 사용한다.
DM(Diesel Moderate)	중간 운전 조건(중부하)에서 사용한다.
DS(Diesel Severe)	가장 가혹한 운전 조건(고온·고부하)에서 사용한다.

3) SAE 신분류

① 가솔린 기관용

SAE신분류	API분류	운전 조건
SA	ML	경하중의 기관에 사용되는 오일이다.
SB	MM	중하중의 기관에 사용되는 오일이다.
SC		고하중의 기관에 사용되는 오일이다.
SD	MS	블로바이 가스 재순환장치가 설치 차량에서 사용하는 오일이다.
SE		오일의 산화, 고온 침전물, 부식 방지성이 요구되는 경우에 사용된다.

② 디젤 기관용 오일

SAE신분류	API 분류	운 전 조 건
CA	DG	경부하의 기관에 사용되는 오일이다.
CB		경·중부하의 기관에 사용되는 오일이다.
CC	DM	중·고부하의 기관에 사용되는 오일이다.
CD	DS	고부하의 기관(과급기 설치 등)에 사용되는 오일이다.

3.4 윤활 방식

윤활유를 기관의 각부분에 공급하는 방법에는 비산식, 압송식, 비산 압송식 등이 있다.

(1) 비산식(飛散式)

이 방식은 커넥팅 로드 대단부에 있는 주걱으로 오일 팬 안의 오일을 윤활부로 비산 공급하는 것이다.

(2) 압송식(압력식)

이 방식은 오일 펌프를 이용하여 오일 팬 내의 오일을 흡입 가압하여 윤활부에 공급하는 방식이다. 오일은 실린더 블록에 설치된 주 오일 통로에 공급되어 크랭크 축 및 캠 축 등의 윤활부에 공급된다. 회로 내의 유압은 $2 \sim 3\,\mathrm{kgf/cm^2}$ 정도이며, 다음과 같은 특징이 있다.

① 윤활부에 공급되는 유압이 높아 각 윤활부에 골고루 급유할 수 있고 완전한 급유가 가능하다.

② 오일 팬에 오일량이 적어도 된다.

③ 각 주유부의 급유를 고르게 할 수 있다.

④ 오일 여과기나 급유 통로가 막히면 오일 공급이 불가능해진다.

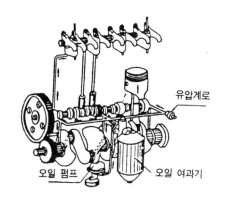

◀ 그림1　압송식

(3) 비산 압송식

이 방식은 크랭크 축, 캠 축, 밸브 기구 등의 윤활은 오일 펌프에서 공급되는 오일로 윤활하며 실린더 벽, 피스톤 링, 피스톤 핀 등의 윤활은 커넥팅 로드 대단부 위쪽에 설치된 오일 구멍에서 분사되는 오일 또는 비산에 의해 윤활된다. 현재 주로 사용되고 있는 윤활 방식이다.

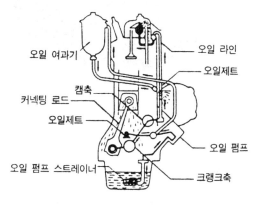

▲ 그림2　비산 압송식

3.5 윤활장치의 부품

윤활 장치는 오일을 저장하는 오일팬, 오일 속에 포함되어 있는 굵은 불순물을 여과하는 오일 스트레이너, 오일 팬에 저장되어 있는 오일을 흡입 가압하여 윤활부로 공급하는 오일 펌프, 오일 속에 포함되어 있는 미세한 불순물을 여과하는 오일 여과기, 기관의 회전수와 관계없이 항상 일정한 유압을 유지하도록 하는 유압 조절 밸브, 오일 팬 내의 오일량을 점검하기 위한 유면 표시기, 운전석에서 윤활부에 공급되는 유압을 나타내는 유압계, 오일의 온도를 일정하게 유지 하는 역할을 하는 오일 냉각기 등으로 구성되어 있다.

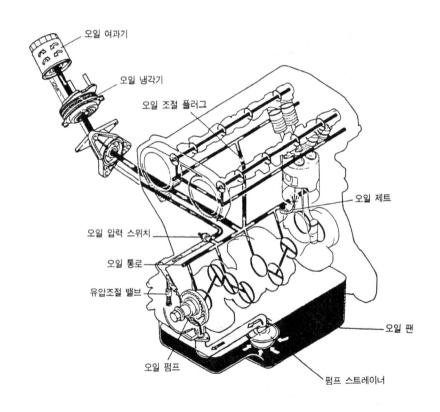

▲ 그림3 윤활장치의 부품

(1) 오일팬(아래 크랭크 케이스)

오일 팬은 기관 오일의 저장과 냉각 작용을 하는 부품이며, 재질은 주로 강철이나 최근에는 알루미늄제도 사용하며 여기에는 냉각 핀이 설치되어 오일의 냉각을 돕고 또 보강의 역할도 한다. 또 오일 팬에는 섬프(sump)를 두어 기관이 기울어졌을 때에도 오일이 충분히 고여 있게 하며, 오일 펌프 흡입구인 스트레이너가 들어 있다. 칸막이 판(baffle)은 자동차가 급정지하였을 때 오일이 급격히 이동되어 오일 부족 현상이 발생되는 것을 방지한다.

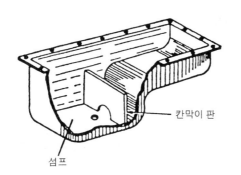

칸막이 판

섬프

◀ 그림4 오일 팬

(2) 오일 스트레이너(oil strainer)

오일 스트레이너는 오일 팬 내의 오일을 펌프에 유도하고 스크린을 통해 비교적 큰 불순물을 여과한다.

(3) 오일 펌프(oil pump)

오일 펌프는 오일 팬 내의 오일을 흡입 가압하여 각 윤활부에 공급하는 일을 하며, 오일펌프의 능력은 송유량과 송유압력으로 나타낸다. 그 종류에는 기어펌프, 로터리 펌프, 베인 펌프, 플런저 펌프 등이 있다.

1) 기어 펌프(gear pump)

기어 펌프에는 구동기어와 피동 기어와 맞물려 회전하여 오일을 공급하는 외접 기어식과 기어가 안쪽에서 맞물려 서로 동일한 방향으로 회전하여 펌프질을 하는 내접 기어 펌프가 있다.

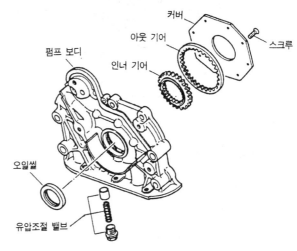

커버

아웃 기어

인너 기어

펌프 보디

스크루

오일씰

유압조절 밸브

▲ 그림5 내접 기어펌프

2) 로터리 펌프(rotor pump)

로터리 펌프는 인너 로터와 아웃 로터가 편심으로 설치되어 오일을 공급하는 방식이다.

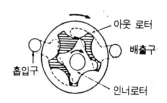

아웃 로터

배출구

흡입구

인너로터

◀ 그림6 로터리 펌프

3) 베인 펌프(vane pump)

베인 펌프는 둥근 하우징에 편심으로 설치된 로터와 날개를 설치되어 오일을 공급하는 방식이다.

4) 플런저 펌프(plunger pump)

플런저 펌프는 캠 축의 편심 캠에 의해서 작동되어 플런저가 상승하면 펌프실내의 체적이 증가하여 오일이 흡인되고, 플런저가 하강하면 오일의 압력이 상승하여 윤활부로 배출되는 방식이다.

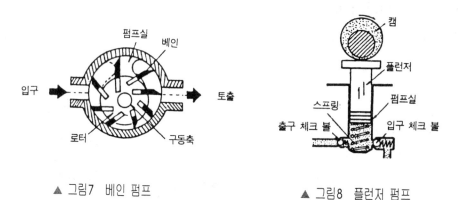

▲ 그림7 베인 펌프   ▲ 그림8 플런저 펌프

(4) 오일 여과기

1) 기 능

기관내를 순환되는 오일 속의 금속 분말, 연소 생성물의 카본, 수분, 먼지 등의 불순물을 여과하는 역할(세정작용이라고 함)을 한다.

♣ 참고사항 ♣

오일에 발생하는 이물질

❶ 기관의 미끄럼 운동 부분이 마멸되어 발생한 금속 분말

❷ 오일의 열화로 생긴 산화물

❸ 흡입 공기와 함께 실린더 내로 유입되어 오일에 섞인 먼지

❹ 연료 및 윤활유의 불완전 연소로 생긴 카본(80~90%를 차지한다.)

2) 오일 여과기의 구비 조건

① 여과 성능이 좋고 압력 손실이 적어야 한다.

② 수명이 길고 소형이며 가벼워야 하고 취급이 용이해야 한다.

③ 오일의 산화를 촉진시키지 않아야 한다.

3) 오일 여과기의 종류

① 여과지식

이 방식은 엘리멘트가 여과지, 면사 등으로 되어 있으며 여과 성능이 좋아 가장 많이 사용한다.

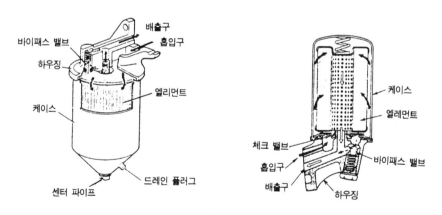

▲ 그림9 여과지식 오일 여과기

② 적층 금속판식

이 방식은 여러개의 금속판을 겹쳐 오일이 금속판 사이를 통과할 때 불순물 여과하는 것이며, 여과 성능이 낮아 여과지식이나 원심식을 병용하여야 한다.

③ 원심식

이 방식은 오일이 컷 오프 밸브(cut off valve)를 열고 스핀들(spindle) 중심을 거쳐 로터 (rotor)로 들어오면 파이프를 통하여 노즐로부터 보디 내에 분사하며 분사된 오일에 의해 고속으로 회전하여 로터 내의 불순물이 원심력에 의해 옆벽에 침적되어 오일이 청정된다.

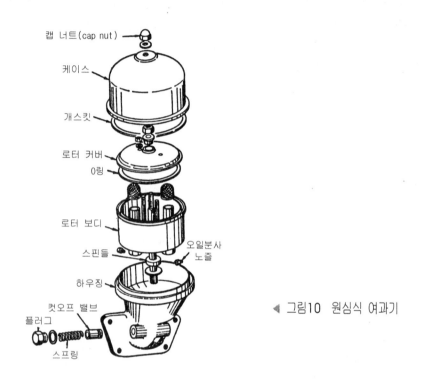

◀ 그림10 원심식 여과기

4) 여과 방식

오일 여과방식에는 전류식, 샨 트식, 분류식 등이 있다.

① 전류식 (full-flow filter)

이 방식은 오일 펌프에서 공급된 오일이 모두 여과기를 통하여 불순물을 여과한 후 윤활부에 공급되는 방식이며, 엘리먼트가 막혔을 경우에는

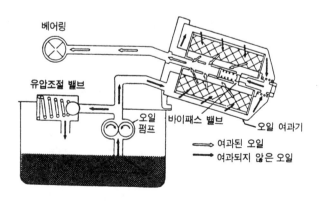

▲ 그림11 전류식

바이패스 밸브를 통하여 공급된다.

② 샨트식 (shunt-flow filter)

이 방식은 오일 펌프에서 공급된 오일의 일부는 여과되지 않은 상태로 윤활부에 공급되고, 나머지 오일은 여과기의 엘리먼트에서 여과시킨 후 윤활부에 공급하는 방식이다.

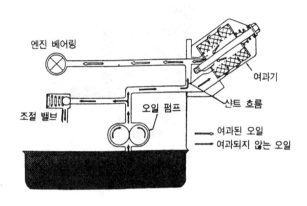

▲ 그림12 샨트식

③ 분류식 (by-pass filter)

이 방식은 오일 펌프에서 공급되는 오일의 일부는 여과하지 않은 상태로 윤활부에 공급되고 나머지 오일은 여과기의 엘리먼트에서 여과시킨 후 오일 팬으로 되돌려 보내는 방식이다.

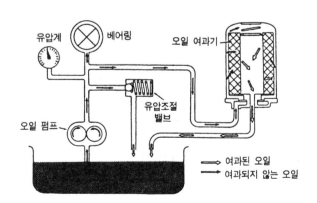

▲ 그림13 분류식

5) 유압 조절 밸브(릴리프 밸브)

이 밸브는 윤활 회로 내의 압력이 과도하게 상승되는 것을 방지하여 최고 유압을 조정하는 작용을 한다. 그리고 유압 조정은 조정 스크루를 조이면 유압이 높아진다.

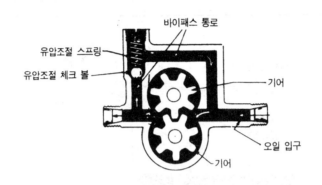

▲ 그림14 유압 조절 밸브

♣ 참고사항 ♣

❶ 유압이 높아지는 원인
   ▶ 유압 조절 밸브가 고착되었다.
   ▶ 유압 조절 밸브 스프링의 장력이 매우 크다.
   ▶ 오일의 점도가 높거나(기관의 온도가 낮을 때) 회로가 막혔다.
   ▶ 각 저널과 베어링 간극이 적다.
❷ 유압이 낮아지는 원인
   ▶ 오일이 연료 등으로 희석되어 점도가 낮다.
   ▶ 유압 조절 밸브의 접촉이 불량 및 스프링의 장력이 약하다.
   ▶ 저널 및 베어링의 마멸이 과다하다.
   ▶ 오일 통로에 공기가 유입되었다.
   ▶ 오일 펌프 설치 볼트의 조임이 불량하다.
   ▶ 오일 펌프의 마멸이 과대하다.
   ▶ 오일 통로의 파손 및 오일의 누출된다.
   ▶ 오일 팬 내의 오일이 부족하다.

6) 유면 표시기(오일 레벨 게이지)

유면 표시기는 오일 팬내의 오일량을 점검하는 철사 막대이며 그 아래쪽에 F와 L 표시눈금이 있다. 오일의 상태는 다음과 같다.

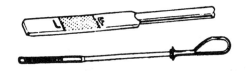

▲ 그림15 유면 표시기

① 점도는 손으로 만져 보았을 때 끈적끈적한 느낌이 있으면 정상이다.

② 오일을 손으로 만져 보았을 때 금속 분말이나 카본의 혼입을 점검한다.

③ 오일이 검은색을 띠면 심하게 오염된 경우이다.

④ 오일이 붉은색에 가까우면 가솔린(유연)이 유입된 경우이다.

⑤ 오일이 노란색에 가까우면 가솔린(무연)이 유입된 경우이다.

⑥ 오일이 우유색(또는 회색)에 가까우면 냉각수가 유입된 경우이다.

그리고, 오일량의 점검은 다음의 순서로 한다.

① 자동차가 수평인 상태에서 기관 작동을 정지시킨 후 점검한다.

② 유면 표시기를 빼내어 묻어 있는 오일을 닦고 다시 끼운다.

③ 유면 표시기를 다시 빼내어 오일량이 F선(MAX)에 있으면 정상이다.

④ 부족하면 F 선까지 오일을 보충한다.

⑤ F선 이상이면 연료나 냉각수가 유입된 경우이다.

7) 유압계

유압계는 오일 펌프에서 윤활 회로에 순환하는 유압을 표시하는 계기이며, 유압은 일반적으로 고속시에는 $4\sim7kgf/cm^2$ 정도이고 저속시에는 $2\sim3kgf/cm^2$ 정도이다. 그 종류에는 다음과 같은 것이 있다.

① 압력 팽창식

이 방식은 부든 튜브를 통하여 섹터 기어(sector gear)를 움직여서 지침으로 유압을 지시하는 유압계이다.

② 평형 코일식(밸런싱 코일식)

이 방식은 2개의 코일에 흐르는 전류의 크기를 가감하도록 하여 유압을 지시하는 유압계
이다.

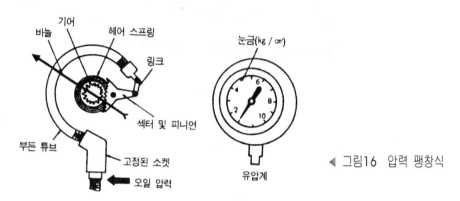

◀ 그림16 압력 팽창식

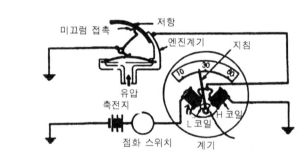

그림17 평형 코일식 ▶

③ 유압 경고등

이 방식은 윤활계통에 이상이 있으면
점등되는 유압 경고등식을 주로 사용하
고 있다.

그림18 유압 경고등 ▶

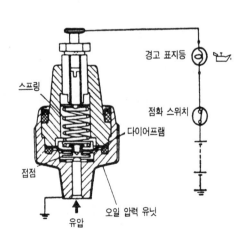

8) 오일 냉각기(oil cooler)

오일 냉각기는 오일의 온도를 항상 일정하게 유지하는 일을 하며, 오일의 온도가 125 ~ 130℃ 이상이 되면 오일의 성능이 급격히 저하된다. 오일 냉각기는 기관실에 설치되거나 라디에이터 아래탱크 밑에 설치된다.

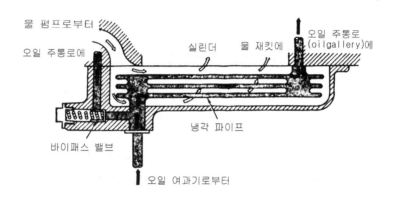

▲ 그림19 오일 냉각기

3.6　오일의 소비가 증대되는 원인

(1) 오일이 연소되는 원인

① 오일 팬 내의 오일이 규정량 보다 많다.

② 오일의 열화로 인하여 점도가 낮다.

③ 피스톤과 실린더와의 간극이 과다하다.

④ 피스톤 링의 장력이 불량하다.

⑤ 밸브 스템과 가이드 사이의 간극이 과대하다.

⑥ 밸브 가이드 오일 실이 불량하다.

(2) 오일이 누설되는 원인

① 크랭크 축 오일 실(oil seal)이 마멸되었거나 파손되었다.

② 오일 펌프 개스킷이 마멸되었거나 파손되었다.

③ 로커암 커버 개스킷이 파손되었다.

④ 오일 팬이 균열에 의해서 누출되고 있다.

⑤ 오일 여과기의 오일 실 파손되었다.

⑥ 기관의 오일이 소모되는 가장 큰 원인은 연소와 누설이다.

3.7 크랭크 케이스의 환기

크랭크 케이스는 실린더와 피스톤 사이에서 누출되는 미연소 가스 등이 유입되기 때문에 밀폐가 되어 있으면 기관 오일의 희석 또는 오일이 변질되어 오일의 슬러지가 형성되고 크랭크 케이스 내의 압력이 상승되어 크랭크 축 회전에 저항을 주게되므로 출력을 저하시키게 된다. 이를 방지하기 위하여 환기 장치가 필요하다. 크랭크 케이스의 환기 장치에는 자연식 환기 장치와 강제식 환기 장치로 분류되며 그 특징은 다음과 같다.

(1) 자연식 환기장치

이 방식은 실린더 헤드 또는 실린더 블록의 측면에서 크랭크 케이스 내에 직접 공기를 유입시켜 환기시키는 방식이다. 현재는 사용되지 않는다.

(2) 강제식 환기장치

이 방식은 블로 바이 가스 출구를 흡기 다기관 또는 공기 청정기에 연결시켜 기관이 작동할 때 흡기 다기관에 형성되는 진공에 의해서 환기시키는 방식이다.

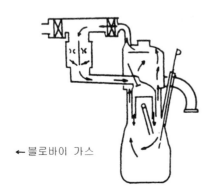

← 블로바이 가스   ◀ 그림20 크랭크 케이스 환기 장치

3.8 기관 오일 교환시 주의 사항

① 기관에 알맞는 오일을 선택할 것

② 오일 보충시에 동일 등급의 오일을 사용한다.

③ 재생 오일을 사용하지 않는다(재생오일이란 사용하다가 빼낸 오일이다).

④ 오일 교환시기에 맞추어 교환한다.

⑤ 오일을 기관에 주입할 때 불순물이 유입되지 않도록 한다.

⑥ 오일량을 점검하면서 몇 번에 나누어 주입한다.

⑦ 점도가 서로 다른 오일을 혼합하여 사용해서는 안된다(첨가제의 작용으로 오일의 열화가 촉진된다).

제4절 냉각 장치

냉각 장치는 실린더 내에서 혼합기가 연소될 때 발생되는 약 1,500~2,000℃의 높은 열을 냉각시켜 정상적인 작동 온도 75~85℃로 유지시키는 역할을 한다. 기관의 정상 작동 온도는 실린더 헤드 물 재킷부의 냉각수 온도로 표시한다.

또 혼합기의 연소 열은 피스톤, 실린더 헤드, 실린더 벽, 밸브 등의 부품에 전달되기 때문에 이들의 부품이 과열되지 않도록 열을 흡수하여 엔진의 온도를 일정하게 유지하여 엔진의 손상을 방지한다. 연소 가스의 온도는 냉각수, 공기 및 윤활유 등에 의해 이루어지는 냉각 손실은 30~35%이다.

4.1 기관 과열시 및 과냉시의 영향

(1) 기관이 과열되었을 때 미치는 영향

① 열팽창으로 인하여 부품이 변형된다.

② 오일의 점도 변화에 의하여 유막이 파괴된다.

③ 오일이 연소되어 오일 소비량이 증대된다.

④ 조기 점화가 발생되어 기관의 출력이 저하된다.

⑤ 부품의 마찰 부분이 소결(stick) 된다.

⑥ 연소 상태가 불량하여 노킹이 발생된다.

(2) 기관이 과냉 되었을 때 미치는 영향

① 유막의 형성이 불량하여 블로바이 현상이 발생된다.

② 연료의 응결로 쉽게 기화하지 못하여 연소가 불량해 지며, 연료소비율이 증가한다.

③ 오일의 희석에 의하여 점도가 낮아지므로 베어링부가 마멸된다.

4.2 냉각 방식

(1) 공냉식(空冷式)

이 방식은 주행 중에 받는 공기로 냉각시키는 방식이며 특징은 다음과 같다.

1) 장 점

① 냉각수를 보충하는 일이 없다.

② 냉각수의 누출의 염려가 없다.

③ 한냉시에 냉각수의 동결에 의해서 기관이 파손되는 일이 없다.

④ 구조가 간단하고 취급이 편리하다.

2) 단 점

① 기후나 주행 상태에 따라서 기관이 과열되기 쉽다.

② 냉각이 균일하게 이루어지지 않기 때문에 기관이 과열된다.

3) 종 류

① 자연 통풍식(自然通風式)

이 방식은 실린더 헤드나 블록에 냉각 핀(cooling fin ; 방열 핀)을 두고 주행 중 받는 공기로 냉각하는 방식으로 소형 기관에서 주로 사용한다.

② 강제 통풍식(强制通風式)

이 방식은 냉각 팬(cooling fan)과 시라우드(shroud)를 설치하고 강제로 다량의 공기를 보내어 냉각하는 방식이다.

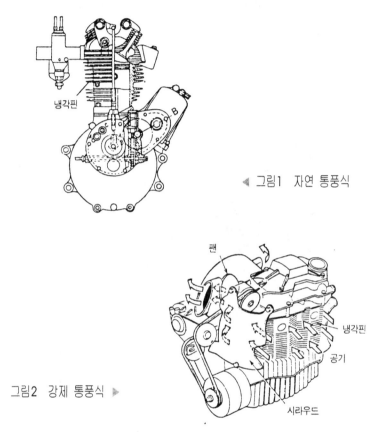

냉각핀

◀ 그림1 자연 통풍식

팬

냉각핀

공기

그림2 강제 통풍식 ▶

시라우드

(2) 수냉식(水冷式)

수냉식은 실린더 헤드 및 블록에 물재킷을 설치하고 냉각수를 순환시켜 냉각시키는 방식이며 그 종류는 다음과 같다.

1) 자연 순환식(自然循環式)

이 방식은 냉각수의 대류에 의해서 순환시키는 방식으로서 정치식 기관에 사용된다.

2) 강제 순환식(强制循環式)

이 방식은 물 펌프를 이용하여 강제적으로 냉각수를 순환시켜 기관을 냉각시키는 방식이며, 냉각수의 유·출입 온도 차이는 5~10℃이다.

3) 압력 순환식(壓力循環式)

이 방식은 강제 순환식에서 압력식 캡으로 냉각장치의 회로를 밀폐시켜 냉각수가 비등되지 않도록 하는 방식이며, 그 특징은 다음과 같다.

① 냉각수의 비등점을 높여 비등에 의한 손실을 감소시킬 수 있다.

② 라디에이터 크기를 작게 제작할 수 있다.

③ 냉각수 보충 횟수를 줄일 수 있다.

④ 기관의 열효율을 향상시킬 수 있다.

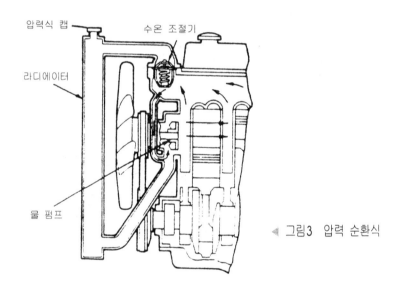

◀ 그림3 압력 순환식

4) 밀봉 압력식(密封壓力式)

이 방식은 압력 순환식에서 라디에이터 캡을 밀봉하고 냉각수가 외부로 누출되지 않도록 하는 방식이며, 냉각수가 가열되어 팽창하면 냉각수를 보조 탱크로 보낸다.

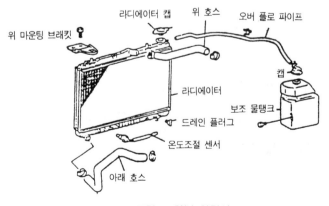

▲ 그림4 밀봉 압력식

4.3 수냉식 기관의 주요 구조와 그 작용

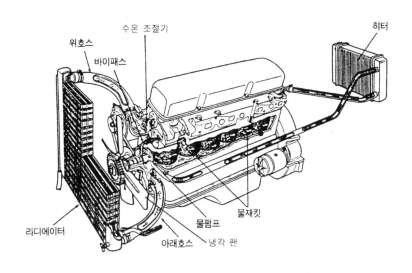

▲ 그림5 수냉식의 구조

(1) 물 재킷

물 재킷은 실린더 블록과 헤드에 설치된 냉각수의 통로로서 폭은 일반적으로 최저 10 mm 이상으로 한다.

(2) 물 펌프

물펌프는 구동 벨트에 의하여 크랭크 축의 동력을 받아 회전하며 냉각수를 순환시키는 역할을 하며, 주로 원심력 펌프가 사용된다. 물 펌프는 기관 회전수의 1.2~1.6 배로 회전되며, 펌프의 효율은 냉각수의 압력에 비례하고 냉각수의 온도에 반비례한다.

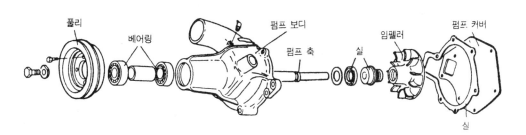

▲ 그림6 물펌프의 구조

(3) 구동 벨트(또는 팬 벨트)

구동 벨트는 크랭크 축의 동력을 이용하여 발전기와 물 펌프를 구동시키는 것이며, 이음이 없는 섬유질과 고무를 이용하여 성형한 V 벨트를 사용한다. V 벨트의 접촉면은 40°로 되어 있으며 벨트는 풀리의 양쪽 경사진 부분에 접촉되어야 한다. 그리고 벨트의 장력은 10 kgf의 힘으로 눌러 13~20 mm 정도의 헐거움이 있어야 한다.

장력이 너무 크면(팽팽하면) 발전기와 물 펌프 베어링의 손상 및 기관이 과냉하는 원인이 되며, 장력이 너무 작으면 (헐거우면) 기관이 과열되고 발전기 출력이 저하한다. 구동 벨트의 장력조정은 발전기 브래킷의 고정 볼트를 풀고 조정한다.

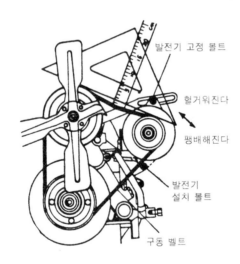

발전기 고정 볼트

헐거워진다

팽팽해진다

발전기
설치 볼트

그림7 구동 벨트

구동 벨트

♣ 참고사항 ♣

V 벨트의 길이는 중앙을 지나는 유효 둘레를 호칭 번호로 나타내며, 호칭 번호는 유효 둘레를 inch 로 나타낸다. 가령 A30 이란 벨트의 단면이 A 형이고 유효 둘레가 30inch 이다.

(4) 냉각 팬(Cooling fan)

1) 기 능

냉각 팬은 기관과 라디에이터 사이에 설치되어 있으며, 라디에이터의 냉각 효과를 향상시킴과 동시에 배기 다기관의 과열을 방지한다. 날개의 비틀림 각도는 20~30° 이며, 디젤 기관에서

사용하는 냉각 팬은 물 펌프 축과 일체로 되어 회전하고 가솔린 기관에서 사용하는 냉각 팬은
수온 센서에 의해서 전동기가 회전시키는 전동 팬을 사용한다.

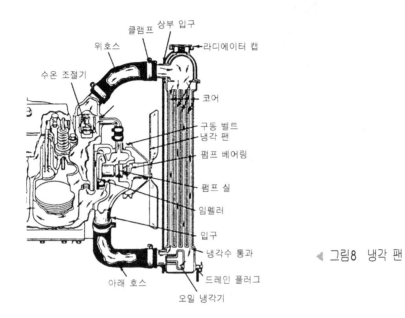

▲ 그림8 냉각 팬

2) 냉각 팬의 종류

① 전동 팬

이 방식은 냉각수의 온도가 85±3℃가 되면 회전하여 라디에이터의 통풍을 보조한다.
작동은 라디에이터 아래 탱크에 설치한 수온센서가 냉각수의 온도를 감지하여 85±3℃가
되면 전동기가 회전하고 78℃ 이하가 되면 정지된다.

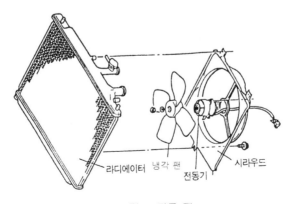

▲ 그림9 전동 팬

전동 팬의 그 특징은 다음과 같다.

㉮ 라디에이터의 설치가 자유롭다.

㉯ 히터의 난방이 빠르다.

㉰ 일정한 풍량을 확보할 수 있다.

㉱ 가격이 비싸고 소비 전력이 35~130 W로 크다.

㉲ 소음이 크다.

② 팬 클러치

이 방식은 고속 주행시 냉각 팬이 필요 이상으로 회전하는 것을 제한하기 위하여 사용하는 것이며, 물 펌프 축과 냉각 팬 사이에 클러치가 설치되어 있다. 팬 클러치식의 특징은 다음과 같다.

㉮ 기관의 소비 마력을 감소시킬 수 있다.

㉯ 팬 벨트의 내구성을 향상시킨다.

㉰ 냉각 팬에서 발생되는 소음을 방지한다.

(5) 라디에이터(방열기)

라디에이터는 기관에서 흡수한 냉각수의 열을 냉각시키는 기구이다. 작동은 냉각수가 라디에이터의 위탱크로 들어오면 튜브를 통하여 아래탱크로 흐르는 동안 주행속도와 냉각팬에 의해 유입되는 공기와의 열교환이 냉각핀에서 이루어져 냉각이 된다. 라디에이터의 구비조건은 다음과 같다.

① 단위 면적당 방열량이 커야 한다.

② 공기의 유동 저항이 적어야 한다.

③ 냉각수의 유동 저항이 적어야 한다.

④ 가볍고 작으며, 강도가 커야 한다.

1) 라디에이터의 구조

라디에이터의 구조는 위쪽에 위탱크, 라디에이터 캡, 오버플로 파이프, 입구 파이프 등이 있으며, 중간에는 코어(냉각핀과 튜브)가 있으며, 아래쪽에는 출구 파이프와 드레인 플러그가 있다.

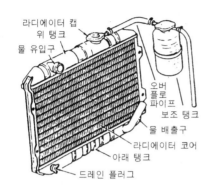

▲ 그림10 라디에이터의 구조

① 라디에이터 코어

코어는 냉각 효과를 향상시키는 냉각 핀과 냉각수가 흐르는 튜브로 구성되어 있다. 재질은 열전도성이 좋은 얇은 판재의 구리나 황동을 사용하였으나, 최근에는 주로 알루미늄제를 사용하고 있다. 냉각핀의 종류에는 다음과 같은 것이 있다.

㉮ 플레이트 핀 : 평면으로 된 판을 일정한 간격으로 설치한 것이다.

㉯ 코루게이트 핀 : 냉각 핀을 파도 모양으로 설치한 것으로 방열량이 크다.

㉰ 리본 셀룰러 핀 : 냉각 핀을 벌집 모양으로 배열된 것이다.

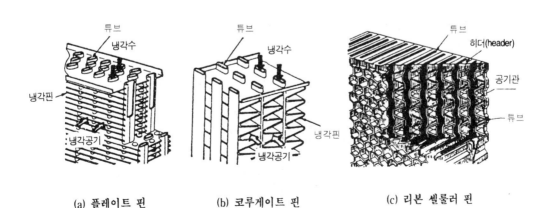

(a) 플레이트 핀   (b) 코루게이트 핀   (c) 리본 셀룰러 핀

▲ 그림11 냉각핀의 종류

♣ 참고사항 ♣

❶ 코어의 막힘이 20%이상이면 라디에이터를 교환하며 코어 막힘률 산출은 다음 식으로 한다.

$$코어의\ 막힘 = \frac{신품\ 주수량\ -\ 구품\ 주수량}{신품\ 주수량} \times 100$$

❷ 라디에이터의 냉각 핀 청소는 압축 공기를 기관 쪽에서 밖으로 불어 낸다.

❸ 라디에이터 튜브 청소는 플러시 건(flush gun)을 사용하여 냉각수를 아래 탱크에서 위 탱크로 흐르게 하여 청소하고 세척제는 탄산나트륨, 중탄산나트륨을 사용한다. 그리고, 플러시 건 사용할 때 주의 사항은 다음과 같다.

　❶ 라디에이터 출구 파이프에 플러시 건을 설치한다.

　❷ 플러시 건의 물밸브를 열고 라디에이터 내에 물을 가득 채운다.

　❸ 플러시 건을 공기 밸브를 서서히 열어 압축공기를 보낸다.

　❹ 배출되는 물이 맑아질 때까지 작업을 반복한다.

❹ 라디에이터의 누수 시험 : 압축 공기를 이용하여 시험하며 공기의 압력은 0.5~2.0 kg/㎠ (게이지 압력으로)이다.

② 라디에이터 캡

라디에이터 캡은 내부의 온도 및 압력을 조정하여 냉각 범위를 넓게 하고, 비등점을 높이기 위하여 압력식 캡을 사용한다. 압력식 캡의 압력은 게이지 압력은 0.2~ 0.9 kgf/㎠ 정도로 유지하여 비등점을 112℃로 상승시킨다. 압력식 캡에는 압력밸브와 진공(부압)밸브가 있으며, 압력 밸브는 라디에이터내의 압력이 규정 이상일 때 열려 규정 압력이상으로 상승되는 것을 방지한다.

그리고 압력 스프링이 파손되거나 장력이 약해지면 비등점이 낮아진다. 진공 밸브는 냉각수 온도가 저하되면 열려 대기압이나 냉각수를 라디에이터내로 도입하여 라디에이터 코어가 파손되는 것을 방지한다.

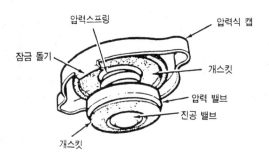

(a) 압력식 캡의 구조

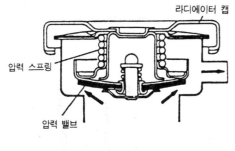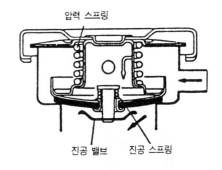

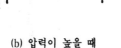

(b) 압력이 높을 때   (c) 압력이 낮을 때

▲ 그림12 압력식 캡의 구조와 작동

(6) 수온 조절기(정온기, 서모스탯)

수온 조절기는 실린더 헤드 냉각수 통로에 설치되어 냉각수의 온도를 알맞게 조절한다. 작동은 냉각수 온도가 정상 이하이면 밸브를 닫아 냉각수가 라디에이터로 흐르지 못하게 하고 정상온도에 가까워짐에 따라 점차 열리기 시작하여 정상온도가 되면 완전히 열린다. 종류에는 바이메탈형, 벨로즈형, 펠릿형이 있으며 현재는 내구성이 큰 펠릿형을 주로 사용한다.

1) 벨로즈형의 특징

① 황동의 벨로즈 내에 휘발성이 큰 에테르나 알코올을 봉입한 것이다.

② 냉각수의 온도에 의해서 벨로즈가 팽창 및 수축으로 냉각수의 통로가 개폐되며 65℃에서 열리기 시작하여 85℃에서 완전히 열린다.

2) 펠릿형의 특징

① 왁스 케이스에 왁스와 합성 고무를 봉입한 것이다.

② 냉각수의 온도가 상승하면 고체 상태의 왁스가 액체로 변화되어 밸브가 열린다.

③ 냉각수의 온도가 낮으면 액체 상태의 왁스가 고체로 변화되어 밸브가 닫힌다.

④ 내구성이 우수하고 압력에 의한 영향이 작아 많이 사용된다.

3) 바이메탈형

이 형식은 코일 모양의 바이메탈이 수온에 의해 비틀릴 때 밸브가 열리는 형식이다.

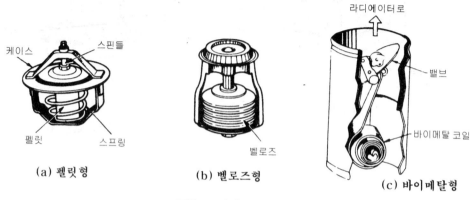

(a) 펠릿형   (b) 벨로즈형   (c) 바이메탈형

▲ 그림13 수온 조절기의 종류

4.4 기관의 과열 및 과냉 원인

(1) 과열의 원인

① 수온 조절기가 닫힌 채로 고장이 났다.

② 수온 조절기의 열림 온도가 너무 높다.

③ 라디에이터의 코어 막힘이 과도하다.

④ 라디에이터 코어가 오손 및 파손되었다.

⑤ 구동 벨트의 장력이 약하다.

⑥ 구동 벨트가 이완 및 절손되었다.

⑦ 물 재킷 내의 스케일(물 때)이 과다하다.

⑧ 물 펌프의 작동이 불량하다.

⑨ 라디에이터 호스가 파손되었다.

(2) 과냉의 원인

① 수온 조절기가 열린 채로 고장이 났다.

② 수온 조절기의 열림 온도가 너무 낮다.

4.5 냉각수와 부동액

(1) 냉각수

　냉각수는 순도가 높은 증류수, 수돗물, 빗물 등의 연수를 사용하여야 하며, 경수는 산이나 염분이 포함되어 있기 때문에 금속을 산화, 부식시키므로 사용해서는 안 된다.

(2) 부동액

　부동액은 냉각수가 동결되는 것을 방지하기 위하여 첨가하는 물질이며, 종류에는 반영구(세미 퍼먼트)형인 글리세린과 메탄올, 영구(퍼먼트)형인 에틸렌 글리콜이 있으며 현재는 에틸렌 글리콜이 주로 사용된다.

♣ 참고사항 ♣

❶ 부동액의 세기는 비중으로 표시하며 비중계(hydrometer)로 측정한다.
❷ 부동액의 혼합 비율은 그 지방의 최저 온도보다 5~10℃낮은 기준으로 혼합 사용한다.

---

1) 부동액의 특징

　① 글리세린의 특징

　　㉮ 산이 포함되면 금속을 부식시킨다.

　　㉯ 냉각수를 보충할 때는 혼합액을 보충하여야 한다.

　② 메탄올의 특징

　　㉮ 비등점이 82℃ 이고 응고점이 −30℃로 낮은 온도에서 견딜 수 있다.

　　㉯ 냉각수를 보충할 때는 혼합액을 보충하여야 한다.

　③ 에틸렌 글리콜의 특징

　　㉮ 무취의 불연성 액체로 비등점이 197.2℃ 이고 응고점이 −50℃ 이다.

　　㉯ 냉각수를 보충할 때 냉각수만 보충한다.

2) 부동액의 구비조건

　① 침전물이 발생되지 않아야 한다.

　② 냉각수와 혼합이 잘 되어야 한다.

③ 내부식성이 크고, 팽창 계수가 작아야 한다.

④ 비등점이 높고, 응고점이 낮아야 한다.

⑤ 휘발성이 없고, 유동성이 좋아야 한다.

3) 부동액 넣기

① 부동액과 연수를 혼합한다.

② 냉각수를 완전히 배출시키고 냉각장치를 세척한다.

③ 냉각계통에서 누출여부를 점검한다.

④ 부동액 주입은 냉각수 용량의 80%정도 넣고 기관을 시동하여 난기운전 후 수온 조절기
가 열린 후 규정위치까지 넣는다.

⑤ 보충은 영구 부동액은 물만 보충하고, 반영구 부동액은 최초에 주입한 농도의 부동액을
넣는다.

⑥ 부동액이 녹 등으로 변색이 된 경우에는 다시 한 번 더 냉각 계통을 세척한 후 새 부동액
을 넣어 준다.

제5절 가솔린 기관의 연료 장치

5.1 가솔린 기관의 연료와 연소

(1) 가솔린(gasoline)의 성질과 그 구비조건

1) 물리적 성질

① 비중 : 0.74~0.76

② 저위발열량 : 11,000kcal/kgf

③ 옥탄가 : 90~95

④ 인화점 : −10~−15℃

2) 구비조건

① 무게와 부피가 적고, 발열량이 커야 한다.

② 연소 후 유해한 화합물을 남겨서는 안 된다.

③ 옥탄가가 높아야 한다.

④ 온도에 관계없이 유동성이 좋아야 한다.

⑤ 연소속도가 빨라야 한다.

(2) 가솔린 기관의 노킹 현상

1) 노킹(knocking)이란?

실린더내의 연소에서 불꽃면이 미연소가스에 점화되어 연소가 진행되는 사이에 연소실 구석에 모여 있던 미연소 가스가 자연발화되는 현상이다. 노킹이 발생하면 화염전파속도는 300~2500m/sec(정상연소속도 20~30m/sec)정도 된다.

2) 노킹이 일어나는 원인

① 기관에 과부하 걸리고 있다.

② 기관이 과열되었다.

③ 점화시기가 너무 빠르다.

④ 혼합비가 너무 희박하다.

⑤ 옥탄가가 낮은 가솔린을 사용하였다.

3) 노킹이 주는 영향

① 기관이 과열하며, 출력이 감소한다.

② 실린더와 피스톤이 고착된다.

③ 피스톤 및 밸브가 손상된다.

④ 배기가스의 온도가 내려간다.

4) 노킹 방지 방법

① 옥탄가가 높은 가솔린(내폭성이 큰 것)을 사용한다.

② 혼합비와 점화시기를 알맞게 조정한다.

③ 압축비·냉각수 및 혼합기의 온도를 낮춘다.

④ 화염 전파속도를 빠르게 한다.

⑤ 혼합기에 와류가 일어나도록 한다.

5) 옥탄가(octan number)

옥탄가란 가솔린의 노킹 방지성(anti knocking property ; 내폭성)을 표시하는 수치이며, 이소옥탄을 옥탄가 100으로 하고, 노멀헵탄을 옥탄가 0으로 하여 이소옥탄의 함량비로 결정이 된다.

가령 옥탄가 80의 연료란 이소옥탄이 80%(체적비), 노멀헵탄이 20%로 이루어진 내폭성을 지닌 것이란 의미이다. 또, 옥탄가는 CFR기관에서 측정하며 옥탄가 산출 공식은 다음과 같다.

$$\text{옥탄가} = \frac{\text{이소옥탄}}{\text{이소옥탄} + \text{노멀헵탄}} \times 100$$

♣ 참고사항 ♣

CFR 기관 : 연료의 옥탄가를 측정하기 위하여 압축비를 임의로 변화시킬 수 있는 기관으로서 옥탄가를 구하려는 연료를 사용하여 기관을 작동시킨 다음 압축비를 서서히 증가시켜 노킹이 발생되는 점에서 기관을 정지시킨다.

또한 이소옥탄과 노말헵탄을 혼합한 비교 연료를 사용하여 기관을 작동시키면서 혼합 비율을 점차 감소시켜 실제 사용 연료에서 발생한 노킹이 얻어지면 기관을 정지시킨다. 이 때 비교 연료의 이소옥탄 함유율이 실제 사용 연료의 옥탄가이다.

5.2 기화기식 연료장치

연료 장치는 기관의 연소에 필요한 혼합기를 만들기 위한 기관의 부속 장치로서 기관의 성능, 특히 출력이나 경제성, 공해 등을 크게 좌·우하며 연료 탱크, 연료 여과기, 연료 펌프, 기화기와 연료 파이프 등으로 구성되어 있다.

(1) 연료 탱크(Fuel tank)

연료 탱크는 주행에 필요한 연료를 저장하며 그 용량은 배기량이 클수록 크다. 자동차 안전

기준상 연료 탱크를 설치 할 때에는 다음 기준에 따라야 한다.

　① 배기관으로부터 30 cm 이상 떨어지게 설치

　② 노출된 전기 단자로부터 20 cm 이상 떨어지게 설치

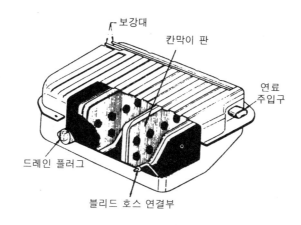

▲ 그림1　연료 탱크

♣ 참고사항 ♣

❶ 주행이 끝난 후 수분이 응축되는 것을 방지하기 위하여 연료 탱크에 연료를 가득 채워 두어야 한다.

❷ 연료 탱크의 수리는 연료 증기를 완전히 제거 한 후 납땜으로 수리한다.

(2) 연료 파이프(Fuel pipe)

　연료 파이프는 연료 탱크와 기화기 사이의 각 부품을 연결하는 연료 공급하는 통로이며, 일반적으로 안지름이 5~8 mm 정도의 구리나 강 파이프가 사용된다. 파이프의 이음은 피팅(fitting)으로 연결하며, 이 피팅은 반드시 오픈 엔드 렌치로 풀거나 조여야 한다.

◀ 그림2　연료 파이프 피팅

♣ **참고사항** ♣

베이퍼 로크(vapour lock) : 액체를 사용한 계통에서 열에 의하여 액체가 증발되어 어떤 부분이 폐쇄되어 기능이 상실되는 것을 말한다. 즉 파이프를 흐르는 액체가 파이프 내에서 가열 기화되어 펌프의 작용을 방해하거나 운동을 전달하지 않는 현상으로서 연료 파이프가 기관의 열 등으로 가열되면 연료가 증발하여 베이퍼 로크를 일으킨다. 베이퍼 로크가 연료 펌프의 흡입 부분에서 발생되면 송유 작용을 방해하게 되고 배출 부분에서 발생되면 기화기의 오버플로를 일으킨다.

(3) 연료 여과기(Fuel filter)

연료 여과기는 연료 속에 들어 있는 먼지나 수분을 분리 제거하며 여과 성능은 0.01 mm 이상이어야 한다. 종류에는 분해형과 비분해형(카트리지식)이 있으며 20,000 km 주행시 교환한다.

(4) 기계식 연료 펌프

연료 펌프는 캠축의 편심륜으로 구동되며, 연료 탱크의 연료를 흡입 가압하여 기화기로 압송한다. 펌프의 송출 압력 0.2~0.3 kgf/cm² 이다. 작동은 다음과 같다.

① 캠 축에 설치된 편심륜이 로커암을 밀면 풀 로드(pull-rod)가 다이어프램을 잡아당겨 하강하면서 진공이 형성되기 때문에 흡입 체크 밸브는 열리고 송출 체크 밸브는 닫혀 연료가 흡입된다.

② 편심륜이 회전하여 로커암에 작용하는 압력을 제거되면 스프링의 장력에 의해 다이어프램이 복귀되며 압력이 발생되어 흡입 체크 밸브는 닫히고 송출 체크 밸브가 열려 기화기에 송출된다.

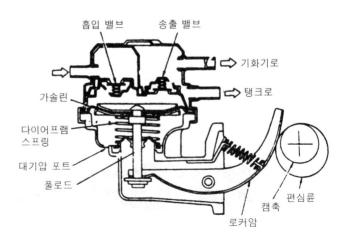

그림3 기계식 연료 펌프 ▶

연료 펌프의 다이어프램을 교환할 때에는 가솔린에 담갔다가 교환해야 한다.

(5) 기화기(氣化機 ; Carburetor)

1) 기능

기화기는 기관의 운전 상태에 따라 공기와 가솔린을 적당한 비율로 혼합하여 기관에 공급한다.

2) 기화기의 원리

베르누이 원리를 이용하여 운전 조건에 따르는 혼합기를 공급한다. 베르누이 원리란 그림 4에서 나타낸 것과 같이 공기를 A쪽에서 C쪽으로 보낼 때 단면적이 큰 A쪽은 흐름속도는 느리지만 압력이 크고, 단면적이 작은 B쪽은 압력은 낮으나 흐름속도가 빨라지는 원리를 말한다. 기관의 작동 상태에 따른 혼합비는 다음과 같다.

① 이론 혼합비＝15 : 1

② 출력 혼합비＝13 : 1

③ 경제 혼합비＝16～17 : 1

④ 기동 혼합비＝5 : 1

⑤ 실린더 내에서 연소가능 한 혼합비＝8～20 : 1

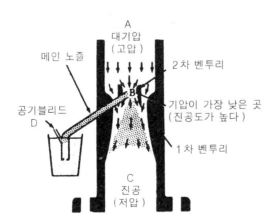

그림4 기화기의 원리

3) 기화기의 구조

① 벤투리관 : 공기의 흐름속도를 빠르게 하기 위한 부분이며, 연료를 무화시키는 역할을 한다.

② 연료 제트 : 뜨개실의 연료 통로에 설치되어 연료를 계량한다.

③ 뜨개실 : 연료를 노즐에 적정량으로 공급하기 위하여 연료가 저장되는 부분이다.

④ 스로틀 밸브 : 가속페달과 연동되며 실린더로 흡입되는 혼합기의 양을 조절하여 출력을 제어하는 역할을 한다.

⑤ 초크 밸브 : 기화기의 위부분에 설치되어 실린더로 흡입되는 공기량을 제어한다.

⑥ 공기 블리드 : 연료의 무화 작용을 돕는 역할을 한다.

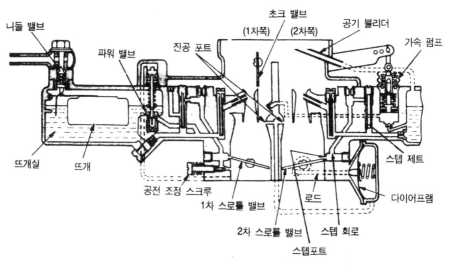

▲ 그림5 기화기의 구조

⑦ 혼합기 조정 스크루 : 공전 구멍에 설치되어 기관이 공회전 상태에 있을 때 혼합기의 농도를 조정한다.

⑧ 공전 조정 스크루 : 공전시에 스로틀 밸브의 열림량을 조정하는 스크루이다. 기관의 공전 속도를 조정하고자 할 때 먼저 점화시기를 조정한 후에 하여야 한다.

⑨ 뜨개 : 뜨개실 내의 연료 유면을 항상 일정하게 유지한다.

⑩ 니들 밸브 : 뜨개실의 연료 입구를 개폐하여 연료의 유입량을 조절한다.

⑪ 메인 노즐 : 기화기의 벤투리관 내에 있는 연료를 분출하는 가는 관으로 연료를 분출한다.

⑫ 저속 노즐 : 저속에서만 작용하는 것으로서 스로틀 밸브 옆에 위치하며 공전 조정 스크루로 쉽게 조절할 수 있다.

⑬ 혼합실 : 메인 노즐로부터 분출되어 나온 연료가 혼합되는 부분이다.

⑭ 미터링 로드 : 스로틀 밸브와 링크로 연결되어 움직이는 가느다란 연료 조정 막대로서 미터링 제트를 통하여 메인 노즐로 유출되는 연료의 양을 자동적으로 가감 조절한다.

⑮ 에어 혼 : 연료와 공기의 혼합기를 만들기 위하여 필요한 공기의 흡입구이다.

4) 기화기의 구비조건

① 구조가 간단하고 고장이 적어야 한다.

② 기동이 쉽고 기동이 된 후에는 곧 전부하 운전이 가능해야 한다.

③ 연료 소비량이 적고 혼합 상태가 고르며, 완전히 기화할 수 있어야 한다.

④ 중속시에는 경제 혼합비로 공급되어야 한다.

⑤ 고속 및 저속시는 농후한 혼합비로 공급하여야 한다.

5) 기화기의 기본회로

기화기의 기본회로에는 뜨개 회로, 공전 및 저속회로, 고속부분 부하회로, 고속전 부하회로(동력회로), 가속 펌프회로, 초크 회로 등 6대회로가 있다.

① 뜨개 회로

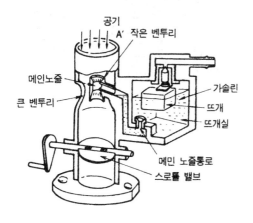
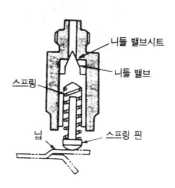

▲ 그림6 뜨개 회로

㉮ 뜨개와 니들 밸브에 의해서 일정한 혼합비를 유지한다.

㉯ 연료의 유면 높이를 기관의 회전 속도에 관계없이 항상 일정하게 유지하는 회로이다.

㉰ 유면이 규정보다 높으면 혼합기가 농후하고, 낮으면 혼합기가 희박하다.

㉱ 니들 밸브 스프링은 주행 중 진동에 의해서 니들 밸브가 시트에 충돌되어 그 반력으로 밸브가 열리는 것을 방지한다.

♣ 참고사항 ♣

뜨개실에서 연료의 넘쳐 흐름(오버 플로)의 원인은 니들 밸브가 마멸되었거나 니들 밸브 및 시트에 불순물이 쌓여 있을 때, 또는 뜨개의 유면이 너무 높을 때 발생된다.

② 공전 및 저속 회로

㉮ 공전시 또는 스로틀 밸브가 완전히 닫혔을 때 연료를 공급하는 회로이다.

㉯ 저속회로는 공전 구멍과 저속 구멍에서 연료가 유출된다.

㉰ 공전시 연료는 메인 제트 → 저속 제트 → 1차 에어 블리드 → 이코노마이저 제트 → 2차 에어 블리드 → 혼합기 조정 스크루 → 공전 구멍으로 흐른다.

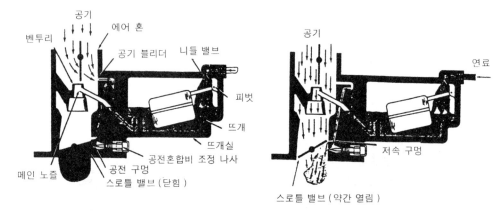

(a)공전 회로   (b) 저속 회로

▲ 그림7 공전 및 저속회로

㉱ 저속시 연료는 메인 제트 → 저속 제트 → 1차 에어 블리드 → 이코노마이저 제트 → 2차 에어 블리드 → 공전 및 저속 구멍 또는 저속 구멍으로 흐른다.

㉤ 공전 및 저속 조정 스크루의 조정방법은 공전 조정 스크루를 완전히 조였다가 서서히 1~1.5 회 정도 풀어준다.

♣ 참고사항 ♣

❶ 이코노마이저 제트 : 기관이 고속으로 회전할 때 농후한 혼합기를 공급하여 연소 가스의 온도를 낮게 하므로서 이상 연소를 방지하는 역할을 한다.
❷ 이코노마이저 : 기관이 부분 부하시에는 경제적인 혼합기를 공급하고 고출력시에는 일시적으로 농후한 혼합기를 공급하는 장치를 말한다.

③ 고속 부분 부하 회로

㉮ 주행중 주로 작동되는 회로로 메인 노즐 및 저속 회로에서 연료가 유출된다.

㉯ 연료는 메인 제트 → 저속 제트 → 메인 노즐 → 벤투리를 통하여 실린더에 공급된다.

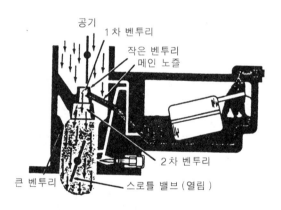

▲ 그림8　고속부분부하 회로

♣ 참고사항 ♣

이멀션 : 기화기의 연료 노즐에 에어 블리더를 설치하여 연료가 빨려 나갈 때 공기를 공급하여 거품과 같은 상태로 만들어 적은 부압으로도 쉽게 유출되도록 하며, 무화(霧化)가 잘 이루어지도록 한다.

④ 고속 전부하 회로

㉮ 등판 주행시나 고출력용 회로로 고속 부분 부하 회로와 초기에는 겹쳐서 작용한다.

⑭ 연료는 메인 제트 → 동력 바이패스 통로 → 고속 제트 → 메인 노즐 → 벤투리를 통하여 실린더에 공급된다.

⑮ 동력 밸브가 동력 제트를 열어 동력 회로에서 추가로 연료를 메인 노즐에 공급한다.

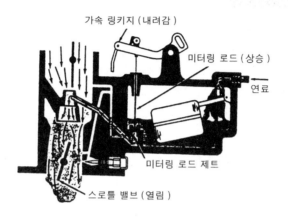

▲ 그림9 고속 전부하 회로

⑤ 가속 펌프 회로

㉮ 스로틀 밸브를 급격히 열면 혼합기가 일시적으로 희박해지는 것을 방지하는 회로이다.

㉯ 흡입 체크 밸브 → 송출 체크 밸브 → 가속 노즐 → 벤투리에 분출된다.

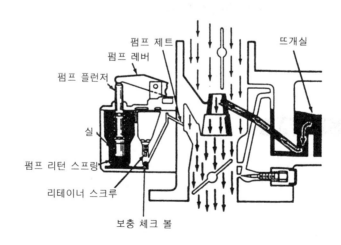

▲ 그림10 가속펌프 회로

ⓒ 스로틀 밸브와 가속 펌프는 레버와 커넥팅 로드의 링크 기구에 의해서 작동한다.

ⓓ 기관이 정지된 상태일지라도 가속 페달을 밟으면 작동된다.

⑥ 초크 회로

㉮ 시동할 때 초크 밸브를 닫아 농후한 혼합기가 공급되도록 하는 회로이다.

㉯ 수동 초크 : 운전석에서 초크 버튼을 잡아당기거나 밀어 초크 밸브를 개폐하는 방식이다.

㉰ 자동 초크 : 서모스탯 코일과 진공 피스톤에 의해서 자동으로 초크 밸브를 개폐하는 방식이다.

♣ 참고사항 ♣

플러딩(flooding)**현상** : 초크 밸브를 지나치게 사용하였을 경우 연료가 과도하게 분출되어 점화 플러그가 젖어 점화 불능이 되는 현상을 말한다.

⑦ 기타 회로 및 장치

㉮ 빙결 방지 회로 : 한냉시 워밍업 기간 중에 메인 노즐에 수분이 응축되어 빙결되는 것을 방지한다.

㉯ 스로틀 크래커 : 기관을 시동할 때 스로틀 밸브를 조금 열고 시동에 필요한 공기를 공급한다.

㉰ 패스트 아이들 기구 : 기관이 워밍업 되기 전에 공전 속도를 높여 워밍업 시간을 단축시킨다.

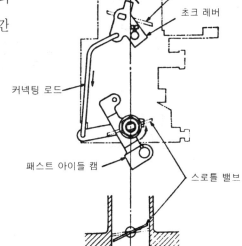

그림11 패스트 아이들 기구 ▶

㉒ 앤티 퍼컬레이터 : 고속 주행 직후의 공전 상태에서 연료가 증발되는 것을 방지한다.

◁ 그림12 앤티 퍼컬레이터

6) 기화기의 분류

① 혼합기의 흐름 방향에 따른 분류

㉮ 하향 흡기식 ; 혼합기가 아래 방향으로 흐르는 형식이다.

㉯ 수평 흡기식 ; 혼합기가 수평 방향으로 흐르는 형식이다.

㉰ 상향 흡기식 ; 혼합기가 위 방향으로 흐르는 형식이다.

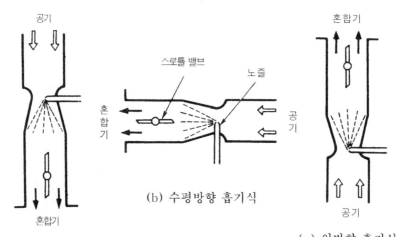

▲ 그림13 기화기의 분류(1)

② 기화기의 설치 개수에 따른 분류

㉮ 싱글 기화기식 : 기화기내에 배럴이 1개 설치되어 있는 형식이다.

㉯ 2배럴식 : 기화기 내에 2개의 배럴을 일체 구조로한 형식이며, 저속에서는 1차쪽 배럴이 작용하고 고속에서는 2개의 배럴이 작용한다.

㉰ 듀얼 기화기식 : 기화기 2개를 일체로 설치한 형식이다.

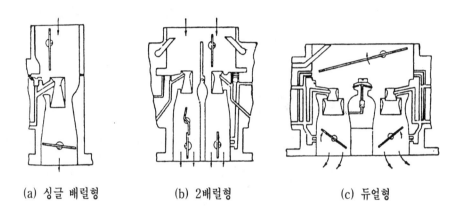

(a) 싱글 배럴형　　　(b) 2배럴형　　　(c) 듀얼형

▲ 그림14　기화기의 분류 (2)

(6) 연료계(Fuel gauge)

연료계는 연료탱크내의 연료 보유량을 표시하는 기구이며, 계기식과 연료면 표시기식이 있다. 계기식에는 밸런싱 코일식, 서모스탯 바이메탈식, 바이메탈 저항식 등이 있다.

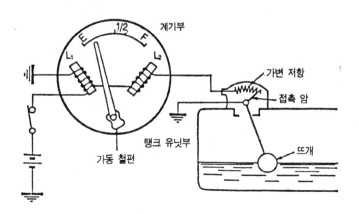

▲ 그림15　밸런싱 코일식 연료계

여기서는 현재 주로 사용되고 있는 밸런싱 코일식에 대해서만 설명하기로 한다.

이 형식의 구성은 계기부와 탱크 유닛(tank unit)부로 구성되어 있으며 탱크 유닛부에는 뜨개의 상하운동에 따라 이동하는 접촉암에 의해 저항값이 변화하는 가변 저항(可變抵抗)이 들어있다. 작동은 연료보유량이 적을 때에는 저항값이 커서 코일 L_2의 흡입력보다 코일 L_1의 흡입력이 크기 때문에 바늘이 E(empty)쪽에 있게 된다.

반대로 연료 보유량이 많을 때에는 저항값이 작아지므로 코일 L_2의 흡입력이 커진다. 따라서 바늘이 F(full)쪽으로 이동하여 머물게 된다.

5.3 피드백 기화기

피드백 기화기는 공전 및 메인 회로에 흐르는 혼합비(또는 공연비)를 컴퓨터의 제어 신호에 의해 조절되어 배기 가스에 함유된 유해 성분을 감소시키기 위하여 기화기를 개량한 것으로서 전자 제어식 기화기라고도 한다.

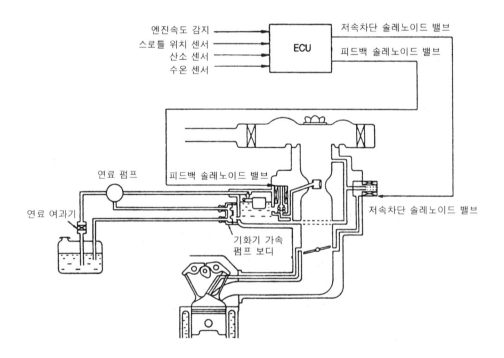

▲ 그림16 피드백 기화기의 구성도

피드백 기화기는 공기 블리더에 조절 밸브를 설치하여 혼합비를 조절하는 공기 제어식과 회로에 흐르는 연료를 피드백 솔레노이드 밸브와 저속 차단 솔레노이드 밸브에 의하여 혼합비를 조절하는 연료 제어식이 있다.

여기서는 연료 제어식 피드백 기화기에 대해서만 설명하기로 한다.

(1) 개 요

연료 제어식 피드백 기화기는 수온센서, 스로틀 위치 센서, 산소센서 등의 출력 신호를 컴퓨터에 입력하면 컴퓨터는 기화기에 설치되어 있는 피드백 솔레노이드 밸브와 저속 차단 솔레노이드 밸브, 자동 초크 밸브, 점화시기등을 운전 상태에 따라 적절하게 ON, OFF 시켜 공연비를 조절함으로서 배기 가스 중에 함유된 유해 성분을 감소시키는 역할을 한다.

(2) 구 성

1) 컴퓨터(ECU)의 기능

컴퓨터는 각종 센서로부터 입력되는 정보에 의해서 해당 솔레노이드 밸브를 작동시켜 공기와 연료의 혼합비(14.7 : 1)를 가장 이상적인 상태로 혼합·조절하는 역할을 한다.

2) 냉각 수온 센서(W.T.S)의 기능

이 센서는 기관의 냉각수 온도를 검출하여 컴퓨터에 입력시키는 것이며 부특성(NTC) 서미스터를 사용한다.

부특성 서미스터란 냉각수 온도가 낮을 때에는 저항값이 크고, 온도가 상승함에 따라 저항값이 감소하는 반도체 소자이다.

3) 스로틀 위치 센서(T.P.S)의 기능

이 센서는 스로틀 밸브의 열림량을 검출하여 컴퓨터에 입력시킨다. 작동은 기화기의 스로틀 밸브 축과 함께 회전하면서 스로틀 밸브의 열림량을 감지하는 로터리형 가변 저항이다.

4) 회전 속도 센서

이 센서는 크랭크 축이 1회전할 때 발생되는 펄스 전압의 변화를 검출하여 컴퓨터에 입력시키면 컴퓨터는 기관의 회전 속도와 운전 상태를 판단하여 혼합비와 점화 시기를 조절한다.

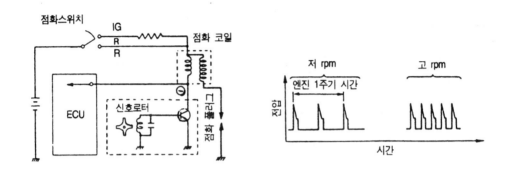

▲ 그림17 회전속도 센서

5) 산소 센서

이 센서는 배기 가스 중의 산소 농도에 따라서 변화되는 출력 전압을 컴퓨터에 입력시킨다. 혼합기가 희박할 때 전압은 0.1 V 이고 농후할 때의 전압은 0.9 V 이다.

6) 진공 스위치

이 스위치는 흡기 다기관의 진공으로 ON, OFF 되어 공전 상태를 검출하여 컴퓨터에 입력시키면 컴퓨터는 이 스위치의 작용 위치에 따라서 혼합비를 조절한다.

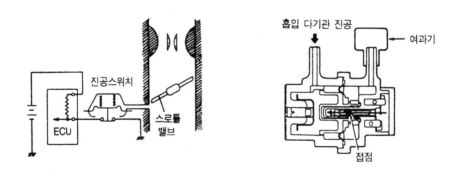

▲ 그림18 진공 스위치

7) 피드 백 솔레노이드 밸브

이 밸브는 일정한 주파수(Hz) 동안에 ON 되는 시간 비율을 제어하여(이를 듀티 제어하고 함) 최적의 혼합비로 유지한다. 듀티(duty) 비율이 높으면 혼합기가 희박해지고, 듀티 비율이 낮으면 혼합기가 농후해 진다.

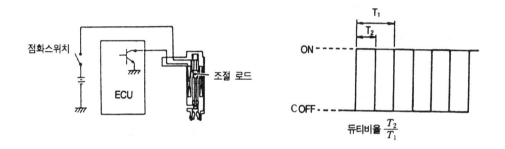

▲ 그림19　피드백 솔레노이드 밸브와 듀티 사이클

8) 저속 차단 솔레노이드 밸브

이 밸브는 기화기의 초크 보디에 설치되어 컴퓨터에 의해서 작동이 제어된다. 이 밸브가 10 Hz 동안에 ON 되는 시간 비율을 제어하여 최적의 공연비로 유지한다.

5.4　LPG 연료장치

(1) LPG의 개요

LPG는 원유를 정제하는 도중에 나오는 부산물인 액화 석유 가스로 프로판과 부탄이 주성분이며, 프로필렌과 부틸렌이 포함되어 있다. 액화 석유 가스는 가열이나 감압에 의해 쉽게 기화되고 또한 냉각이나 가압에 의해서 액화되는 특성을 가지고 있으며 기체 상태에서는 공기보다 약 1.5~2.0 배 정도가 무겁다.

자동차의 연료로 사용하는 경우에 증기 압력이 저하되면 연료의 공급이 잘 이루어지지 않기 때문에 계절에 따라서 프로판과 부탄의 혼합 비율을 변경하여 필요한 증기 압력을 유지한다. 혼합 비율은 대략 프로판 47 ~ 50 %, 부탄 36 ~ 42 %, 오리핀 8 % 정도이다.

(2) LPG의 성질

① 무색, 무취, 무미이다.

② LPG 액체의 비중은 0.5로서 물보다는 가볍다.

③ 착화점은 프로판 450 ~ 550℃, 부탄 470 ~ 540℃ 이다.

④ 옥탄가는 90 ~ 120으로서 가솔린보다 높다.

(3) LPG의 장점 및 단점

1) 장 점

① 가솔린보다 가격이 싸기 때문에 경제적이다.

② 혼합기가 가스 상태로 실린더에 공급되기 때문에 일산화탄소의 배출량이 적다.

③ 가솔린보다 옥탄가(100~120)가 높고 연소 속도가 느리기 때문에 노킹이 적다.

④ 가스 상태로 실린더에 공급되기 때문에 블로바이에 의한 오일의 희석이 적다.

⑤ 황(S)분의 함유량이 적기 때문에 오일의 오손이 적다.

2) 단 점

① LPG의 보급이 불편하고 트렁크의 사용 공간이 좁아진다.

② 한냉시 또는 장시간 정차시에 증발 잠열 때문에 시동이 곤란하다.

③ 연료 탱크를 고압 용기로 사용하기 때문에 자동차의 무게가 증가한다.

(4) LPG 장치의 구성 부품

1) 봄베(bombe ; 연료탱크)

봄베는 주행에 필요한 LPG를 저장하는 고압 탱크이며, 액체 상태로 유지하기 위한 압력은 7~10 kg/㎠ 이다. 봄베에는 다음과 같은 밸브들이 부착되어 있다.

① 기체 배출 밸브 : 봄베의 기체 LPG 배출쪽에 설치되어 있는 적색 핸들의 밸브이다.

② 액체 배출 밸브 : 봄베의 액체LPG 배출쪽에 설치되어 있는 적색 핸들의 밸브이다.

③ 충전 밸브 : 봄베의 기체 상태 부분에 설치되어 있는 녹색 핸들의 밸브이며, 충전 밸브 아래쪽에 안전 밸브가 설치되어 봄베내의 압력이 규정 이상으로 상승되는 것을 방지한다.

④ 용적 표시계 : 봄베에 LPG충전시에 충전율을 나타내는 계기이며, LPG는 봄베 용적의

85% 까지만 충전하여야 한다. 또 주위의 온도를 나타내는 온도계 및 LPG의 성분을 나타내는 성분 표시계도 설치되어 있다.

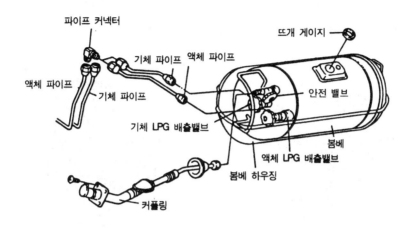

▲ 그림20   LPG 봄베의 구조

⑤ 안전 밸브 : 충전 밸브와 일체로 조립되어 봄베 내의 압력을 항상 일정하게 유지시키는 작용을 하며, 봄베 내의 압력이 상승하여 규정값 이상이 되면 이 밸브가 열려 대기 중으로 LPG가 방출된다.

⑥ 과류방지 밸브 : 배출 밸브의 안쪽에 설치되어 배관의 연결부 등이 파손되었을 때 LPG가 과도하게 흐르면 이 밸브가 닫혀 유출을 방지한다.

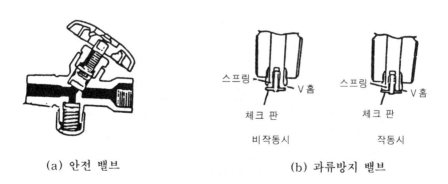

(a) 안전 밸브   (b) 과류방지 밸브

▲ 그림21   LPG봄베

2) 솔레노이드(전자) 밸브

이것은 LPG의 차단 및 송출을 운전석에서 조작하는 밸브이며, 기체 솔레노이드 밸브와 액체 솔레노이드 밸브로 구성되어 있다. 즉, 기관을 시동할 때에는 기체 LPG를 공급하고, 시동 후에는 양호한 주행성능을 얻기 위해 액체 LPG를 공급해준다.

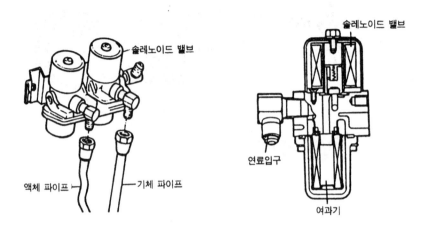

▲ 그림22 솔레노이드 밸브

3) 베이퍼라이저(감압 기화 장치 또는 증발기)

베이퍼라이저는 봄베에서 공급된 LPG의 압력을 감압하여 기화시키는 작용을 하며, 기관에서 변화되는 부하의 증감에 따라서 기화량을 조절한다. 베이퍼라이저의 구조와 그 기능은 다음과 같다.

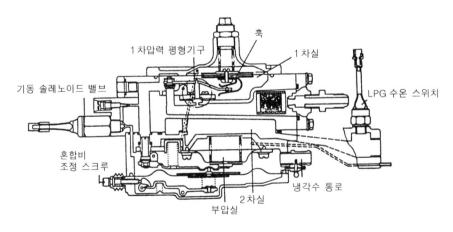

▲ 그림23 베이퍼라이저의 구조

① 수온 스위치

이 스위치는 베이퍼라이저로 순환되는 냉각수의 온도를 감지하여, 수온이 15℃ 이하일 때는 기체 솔레노이드 밸브 코일에 전류를 흐르게 한다. 또 수온이 15℃ 이상일 때는 액체 솔레노이드 밸브 코일에 전류를 흐르게 한다.

② 1차 감압실

1차 감압실은 2~8kgf/㎠ 의 압력으로 공급된 LPG를 0.3kgf/㎠로 감압시켜 기화시키는 역할을 한다.

③ 2차 감압실

2차 감압실은 1차 감압실에서 0.3 kgf/㎠로 감압된 LPG를 대기압에 가깝게 감압하는 역할을 한다.

④ 기동 솔레노이드 밸브

이 밸브는 한랭시 시동에서 점화 스위치를 넣으면 1차실에서 2차실로 통하는 별도의 통로를 열어 시동에 필요한 LPG를 확보해주고 시동후에는 LPG공급을 차단하는 일을 한다.

⑤ 부압실

부압실은 기관의 시동을 정지하였을 때 부압 차단 다이어프램 스프링의 장력이 부압실의 압력보다 커지므로 2차밸브를 시트에 밀착시켜 LPG누출을 방지하는 일을 한다.

4) 가스 믹서(Gas Mixer)

믹서는 공기와 LPG을 15 : 3 의 비율로 혼합하여 각 실린더에 공급하는 역할을 한다. 최근에는 컴퓨터로 제어하는 피드백 믹서(FBM)를 사용하며 주요 구조와 그 기능은 다음과 같다.

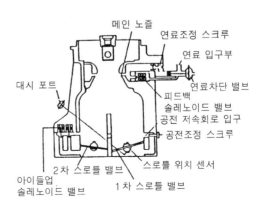

메인 노즐
연료조정 스크루
연료 입구부
대시 포트
연료차단 밸브
피드백 솔레노이드 밸브
공전 저속회로 입구
공전조정 스크루
2차 스로틀 밸브
스로틀 위치 센서
아이들업 솔레노이드 밸브
1차 스로틀 밸브

그림24 가스 믹서의 구조 ▶

5) 피드백 믹서(FBM)의 작동

① 공연비 제어

㉮ 기관이 시동된 후의 혼합비는 산소 센서의 출력 신호를 기준으로 하여 피드 백이 조절된다.

㉯ 기관의 회전 속도, 냉각수 온도, 스로틀 밸브의 열림량에 맞는 제원에 의해서 조절된다.

㉰ 감속시는 연료소비율의 감소와 촉매의 과열을 방지하기 위하여 LPG의 공급을 제한한다.

② 아이들 업 제어(idle-up control)

㉮ 기관의 회전 속도가 1,200rpm 이하일 때는 아이들 업(idle-up) 구멍을 열어 회전수를 상승시킨다.

㉯ 전기적 부하가 증가되면 아이들 업 구멍을 열어 기관의 회전수를 상승시킨다.

㉰ 기관의 회전 속도가 1,200rpm 이하일 때 에어컨 스위치를 ON 시키면 아이들 업 구멍을 열어 회전수를 상승시킨다.

5.5 전자 제어 연료 분사장치

(1) 개 요

전자 제어식 연료 분사 장치는 기관의 회전 속도, 흡입 공기량, 흡입 공기 온도, 냉각수 온도, 대기압, 스로틀 밸브 열림량 등의 상태 변화를 각 부분에 설치되어 있는 각종 센서를 통하여 컴퓨터에서 그 상태의 기관 부하 및 외부 조건에 따라 필요 연료량을 결정하여 인젝터에 분사하기 위한 신호를 보내 운전에 필요로 하는 정확한 연료의 양을 각 실린더에 공급하므로 신속한 응답성과 낮은 연료 소비율로 고출력과 회전력을 얻고 배기 가스의 유해 성분을 감소시키기 위해 이론 혼합비를 14.7 : 1로 유지하기 위한 방식의 연료 장치이다. 전자 제어 분사장치의 특징은 다음과 같다.

① 기관의 운전 조건에 가장 적절한 혼합기를 공급된다.

② 감속시에 희박한 혼합기가 공급되어 배기 가스의 유해 성분이 감소된다.

③ 연료 소비율이 감소된다.

④ 가속시에 응답성이 좋다.

⑤ 베이퍼 로크, 연료의 비등 및 빙결 등의 고장이 없으므로 운전 성능이 향상된다.

⑥ 냉간 시동시 연료를 증량시켜 시동성이 향상된다.

⑦ 컴퓨터에 의해서 인젝터가 작동되므로 각 실린더에 연료의 분배가 균일하다.

⑧ 벤투리가 없으므로 공기 흐름의 저항이 적다.

⑨ 이상적인 흡입 다기관을 형성할 수 있어 기관의 효율이 향상된다.

(2) 전자제어 분사장치의 종류

1) 인젝터수에 따른 분류

● SPI(또는 TBI)방식

① 인젝터
② 연료압력 조절기
③ 스로틀 위치 센서
④ 공전조절 밸브
⑤ MAP 센서
⑥ 수온 센서
⑦ 산소 센서
⑧ 연료공급 라인
⑨ 캐니스터
⑩ 연료 탱크 벤트
⑪ 연료 리턴 라인

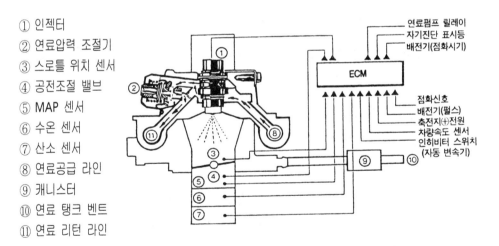

▲ 그림25 SPI방식

이 방식은 인젝터를 1개 또는 2개를 스로틀 밸브 위에 설치하여 연료를 분사시키는 것이며, 연료의 분사각을 60° 정도로 하여 연료의 무화를 촉진시킨다. 특징은 MPI 방식에 비하여 값이 싸고 구조가 간단하지만, 성능은 저하된다. 연료는 크랭크 축 1 회전에 2 회의 연료를 분사시킨다.

● MPI 방식

이 방식은 인젝터를 흡입 다기관에 1개씩 설치하고 흡입 밸브 앞에 연료를 분사하는 것이며, 연료의 분사각을 20° 정도 하여 연료의 무화를 촉진시킨다. 특징은 SPI 방식에 비해서 혼합기가 각 실린더에 균일하게 분배되고 기관의 출력이 향상된다.

2) 공기량 계량 방식에 따른 분류

● 매스플로 방식(mass flow type)

㉮ 메저링 플레이트식(또는 베인식) : 공기의 질량 유량을 계측하는 방식이다.

㉯ 칼만 와류식 : 공기의 체적 유량을 계측하는 방식이다.

㉰ 핫 와이어(열선)식과 핫 필름식 : 공기의 질량 유량을 계량하는 방식이다.

● 스피드 덴시티 방식(speed density type)

㉮ MAP-n 제어 방식 : 흡입다기관의 절대 압력과 기관의 회전수로부터 흡입 공기량을 간접적으로 계량하는 방식이다.

㉯ α-n 제어 방식 : 스로틀 밸브의 열림 각도와 기관의 회전수로부터 흡입 공기량을 간접적으로 계량하는 방식이다.

3) 제어방식에 따른 분류

● K – 제트로닉 방식

㉮ 개 요

이 방식은 실린더에 흡입되는 공기량을 센서 플랩(베인)으로 검출하여, 제어 플런저의 행정을 센서 플랩과 연동하는 레버에 의해서 조절되어 연료의 분사량을 조절하는 기계-유압식이다.

기본적인 구성요소는 기관이 정지되었을 때 연료 라인에 잔압을 유지하는 어큐물레이터, 연료 라인의 압력을 기관의 회전수와 관계없이 항상 일정한 압력으로 유지시키는 연료 압력 조절기, 각 실린더에 설치되어 있는 인젝터에 연료를 공급하는 연료 분배기, 흡입 다기관에 연료를 분사시키는 인젝터가 있다.

그리고 기관을 시동할 때 워밍업 전까지 연료를 스로틀 밸브 주위에 분사시키는 시동 인젝터에 전원이 공급되는 시간을 결정하는 온도-시간(서모-타임) 스위치, 기관의 워밍

업이 완료되기 전까지 농후한 혼합기가 공급되도록 조절하는 웜업 조절기 등으로 구성
되어 있다.

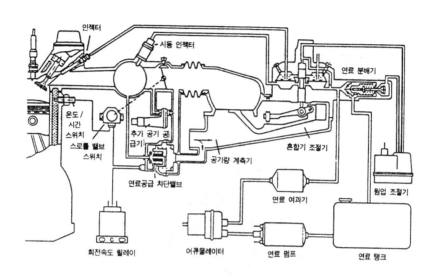

▲ 그림26 K-제트로닉

㉯ 구조와 기능

㉠ 어큐뮬레이터(accumulator)

　이것은 연료 펌프와 연료 여과기 사이에 설치되어 연료를 저장하며, 연료 펌프의 맥
동과 소음을 감소시킨다. 기능은 기관이 정지되었을 때 연료 라인에 잔압을 유지시키
고, 기관의 재시동성을 향상시
키며 연료 라인의 베이퍼 로크
현상을 방지한다.

㉡ 연료 압력 조절기

　이것은 연료 복귀 구멍의 단
면적을 변화시켜 연료의 압력
을 일정하게 유지시킨다.

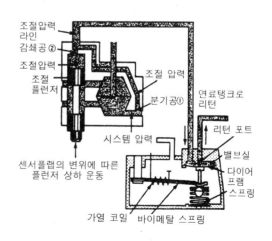

그림27 연료 압력 조절기 ▶

작동은 기관이 정지하면 연료의 압력을 낮추어 연료가 분사되는 것을 방지하고, 연료 분배기의 제어 플런저에 작용하는 연료가 탱크로 복귀되는 것을 방지한다.

ⓒ 연료 분배기

ⓐ 플런저 배럴 : 안쪽면에 조절 플런저가 설치되어 연료량을 조절하여 인젝터에 분배한다.

ⓑ 제어 플런저 : 조절 플런저의 행정을 변화시키면 연료의 분사량이 변화된다.

ⓒ 디퍼렌셜 밸브 : 공급측과 송출측 압력차를 항상 $0.102\,kg/cm^2$ 으로 유지.

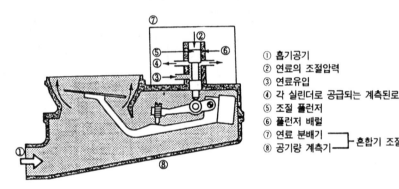

① 흡기공기
② 연료의 조절압력
③ 연료유입
④ 각 실린더로 공급되는 계측된로
⑤ 조절 플런저
⑥ 플런저 배럴
⑦ 연료 분배기 ┐
⑧ 공기량 계측기 ┘ 혼합기 조절기

▲ 그림28 연료 분배기

ⓡ 인젝터

인젝터는 연료 분배기에서 공급되는 연료의 압력에 의해서 연료가 분사되는 부분이며, 연료 분사 개시 압력은 $3.37\,kgf/cm^2$ 이다. 작동은 니들 밸브의 진동에 의해서 무화가 이루어진다.

ⓜ 시동 인젝터

이것은 한냉시 기관을 시동할 때 연료를 일정 시간 동안 추가적으로 분사시킨다. 작동은 냉각수 온도가 40℃ 까지는 연료를 추가로 분사시켜 냉간 운전 상태가 안정되도록 한다. 또 시동 인젝터는 기관의 온도에 의해서 작동되는 온도-시간 스위치에 의해 제어된다.

ⓗ 온도-시간 스위치

이것은 냉각수 온도와 바이메탈에 의해 시동 인젝터의 최대 분사 지속시간을 제한하는 일을 하며, 실린더 블록의 냉각수 통로에 설치되어 있다.

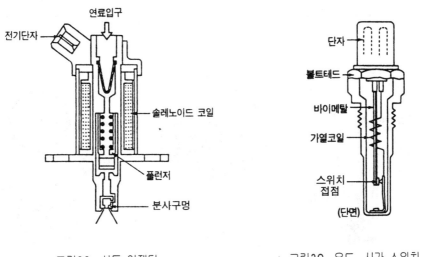

▲ 그림29 시동 인젝터   ▲ 그림30 온도-시간 스위치

Ⓢ 웜업 조정기

이것은 기관의 온도가 낮을 때에는 조절 플런저 상단에 작용하는 제어 압력이 낮아진
다. 또 기관의 온도가 높을 때에는 조절 플런저 상단에 작용하는 제어 압력이 상승된다.
그리고 부분 부하시에는 플런저의 행정이 작아져 실린더에 희박한 혼합기가 공급된다.
전부하시에는 인젝터에 공급되는 연료가 증가되어 농후한 혼합기가 공급된다.

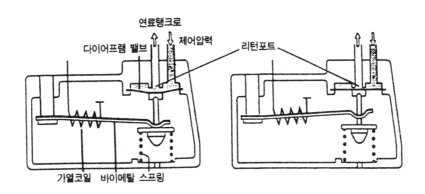

(a) 엔진이 차거울 때   (b) 엔진이 정상 작동온도일 때

▲ 그림31 웜업 조정기

◎ 공기 밸브

이것은 냉간 시동 또는 워밍업이 완료될 때까지 바이패스 통로를 통하여 공기를 추가로 공급하는 것이며, 스로틀 밸브가 닫혀 있더라도 기관의 회전수가 상승한다.

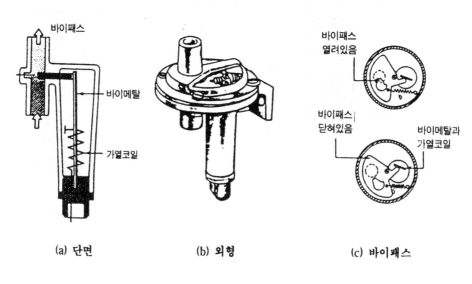

(a) 단면   (b) 외형   (c) 바이패스

▲ 그림32 공기 밸브

㉓ 연료 공급 차단 밸브

이 밸브는 관성 운전 또는 기관 브레이크를 사용할 때 일시적으로 연료를 차단하는 것이며, 작동은 기관의 작동 온도가 35℃ 이상을 유지하는 상태에서 자동차가 주행 중 가속 페달을 놓으면 온도-시간 스위치, 스로틀 밸브 스위치, 회전속도 릴레이 등에 의해서 연료 공급 차단 밸브를 제어된다.

○ D - 제트로닉

① 개 요

이 방식은 흡입 공기량을 직접 계량하지 않고 흡입 다기관의 절대 압력 또는 스로틀 밸브의 열림량과 기관의 회전 속도로부터 공기량을 간접으로 계량하는 방식으로서 컴퓨터는 인젝터에 축전지 전원을 공급하여 흡입 다기관에 연료를 분사한다.

② 구조와 그 기능

㉮ MAP (흡입다기관 절대압력)센서

이 센서는 흡입 다기관의 진공에 따라 흡입 공기량을 간접적으로 검출하여 컴퓨터에 입력시키는 것이며, 기관의 연료 분사량 및 점화 시기를 조절하는 정보로 이용된다.

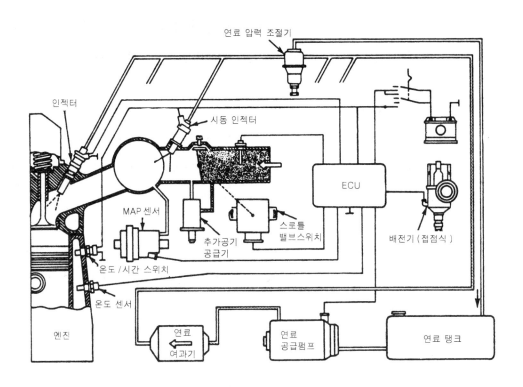

▲ 그림33 D-제트로닉

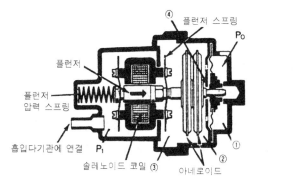

(a) 아네로이드 방식

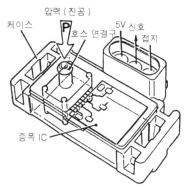

(b) 반도체 피에조 저항형 방식

▲ 그림34 MAP센서

예전에는 아네로이드(기압계)방식을 사용하였으나 최근에는 반도체 피에조 저항형 센서를 사용한다.

㉯ 냉각수 온도 센서

이 센서는 기관의 냉각수 온도를 검출하여 컴퓨터에 입력시키는 역할을 하며, 컴퓨디는 기관의 냉각수 온도에 따른 연료 분사량을 보정 한다. 냉각수 온도 센서는 부특성 서미스터를 사용한다.

㉰ 흡기 온도 센서

이 센서는 기관에 흡입되는 공기의 온도를 검출하여 컴퓨터에 입력시키는 역할을 한다. 컴퓨터는 흡기 온도 센서에 따른 연료 분사량을 보정 한다. 흡기온도센서는 부특성 서미스터이다.

㉱ 스로틀 위치 센서

이 센서는 스로틀 밸브의 열림량 신호를 컴퓨터에 입력시키는 역할을 한다. 컴퓨터는 기관의 공전, 부분 부하, 전 부하상태를 감지할 수 있으며, 스로틀 밸브의 열림량에 따른 연료 분사량을 조절한다.

㉲ 공기 밸브(에어 밸브)

이 밸브는 한냉시 웜업시에 열려 흡입 공기를 추가로 공급하여 기관의 공전상태를 안정시킨다. 즉, 기관이 냉각되었을 때 기관의 회전수를 상승시켜 워엄시간을 단축 시켜 주는 패스트 아이들(fast idle)작용을 한다.

● L - 제트로닉

① 개 요

이 방식은 모든 계통이 D-제트로닉과 비슷하지만 실린더에 흡입되는 공기량을 체적 유량 및 질량 유량으로 검출하는 직접 계량 방식으로서 공기 흐름 센서의 신호를 이용하여 인젝터에서 분사되는 연료량을 컴퓨터에서 제어하는 장치이다. 흡입 공기량을 체적 유량으로 계량하는 방식에는 칼만 와류식이 있고 질량 유량으로 계량하는 방식으로는 에어 플로 미터(베인식), 핫 와이어식과 핫 필름식이 있다. L- 제트로닉의 특징은 다음과 같다.

㉮ 무화 상태로 흡입 밸브 앞에 연료가 분사되어 응답성이 좋아 운전성이 향상된다.

㉯ 흡입 저항이 적고 관성 효과를 얻을 수 있어 기관의 출력이 향상된다.

㉼ 과잉의 연료 공급이 억제되어 동일 출력에 대한 연료소비율이 감소된다.

㉽ 공기의 온도와 냉각수 온도에 알맞는 최적의 분사량이 공급된다.

㉾ 저온 시동성이 향상된다.

㊀ 희박한 혼합기 상태에서도 운전이 가능하기 때문에 유해 배기 가스의 배출이 적다.

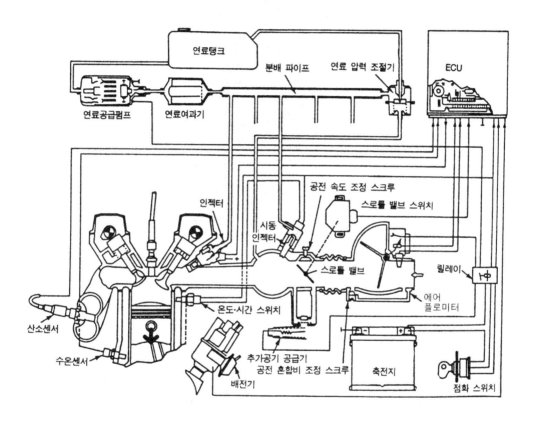

▲ 그림35 L−제트로닉

② 구조와 그 기능

㉮ 연료 계통

㉠ 연료 펌프(fuel pump)

　　연료 펌프는 연료탱크 내에 들어 있으며 페라이트식 전동기에 의해 연료를 인젝터에 공급하는 역할을 한다. 연료 펌프는 점화 스위치가 ON에 있고, 흡입 공기가 감지 될 때(기관이 작동 될 때)만 작동하도록 되어 있다. 그리고 기관의 시동을 정지한 후에 연료 라인의 잔압 유지, 베이퍼 로크 방지, 재시동성 향상 등을 위해 체크밸브와 펌프에서 송출되는 연료의 압력을 항상 일정하게 유지시키는 릴리프 밸브를 두고 있다.

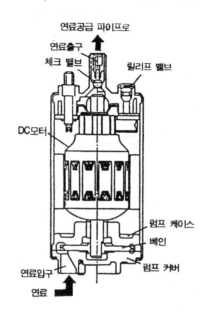

▲ 그림36 연료 펌프

ⓛ 연료 압력 조절기

　　연료 압력 조절기는 흡입 다기관 내의 진공(부압)과 연료 압력의 차를 항상 일정하게 유지시키는 역할을 한다. 즉 연료의 압력이 흡입 다기관의 진공에 대하여 2.2~2.6 kgf/ cm² 의 차이가 유지된다. 또 흡입 다기관의 진공이 높을 때에는 다이어 프램을 당기는 힘이 강해지므로 연료 탱크로 되돌아가는 연료량이 많아져 공급 압력이 낮아진다.

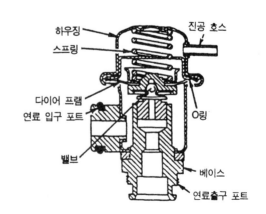

그림37 연료 압력 조절기 ▶

ⓒ 연료 분배 파이프

이 파이프는 인젝터에 공급되는 연료를 저장하여 맥동적인 압력의 변화를 방지하며, 각 인젝터에 공급되는 연료의 압력을 항상 동일하게 한다.

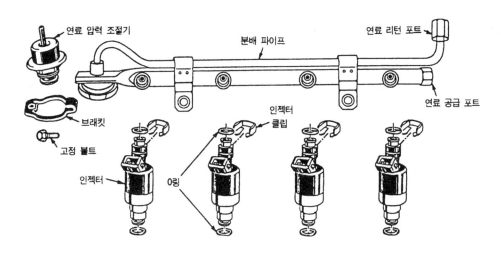

▲ 그림38 연료 분배 파이프

ⓓ 인젝터

인젝터는 컴퓨터의 제어 신호에 의해 연료를 흡입 밸브 앞쪽에 분사시키는 작용을 하며, 연료의 분사량은 니들 밸브의 양정, 분사구멍의 크기, 유효 분사 압력 등에 의하여 변화된다. 즉, 솔레노이드 코일에 전류가 통전되는 시간에 비례한다.

그림39 인젝터 ▶

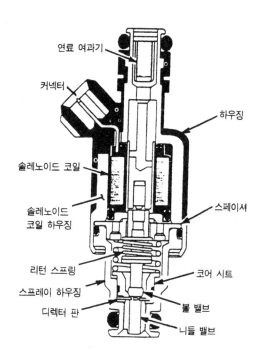

분사각은 일반적으로 10~40° 정도이고, 분사압력은 2~3kgf/㎠정도이며, 분사시간은 1.0~1.5mS(mS=1/1,000sec)이다. 인젝터의 저항은 아날로그 멀티미터로, 분사상태의 점검은 오실로스코프로 한다.

㉯ 흡기 계통

㉠ 공기 흐름 센서(Air Flow Sensor)

이 센서는 실린더내로 흡입되는 공기량을 검출하여 컴퓨터로 전달하는 것이며, 컴퓨터는 이 센서에서 공급한 신호를 기준으로 연산하여 연료 분사량을 결정하고, 분사신호를 인젝터로 보낸다. 종류에는 에어 플로 미터식, 칼만 와류식, 핫 와이어식, 핫 필름식 등이 있다.

ⓐ 에어플로 미터식(메저링 플레이트식)

이 방식은 메저링 플레이트(measuring plate ; 베인)의 열림량을 포텐셔 미터(potentio meter)에 의하여 전압비로 검출하는 방식이다.

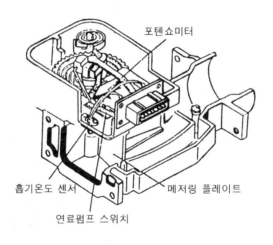

▲ 그림40 에어 플로 미터식

ⓑ 칼만 와류식(karman vortex type)

이 방식은 컨트롤 릴레이에서 전류를 공급받아 증폭된 일정 간격의 초음파를 발신기에서 수신기로 보내면 발신기는 초음파를 수신기로 전달할 때 흡입 공기에 발생한 칼만 와류속을 통과하므로 불규칙한 칼만 와류수 만큼 초음파가 밀집되거나 분산된 후 수신기로 전달되면 증폭기에 의해 디지털 신호로 검출되어 컴퓨터로 입력된다.

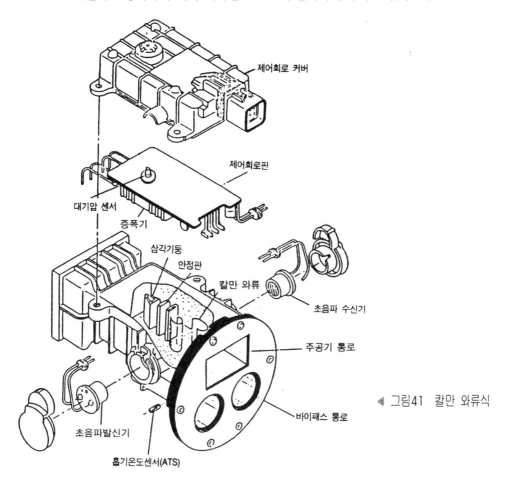

▲ 그림41 칼만 와류식

ⓒ 핫 와이어식(hot wire type)

　이 방식은 흡입 공기 유동 부 가운데에 열선식 발열체를 설치 하고 전기적으로 가열하면 공기 의 유입량에 따라 전류 소비가 변 화하는 작용을 이용하여 흡입 공 기량을 계측한다.

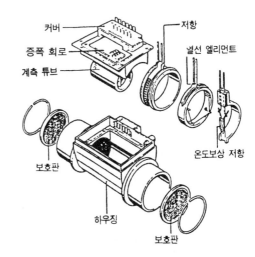

그림42 핫 와이어식 ▶

ⓛ 스로틀 보디(throttle body)

스로틀 보디에는 가속 페달을 밟는 정도에 따라 흡입 공기량을 조절는 스로틀 밸브와 스로틀 밸브의 열림량을 감지하는 스로틀 위치 센서, 공회전시 회전수를 제어하는 공전소절서보(ISC-servo)가 설치되어 있다. 그리고 어떤 형식에서는 기관을 급감속시켰을 때 스로틀 밸브가 천천히 닫히도록 하는 대시포트(dash-port)를 두기도 한다.

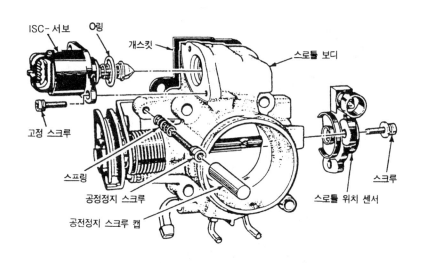

▲ 그림43 스로틀 보디

ⓒ 서지 탱크(surge tank)

서지 탱크는 흡입 다기관과 스로틀 보디 사이에 설치되는 것이며, 기관의 실린더 상호간에 흡입 간섭을 방지하여 충전 효율을 증대시킨다.

ⓔ 센서 계통

ⓐ 공기 흐름 센서(AFS)

이 센서는 실린더에 공급되는 흡입 공기량을 검출하여 컴퓨터에 입력시키는 것이며, 컴퓨터는 실린더에 공급되는 흡입 공기량에 알맞는 기본 연료 분사량을 결정한다.

ⓑ 대기압 센서(BPS)

이 센서는 스트레인 게이지의 저항값이 압력에 비례하여 변화하는 것을 이용하여 전압으로 변환시키는 반도체 피에조 저항형 센서이며, 컴퓨터는 고도에 따른 연료의 분사량 및 점화 시기를 조절한다.

ⓒ 흡기온도(ATS)

이 센서는 실린더로 흡입되는 공기의 온도를 검출하여 컴퓨터에 입력시키는 역할을 한다. 컴퓨터는 흡입 공기의 온도에 알맞는 연료를 보정한다.

ⓓ 공전조절 서보(ISC-servo)

이 기구는 난기 운전 및 기관에 가해지는 부하가 증가됨에 따라 공전 속도를 안정시키는 것이며, 컴퓨터로부터의 제어 신호에 의해서 모터와 웜기어를 이용하여 스로틀 밸브의 열림량을 조절하여 공전 속도를 조정한다.

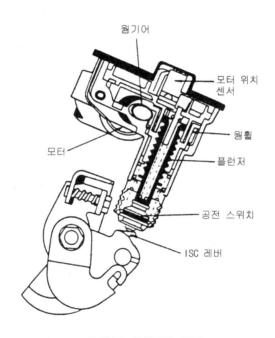

▲ 그림44 공전조절 서보

ⓔ 모터 위치 센서(MPS)

이 센서는 공전 조절 서보 모터의 위치를 검출하여 컴퓨터로 입력시키는 역할을 한다.

ⓕ 공전 위치 스위치(IPS)

이 스위치는 기관이 공회전 상태임을 검출하여 컴퓨터로 입력시키는 역할을 하는 것이며, 컴퓨터는 공전 속도 조절 서보를 작동시켜 기관의 회전수를 증가 또는 감소시킨다.

ⓖ 스로틀 위치 센서(TPS)

이 센서는 스로틀 밸브의 열림량을 전압으로 검출하여 컴퓨터로 입력시키는 역할을 하며, 컴퓨터는 기관의 감속 및 가속에 따른 연료 분사량을 제어한다.

ⓗ 수온 센서(WTS, CTS)

이 센서는 기관의 냉각수 온도를 검출하여 출력 전압으로 컴퓨터에 입력시키는 역할을 하며, 컴퓨터는 기관의 냉각수 온도에 따라서 분사량을 적절하게 유지시킨다.

ⓘ TDC 센서

이 센서는 4 실린더 기관은 1 번 실린더의 상사점, 6 실린더 기관은 1 번, 3 번, 5 번 실린더의 상사점을 검출하여 디지털 신호로 컴퓨터로 입력시키는 역할을 한다.

ⓙ 크랭크각 센서(CAS)

이 센서는 크랭크 축의 회전수와 크랭크 축의위치 검출하여 컴퓨터로 입력시키는 역할을 하며, 컴퓨터는 연료 분사 시기와 점화 시기를 결정한다.

ⓚ 산소 센서(O_2 센서, λ -센서)

이 센서는 배기 가스 중에 산소 농도를 검출하여 피드 백의 기준신호를 컴퓨터로 입력시키는 역할을 하며, 컴퓨터는 배출 가스의 정화를 위해 연료 분사량을 이론 혼합비로 유지시킨다. 혼합기가 농후하면 약 0.9 V, 희박하면 0.1V 정도의 기전력이 발생되어 EGR 밸브가 열려 배기 가스의 일부를 피드 백 시킨다.

ⓛ 차속센서

이 센서는 속도계 케이블 1 회전당 4 회의 디지털 신호를 컴퓨터에 입력시키는 역할을 한다. 컴퓨터는 공전 속도 및 연료 분사량을 조절한다.

ⓜ 에어컨 스위치 및 릴레이

이것은 에어컨 스위치의 ON 신호를 컴퓨터에 입력시키는 것이며, 컴퓨터는 공전시에 에어컨 스위치를 ON시키면 공전 속도를 상승시킨다.

ⓝ 노킹 센서(knocking sensor)

이 센서는 노킹 발생시 고주파 진동을 전기 신호로 변환하여 컴퓨터에 입력시키는 역할을 하는 것이며, 컴퓨터는 노킹이 발생되면 점화 시기를 늦추어 기관을 정상적으로 작동시킨다. 노킹이 발생하지 않는 상태에서는 다시 점화 시기를 노킹 한계까지 진각시킨다.

ⓞ 가속페달 위치 센서(APS)

이 센서는 가속 페달의 작동량을 검출하여 TCU(자동 변속기용 컴퓨터)에 입력시키는 역할하며, TCU는 미끄러지기 쉬운 노면에서 타이어의 슬립을 방지한다. 또 TCU는 선회시의 조향 성능을 향상시키고, 기관의 출력을 감소시키는 일을 한다.

ⓟ 인히비터 스위치(inhibiter switch)

이 스위치는 자동 변속기 각 레인지 위치를 검출하여 TCU에 입력시키는 역할을 하며, TCU는 P 레인지와 N 레인지에서만 기동 전동기가 작동될 수 있도록 한다.

ⓠ 파워 스티어링 압력 스위치

이 스위치는 조향 핸들을 회전할 때 유압을 전압으로 변환시켜 컴퓨터로 입력시키는 역할을 하며, 컴퓨터는 공전 속도 서보를 작동시켜 기관의 회전수를 상승시킨다.

ⓡ 전기 부하 스위치

이 스위치는 전기적 부하(에어컨 ON시, 전조등 점등시 등)를 검출하여 컴퓨터로 입력시키는 역할을 하며, 컴퓨터는 공전 속도 조절 서보를 작동하여 기관의 회전수를 상승시킨다.

㉣ 제어 계통

ⓐ 컨트롤 릴레이(control releay)

이 릴레이는 축전지 전원을 컴퓨터, 연료 펌프, 인젝터, 공기 흐름 센서 등에 전원을 공급하는 부품이다.

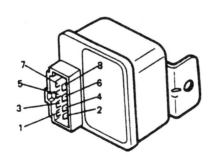
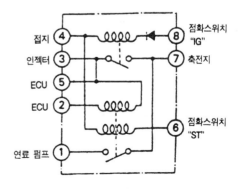

▲ 그림45 컨트롤 릴레이

ⓑ 컴퓨터(ECU)

◆ 기억장치

• ROM(Read Only Memory : 영구기억장치)

이것은 읽기전용의 기억장치이며, 전원이 차단되어도 기억내용이 지워지지 않는다.

• RAM(Random Access Memory : 일시기억장치)

이것은 센서로부터 입력되는 데이터를 저장하는 기억장치이며, 전원을 차단하면 기억되어 있는 데이터가 소멸되는 일시적인 기억장치이다.

◆ 중앙 처리 장치(CPU)

이 장치는 연산장치, 주기억장치, 제어장치의 3개로 구성되어 있으며, 기억장치에서 읽어 들인 프로그램 및 각종 센서로부터 입력된 데이터를 일시 저장한다. 그리고 산술 연산이나 논리 연산 및 판정 등을 실행하는 부분이다.

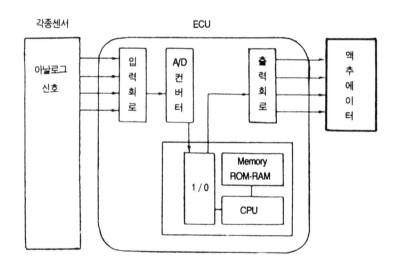

▲ 그림 46 컴퓨터 제어 회로

◆ 입·출력장치

• 입력장치

이 장치는 각종 센서로부터 검출된 신호를 받아들이는 장치이며, 센서에서의 신호를 처리하여 컴퓨터에 전달한다.

• 출력장치

이 장치는 산술 및 논리 연산된 데이터를 액추에이터에 제어 신호로 보내는 장치이다. 즉 컴퓨터의 전기 신호로 액추에이터를 작동시키는 신호로 변화시킨다.

◆ A/D 변환기

아날로그 신호를 중앙처리장치(PCU) 에 의해서 디지털 신호로 변환시키는 장치이다.

◆ 연산부

중앙처리 장치내에서 연산이 중심이 되는 가장 중요한 부분으로 컴퓨터의 연산은 출력이 되는 다른 것과 비교하여 결론을 내리는 방식이다. 즉 스위치의 ON, OFF 을 0 또는 1 로 나타내는 2 진법과 0 ~ 9 까지의 수치로 나타내는 10진법으로 계산한다.

◆ 컴퓨터의 제어

• 점화 시기 제어

점화시기의 제어는 컴퓨터에서 파워 트랜지스터의 베이스로 제어 신호를 보내어 제어한다.

• 연료 펌프 제어

연료 펌프의 제어는 기관의 회전수가 50 rpm 이상일 때 제어 신호가 공급되며, 컴퓨터 내의 연료 펌프 제어 트랜지스터의 베이스에 제어 신호가 공급되어 구동된다.

• 연료 분사량 제어

－ 기본 분사량 조절

연료의 기본 분사량은 흡입 공기량과 기관 회전수에 따라서 결정된다.

－ 크랭킹시 분사량 조절

크랭킹 신호, 기관의 회전수, 냉각수 온도에 의해 조절되며, 기관의 시동성 향상을 위하여 연료 분사량을 보정 한다.

－ 시동 후 분사량 조절

공전 속도를 안정시키기 위하여 일정 시간 동안 연료의 분사량을 증가시킨다. 연료의 증량비는 크랭킹시에 최대가 되고, 냉각수 온도의 상승으로 점차 감소된다.

- 냉각수 온도에 의한 분사량 조절

냉각수 온도가 80℃ 이하에서는 연료의 분사량을 증량시키고, 냉각수 온도가 80℃ 이상에서는 연료의 기본 분사량으로 제어한다.

- 흡입 공기 온도에 의한 분사량 조절

흡입공기의 온도가 20℃ 이하의 온도에서는 연료의 분사량을 증량시키고, 20℃ 이상의 온도에서는 연료의 분사량을 기본 분사량으로 제어한다.

- 축전지 전압에 의한 분사량 조절

축전지 전압이 낮으면 인젝터의 무효 방전 시간이 길어지므로 통전 시간을 길게 한다.

- 고속 회전시 분사량 조절

스로틀 위치 센서에서 스로틀 밸브의 열림량을 검출하여, 고속 운전성을 향상시키기 위하여 연료의 분사량을 증량시킨다.

- 감속시 연료 차단

아이들 스위치가 ON 되면 인젝터의 전원을 일시적으로 차단하여, 연료의 절약, HC 의 감소 및 촉매 변환기의 과열을 방지한다.

• 연료 분사 시기 제어

- 동기 분사(독립분사, 순차분사)

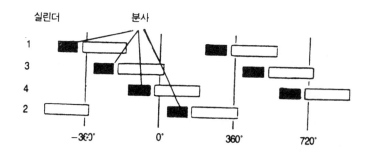

▲ 그림47 동기분사

이 방식은 TDC 센서의 신호로 분사 순서를 결정하고, 크랭크각 센서의 신호로 점화 시기를 조절한다. 크랭크 축이 2 회전할 때마다 점화 순서에 의하여 배기 행정 시에 연료를 분사시킨다.

– 그룹 분사

이 방식은 인젝터 수의 ½씩 짝을 지어 분사시키는 방식이며, 연료 분사를 2 개 그룹으로 나누어 시스템을 단순화시킬 수 있는 장점이 있다.

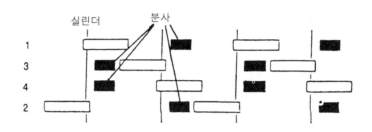

▲ 그림48   그룹 분사

– 동시 분사(비동기 분사)

이 방식은 모든 인젝터에 연료 분사 신호를 동시에 공급하여 연료를 분사시키는 방식이며, 냉각수온 센서, 흡기온도, 스로틀 위치 센서 등 각종 센서에 의해 제어된다. 동시 분사 방식에서는 1 사이클 당 2 회씩(크랭크 축 1회전당 1회씩 분사) 연료를 분사시킨다.

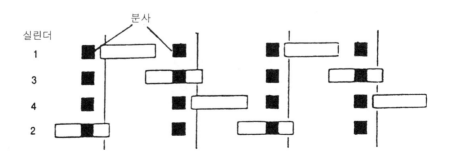

▲ 그림49   동시 분사

• 피드백 제어

이 제어는 산소 센서의 출력이 낮으면 혼합비가 희박하므로 분사량을 증량시키고, 산소 센서의 출력이 높으면 혼합비가 농후하므로 분사량을 감량시킨다. 다음의 경우에는 피드 백 제어가 정지된다.

– 기관을 시동 할 때

– 기관 시동 후 분사량을 증량시킬 때

– 기관의 출력을 증가시킬 때

– 연료 공급을 차단할 때

– 냉각수 온도가 낮을 때

• 공전 속도 제어

– 시동후 제어

기관 시동 후에는 컴퓨터는 냉각수 온도에 따라 공전 조절 서보 모터를 제어 신호을 보낸다.

– 패스트 아이들 제어

기관의 공전 상태와 냉각수 온도를 검출하여 컴퓨터는 공전 조절 서보 모터를 구동하여 냉각수 온도애 따른 회전수로 조절한다.

– 부하시 제어

ⓐ 에어컨 스위치가 ON 되면 기관의 회전수를 상승시킨다.

ⓑ 동력 조향장치의 오일 압력 스위치가 ON 되면 기관의 회전수를 상승시킨다.

ⓒ 전기 부하 스위치가 ON 되면 기관의 회전수를 상승시킨다.

ⓓ 자동변속기가 N 레인지에서 D 레인지로 변환되면 기관의 회전수를 상승시킨다.

ⓔ 대시 포트 제어

자동차가 주행 중 급감속시에 연료를 일시적으로 차단하며, 스로틀 밸브가 빠르게 닫히지 않도록 하여 급감속에 의한 충격을 방지한다.

ⓕ 에어컨 릴레이 제어

기관 공전시 에어컨 스위치를 ON 시키면 약 0.5 초 동안 에어컨 릴레이 회로를 차단한다. 이때 에어컨 컴프레서가 즉시 구동되지 않아 기관의 회전 속도 강하를 방지한다.

제6절 디젤 기관

디젤 기관은 실린더 내로 공기를 흡입하여 압축하고, 고온 상태로 되게 한 다음, 연료를 고압으로 분사하여 자연 착화시켜 동력을 발생하는 기관이다. 디젤 기관도 가솔린 기관과 같이 4행정 사이클 기관과 2행정 사이클 기관이 있으며, 그 기본적인 구조는 가솔린 기관과 같으나 연료 장치가 크게 다르다.

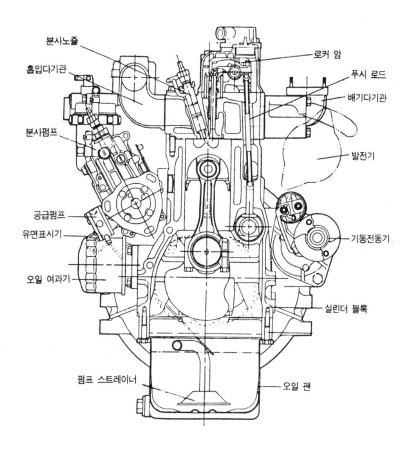

▲ 그림1 디젤 기관의 단면도

6.1 디젤 기관의 일반 사항

(1) 디젤 기관의 장점

① 열효율이 높고, 연료소비량이 적다.

② 점화 장치가 없어 이에 따른 고장율이 적다.

③ 인화점이 높은 경유를 연료로 사용하므로 그 취급이나 저장에 위험이 적다.

④ 대형 기관 제작이 가능하다.

⑤ 경부하시 효율이 그다지 나쁘지 않다(저속에서 큰 회전력이 발생한다).

⑥ 공기의 과잉 상태로 운전되므로 배기 가스에 일산화탄소의 함유량이 적다.

⑦ 2사이클 기관이 비교적 유리하다.

(2) 디젤 기관의 단점

① 마력당 중량이 무겁다.

② 평균 유효 압력과 기관의 회선 속도가 낮다.

③ 운전 중 진동과 소음이 크다.

④ 기동 전동기의 출력이 커야 한다.

⑤ 연료의 분사장치를 설치하여야 하기 때문에 제작비가 비싸다.

♣ 참고사항 ♣

공기 과잉률(excess air factor, λ) : 연료를 완전히 연소시키는데 필요한 공기량에 대하여 실제로 공급되는 공기량의 비율로서 경유 1 kgf을 연소시키는데 필요한 공기 중량은 14.2 kgf 이 된다. 자동차용 고속 기관에서 전 부하(최대 분사량) 운전 상태에서 공기 과잉률은 1.2~1.4 정도이다. 공기 과잉률이 1에 가까울수록 기관의 출력은 증대되지만 매연이 배출되기 쉽다.

(3) 디젤 기관의 연료

1) 경유의 물리적 성질

① 색깔 : 흑갈색~담황색이다.

② 비중 : 0.83~0.89정도 이다.

③ 인화점 : 40~90℃정도이다.

④ 발열량 : 10700kcal/kgf정도이다.

⑤ 경유 1kgf을 완전히 연소시키는데 필요한 건조 공기량은 14.4kgf이다.

⑥ 자연발화점은 산소속에서 245℃, 공기속에서는 358℃이다.

2) 경유의 구비조건

① 자연 발화점이 낮아야 한다.(착화성이 좋을 것)

② 황(S)함유량이 적어야 한다.

③ 세탄가가 높고, 발열량이 커야 한다.

④ 적당한 점도를 지니며, 온도 변화에 따른 점도 변화가 적을 것

⑤ 고형 미립물이나 유해성분을 함유하지 않아야 한다.

3) 경유의 착화성

착화성은 연소실내에 분사된 연료가 착화될 때까지의 시간으로 표시하며 이 시간이 짧을수록 착화성이 좋다고 한다. 이 착화성을 정량적(定量的)으로 표시하는 것에는 세탄가, 디젤 지수 임계 압축비 등이 있으며 세탄가(cetane number)란 착화성을 나타내는 수치이며, 착화성이 우수한 세탄과 착화성이 나쁜 α-메틸나프탈린의 혼합액이다.

또 경유에는 착화지연에 따른 디젤 노크를 방지하기 위해 연소 촉진제를 첨가하고 있는데 여기에는 질산 에틸, 초산 아밀, 아초산 아밀, 초산 에틸 등이 있다.

4) 디젤 기관의 노크

노크란 착화지연 기간 중에 분사된 많은 양의 연료가 화염전파기간 중에 일시적으로 연소하여 실린더내의 압력이 급격히 상승하는데 원인하여 피스톤이 실린더 벽에 충격을 가하여 소음을 발생하는 현상이다. 디젤 노크는 주로 저속·저온에서 발생하며 방지책은 다음과 같다.

① 착화성이 좋은(세탄가가 높은)연료를 사용한다.

② 압축비·압축압력 및 압축압력 등을 높인다.

③ 기관의 온도·흡입공기 온도 및 회전속도 등을 높인다.

④ 분사개시 때 분사량을 감소시켜 착화지연 기간을 단축시킨다.

⑤ 분사시기를 알맞게 조정한다.

⑥ 흡입 공기에 와류가 일어나도록 한다.

5) 디젤 기관의 진동 원인

① 분사량·분사시기 및 분사압력 등이 틀려져 있다.

② 다기통 기관에서 어느 한 개의 분사노즐이 막혔다.

③ 연료 공급 계통에 공기가 침입하였다.

④ 피스톤 커넥팅로드 어셈블리의 무게 차이가 심하다.

⑤ 크랭크 축의 무게가 불평형 하다.

⑥ 실린더 상호간의 안지름 차이가 심하다.

(4) 2행정 사이클 디젤 기관의 소기 방식의 종류

1) 단류 소기식

이 방식은 공기를 실린더 내의 세로 방향으로 흐르게 하는 소기 방식으로서 밸브 인 헤드형과 피스톤 제어형이 있다.

2) 횡단 소기식

이 방식은 실린더 아래쪽에 대칭으로 소기구멍과 배기구멍이 설치된 형식으로서 소기시에 배기 구멍로 배기 가스가 들어와 다른 형식에 비하여 흡입 효율이 낮고 과급도 충분하지 않다.

3) 루프 소기식

이 방식은 실린더 아래쪽에 소기 및 배기 구멍이 설치된 형식으로서 횡단 소기식과 비슷하나 다른 점은 소기 구멍의 방향이 위쪽으로 향해져 있으며, 소기시 배기 구멍을 스치는 방향으로 밀려 들어가게 됨으로서 흡입 효율이 횡단 소기식보다 높다.

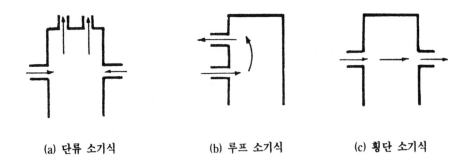

(a) 단류 소기식   (b) 루프 소기식   (c) 횡단 소기식

▲ 그림2 소기 방식

6.2　디젤의 연소 과정 및 연소실

(1) 연소과정

디젤 기관의 연소 과정은 압축 행정의 끝부분에서 연소실 내에 분사된 연료가 자기 착화되어 전파 연소로 변환한 후 연료와 공기가 혼합되면서 확산되어 연소가 이루어진다. 디젤 기관의 연소과정은 착화 지연 기간→화염 전파 기간→직접 연소 기간→후 연소 기간의 4단계로 연소한다.

1) 착화 지연 기간(연소 준비 기간 : A~B 기간)

이 기간은 연료가 연소실내에 분사 된 후부터 착화할 때까지의 기간이며, 착화 지연 기간은 1/1,000 ~ 4/1,000 sec 정도 소요된다. 이 기간이 길어지면 디젤 노크가 발생하기 쉽다.

2) 화염 전파 기간(폭발 연소 기간 : B~C 기간)

이 기간은 분사된 연료의 모두에 화염이 전파되어 동시에 연소되는 기간이며, 폭발적으로 연소하기 때문에 실린더 내의 압력과 온도가 상승한다.

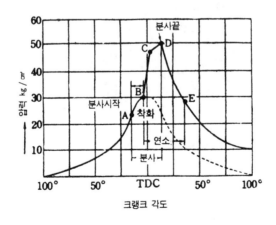

▲ 그림3　디젤 기관의 연소과정

3) 직접 연소 기간(제어 연소 기간 : C ~ D 기간)

이 기간은 화염 전파 기간에서의 화염 때문에 연료의 분사와 거의 동시에 연소되는 기간이며, 연소의 압력이 가장 높으며 압력 변화는 연료의 분사량을 조절하여 조정한다.

4) 후기 연소 기간(후 연소 기간 : D~E 기간)

이 기간은 직접 연소 기간에 연소하지 못한 연료가 연소·팽창하는 기간이며, 후기 연소 기간이 길어지면 배압이 상승하여 열효율이 저하되고 배기의 온도가 상승한다.

(2) 연소실

디젤 기관의 연소실은 피스톤 헤드와 실린더 헤드 사이에 형성되는 단실식 연소실을 이용하는 직접 분사실식과 실린더 헤드에는 부연소실을 두고 피스톤 헤드에 형성되는 주연소실을 설치한 복실식 연소실을 이용하는 예연소실식, 와류실식, 공기실식으로 분류된다.

1) 직접 분사실식

이 형식은 연소실이 피스톤 헤드의 요철에 의해서 형성되며, 분사 노즐에서 분사되는 연료가 연소실에 직접 분사된다. 연료의 분산도를 향상시키기 위하여 주로 다공형의 노즐을 사용하며, 연료의 분사 개시 압력은 200~300 kgf/㎠ 정도로 가장 높다. 이 연소실의 특징은 다음과 같다.

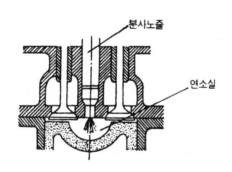

▲ 그림4 직접 분사실식

✤ 장 점

① 연료 소비량이 적고, 열효율이 높다.

② 연소실 체적에 대한 표면적비가 작기 때문에 냉각 손실이 적다.

③ 연소실이 간단하고 연소실 냉각 면적이 작아 열효율이 높다.

④ 실린더 헤드의 구조가 간단하여 열변형이 적다.

⑤ 기관 시동이 쉬워 예열 플러그가 필요 없다.

✤ 단 점

① 압축된 공기에 연료를 분사시켜 혼합하기 때문에 분사 압력이 높아야 한다.

② 연료 분사 압력이 높기 때문에 분사 펌프, 노즐의 수명이 짧다.

③ 분산도를 향상시키기 위해 다공식 노즐을 사용하기 때문에 가격이 비싸다.

④ 짧은 시간에 혼합기가 형성되기 때문에 디젤 노크를 일으키기 쉽다.

⑤ 공기 과잉률($\lambda = 1.4$)이 높아 연료가 분사되는 상태에 따라서 기관의 성능이 변화된다.

⑥ 짧은 시간에 혼합기가 형성되므로 사용 연료의 변화에 대하여 민감하다.

⑦ 회전속도와 부하 등의 변화에 민감하게 반응한다.

2) 예연소실식

이 형식은 실린더 헤드에 주연소실 체적의 $30 \sim 50\%$ 정도의 예연소실이 설치되어 있는 것이며, 피스톤이 상사점에 위치할 때 피스톤 헤드와 실린더 헤드 사이에 주연소실이 형성된다. 또 예연소실과 주연소실은 피스톤 면적의 $0.3 \sim 0.6\%$ 정도의 분출 구멍으로 연결되어 있다. 예연소실식의 연료의 분사압력은 $100 \sim 120\,\mathrm{kgf/cm^2}$ 이며, 특징은 다음과 같다.

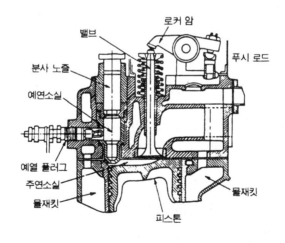

▲ 그림5 예연소실식

✤ 장 점

① 공기의 과잉률($\lambda = 1.2$)이 낮아 평균 유효 압력이 높다.

② 주연소실 내의 압력이 비교적 낮기 때문에 작동이 정숙하다.

③ 연료의 분사 압력이 낮아 연료 장치의 고장이 적다.

④ 착화 지연이 짧기 때문에 디젤 노크가 적다.

⑤ 분사 시기의 변화에 대해서 민감하게 반응하지 않는다.

⑤ 단공형 핀틀 노즐을 사용하기 때문에 고장이 적다.

⑥ 연료의 변화에 둔감하므로 사용 연료의 선택 범위가 넓다.

⑦ 폭발 압력이 낮고 부하 및 회전 속도의 변화에 유연성이 있다.

❈ 단 점

① 냉각 손실이 크기 때문에 연료 소비량이 200 ~ 250 g/ps-h 로 높다.

② 냉각 손실이 크기 때문에 예열 플러그가 필요하다.

③ 연소실 체적이 크기 때문에 냉각 손실이 크다.

④ 기동성의 문제로 압축비를 크게 하기 때문에 출력이 큰 기동 전동기가 필요하다.

⑤ 실린더 헤드의 구조가 복잡하고 열 변형의 우려가 있다.

3) 와류실식

이 형식은 실린더 헤드에 주연소실 체적의 30 ~ 50 % 정도의 와류실이 설치되어 있으며, 피스톤이 상사점에 위치할 때 피스톤 헤드와 실린더 헤드 사이에 주연소실이 형성된다. 또 와류실과 주연소실은 피스톤 면적의 1.0~3.5 % 정도의 분출 구멍으로 연결되어 있다. 연료는 와류실에 분사된다. 분출 구멍의 단면적이 크기 때문에 와류실과 주연소실 사이의 공기 유동의 손실이 적다. 분사 압력은 100~140 kgf/㎠ 이며, 특징은 다음과 같다.

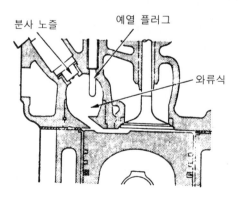

◀ 그림6 와류실식

🔹 장 점

① 압축행정에서 발생하는 강한 와류를 이용하므로 회전속도 및 평균 유효압력이 높다.

② 분사압력이 비교적 낮아도 된다.

③ 기관의 회전속도 범위가 넓고 운전이 원활하다(고속회전이 용이하다).

④ 연료 소비율이 비교적 적다.

🔹 단 점

① 실린더 헤드의 구조가 복잡하다.

② 분출구멍의 조임작용 및 연소실 표면적에 대한 체적비가 커 열효율이 낮다.

③ 저속에서 디젤 노크 발생이 크다.

④ 기관 시동시 예열플러그가 필요하다.

4) 공기실식

이 형식은 압축행정의 말기에 공기실에서 강한 와류가 발생하며 이때 연료가 공기실을 향하여 분사되면 주연소실에서 착화가 일어나고 또 일부의 연료가 공기실로 유입되어 착화하여 공기실내의 압력을 높인다. 그 다음에 피스톤이 내려감에 따라 공기실내의 공기가 주연소실내로 분출되어 연소를 도와 준다. 공기실의 체적은 6.5~20%, 분사압력은 $100 \sim 140\,kgf/cm^2$ 이며, 특징은 다음과 같다.

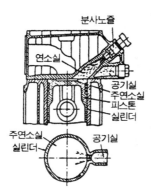

◀ 그림7 공기실식

🔹 장 점

① 연소진행이 완만하여 압력상승이 낮으며 작동이 조용하다.

② 연료가 주연소실에 분사되므로 시동이 쉽다.

③ 폭발압력이 가장 낮다.

❖ 단 점

① 분사시기가 기관의 작동에 영향을 준다.

② 후적(뒤흘림 ; after drop)연소 발생이 쉬워 배기가스 온도가 높다.

③ 연료 소비율이 비교적 크다.

④ 기관의 회전속도 및 부하 변화에 대한 적응성이 낮다.

6.3 디젤 기관의 시동 보조 장치

디젤기관의 시동 보조 기구에는 감압 장치, 예열 장치 및 연소촉진제 공급 장치 등이 있다.

(1) 감압 장치(데콤프)

디젤 기관은 압축 압력이 높기 때문에 기관 시동을 할 때 크랭킹이 어렵다. 이 점을 고려하여 크랭킹할 때 감압 캠을 작동시켜 기관의 캠 축의 작동과는 관계없이 흡입밸브나 배기 밸브를 강제로 열어 실린더 내의 압축 압력을 낮추어 크랭킹을 원활하게 하여 시동을 보조해주는 장치이다.

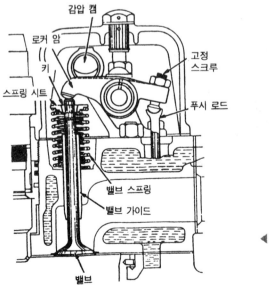

◀ 그림8 감압 장치

감압 장치는 시동 보조 기능 외에 다음과 같은 작용도 있다.

① 기관의 점검·조정시 수동으로 크랭크 축을 원활하게 회전시킬 수 있다.

② 기관의 시동을 정지시킬 수 있다.

③ 감압시켰을 때 크랭크 축의 회전 저항은 압축 행정의 회전 저항에 65% 정도로 감소된다.

(2) 예열 장치

예열 장치는 겨울에 외기의 온도가 낮을 때나 또는 기관이 냉각된 경우에는 공기의 압축열이 실린더 헤드 및 블록에 흡수되어 연료가 착화할 수 있는 고온이 되지 않으므로 연소실 안의 공기를 미리 가열하여 시동을 용이하게 하는 장치이다. 예열 장치에는 일반적으로 직접분사식 연소실에 사용하는 흡기 가열식과 복실식 연소실에 사용하는 예열 플러그식이 있다.

1) 예열 플러그식(Glow Plug type)

예열 플러그식은 연소실에 흡입된 공기를 직접 가열하는 방식으로서 예연소실식과 와류실식 기관에 사용된다. 이 방식은 예열 플러그를 비롯하여 에열 플러그 파일럿, 예열 플러그 저항기 등으로 구성되어 있다.

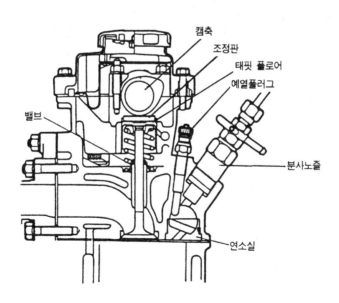

▲ 그림9 예열 플러그 설치 위치

① 코일형(Coil type) 예열 플러그의 특징

  ㉮ 흡입 공기 속에 히트 코일이 노출되어 있기 때문에 예열 시간이 짧다.

  ㉯ 히트 코일은 굵은 열선으로 되어 있으며, 직렬로 연결되어 있다.

  ㉰ 전체 전압값이 작기 때문에 회로 내에 예열 플러그 저항기가 설치되어 있나.

  ㉱ 내진성 및 연소 가스에 의한 부식에 약하다.

  ㉲ 코일형의 제원은 다음과 같다.

    ㉠ 발열량 : 30~40W

    ㉡ 발열부 온도 : 950~1050℃

    ㉢ 전압 : 0.9~1.4V

    ㉣ 전류 : 30~60A

    ㉤ 예열시간 : 40~60초

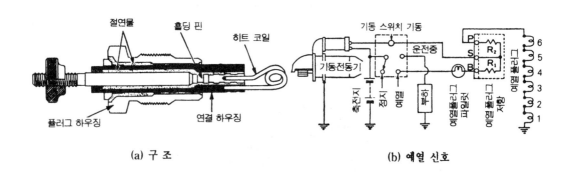

(a) 구 조   (b) 예열 신호

▲ 그림10 코일형 예열 플러그

② 실드형(Sheild type) 예열 플러그의 특징

  ㉮ 히트 코일이 가는 열선으로 되어 예열 플러그 자체의 저항이 크다.

  ㉯ 병렬로 연결되어 있다.

  ㉰ 발열량 및 열용량이 크다.

  ㉱ 히트 코일이 보호 금속 튜브 내에 설치되어 적열되는 시간이 길다.

  ㉲ 내구성이 향상되며 어느 한 개가 단선되어도 다른 것들은 계속 작동한다.

ⓑ 실드형의 제원은 다음과 같다.

　㉠ 발열량 : 60~100W　　　　㉡ 발열부 온도 : 950~1050℃

　㉢ 전압 : 12V식은 9~11V, 24V식은 20~23V

　㉣ 전류 : 12V식은 10~11A, 24V식은 5~6A

　㉤ 예열시간 : 60~90초

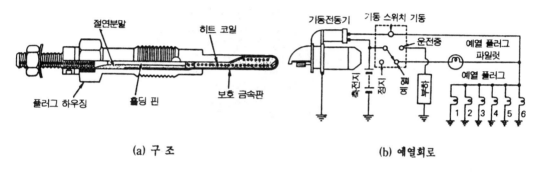

(a) 구 조　　　　　　　　　(b) 예열회로

▲ 그림11　실드형 예열플러그

③ 예열 플러그 파일럿

　이것은 예열플러그의 적열상태를 운전석에서 점검할 수 있도록 한 장치이다.

④ 예열 플러그 저항기

　이것은 코일형 예열 회로내에 넣은 저항이며, 작동은 예열 플러그에 규정된 전압이 가해지도록 직렬로 저항기를 접속하여 축전지 전압과 예열 플러그 전압 차이만큼의 전압을 강하시키는 장치이다.

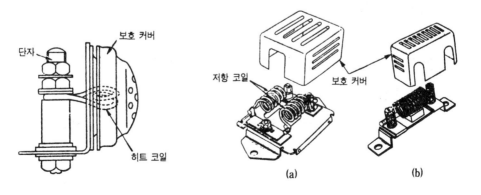

▲ 그림12　예열 플러그 파일럿　　　　　▲ 그림13　예열 플러그 저항기

⑤ 히트 릴레이(heat relay)

　이것은 예열회로를 흐르는 전류가 크기 때문에 기동 전동기 스위치의 소손을 방지하기 위해서 둔 것이다.

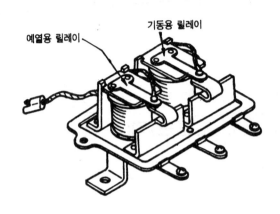

예열용 릴레이　　기동용 릴레이

▲ 그림14　히트 릴레이

⑥ 예열 플러그의 단선 원인

　　㉮ 기관이 과열되었다.

　　㉯ 기관 가동 중에 예열 플러그를 작동 시켰다.

　　㉰ 예열 플러그에 규정 이상의 과대 전류가 흐른다.

　　㉱ 예열 플러그 작동시간이 너무 길다.

　　㉲ 예열 플러그 설치시 조임이 불량하다.

2) 흡기 가열식

　흡기 가열식은 흡입다기관에 흡기 히터 또는 히트 레인지를 설치하여 공기를 예열한 후 실린더에 흡입되도록 하는 것으로 직접 분사실식에 사용된다.

　① 흡기 히터 (intake heater)

　　이 방식은 흡입다기관에 설치되어 연료를 연소시켜 흡입 공기를 데워 실린더내로 공급하는 것이다.

　② 히트 레인지 (heat range)

　　이 방식은 흡입다기관에 히터를 설치한 것이며, 이 히터의 용량은 400~600W이며 축전지 전압이 직접 가해지도록 되어 있다.

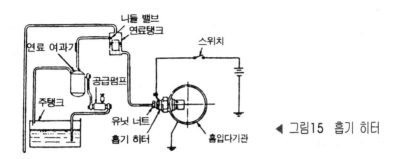

▲ 그림15 흡기 히터

6.4 디젤 기관의 연료 장치

디젤 기관의 연료 장치는 연료 탱크의 연료를 분사 펌프로 보내어 고압으로 한 다음 분사노즐을 거쳐 실린더 내에 분사하는 일련의 장치를 연료 장치라 하며, 연료 탱크, 공급 펌프, 연료 여과기, 분사 펌프, 고압 파이프, 분사 노즐 등으로 구성되어 있다.

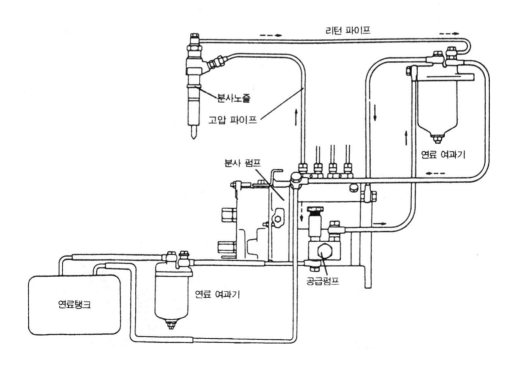

▲ 그림16 디젤 기관의 연료 장치

일반적으로 연료의 공급은 연료 탱크 → 연료 파이프 → 연료 공급 펌프 → 연료 여과기 → 분사 펌프 → 고압 파이프 → 분사 노즐로 이루어진다. 분사 펌프는 기관의 크랭크 축에 의하여 구동되어 저압의 연료를 고압으로 변화시켜 실린더 헤드에 설치된 분사 노즐을 통하여 알맞는 시기에 소정의 압력으로 연소실에 분사한다. 분사 방식에는 공기의 압력을 이용한 유기(공기)분사 방식과 연료 자체에 압력을 가해서 분사시키는 무기 분사식이 있다.

♣ **참고사항** ♣

❶ 유기 분사식의 특징
  ▶ 1893년 7월 루돌프 디젤에 의해 발명된 연료장치이다.
  ▶ 70 kg/㎠ 정도의 압축 공기로 정량된 석유를 분사 시기에 맞추어 분사시킨다.
  ▶ 착화 지연이 짧고 정압에 가까운 연소가 이루어진다.
  ▶ 저질 연료의 사용이 가능하다.
  ▶ 연료를 분사시키는 공기 압축기가 필요하고 속도 및 부하에 대한 조절이 복잡하다.
❷ 무기 분사식의 특징
  ▶ 1910년 영국의 비커스사에서 개발한 연료장치이다.
  ▶ 연료 자체에 100 ~ 300 kg/㎠ 정도의 압력을 가하여 분사 시기에 맞추어 분사시킨다.
  ▶ 무게가 가볍고 기계 효율이 높아 고속 회전에 적합하다.

(1) 연료 공급 펌프(Fuel feed pump)

연료 공급 펌프는 연료 탱크 내의 연료를 흡입 일정한 압력으로 가압(2~3 kgf/㎠)하여 분사 펌프에 공급하는 것으로 분사 펌프 옆면에 설치되어 분사 펌프의 캠 축에 의해서 구동된다.

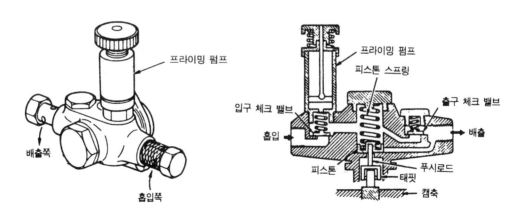

프라이밍 펌프
배출쪽
흡입쪽

프라이밍 펌프
피스톤 스프링
입구 체크 밸브
출구 체크 밸브
흡입
배출
피스톤
푸시로드
태핏
캠축

▲ 그림17 연료 공급 펌프의 구조

또한 공급 펌프에는 연료 회로 내에 공기가 침입되었을 때 공기 빼기 등에 사용되는 수동용의 프라이밍 펌프를 갖추고 있다. 작동은 캠에 의해 피스톤(플런저)이 상승하면 연료가 배출되고, 피스톤이 하강하면 펌프실로 연료가 유입된다. 또 펌프내의 피스톤 스프링 장력과 연료압력이 평형을 이루면 펌프 작용이 정지된다.

♣ 참고사항 ♣

연료 계통의 공기 빼기 순서는 공급펌프→연료여과기→분사펌프 이며

❶ 공급 펌프의 벤트 플러그를 풀고 프라이밍 펌프를 작동시키면서 공기 빼기를 한 다음 플러그를 조인다.

❷ 연료 여과기의 벤트 플러그를 풀고 프라이밍 펌프를 작동시키면서 공기 빼기를 한 다음 플러그를 조인다.

❸ 분사 펌프의 벤트 플러그를 풀고 프라이밍 펌프를 작동시키면서 공기 빼기를 한 다음 플러그를 조인다.

❹ 모든 분사 노즐의 입구 커넥터 분사 파이프의 너트를 조금 풀고 기동 전동기를 이용하여 크랭킹 시키면서 1번 실린더부터 조인다.

❺ 연료 공급 계통에 공기가 침입하면 분사펌프에서의 연료 압송이 불량해져 노즐에서 분사상태가 고르지 못하게 된다. 이에 따라 기관 회전 상태가 불량해지고, 기관의 진동이 발생하며, 공기 침입이 심한 경우에는 기관의 작동이 정지된다.

(2) 연료 여과기

연료 여과기는 연료 속에 포함되어 있는 먼지나 수분 등의 불순물을 여과하는 일을 하며, 디젤 기관의 여과장치는 연료 여과기를 비롯하여 연료 탱크 주입구, 공급 펌프의 입구쪽, 분사 노즐의 입구 커넥터, 등 4개소에 설치되어 있다. 여과기의 여과성능은 0.01mm 이상되어야 한다.

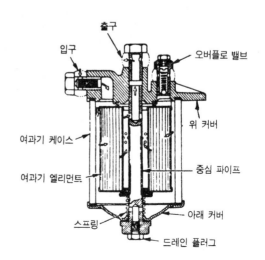

그림18 연료 여과기 ▶

♣ 참고사항 ♣

오버플로 밸브(over flow valve)의 기능

❶ 연료 여과기 내의 압력을 1.5 kgf/㎠로 유지시키는 역할을 한다.

❷ 1.5 kgf/㎠ 이상이 되면 밸브가 열려 과잉의 연료를 연료 탱크로 리턴시킨다.

❸ 여과기 각부 보호작용, 공급펌프의 소음 발생 억제 작용, 운전 중 공기 빼기작용 등을 한다.

(3) 분사 펌프(Injection pump)

분사 펌프는 공급 펌프에서 공급된 연료를 분사 순서에 맞추어 고압의 연료로 변화시켜 분사 노즐에 공급하는 역할을 한다. 분사 펌프는 펌프 하우징, 캠 축, 태핏, 플런저와 플런저 배럴, 딜리버리 밸브, 조속기(거버너), 타이머(분사시기 조정 장치) 등으로 구성되어 있으며, 펌프 하우징의 재질은 알루미늄 합금으로 되어 있다.

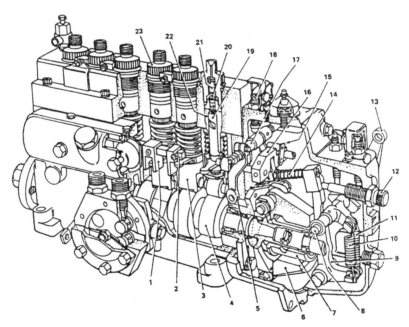

1. 조절 포크	2. 조절 로드	3. 태핏	4. 캠축	5. 스톱조절 레버
6. 조속기	7. 조속기 슬리브	8. 속도레버축	9. 크랭크 레버	10. 조속기 주 스프링
11. 조속기 공전 스프링		12. 댐퍼	13. 속도조절 레버	14. 링크
15. 트립 레버	16. 브리지 링크	17. 과잉 연료 장치	18. 최대 연료 정지 스크루	
19. 플런저	20. 딜리버리 밸브	21. 체적변환실	22. 플런저배럴	23. 딜리버리 밸브홀더

▲ 그림19 분사펌프

1) 분사 펌프의 형식

분사 펌프의 형식은 연료의 분배 방식에 따라 다르며, 그 방식에는 독립식, 분배식, 공동식 등이 있다.

① 독립식

이 방식은 기관의 각 실린더마다 한 개씩 분사 펌프를 설치하여 직접 펌프와 노즐의 기능을 동시에 가지는 형식으로 특징은 구조가 복잡하고 점검·조정이 어려우나 고속용 기관에 적합하다.

② 분배식

이 방식은 기관의 실린더 수에 관계없이 한 개의 분사 펌프에 의하여 각 실린더에 고압의 연료를 공급하는 형식으로서 특징은 구조가 간단하고 점검·조정은 쉽지만 다기통 기관에는 부적합하다.

③ 공동식

이 방식은 분사 펌프를 1개 설치하지만 고압의 연료를 어큐뮬레이터에 저장하였다가 분배기를 통하여 각 실린더에 분배하는 형식으로 그 특징은 분배식과 같다.

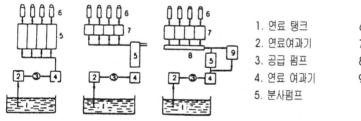

1. 연료 탱크	6. 분사 노즐
2. 연료여과기	7. 분배기(diributor)
3. 공급 펌프	8. 어큐뮬레이터(accumulator)
4. 연료 여과기	9. 안전 밸브
5. 분사펌프	

▲ 그림20 분사펌프의 형식

2) 독립형 분사 펌프의 구조와 그 작용

1개의 분사 펌프 케이스에 실린더 수와 동일하게 펌프 엘리먼트가 설치되어 있으며 분사 펌프의 구조는 크게 나누어 플런저 구동부, 연료 압송부, 분사량 제어부, 역류 및 후적 방지부로 구성되어 있다.

① 플런저 구동부 : 캠 축, 태핏, 플런저 스프링

② 연료 압송부 : 플런저, 플런저 배럴

③ 분사량 제어부 : 제어 래크, 제어 피니언, 제어 슬리브

④ 역류 및 후적 방지부 : 딜리버리 밸브 어셈블리

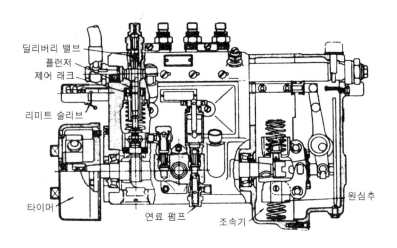

딜리버리 밸브
플런저
제어 래크
리미트 슬리브
타이머
연료 펌프
조속기
원심추

▲ 그림21 독립형 분사펌프의 구조

● 캠 축 및 태핏

① 캠 축

캠 축은 기관의 크랭크 축 기어에 의해서 구동되며 4행정 사이클 기관은 크랭크 축 회전수의 ½로 회전하고, 2행정 사이클 기관은 크랭크 축의 회전수와 동일하게 회전한다. 캠 축에는 연료 공급 펌프를 구동하기 위한 편심 캠 1개와 태핏을 통하여 플런저를 작동시키는 캠이 분사 노즐의 수와 동일하게 설치되어 있다.

플런저 구동 캠

공급펌프 구동캠

▲ 그림22 분사펌프 캠축의 구조

② 태 핏

태핏은 펌프 하우징의 하부에 설치되어 캠의 회전 운동을 상하 직선 운동으로 변화시켜 플런저를 왕복 운동시킨다. 캠과 접촉되는 부분은 부시와 핀에 의해서 롤러가 설치되어 있어 있다.

그리고 플런저가 접촉되는 부분은 태핏 간극 조정 스크루가 설치되어 있다. 또 옆쪽에 설치되어 있는 가이드는 회전되지 않도록 하우징의 가이드 홈에 끼워져 있다.

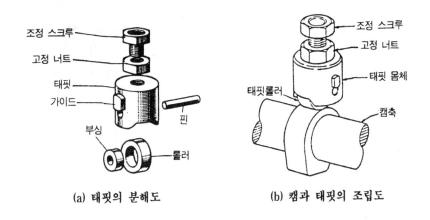

(a) 태핏의 분해도   **(b) 캠과 태핏의 조립도**

▲ 그림23   태핏

♣ 참고사항 ♣

태핏 간극

❶ 캠에 의해서 플런저가 최고 위치까지 올려졌을 때 플런저 헤드와 플런저 배럴의 윗면과의 간극은 태핏 간극은 일반적으로 0.5 mm이다.

❷ 연료의 분사 간격이 일정치 않을 때 태핏 간극을 조정한다.

❸ 태핏 간극이 크면 캠의 작용 시작이 늦어지고 캠 작용의 끝이 빨라진다.

❹ 표준 태핏은 태핏 간극 조정 스크루를 이용하여 태핏 간극을 조정한다.

❺ 고속 태핏은 스프링 아래 시트와 태핏 사이에 심을 넣어 태핏 간극을 조정한다.

● **펌프 엘리먼트(플런저와 배럴)**

펌프 엘리먼트는 플런저와 플런저 배럴로 구성되어 있고 플런저는 펌프 하우징에 고정되어 있는 플런저 배럴 내에서 상하 미끄럼 운동을 하여 연료를 압축하며, 동시에 어느 각도 만큼 회전하게 되어 있다.

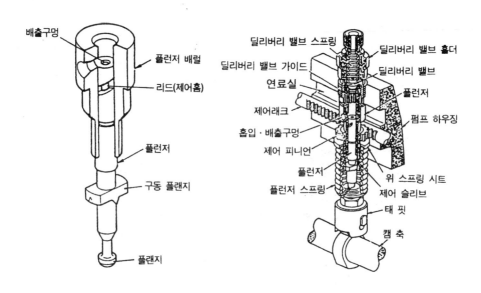

▲ 그림24 펌프 엘리먼트

① 플런저 배럴

배럴은 고정 핀이나 고정 스크루에 의해 하우징에 고정되어 회전되지 않도록 하고 상단은 딜리버리 밸브 홀더에 의하여 펌프 하우징에 고정된다. 배럴속에 플런저가 상하 미끄럼 운동을 하는 실린더의 역할을 한다.

② 플런저

플런저는 분사량 제어용 리드와 이것과 연결된 바이패스 구멍이 중심부에 설치되어 있다. 또한 하부에는 제어 슬리브의 홈에 끼워지는 구동 플랜지와 플런저 아래 스프링 시트를 끼우기 위한 플랜지가 설치되어 있다.

♣ 참고사항 ♣

❶ 플런저 스프링의 기능 : 플런저 스프링은 플런저를 리턴 시키는 역할을 하는 것으로 스프링 장력이 약하면 캠 작용이 완료된 후 플런저의 리턴이 원활하게 이루어지지 않는다.

❷ 예행정 : 플런저가 캠 작용에 의해서 하사점으로부터 상승하여 플런저 윗면이 플런저 배럴에 설치되어 있는 연료의 공급 구멍을 막을 때까지 이동한 거리로 연료의 압송 개시 전의 준비 기간이다.

❸ 유효 행정 : 플런저 윗면이 연료 공급 구멍을 막은 후부터 리드가 연료의 공급 구멍과 일치될 때까지 플런저가 이동한 거리이다. 유효 행정은 제어 래크에 의해서 플런저가 회전한 각도에 의해서 변화되며, **유효 행정어 크게 하면 연료의 송출량(분사량, 또는 토출량 어라고도 함)이 많아지고, 유효 행정어 짧으면 연료의 송출량이 적어진다.**

❹ 연료의 분사량＝플런저의 단면적×유효 행정이다.

③ 플런저의 리드와 분사시기와의 관계

㉑ 정리드 플런저 : 분사개시 때의 분사시기는 일정하고, 분사말기에 변화하는 형식이다.

㉯ 역리드 플런저 : 분사개시 때의 분사시기가 변화하고 분사말기가 일정한 형식이다.

㉰ 양리드 플런저 : 분사개시와 말기가 모두 변화되는 형식이다.

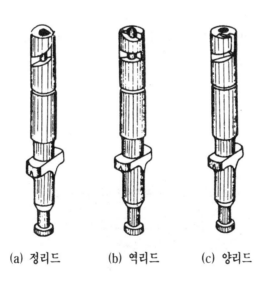

(a) 정리드   (b) 역리드   (c) 양리드

▲ 그림25 리드의 형식

● 연료 제어 기구(분사량 제어기구)

연료 제어 기구는 가속 페달이나 조속기의 움직임을 플런저에 전달하여 분사량을 제어하는 것으로서 제어 래크, 제어 피니언, 제어 슬리브로 구성되어 있으며, 분사량 제어를 위한 동력의 전달은 가속페달(또는 조속기) → 제어 래크 → 제어 피니언 → 제어 슬리브 → 플런저의 순서로 전달되어 플런저를 회전시켜 연료 분사량을 제어하게 된다.

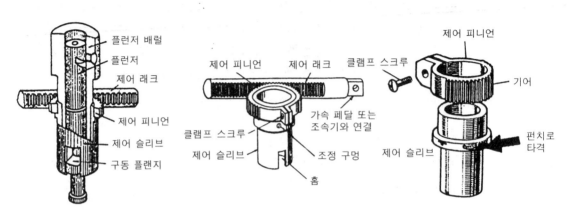

▲ 그림26 연료제어 기구

① 제어 래크(조절 래크)

　제어 래크는 각 펌프 엘리먼트의 제어 슬리브에 끼워져 있는 제어 피니언과 물려 가속 페달이나 조속기의 작동을 직선 운동으로 바꾸어 제어 피니언을 회전 운동시켜 플런저를 회전시키는 역할을 한다.

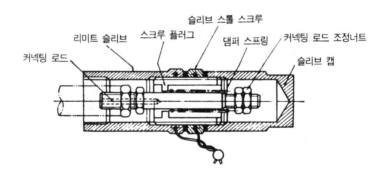

▲ 그림27 리미트 슬리브

　어떤 형식은 최대 송출량 이상으로 제어래크가 이동하는 것을 방지하기 위하여 리미트 슬리브 내에 끼워져 있다. 그리고, 제어 래크의 이동 양은 무송출에서 전송출까지 21~25 mm 정도이다.

② 제어 피니언(조절 피니언)

제어 피니언은 제어 래크와 물려 제어 래크의 직선 운동을 회전 운동으로 바꾸어 제어 슬리브를 회전시키는 일을 하며, 제어 피니언은 제어 슬리브와 클램프 볼트로 설치되어 있기 때문에 제어 슬리브와 제어피니언의 관계 위치를 변화시켜 각 펌프 엘리먼트마다의 분사량을 조정할 수 있다.

③ 제어 슬리브(조절 슬리브)

제어 슬리브는 그 홈에 끼워진 플런저의 구동 플랜지를 통하여 제어 피니언의 회전 운동을 플런저에 전달하여 플런저가 상·하 미끄럼 운동을 하면서 유효 행정을 변화시켜 연료의 송출량을 증감할 수 있게 한다.

또 이때 플런저 스프링을 리테이너를 거쳐 직접 플런저에 설치하면 회전 저항이 커지기 때문에 플런저의 플랜지부를 리테이너와 태핏 조정 볼트의 머리 사이에 끼우고 상하 방향으로 규정의 간극을 두어 스프링의 압력에 관계없이 가볍게 회전되도록 한다.

● 딜리버리 밸브

딜리버리 밸브는 플런저 배럴 윗부분에 설치된 홀더에 설치되어 가이드 내를 미끄럼 운동을 하며 홀더내 스프링 장력에 의해 압착된다. 따라서 플런저의 상승 행정으로 플런저 배럴 내의 압력이 규정값(약 $10\,kg/cm^2$)에 도달하면 딜리버리 밸브가 열려 연료는 고압 파이프로 압송된다.

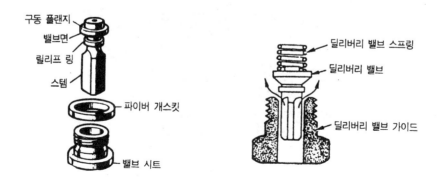

구동 플랜지
밸브면
릴리프 링
스템
파이버 개스킷
밸브 시트

딜리버리 밸브 스프링
딜리버리 밸브
딜리버리 밸브 가이드

▲ 그림28　딜리버리 밸브

딜리버리 밸브의 기능은 다음과 같다.

① 연료가 분사노즐에 펌프로 역류하는 것을 방지한다.

② 분사 파이프 내의 잔압을 연료 분사 압력의 70 ~ 80 % 정도를 유지한다.

③ 분사 노즐에서의 후적을 방지한다.

♣ 참고사항 ♣

❶ 후 적 : 연료의 분사가 완료된 다음 노즐 팁에 연료 방울이 형성되어 연소실에 떨어지는 현상을 말한다. 후적이 발생되면 후기 연소 기간이 길어지기 때문에 배압이 형성되어 기관의 출력이 저하된다.

❷ 딜리버리 밸브의 유압 시험 : 분사 펌프를 회전시켜 150kgf/㎠ 이상으로 압력을 상승시킨후 회전을 멈추고 제어 래크를 무분사 위치로 하여 딜리버리 밸브 홀더 내의 압력이 10kgf/㎠ 까지 저하될 때의 소요 시간이 5초 이상이면 정상이다.

● 조속기(거버너)

디젤 기관은 부하, 회전 속도 등이 광범위하게 변동되기 때문에 오버 런(over run)이나 기관이 정지되는 경우를 일으키기 쉽다.

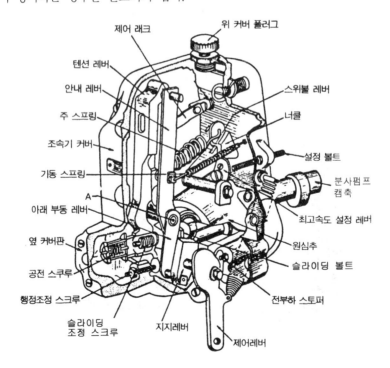

▲ 그림29 기계식 조속기

　이것을 방지하기 위하여 분사 펌프에 조속기를 설치하여 자동적으로 연료 분사량을 가감하여 기관의 운전 상태를 안정되게 한다. 즉, 최고 속도를 제어하고 동시에 저속 운전을 안정시키도록 한다. 조속기의 종류는 다음과 같다.

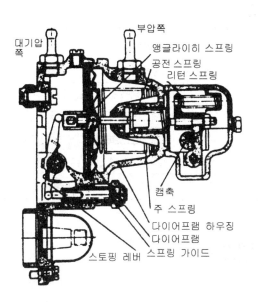

▲ 그림30　공기식 조속기

① 구조에 따른 분류

분　류		특　　징
공기식	MZ 형	공전장치가 스크루 제어식인 전속도 조속기이다.
	MN 형	공전장치가 캠 레버 제어식인 전속도 조속기이다.
기계식	R 형	원심추에 대·중·소 3개의 조속기 스프링에 의해서 저속과 고속을 제어하는 최고·최저속도 조속기이다.
	RQ 형	R형에 부동레버를 추가로 설치하여 부동레버의 레버비의 변동을 이용하여 제어하는 최고·최저속도 조속기이다.
	RSV 형	제어 레버를 이용하여 조속기 스프링의 장력을 변화시켜 제어하는 전속도 조속기이다.
	RSVD 형	RSV형을 개량한 최고·최저속도 조속기이다.

② 성능에 따른 분류

분 류		특 징
전속도 조속기	MZ형	공전장치가 스크루에 의해서 제어되는 공기식 조속기이다.
	MN형	공전장치가 캠 레버에 의해서 제어되는 공기식 조속기이다.
	RSV형	제어 레버가 공전 또는 고속 위치에 따라서 조속기 스프링의 장력이 변화되므로 원심추의 원심력과 제어 레버의 중간 위치에서 평형을 이루게 되어 모든 범위의 회전 속도에서 분사량을 제어하는 기계식 조속기이다.
최고· 최저속 조속기	R형	원심추에 대·중·소 3개의 조속기 스프링으로 구성되어 바깥쪽 스프링은 저속에서, 가운데 스프링과 안쪽 스프링은 고속에서 작동되어 분사량을 제어하는 기계식 조속기이다.
	RQ형	저속에서는 부동레버의 레버비를 작게 하여 헌팅을 방지하고 고속에서는 부동레버의 레버비를 크게 하여 분사량을 제어하는 기계식 조속기이다.
	RSVD형	주 조속기 스프링과 기동 스프링에 의해서 분사량을 제어하는 기계식 조속기이다.

♣ 참고사항 ♣

헌팅(hunting) : 기관의 회전 속도가 파상적으로 변동되는 현상. 회전 속도가 주기적인 변화가 유발되어 그 상태가 지속되는 것으로 조속기 각부의 작동이 둔하거나 작동에 시간적인 늦음이 있으면 헌팅이 발생되어 공전 운전이 불안정하게 된다. 헌팅의 방지법은 원심추의 중량, 조속기 스프링의 장력, 각 펌프 엘리먼트의 송출량 등이 정확하게 조정되어 있어야 한다. 또한 원심추, 벨 크랭크, 제어 래크, 슬라이딩 레버, 부동 레버 등의 헐거움이나 축방향 유격이 적어야 하며, 가볍게 작동되도록 하여야 한다.

③ 앵글라이히 장치

이 장치는 기관의 모든 회전 속도 범위에서 공기와 연료의 비율을 알맞게 유지한다. 즉 제어 래크가 동일한 위치에서 연료와 공기의 비율이 알맞게 유지되도록 한다.

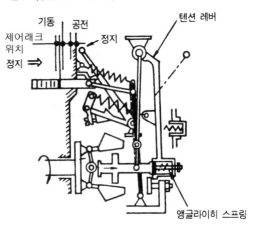

(a)

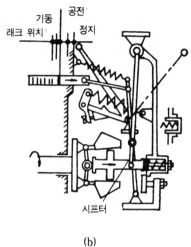

전부하(앵글라이히 작용 시작)

기동 공전
래크 위치 정지

시프터

(b)

◀ 그림31 앵글라이히 장치

④ 분사량의 불균율

분사량의 불균율은 전 부하 운전에서 분사량의 불균율은 ± 3 %, 무부하 운전에서는 10 ~ 15%이며, 분사량 불균율은 다음의 식으로 구한다.

㉮ (+)불균율 $= \dfrac{\text{최대 분사량} - \text{평균 분사량}}{\text{평균 분사량}} \times 100$

㉯ (-)불균율 $= \dfrac{\text{평균 분사량} - \text{최소 분사량}}{\text{평균 분사량}} \times 100$

타이머(분사 시기 조정기)

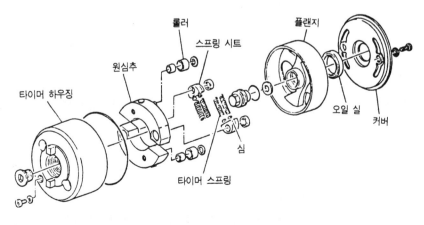

롤러
스프링 시트
원심추
플랜지

타이머 하우징

오일 실
커버

심

타이머 스프링

▲ 그림32 타이머의 분해도

실린더 내에 분사된 연료가 착화 연소하여 피스톤에 유효한 일을 시킬 때는 어느 정도의 시간을 요하게 되며 이 시간은 거의 일정하기 때문에 기관의 부하 및 회전 속도에 따라서 분사 시기를 변화시켜야 한다. 따라서 기관의 부하 및 회전 속도에 따라시 자동적으로 연료 분사 시기를 조절하는 장치이다.

♣ 참고사항 ♣

보슈형 분사펌프에서는 펌프와 타이밍 기어의 커플링으로 분사시기를 조정하며, 분사시기 가 너무 빠르면 배기색이 흑색이며 그 양이 증가하며, 너무 늦으면 배기색이 청색이다.

3) 분배형 분사 펌프

분배형 연료 분사 펌프는 소형 고속 디젤 기관의 발전과 함께 개발 된 것이며, 연료를 실린더 수에 관계없이 1개의 펌프를 사용하는 방식으로 1개의 펌프 엘리먼트의 플런저가 회전하면서 왕복 운동을 하여 각 실린더에 고압의 연료를 공급하는 분사 펌프이다.

특 징

① 플런저는 회전 운동과 동시에 왕복 운동을 하기 때문에 편 마멸이 적다.

② 분사 펌프의 윤활을 위한 특별한 윤활유가 필요 없다.

③ 소형이고 가벼우며, 구성 부품수가 적다.

④ 플런저의 작동 횟수가 실린더 수에 비례한다.

⑤ 최고 회전 속도 및 실린더 수에 제한을 받는다.

구 조

① 하이드롤릭 헤드

이 헤드는 미터링 밸브, 분배 배럴, 플런저, 컷오프 밸브, 딜리버리 밸브 등으로 구성되어 있다.

㉮ 미터링 밸브 : 펌프 하우징과 공급 펌프에서 공급되는 연료의 양을 조절하여 플런저 에 공급하는 역할을 한다.

㉯ 분배 배럴 : 미터링 밸브에서 공급된 연료를 플런저 및 딜리버리 밸브에 공급한다.

㉰ 컷오프 밸브 : 시동시 연료의 분사량을 증가시켜 시동성을 향상시킨다.

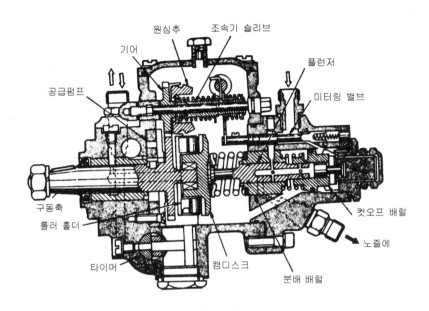

▲ 그림33 분배형 분사펌프의 구조

② 공급 펌프

이 펌프는 연료 리프트 펌프에서 공급되는 연료를 하이드롤릭 헤드의 미터링 밸브에 공급하는 역할을 한다. 공급 펌프는 구동축에 설치되어 회전하는 베인형 펌프이며, 연료 리프트 펌프에서 송출된 연료를 미터링 밸브와 타이머로 공급한다.

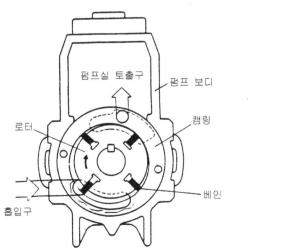

◀ 그림34 공급펌프

③ 구동축

구동 축은 기관 크랭크 축의 ½로 회전하면서 연료의 분사 시기를 조정하는 롤러 홀더, 구동 디스크, 캠 디스크를 회전시키는 역할을 한다. 캠 디스크에 4개의 볼록부가 있는 캠면도 롤러에 압착되면서 회진하기 때문에 구동축이 1회전할 때 플런저는 4회의 왕복 운동을 한다.

④ 조정 밸브

이 밸브는 공급 펌프의 회전 속도에 관계없이 연료의 압력을 규정값으로 유지하도록 조절한다. 기관의 회전 속도가 상승하면 연료의 압력도 상승하게되며, 압력이 규정값 이상으로 상승하면 리턴 구멍이 열려 공급 펌프의 흡입쪽으로 리턴 되어 연료의 압력이 조절된다.

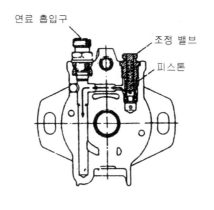

연료 흡입구

조정 밸브

피스톤

▲ 그림35 조정밸브

4) 분사 파이프(또는 고압 파이프)

이 파이프는 분사 펌프의 딜리버리 밸브 홀더와 분사 노즐사이를 연결하는 고압 파이프이며, 길이는 연료의 분사 늦음 및 맥동을 방지하기 위하여 가능한 짧아야 한다.

또 분사 시기 및 분사량의 불균일을 방지하기 위하여 길이는 동일하여야 한다. 분사파이프의 재질은 강철이며, 양끝에는 고압의 연료가 누출되지 않도록 하기 위해 유니언 피팅으로 조임되어 있다.

5) 분사 노즐

분사 펌프에서 고압의 연료가 노즐에 공급되면 니들 밸브가 연료의 압력에 의해서 분사구멍이 열려 고압의 연료를 미세한 안개 모양으로 연소실에 분사시키는 역할을 한다.

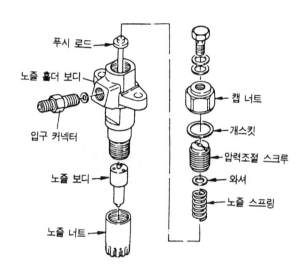

▲ 그림36　분사노즐의 분해도

▣ 연료 분무가 갖추어야 할 조건

① 무화(안개화)가 좋아야 한다.

② 관통력이 커야 한다.

③ 분포가 좋아야 한다.

④ 분산도가 알맞아야 한다.

⑤ 분사율이 알맞아야 한다.

▣ 분사 노즐의 구비 조건

① 연료의 입자를 미세한 안개 모양으로 분사하여야 한다.

② 연소실 전체에 분무가 균일하게 분포되도록 분사하여야 한다.

③ 가혹한 조건에서도 장기간 사용할 수 있도록 내구성이어야 한다.

④ 분사 끝에서 연료를 완전히 차단하여 후적이 발생되지 않아야 한다.

분사 노즐의 종류

노즐을 크게 나누면 개방형과 폐지(밀폐)형으로 구분되며 폐지형은 다시 구멍형, 핀틀형, 스로틀형으로 분류된다.

① 개방형 노즐

이 노즐은 분사 펌프와 노즐 사이에 압력 스프링과 니들 밸브 등이 없이 항상 열려져 있는 형식이며, 다음과 같은 장·단점이 있다.

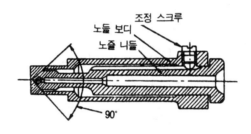

▲ 그림37 개방형 노즐

㉮ 장 점

㉠ 압력 스프링 및 니들 밸브 등의 운동 부분이 없기 때문에 고장이 적다.

㉡ 분사구멍이 항상 열려 있기 때문에 공기 유입에 의한 고장이 없다.

㉢ 구조가 간단하고 가격이 저렴하다.

㉯ 단 점

㉠ 니들밸브가 없어 분사압력 조정이 불가능하다.

㉡ 분사개시 또는 분사 끝에서 분사압력이 낮으면 무화가 불량하다.

㉢ 분사완료 후 실린더내의 압력이 낮아지면 분사파이프나 노즐 내의 연료가 연소실에 떨어져 후적을 일으키기 쉽다.

② 폐지형 노즐(밀폐형 노즐)

분사 펌프와 노즐 사이에 니들 밸브를 두고 필요할 때에만 밸브를 열어 연료가 분사되게 한 것이며, 그 개폐를 기계적으로 하는 것과 유압에 의해 자동적으로 하는 것이 있다. 자동차용 기관에서는 거의 모두가 자동식을 사용하고 있다. 그 작동되는 과정을 보면 노즐에 니들 밸브가 압력 스프링으로 밀착되어 있기 때문에 연료의 압력이 높아지면 니들 밸브의 면에 작용하는 연료의 압력으로 열려 연료가 분사된다.

　연료의 공급이 완료되면 니들 밸브 면에 작용하는 연료의 압력이 급격히 저하되기 때문에 압력 스프링의 장력으로 니들 밸브가 닫혀 분사가 종료된다. 따라서 항상 연료가 고압인 상태에서 분사가 이루어지기 때문에 무화가 좋고 후적이 발생되지 않는다.

　노즐 보디와 니들 밸브와의 운동면은 연료로서 윤활되며, 분사 후 과잉의 연료는 오버플로 파이프를 통하여 연료 탱크로 바이패스 된다. 폐지형 노즐에는 이미 설명한 바와 같이 구멍형 노즐, 핀틀형 노즐, 스로틀형 노즐로 분류된다.

　㉮ 구멍형 노즐

　　이 노즐은 노즐 보디의 끝 부분이 볼록하게 되어 있고, 분사구멍의 지름이 0.2 ~ 0.4 mm이며, 노즐 보디의 볼록 부분에 분사 각이 90 ~ 120°가 되도록 분공이 설치되어 있다. 또 니들 밸브의 앞 끝은 원뿔로 되고, 분사 개시 압력이 200~300 kg/cm²로 직접 분사식 기관에 사용된다. 구멍형 노즐은 분사구멍이 1개인 단공형과 여러개인 다공형이 있다.

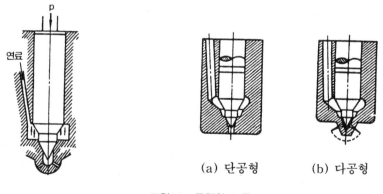

(a) 단공형　　　(b) 다공형

▲ 그림38　구멍형 노즐

　㉠ 장 점

　　ⓐ 연료의 무화가 좋아 기관의 시동이 쉽다.

　　ⓑ 연료 소비율이 적다.

　㉡ 단 점

ⓐ 분사구멍이 작아 막힐 염려가 있다.

ⓑ 분공구멍이 작아 가공이 어렵다.

ⓒ 분사 압력이 높아 연결부에서 연료가 누출되기 쉽고, 분사펌프 및 노즐의 수명이 짧다.

㉯ 핀틀형 노즐

이 노즐은 노즐 보디의 끝 부분이 원기둥의 모양으로 되어 있고, 분사구멍의 지름이 1 mm 이다. 연료는 4 ~ 5°의 분사 각도로 분사되며, 니들 밸브 앞 끝은 원기둥으로 노즐 보디보다 약간 노출되어 있다. 연료의 분사 개시 압력이 80 ~ 150 kgf/㎠ 로 예연소실식 및 와류실식에 사용된다.

㉠ 장 점

ⓐ 노즐의 구조가 구멍형보다 간단하고 고장이 적다.

ⓑ 연료의 분사 개시 압력이 비교적 낮다.

ⓒ 분공이 크고 니들 밸브가 노즐 보디보다 노출되어 있기 때문에 막힘이 적다.

ⓓ 링 모양의 분공으로 연료가 분사되기 때문에 무화가 양호하고 분산성이 향상된다.

㉡ 단 점

ⓐ 분무의 상태는 다공식 노즐보다 떨어진다.

ⓑ 연료의 소비량이 다공식 노즐에 비해 많다.

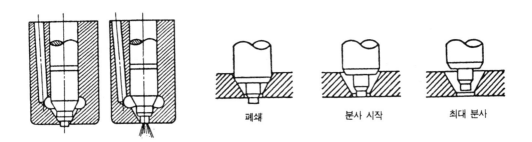

폐쇄   분사 시작   최대 분사

▲ 그림39 핀틀형 노즐

㉰ 스로틀형 노즐

이 노즐은 핀틀형을 개량하여 분사 초기에 분사량을 적게 하여 노킹을 방지한다. 노즐 보디

끝 부분이 원기둥의 모양으로 되어 있고, 분사구멍의 지름은 1~2mm 정도이며 연료는 45~60°의 분사 각도로 분사된다. 니들 밸브는 핀틀형 노즐에 비해 길고 2단으로 되어 있으며, 끝 부분이 나팔 모양으로 테이퍼 가공되어 있다. 분사 개시 압력이 80~150 kgf/㎠로 예연소실식 및 와류실식에 사용된다.

♣ 참고사항 ♣

❶ 분사 개시 압력 조정
　◗ 조정 스크루식 : 연료 분사 개시 압력은 니들 밸브가 열려 분사를 시작하였을 때의 압력으로 분사 개시 압력이 규정값을 벗어나면 노즐 홀더 캡을 빼내고 고정 너트를 헐겁게 푼 다음 조정 스크루를 회전시켜 조정한다. 이때 조정 스크루를 조이면 압력 스프링이 압축되어 장력이 증대되기 때문에 분사 개시 압력이 높아지고 조정 스크루를 풀면 압력 스프링이 팽창되어 장력이 감소되므로 분사 개시 압력은 낮아진다.
　◗ 심식 : 노즐 홀더 캡을 빼내고 압력 스프링과 시트 사이에 심을 증가시키거나 감소시켜 연료의 분사 개시 압력을 조정하는 방식이다.
❷ 노즐 시험 : 노즐시험시 경유의 온도는 20℃, 비중은 0.83~0.89정도가 좋으며, 시험항목은 분사개시압력, 분무상태, 분사각도, 후적유무 등이며, 시험시 연료의 분무에 손이나 피부가 닿지 않도록 주의하여야 한다.

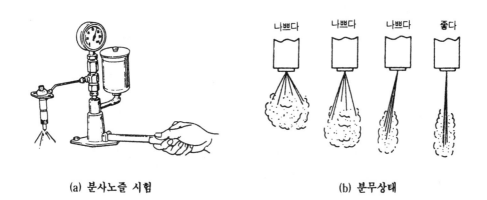

　(a) 분사노즐 시험　　　　　　　　　(b) 분무상태

▲ 그림40　노즐시험 및 분무 상태

✤ 분사 노즐의 세척방법

　노즐 홀더보디는 경유나 석유 등으로 세척하고 노즐보디의 카본은 나무 조각 등으로 닦는다. 또 노즐 너트는 나일론 솔로, 노즐홀더 보디는 황동사 브러시로 청소한다.

♣ **분사 노즐이 과열되는 원인**

① 연료의 분사 시기가 틀릴 때

② 연료의 분사량이 과다할 때

③ 과부하에서 연속 운전할 때

6.5 과급기

과급기는 기관의 출력을 향상, 회전력을 증대시키며, 연료 소비율을 향상시키기 위하여 흡기 통로에 설치한 공기 펌프이다.

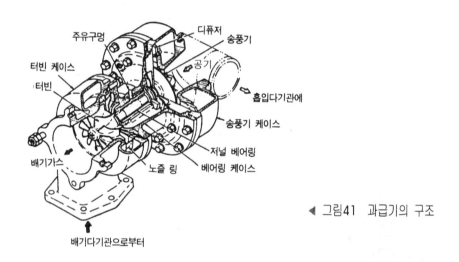

▲ 그림41 과급기의 구조

(1) 과급기의 특징

① 기관의 무게가 10~15%정도 증가되며, 출력이 35 ~ 45 % 증가된다.

② 체적 효율이 향상되기 때문에 평균 유효 압력이 높아진다.

③ 기관의 회전력이 증대된다.

④ 고지대에서도 출력의 감소가 적다.

⑤ 압축 온도의 상승으로 착화 지연 기간이 짧다.

⑥ 연소 상태가 양호하기 때문에 세탄가가 낮은 연료의 사용이 가능하다.

⑦ 냉각 손실이 적고 연료 소비율이 3 ~ 5 % 정도 향상된다.

(2) 과급기의 종류

과급기는 구동 방식에 의하여 기계 구동식과 배기 터빈식으로 분류할 수 있으며 기계 구동식을 슈퍼 차저라 하며 2행정 사이클 기관에서 사용되고, 배기 터빈식을 터보 챠저라고 하며 4행정 사이클 기관에서 사용된다.

1) 기계 구동식 과급기의 특징

① 기관에 의해 벨트 또는 타이밍 기어로 구동된다.

② 비교적 소형이고 가볍다.

③ 송풍량이 많다.

④ 로터와 로터 사이, 로터와 하우징 사이에 적당한 간극이 있어 윤활유가 필요하지 않다.

⑤ 기계 효율이 높다.

2) 배기 터빈식 과급기(터보 차저)의 특징

이 형식은 배기 가스의 에너지를 이용하여 터빈을 회전시켜 가압된 공기를 공급한다. 비교적 소형으로 제작할 수 있고, 적은 용량의 배기가스로도 효율을 높일 수 있어 현재 많이 사용되고 있다.

작동은 배기가스가 배출되면서 터빈을 회전시키면 원심력에 의해 공기가 흡입되어 디퓨저 (defuser)로 들어간다.

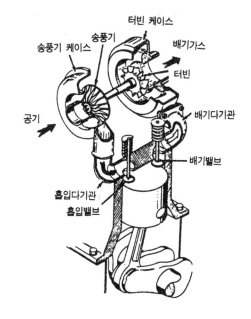

그림42 터보 차저의 작동도 ▶

디퓨저는 공기의 통로면적이 크기 때문에 공기의 속도 에너지가 압력에너지로 바뀌게 된다. 이 공기가 흡입 다기관을 통하여 각 실린더의 흡입밸브가 열릴 때마다 실린더내로 유입되어 흡입효율을 증대시킨다.

3) 인터 쿨러(inter cooler)

과급된 공기는 온도 상승과 함께 공기 밀도의 감소로 노크를 유발하거나 충전 효율을 저하시키므로 과급된 공기를 냉각 시켜야 한다. 종류에는 공냉식과 수냉식이 있다.

① 공냉식 인터 쿨러의 특징

㉮ 주행 중에 받는 공기로 과급 공기를 냉각한다.

㉯ 구조는 간단하나 냉각 효율이 떨어진다.

㉰ 냉각 효율은 주행 속도에 비례한다.

② 수냉식 인터 쿨러

㉮ 기관 냉각용 라디에이터 또는 전용의 라디에이터에 냉각수를 순환시켜 과급 공기를 냉각한다.

㉯ 흡입 공기의 온도가 200℃이상인 경우에 80~90℃의 냉각수로 냉각시킨다.

㉰ 주행 중 받는 공기를 이용하여 공냉식을 겸하고 있다.

㉱ 구조가 복잡하나 저속에서도 냉각 효과가 좋다.

6.6 전자 제어 디젤기관 연료 분사 장치

(1) 개 요

전자 제어 디젤 연료 분사장치는 전자 제어 가솔린 분사장치와 마찬가지로 물리적 양을 전기 신호로 변환하여 이를 컴퓨터로 처리하여 액추에이터를 동작시키는 방식이다. 즉 전자 제어 디젤 연료 분사장치(EDC)는 기관의 회전 속도, 흡입 공기 온도, 냉각수 온도, 대기압, 스로틀 위치 등의 상태가 각종 센서에 의해서 입력되는 신호를 기준으로하여 ECU 가 기관의 운전 상태에 따른 최적의 분사량을 계산하고 액추에이터를 제어하여 기관의 운전 조건에 가장 적합한 연료가 분사되도록 한다.

일반적으로 분사량과 분사 시기의 제어는 물론이고, 추가로 공전 제어, 최고 속도 제한, 시동 분사량 제한, 그리고 과급 압력, 공기 온도, 연료 온도 등을 고려한 전부하 분사량 제한 등의 기능을 수행한다. 따라서 디젤 기관의 문제점인 한랭시 시동성, 공회전 제어, 매연 및 질소산화물(NOx)의 배출 제어, 과급기의 작동 제어, 헌팅 제어 등을 전자 제어에 의하여 개선할 수 있다.

(2) 전자 제어 연료 분사장치의 장점

① 기관을 시동할 때 분사량을 제어하여 매연의 발생을 감소시킬 수 있다.

② 운전 성능이 향상되고 연료 소비량이 감소한다.

③ 기관의 동력 손실에 관계없이 안정된 공전 속도를 유지한다.

④ 기관의 회전 속도가 균일하게 유지되어 정속 운전을 할 수 있다.

⑤ 기관과 동력 전달장치의 연결시 진동을 방지할 수 있다.

⑥ 주행 상태에 따라서 자동차와 기관의 특성이 동조되어 주행성능이 향상된다.

(3) 디젤 연료 분사장치의 구성

전자제어 디젤 연료 분사 장치는 분사 펌프, 흡입 공기 온도, 냉각수 온도, 흡기 다기관 압력, 연료의 온도, 연료 분사량, 분사시기 등의 상태를 전기적 신호로 검출하는 센서, ECU, 액추에이터로 구성되어 있다.

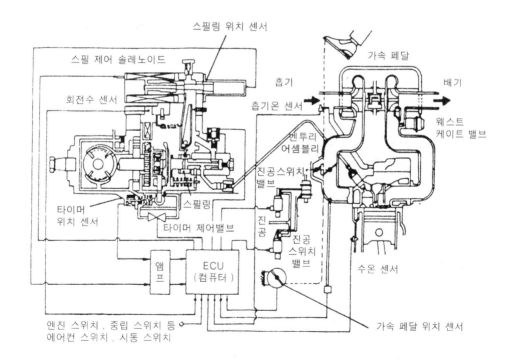

▲ 그림43　전자제어 디젤기관 연료 분사장치의 구조

센서류	컴퓨터	제어 항목

기관 회전수 센서 ──────→ 연료 분사량

가속페달위치센서 ──────→

스필링 위치 센서 ──────→ 연료 분사 시기

타이밍 위치 센서 ──────→

흡 기 압 센 서 ──────→

흡 기 온 센 서 ──────→

수 온 센 서 ──────→ 흡 입 공 기 량

차 속 센 서 ──────→

중 립 스 위 치 ──────→

에 어 컨 신 호 ──────→ 예 열 플 러 그

시 동 신 호 ──────→

예열 플러그 신호 ──────→ 자기진단·페일 세이프

컴퓨터 (ECU)

제7절 흡·배기 장치

7.1 흡기 장치

흡기 장치는 흡입하는 공기 속에 들어 있는 먼지 등을 제거하는 공기 청정기와 각 실린더에 혼합기를 분배하는 흡입 다기관으로 구성되어 있다.

(1) 공기 청정기(Air Clearner)

1] 기 능

공기 청정기는 실린더에 흡입되는 공기 중에 함유되어 있는 불순물을 여과하며, 공기가 실린더에 흡입될 때 발생되는 소음을 방지한다. 그리고 역화(逆火) 발생시에 불길을 저지하는 역할을 한다.

2) 종 류

① 건식 공기청정기

이것은 공기가 엘리먼트를 통과할 때 공기 속의 먼지 등이 여과되며 가장 많이 사용되며, 그 특징은 다음과 같다.

㉮ 작은 입자의 먼지나 이물질을 여과할 수 있다.

㉯ 기관 회전 속도의 변동에도 안정된 공기 청정 효율을 얻을 수 있다.

㉰ 구조가 간단하고 가벼우며 가격이 싸다.

㉱ 교환이 간단하다.

㉲ 장시간 사용할 수 있으며 청소를 간단히 할 수 있다.

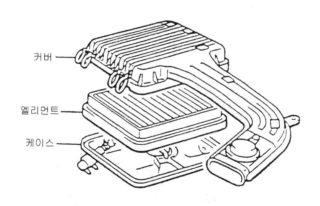

커버

엘리먼트

케이스

▲ 그림1 건식 공기 청정기

♣ 참고사항 ♣

건식 공기 청정기 엘리먼트는 압축공기로 안쪽에서 바깥쪽으로 불어내어 청소한다.

② 습식 공기 청정기

이것은 무거운 먼지는 오일에 떨어지고 가벼운 먼지는 엘리먼트에 부착되어 여과된다.

습식 공기청기에서 사용되는 오일은 기관오일(OE)이다.

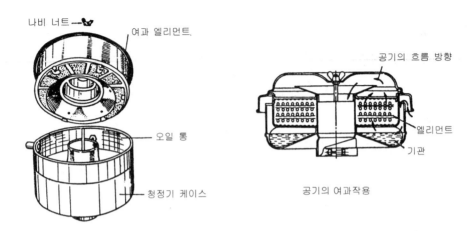

▲ 그림2 습식 공기 청정기

③ 원심 분리식 공기 청정기

이것은 사이클론식이라고도 부르며 흡입되는 공기에 선회 운동을 주어 엘리먼트 이전에 대부분의 이물이 제거되게 하는 방식이다.

(2) 흡입 다기관(흡기 매니폴드)

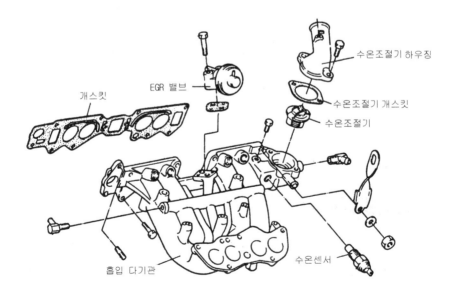

▲ 그림3 흡입 다기관

1) 기 능

이것은 공기나 기화기에서 형성된 혼합기를 각 실린더에 균일하게 분배시키는 일을 한다.

2) 구비 조건

① 혼합 가스 또는 공기를 각 실린더에 균일하게 분배하여야 한다.

② 굴곡이 가능한 한 없어야 한다.　　　③ 혼합기에 와류를 일으켜야 한다.

3) 재 질

흡입 다기관의 재질은 주로 알루미늄을 사용하고 두께는 3~4 mm 정도로 주조한다. 다기관의 지름은 실린더 직경의 25~35%정도로 한다.

7.2 배기 장치

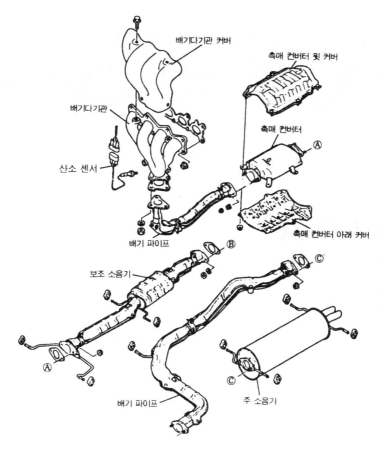

▲ 그림4 배기 장치

(1) 배기 다기관(배기 매니폴드)

이것은 배기 가스를 모아 배기 파이프로 배출하는 부분이다. 배기다기관 비틀림 점검은 정반에 놓고 필러(디크니스) 게이지로 한다.

(2) 배기 파이프

이것은 배기 다기관에서 나오는 배기 가스를 외부로 방출하는 강관으로 배기 가스의 열을 일부 발산한다.

(3) 소음기

이것은 배기 가스의 온도, 압력, 음파 등을 감쇠시키는 기구이며, 소음기를 부착하면 기관의 잡음과 출력이 모두 감소된다.

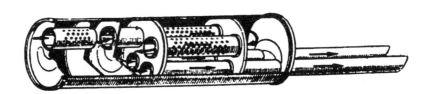

▲ 그림5 소음기

♣ 참고사항 ♣

❶ 무색 : 정상연소
❷ 백색 : 기관 오일 연소
❸ 엷은황색 또는 자색 : 혼합비 희박
❹ 흑색 : 혼합비 농후
❺ 황색에서 흑색으로 : 노킹발생

제 8 절 배기가스 정화장치

자동차로부터 배출되는 가스에는 배기 가스, 블로바이 가스 및 연료 증발 가스가 있다. 이들 배출 가스 속에는 유해 물질인 일산화탄소(CO), 탄화수소(HC), 질소 산화물(NOx) 등이 포함되어 있다. 이들 유해 물질이 대기 중에 발산되면 인체나 환경에 좋지 않은 영향을 끼치기 때문에 여러 가지 대책을 세워 가스 중 유해 물질의 배출을 감소시키고 정화시켜 배출시키는 장치를 배기 가스 정화 장치라 한다.

8.1 연료 증발 가스

연료 증발 가스는 연료 탱크, 기화기 등의 연료 장치에서 연료가 증발하여 대기 중으로 방출되는 가스를 말한다. 연료 증발 가스의 주된 성분은 탄화수소(HC)이다.

① 배출 가스 중 연료 증발 가스가 차지하는 비율은 15 %을 차지한다.

② 기관이 정지되어 있을 때 대기로 방출되지 않도록 캐니스터에 일시 저장한다.

③ 기관이 작동되면 캐니스터에 저장된 증발 가스를 재 연소시켜 배출한다.

8.2 블로바이 가스

블로바이 가스는 피스톤과 실린더 사이로부터 크랭크 케이스로 누출된 가스이다.

① 탄화수소(HC)가 주성분이고 나머지는 연소 가스 및 부분적으로 산화된 가스이다.

② 블로바이 가스는 기관이 경부하 및 중부하일 경우에는 PCV밸브의 열림정도에 따라서 유량이 조절되어 흡입 다기관으로 들어가고, 급가속 및 고부하시에는 블리더 호스를 통하여 흡입 다기관으로 유입되어 연소시킨다.

③ 배출 가스 중 블로바이 가스가 차지하는 비율은 25 %이다.

8.3 배기 가스

배기 가스는 연료가 실린더에서 연소된 후 외부로 배출되는 가스를 말한다. 이 가스의 성분은 완전 연소한 경우에는 대부분이 무해한 질소(N_2), 수증기(H_2O), 이산화탄소(CO_2) 등이나, 불완전 연소한 경우에는 일산화탄소(CO), 블로바이에 의한 탄화수소(HC), 기관에 흡입된 공기 속의 산소(O_2)와 질소(N_2)가 고온에서 반응하여 발생하는 질소 산화물(NO_X) 등이 포함된다.

(1) 일산화탄소의 발생 원인

① 가솔린의 성분은 탄소와 수소의 화합물로서 공기 공급이 제한된 실린더 내에서 연소할 때 발생된다.

② 농후한 혼합기가 공급되어 산소가 부족하여 불완전한 연소가 되는 경우에 발생한다.

③ 완전 연소될 때는 탄소는 이산화탄소로 변화되고 수소는 수증기로 변화되어 인체에 무해 가스가 된다.

④ 배출가스 중 배기가스가 차지하는 비율은 60%이다.

(2) 탄화수소의 발생 원인

① 기관의 작동 온도가 낮을 때와 혼합비가 희박하여 실화 되는 경우에 발생된다.

② 급가속이나 급감속으로 인하여 혼합기가 완전 연소되지 않는 경우에 가솔린의 성분이 분해되거나 증발되어 발생된다.

③ 밸브 오버랩시 미연소 연료가 누출되어 발생한다.

④ 연소실내의 소염 경계층으로 인하여 발생한다.

(3) 질소산화물의 발생 원인

① 질소와 산소의 화합물로 질소는 상온에서 다른 원소와 반응하지 않으나 연소실내의 온도가 2,000℃ 이상이 되면 반응성이 활발해져 발생량이 급증한다.

② 연소실의 온도가 상승하면 질소는 산소와 반응하여 $NO(N_2 + O_2 = 2NO)$가 발생된다.

③ 대기로 배출되면 대기의 산소와 다시 반응하여 $NO_2(NO + O_2 = 2NO_2)$로 변화된다.

8.4 배출 가스의 영향

(1) 대기에 미치는 영향

① 탄화수소와 질소산화물은 강한 태양 광선을 받아서 광화학 스모그 현상을 발생한다.

② 탄화수소와 질소산화물은 눈, 호흡기 계통에 자극을 주는 PAN, 알데히드류 등의 자극성
이 강한 옥시던트가 2차적으로 형성되어 스모그로 변화된다.

(2) 인체에 미치는 영향

1) 일산화탄소(CO)

① 인체에 들어가면 혈액 내의 헤모글로빈과 쉽게 결합하여 혈액의 산소 운반을 방해한다.

② 산소 결핍에 의한 두통, 현기증 등의 중독 증상을 일으키게 된다.

2) 탄화수소(HC)

인체에 들어가면 눈의 점막을 자극시키고, 미각 기능을 저하시킨다.

3) 질소산화물(NOx)

인체에 들어가면 눈에 자극을 주며, 허파의 기능에 장해를 일으킨다.

4) 매 연

① 디젤 기관의 탄소 미립자로 열에 의하여 유리되어 배출된다.

② 매연은 시계를 악화시키며 인체에 들어가면 호흡기 계통을 자극한다.

8.5 유해 가스의 배출 특성

(1) 혼합비(공연비)와의 관계

① 이론 혼합비보다 농후하면 CO 와 HC 는 증가되지만 NOx 은 감소한다.

② 이론 혼합비보다 약간 희박하면 NOx 은 증가되지만 CO 와 HC 는 감소한다.

③ 이론 혼합비보다 희박하면 HC 는 증가되지만 CO 와 NOx 은 감소한다.

(2) 기관의 온도와의 관계

① 저온일 경우 CO와 HC 는 증가되지만 NOx은 감소한다.

② 고온일 경우 NOx은 증가되지만 CO 와 HC는 감소한다.

(3) 운전 상태와의 관계

① 공회전할 때는 CO와 HC는 증가되지만 NOx은 감소한다.

② 가속할 때는 CO, HC, NOx 모두 증가된다.

③ 감속시에는 CO와 HC 는 증가되지만 NOx은 감소한다.

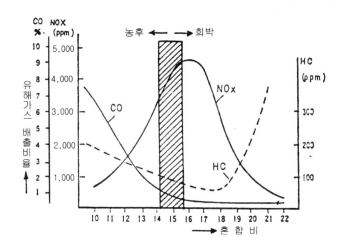

▲ 그림1 혼합비와의 관계

8.6 배출 가스 제어 장치

자동차로부터 배출되는 가스 중의 유해 물질을 저감하기 위한 기본적인 대책과 방향을 열거하면 다음과 같다.

① 기관의 각부를 완전 연소가 이루어지도록 개량하여 유해 물질을 되도록 발생시키지 않는 구조로 한다.

② 연소 과정에서 발생되는 유해 물질은 배기 계통에서 후처리하여 감소시킨다.

③ 크랭크 케이스, 연료 탱크, 기화기 등을 통하여 배출되는 유해 물질은 흡기 계통으로 되돌려 보내어 유해 물질 배출량을 감소시킨다.

(1) 블로바이 가스 제어 장치

1) 개 요

기관 연소실 내의 가스는 피스톤에 의하여 기밀을 유지하고 있으나, 압축이나 폭발시에 실린더와 피스톤 사이의 틈새로 가스가 누출되어 크랭크 케이스 유입된다. 이 가스가 블로바이 가스이며, 주성분은 탄화수소와 일산화탄소이다. 이것은 크랭크 케이스로 유입되면 기관의 부식, 기관 오일에 희석되어 변질시키는 원인이 된다. 또, 블로바이 가스가 대기 중으로 배출되면 대기를 오염시킨다. 크랭크 케이스로부터 연소실로 유도하여 재연소시키는 장치를 블로바이 가스 환원 장치 또는 크랭크 케이스 환기 장치라고 한다.

2) 작 동

① 경, 중부하시 제어 : 기관의 회전수가 2,000 rpm 이하에서는 PCV 밸브(강제 환기 밸브 : Positive Crank case Ventilation Valve)가 열려 블로바이 가스가 서지 탱크에 유입되어 연소실에 공급된다.

② 급가속 및 고부하시 제어 : 기관의 회전수가 2,000 rpm 이상에서는 블로바이 가스는 블리더 호스를 통하여 흡입 다기관에 유입되어 연소실에 공급된다.

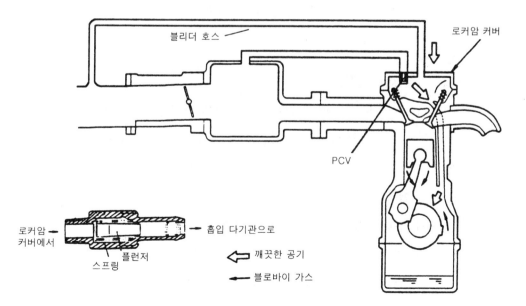

▲ 그림2　블로바이 가스 제어 장치

(2) 연료 증발 가스 제어

1) 개 요

연료 증발 가스를 캐니스터에 일시적으로 저장하였다가 기관이 작동되면 컴퓨터의 제어 신호에 의해서 PCSV(Purge Control Solenoid Valve)을 통하여 서지 탱크에 유입된다.

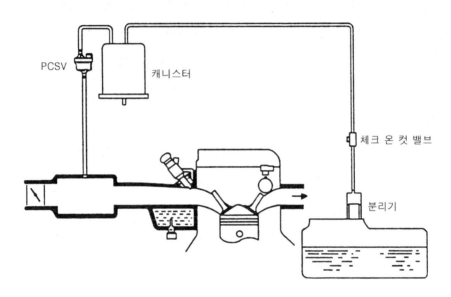

▲ 그림3 연료 증발가스 제어 장치

2) 구성 요소

① 캐니스터(canistor ; 포집기)

㉮ 기관이 작동하지 않을 때는 증발 가스를 활성탄에 흡수 저장한다.

㉯ 기관의 회전이 1,450 rpm 이상이 되면 PCSV의 오리피스 통하여 서지 탱크로 유입된다.

② 보울 벤트 밸브(Bowl Vent Valve)

㉮ 기화기 뜨개실 내의 연료 증발 가스를 제어하는 역할을 한다.

㉯ 기관이 작동하지 않을 때는 연료 증발 가스가 캐니스터에 흡수되도록 한다.

㉰ 기관이 작동되어 진공이 50 mmHg 이상이 되면 캐니스터의 통로를 닫는다.

③ 퍼지 컨트롤 밸브(purge control valve)

㉮ 공전시에 캐니스터에 저장된 연료 증발 가스를 서지 탱크에 유입되는 것을 방지한다.

㉯ 냉각수 온도가 65℃ 이상이고 기관의 회전수가 1,450 rpm 이상 되면 연료 증발 가스를 서지 탱크에 유입되도록 한다.

④ 퍼지 컨트롤 솔레노이드 밸브(PCSV)

㉮ 컴퓨터의 제어 신호에 의하여 캐니스터에 저장되어 있는 연료 증발 가스를 서지 탱크에 유입 또는 차단하는 역할을 한다.

㉯ 기관이 공전 및 냉각수 온도가 65℃ 이하에서는 작동되지 않는다.

㉰ 냉각수 온도가 65℃ 이상이 되면 밸브가 열려 연료 증발 가스가 서지 탱크에 유입된다.

⑤ 서모 밸브(thermo valve)

냉각수 온도를 감지하여 65℃ 이상이 되면 퍼지 컨트롤 밸브의 다이어프램에 작용되는 진공 통로를 연결하거나 차단하는 역할을 한다.

⑥ 연료 필러 캡(Fuel feeler cap)

㉮ 기관이 정지되면 밸브가 닫혀 연료 증발 가스가 대기 중으로 방출되는 것을 방지한다.

㉯ 기관이 작동할 때는 밸브가 열려 연료 탱크에 대기압이 공급되도록 한다.

⑦ 연료 체크 밸브(fuel check valve)

㉮ 2개의 볼이 설치되어 있는 구조로서 캐니스터와 오버필 리미터 사이에 설치되어 있다.

㉯ 자동차가 주행 중에 심하게 흔들리거나 전복되었을 때 작동된다.

㉰ 2개의 볼 중에서 하나가 연료 증발 가스 통로를 차단하여 기화기에서 연료가 누출되는 것을 방지하는 역할을 한다.

⑧ 오버필 리미터(over feel limiter)

㉮ 압력 밸브와 진공 밸브로 구성되어 있다.

㉯ 연료 탱크 내에 진공이 형성되면 진공 밸브가 열려 대기압이 공급되도록 한다.

㉰ 연료 탱크 내의 압력이 규정 압력보다 높게 되면 압력 밸브가 열려 연료의 증발 가스를 캐니스터에 공급하는 역할을 한다.

(3) 배기 가스 제어

1) 배기 가스 재순환 장치

배기 가스 재순환 장치(exhaust gas recirculation system, EGR)는 배기 가스의 일부를 흡기 계통에 재순환시켜 흡입 혼합기에 혼입시키는 장치로서, 연소시의 최고 온도를 낮추어 질소 산화물(NOx)의 생성을 억제하기 위한 것이다.

또, EGR가 과도하게 되면 기관의 출력, 연비, 운전성 등에 나쁜 영향을 끼치므로 흡기 온도, 냉각수 온도, 주행 속도, 부하 상태 등을 감지하여 운전 상태에 알맞도록 제어하게 되어 있다. 그리고 EGR율은 다음 식으로 산출한다.

$$\bullet\ \text{EGR율} = \frac{\text{EGR 가스량}}{\text{흡입 공기량} + \text{EGR 가스량}} \times 100$$

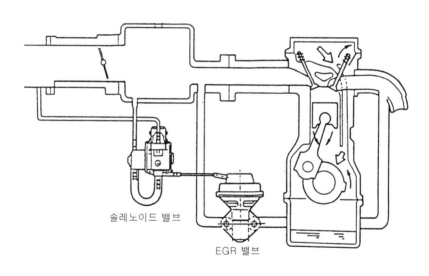

솔레노이드 밸브

EGR 밸브

▲ 그림4 배기가스 재순환장치

2) 촉매 변환기

촉매 변환기는 배기 다기관 아래쪽에 설치하여, 그 속을 통과하는 배출가스 중의 유해한 물질 CO, HC, NOx을 무해한 성분 CO_2, H_2O, N_2로 산화 또는 환원하는 장치이다. 촉매 변환기에는 산화촉매 변환기, 삼원촉매 변환기의 두 가지가 있으며, 삼원촉매 변환기가 널리 사용되고 있다.

　삼원 촉매 변환기는 CO, HC를 산화하고 NOx을 환원하는 것이다. 산화 촉매는 담체의 표면에 촉매 작용을 하는 백금(Pt) 또는 백금(Pt)＋필라듐(Pd)을 매우 얇게 부착시킨 것을 사용하며, 삼원 촉매는 정화성이 우수한 촉매 작용을 하는 귀금속에 백금(Pt)＋로듐(Rh)을 사용하고 있다. 촉매 변환기가 설치된 차량 사용할 때 주의 사항은 다음과 같다.

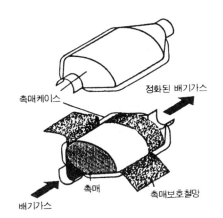

▲ 그림5 촉매 변환기의 구조

① 반드시 무연 가솔린을 사용하여야 한다.

② 기관의 파워 밸런스 시험은 실린더당 10초 이내로 하여야 한다.

③ 자동차를 밀거나 끌어서 시동해서는 안된다.

④ 잔디, 낙엽, 카페 등 가연물질 위에는 주차해서는 안된다.

3) 2차 공기 공급장치

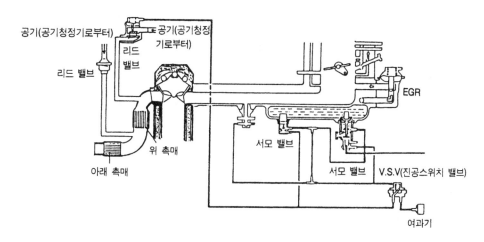

▲ 그림6 2차 공기 공급 장치

① 배기관에 신선한 공기를 공급하여 배기 가스를 환원시키는 역할을 한다.

② CO나 HC을 연소시켜 H_2O와 CO_2로 환원시키는 역할을 한다.

4) 산소(O_2)센서

산소센서는 배기가스 중의 산소농도와 대기 중의 산소 농도 차이에 따라 출력전압이 급격히 변화하는 성질을 이용하여 피드 백(feed back)기준 신호를 컴퓨터로 공급한다. 즉 혼합비가 희박하면 배기가스 중의 산소 농도가 진해지므로 산소센서의 출력전압은 낮아지며, 반대로 혼합비가 농후하면 배기가스 중의 산소농도가 희박해지므로 이때는 출력 전압이 높아진다.

산소센서가 정상적으로 작동할 때 센서부의 온도는 400~800℃정도이며, 기관이 냉각된 경우와 공전 운전시에는 컴퓨터 자체의 보상회로에 의해 개방회로가 되어 임의 보정을 한다. 산소센서 사용할 때 주의 사항은 다음과 같다.

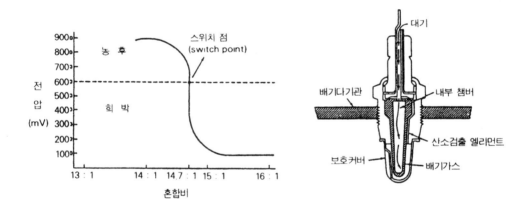

▲ 그림7 산소센서

① 출력 전압 측정시 디지털형 멀티 미터를 사용하여야 한다.(아날로그 멀티 미터를 사용하면 파손되기 쉽다)

② 센서 내부의 저항을 측정해서는 안된다.

③ 반드시 무연 가솔린을 사용하여야 한다.

④ 출력전압을 단락 시켜서는 안된다.

제9절　기관 주요 공식

9.1　피스톤 배기량

피스톤 배기량은 실린더 안지름과 피스톤 행정을 기초로 산출한다.

- 배기량 $(V) = \dfrac{\pi D^2 L}{4} = 0.785 D^2 L \, (cc)$

- 총배기량 $(V_1) = \dfrac{\pi D^2 L N}{4} = 0.785 D^2 L N \, (cc)$

- 분당 배기량 $(V_2) = VNR \, (cc/min)$

　여기서, D : 실린더 안지름(cm),

　　　　　 L : 피스톤 행정(cm),

　　　　　 N : 실린더 수,

　　　　　 R : 기관회전수[단, 4행정 사이클 기관 $\dfrac{R}{2}$, 2행정 사이클 기관은 R]

9.2　압축비

　압축비는 피스톤이 하사점에 있을 때 실린더 총체적(행정체적＋연소실체적)과 피스톤이 상사점에 있을 때 연소실 체적(또는 간극 체적)과의 비를 말한다.

- 압축비$(\varepsilon) = \dfrac{Vs + Vc}{Vc} = 1 + \dfrac{Vs}{Vc}$

- 행정체적(배기량 ; Vs)$= Vc \times (\varepsilon - 1)$

- 연소실 체적 $(Vc) = \dfrac{Vs}{(\varepsilon - 1)}$

9.3 열효율

열효율은 기관의 출력과 그 출력을 발생키 위하여 기관내에서 연소된 연료 속의 에너지와의 비율이다.

$$\eta e = \frac{632.3 \times PS}{B \times He} \times 100 = \frac{632.3}{be \times He} \times 100$$

여기서, PS : 기관의 출력,

　　　B : 매시간당 연료소비량(kgf/h),

　　　He : 연료의 저위 발열량(kcal/kgf),

　　　be : 연료소비율(g/PS-h)

♣ 참고사항 ♣

1kcal의 열량은 427kgf·m의 일에 상당하고 1Ps-h의 일은 75kgf·m×3600sec=270,000kgf·m 이므로 1시간 1마력당 열량은 $\frac{270,000 \text{kgf·m}}{427}$ =632.3kcal 이다.

9.4 마력(馬力)

$1PS = 75\text{kgf·m/sec} = 0.736\text{kW} ≒ \frac{3}{4}\text{kW}$

$1HP = 550\text{ft-lb/sec} = 0.746\text{kw} ≒ \frac{3}{4}\text{kW}$

(1) 지시(도시)마력(IPS)

지시마력이란 실린더내에서 발생한 폭발압력으로부터 직접 구한 마력이다.

$$IPS = \frac{PALRN}{75 \times 60}$$

여기서, P : 지시평균 유효압력(kgf/cm^2),

　　　　A : 실린더 단면적(cm^2),

　　　　L : 피스톤 행정(m),

　　　　R : 기관회전수[단, 4행정 사이클 기관 $\frac{R}{2}$, 2행정 사이클 기관은R],

　　　　N : 실린더 수

(2) 제동(축)마력(BPS)

제동마력이란 크랭크 축에서 발생한 마력이며, 지시마력-마찰마력 한 것으로 기관의 회전수와 회전력(토크)으로 산출한다.

$$BPS = \frac{2\pi RT}{75 \times 60} = \frac{TR}{716}$$

여기서, T : 기관의 회전력,

　　　　R : 기관의 회전수(rpm)

(3) 회전력(토크)

● 거리(m)×힘(kgf) 또는 거리(m)×$\sin\theta$×힘(kgf)

● $T = \dfrac{716 \times PS}{R}$

(4) SAE마력

SAE마력은 실린더 수와 실린더 안지름을 알면 산출할 수 있다.

> ● 실린더 안지름이 mm인 경우
>
> $$SAE마력 = \frac{D^2 N}{1613}$$
>
> ● 실린더 안지름이 inch인 경우
>
> $$SAE마력 = \frac{D^2 N}{2.5}$$
>
> 여기서, D : 실린더 안지름, N : 실린더 수

(5) 연료 마력(PPS)

> ● $$PPS = \frac{60CW}{632.3} = \frac{CW}{10.5t}$$
>
> 여기서, C : 연료의 저위 발열량,
>
> W : 연료의 무게[부피×비중],
>
> t : 시험시간(min)

(6) 소요(필요)마력

> ● $$소요마력 = \frac{무게(kgf) \times 거리(m)}{75 \times 시간(sec)}$$

9.5 기계효율

기계효율은 제동마력을 지시마력으로 나눈 값을 말한다.

$$\text{기계효율} = \frac{\text{제동마력}}{\text{지시마력}} \times 100$$

9.6 체적 효율

체적효율이란 실린더내에 넣을 수 있는 공기의 무게와 운전 상태에서 실제로 흡입되는 공기무게와의 비율이다.

$$\text{체적효율} = \frac{\text{실제로 흡입된 공기량}}{\text{실린더 총배기량}} \times 100$$

9.7 연소지연시간 동안의 크랭크 축 회전각도

It=6RT

여기서, It : 연소지연시간 동안의 크랭크 축 회전각도,

R : 크랭크축 회전수(rpm),

T : 연소지연시간(sec)

9.8 기관의 성능 곡선도

기관의 성능곡선도란 출력(PS), 회전력(kgf·m), 연료소비율(g/PS-h)을 표시한 것이다.

(1) 출력

회전수가 상승함에 따라 급증하나 고속에서는 체적효율의 저하로 증가하지 못한다.

(2) 회전력

기관의 회전력은 중속(中速)에서 가장 크며, 고속에서는 체적효율의 저하로 증가하지 못한다.

(3) 연료 소비율

기관의 회전속도가 중속일 때 가장 낮다.

9.9 실린더 벽 두께 산출식

$$t = \frac{PD}{2\sigma a}$$

여기서, t : 실린더 벽 두께(cm)

P : 폭발압력(kgf/㎠)

D : 실린더 안지름(cm)

σa : 실린더 벽의 허용 응력(kgf/㎠)

9.10 피스톤 링 이음간극 산출식

$\pi DCe(t_2 - t_1)$

여기서, D : 실린더 지름,

Ce : 팽창계수,

t_2 : 피스톤링의 온도,

t_1 : 실린더 벽의 온도

9.11 피스톤 링에 의한 총마찰력

🔵 $F = Pr \times Z \times N$

여기서, F : 피스톤 링에 의한 총마찰력,
Pr : 링 1개당의 마찰력,
N : 실린더 수,
Z : 피스톤 당 링의 갯수

9.12 피스톤 링에 의한 손실 마력

🔵 $FPS = \dfrac{FS}{75}$

여기서, FPS : 피스톤 링에 의한 손실 마력,
F : 피스톤 링에 의한 총마찰력,
S : 피스톤 평균 속도(m/sec)

♣ 참고사항 ♣

$S = \dfrac{2NL}{60}$ (N : 기관 회전수, L : 피스톤 행정)

9.13 커넥팅 로드의 길이 산출식

🔵 $\ell = \dfrac{kL}{2}$

여기서, ℓ : 커넥팅로드의 길이,
k : 크랭크 축 회전 반지름에 대한 배수,   L : 피스톤 행정

9.14 피스톤 및 크랭크 축 저널 강도 산출식

● $\text{bdPa} = 0.785\text{D}^2\text{P}$

여기서, b : 저널의 폭,　　　　　　d : 저널의 지름,

　　　　Pa : 베어링 허용압력,　　D : 실린더 지름,

　　　　P : 폭발압력

또 저널(핀)의 지름 산출식은 $\dfrac{0.785\text{D}^2\text{P}}{bPa}$ 이다.

9.15 밸브 지름과 양정 산출식

● 밸브 지름

$$d = D\sqrt{\frac{S}{V}}$$

여기서, d : 밸브 지름,　　　　D : 실린더 지름,

　　　　S : 피스톤 평균 속도,　V : 밸브구멍을 통과하는 가스의 속도

● 밸브 양정

$$h = \frac{d}{4}$$

여기서, h : 밸브 양정,　　　　d : 밸브 지름

● 밸브의 양정

$$\frac{\text{캠의 양정} \times \text{밸브쪽 로커암의 길이}}{\text{캠축쪽 로커암의 길이}} - \text{밸브간극}$$

제 2 편

전 기

제1장
자동차 전기장치

제1절　자동차 전기장치의 개요

　자동차 전기 장치는 기관의 작동과 직접 관계되는 축전지, 기동 전동기, 점화장치, 충전장치와 자동차의 안전 주행을 위한 등화장치, 안전장치 및 부속 장치로 나눈다.

1.1　축전지

　축전지는 화학적 에너지를 전기적 에너지로 변화시켜 기관 시동에 필요한 기동전동기로 전원을 공급해 주는 장치이다.

1.2　기동 장치

　기관은 자기 힘으로 시동시킬 수 없으며 외력에 의하여 크랭크 축을 회전시켜 공기와 연료의 혼합기를 압축하여 연소실 내에서 연소, 폭발시킨다. 이렇게 외력을 발생시키는 장치를 기동 장치라 한다. 기동 장치에는 축전지를 전원으로 하는 직류 전동기와 전동기를 구동 또는 정지시켜 주는 솔레노이드 스위치, 전동기의 회전력을 크랭크 축에 전달시키는 장치 등으로 구성되어 있다.

1.3 점화 장치

점화 장치는 저전압의 직류 전원에서 고전압(10,000V이상)을 만들고 정확한 시기에 전기 불꽃을 일으켜 연소실 내에 압축된 혼합기를 점화·연소시키는 장치이다. 그 구성은 고전압을 발생시키는 점화 코일과 코일의 전류를 단속시키고 점화 시기를 조절하며 발생된 고전압을 각 실린더에 분배하는 배전기, 실린더 내에 전기 불꽃을 튀게 하는 점화 플러그 등으로 되어 있다.

1.4 충전 장치

충전 장치는 운행 중 여러 가지 전기 장치에 전력을 공급하는 장치일 뿐만 아니라 축전지에 충전 전류를 공급하는 장치이다. 축전지는 기관이 정지하고 있을 때 전기 장치의 전원으로 쓰이나 주목적은 시동 장치의 기동 전동기를 작동시키는 전원이다. 시동 장치의 시동 시간은 짧으나 많은 전력을 소비하게 되므로 축전지 전압이 낮아지게 된다.

따라서 충전 장치는 기관을 시동한 경우에 다음의 시동에 대비해서 소모된 전력을 축전지에 보급하는 역할과 운전 중 각 전기 장치의 전원 장치로 기관에 의해서 구동하는 발전기와 발생 전압을 자동적으로 제어하는 조정기 등으로 구성된다.

1.5 등화 장치

야간에 자동차를 안전하게 주행하는데는 전조등(헤드라이트), 미등, 계기등 외에 주차등, 차폭등, 번호등, 실내등, 후진등 등 많은 조명기구가 쓰인다. 또 방향 지시등, 제동등과 같이 안전 및 신호용으로 사용되며, 조명 장치를 겸용하기도 한다.

1.6 계기 장치

자동차의 운행에 필요한 각종 정보를 운전자에게 제공하는 것으로 운전석 전면의 계기판에 종합적으로 설치되어 있으며 이들 중에는 지침의 움직임으로 지시하는 지침형과 작동이 정상이 아닐 때 램프가 점등되어 경보하는 점등식 그리고 기록 장치를 조합한 운행 기록계 등도 있다. 계기류의 종류는 다음과 같다.

① 자동차의 주행 속도를 나타내는 속도계

② 기관의 냉각수 온도를 나타내는 수온계

③ 기관의 윤활유 압력을 나타내는 유압계

④ 기관의 회전수를 나타내는 기관 회전계

⑤ 충전 장치의 작동 상태를 판단하는데 필요한 전류계

⑥ 연료의 보유량을 알려주는 연료계

1.7 안전 장치 및 부속 장치

(1) 안전 장치

안전 장치는 자동차가 주행할 때 필요한 장치로서 자동차의 안전 기준에 적합하여야 하며 그 종류는 방향지시기, 윈드 실드 와이퍼, 윈드 와셔, 경음기 등이 있다.

(2) 부속 장치

부속 장치는 운전자와 승객이 쾌적하게 느낄 수 있도록 하기 위하여 거주성을 높이고 자동차의 기능성을 증가하기 위한 장치로 난방장치, 에어컨, 라디오, 스테레오, 등이 있다.

1.8 자동차 전기 장치의 구비 조건

자동차의 전기·전자 장치는 주행에 필요한 여러 가지 장치에 전기 에너지를 공급하여 작동시키는 장치이므로 폭넓은 환경 변화에 대응하여 확실한 작동이 이루어져야 한다. 전기 장치는 다음과 같은 구비 조건을 갖추어야 한다.

① 가능한 한 소형·경량이어야 한다.

② 고온과 저온의 온도 변화에 따른 작용이 확실하여야 한다.

③ 진동이나 외부의 충격에 강하고, 먼지·습기 및 비바람의 영향에 따른 내구성이 커야 한다.

④ 부하 변동에 따른 전압 변동이 있어도 확실한 작동이 이루어져야 한다.

⑤ 배선 저항, 접속부의 접촉 저항이 작아야 한다.

⑥ 점화 장치는 큰 온도 변화 중에도 10,000V 이상의 고전압에 견디며, 누전이 없고, 잡음, 전파 장해 등이 없어야 한다.

제2절 기초 전기

우리가 이용하고 있는 에너지는 형태에 따라 운동, 위치, 열, 전기 에너지 등이 있다. 그 중 전기 에너지는 빛, 열, 소리 또는 기계적 에너지, 화학적 에너지로 변환되어 널리 이용되고 있다. 자동차에도 많은 전기 에너지를 이용한 전기 장치들이 있는데 자동차 전기 장치의 원리와 특성 및 바른 용법을 이해하기 위해서는 전기와 전자의 기초 이론을 익힌 후 그 응용에 알아두어야 한다.

자동차 전기 장치는 자동차의 신경 계통 역할을 하고 있으므로 안전 운전과 신뢰성 및 효율성을 높이기 위해서 전자화되어 가고 있으며 컴퓨터의 응용까지도 확장되어 가고 있다.

2.1 전기의 정체

전기란 마찰된 물체가 다른 물체를 흡수하고 있을 때 흡수하는 힘의 원천을 전기라 하며, 모든 물질은 분자로 이루어지며 분자는 또 원자의 집합체로 이루어진다. 전자론에 의하면 원자는 다시 양전기를 띤 원자핵과 음전기를 띤 전자로 이루어져 있다.

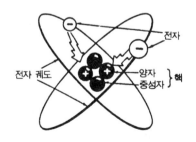

▲ 그림1 원자의 구조

그러나 일반적인 물질은 원자핵을 가진 양전기와 전자를 가진 음전기의 양(量)이 같기 때문에 상쇄되어 전기의 성질을 나타내지 않고 중성의 상태가 된다. 이와 같이 원자는 중성이지만 원자

내의 전자와 원자핵의 결합이 파괴되면 전기적 성질을 띠게 된다.

예를 들면 중성의 성질에서 전자가 궤도를 이탈하여 튀어 나가면 물질은 양전기를 가진 원자핵이 많아짐으로 ⊕전기를 띠고 반대로 전자가 궤도 내로 유입되면 전자가 많아지기 때문에 음전기를 얻어 ⊖의 전기를 띠게 된다. 원자를 형성하고 있는 전자 중에서 가장 바깥쪽의 궤도를 돌고 있는 전자는 원자핵에서 가장 멀리 있기 때문에 핵에 의한 구속력이 약하므로 궤도에서 이탈하기 쉬워 점차로 다른 궤도로 이탈하여 이동할 수 있다.

이와 같은 전자를 자유 전자라고 하며 전기에 있어서 여러 가지 현상은 이 자유 전자가 외부로부터의 자극 또는 충격으로 인하여 이동하기 때문에 나타나는 것이다.

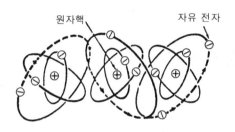

▲ 그림2 자유전자의 이동

♣ 참고사항 ♣

❶ 가전자 : 원자의 결합이나 전기적 성질이 핵으로부터 가장 바깥쪽 궤도에 있는 전자에 의해서 결정되므로 바깥쪽 전자를 말하며 1개의 원자를 1가 원자, 2개가 있는 원자를 2가 원자라 한다.

❷ 자유 전자 : 원자를 구성하고 있는 전자 중에서 가장 바깥쪽 궤도를 돌고 있는 전자는 원자핵으로부터 거리가 멀기 때문에 구속력이 약하여 외부에서 열이나 빛 또는 자력의 영향을 받아 쉽게 궤도를 이탈하여 다른 궤도로 이동된다. 이와 같이 궤도를 이탈한 전자를 말한다.

❸ 구속 전자 : 원자를 구성하고 있는 전자 중에서 내부 궤도를 돌고있는 전자는 원자핵으로부터 거리가 가깝기 때문에 구속력이 강하여 외부의 영향에 강하다. 이 전자를 구속 전자라 한다.

❹ 양성자 : 최소량의 ⊕ 전기를 가진 미립자로 양자 1개가 가지는 전기량의 절대값은 1.60219×10^{19}C 이며 중성자와 함께 원자핵을 구성한다.

❺ 중성자 : 양자가 가지는 ⊕ 전기와 전자가 가지는 ⊖ 전기가 동일하기 때문에 서로 상쇄되어 전기의 성질을 나타내지 않는 미립자로 양자와 함께 원자핵을 구성한다.

❻ 전자 : 최소량의 ⊖ 전기를 가진 미립자로 빛의 1/10 정도의 속도로 원자핵의 주위를 회전하며, 전자 1 개가 가지는 전기량의 절대값은 1.60219×10^{-19}C으로 양자와 동일하며 부호만 다르다.

❼ 원자핵 : 양자와 중성자로 구성되어 있으며 수소 원자의 경우에는 양자이다. 원자핵의 지름은 10^{-12}cm 이고 무게는 원자 무게의 거의 전부를 차지하고 있다.

2.2 정전기(淨電氣)

정전기는 마찰 전기와 대전체에 정지되어 있는 전기로 이동하여도 속도가 느리며 자기 작용 또는 줄(Joul) 열의 현상은 발생되지 않는다. 정전기는 ⊕ 전기와 ⊖ 전기가 있으며 ⊕ 전기와 ⊖ 전기 사이에는 쿨롱의 법칙(Coulomb' law)에 따른 흡인력과 반발력이 작용한다.

♣ 참고사항 ♣

❶ 쿨롱의 법칙 : 두 대전체 사이에 작용하는 힘은 대전체가 가지고 있는 전하량의 곱에 비례하고 두 대전체 사이 거리의 2 승에 반비례한다.

❷ 1쿨롱 : 진공 중에서 동일한 양의 전하를 가지고 있는 두 대전체가 1 m 만큼 떨어져 있고 작용하는 힘이 9×10^9 (N)일 때 그 대전체가 가지고 있는 전기량을 말하며 기호는 C 로 표시한다.

(1) 마찰 전기

마찰 전기란 건조한 유리 막대를 모피 또는 명주로 문지르면 가벼운 물체를 흡수하는 전기 말한다.

(2) 정전 유도

전기적으로 중성인 도체에 ⊖ 대전체를 가까이하면 도체 내에 자유 전자는 대전체의 ⊖ 전하에 반발되어 대전체에서 먼쪽에 모이고 대전체에 가까운 쪽에 ⊕ 전하를 가지게 된다.

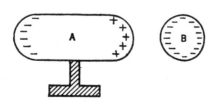

◀ 그림3 정전 유도

이와 같이 대전체를 가까이하였을 때 대전체의 가까운 쪽에 대전체와 다른 전하를 먼쪽에 같은 전하를 발생케 하는 현상을 정전 유도라고 한다.

(3) 축전기(Condensor)

축전기는 절연체를 사이에 두고 2장의 편평한 금속판 A·B를 대단히 가까운 거리에서 마주보게 한 후 각각에 전원의 ⊕, ⊖를 연결하고 전압을 가하면 두 장의 금속판으로 전원에서 ⊕,⊖의 전하가 이동하여 A 판의 ⊕ 전하와 B판의 ⊖ 전하가 서로 잡아당기기 때문에 전기를 저장해 둘 수 있다. 이와 같이 전압을 가하면 전하(電荷)가 저장되는 기구를 말한다.

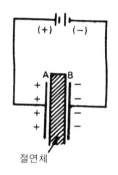

▲ 그림4 축전기의 원리

1) 정전 용량

축전기에 저장되는 전기량(전하의 양) Q는 가해지는 전압 E에 비례하고 이들의 관계를 식으로 나타내면 Q=C·E가 된다. 여기서 C는 비례 정수이다.

2장의 금속판에 단위 전압을 가했을 때, 저장되는 전하의 크기로 저장되는 능력을 나타내는데 이것을 정전 용량이라 하며 정전 용량은 다음과 같은 조건에 따라 증감된다.

① 가해지는 전압에 비례한다.

② 상대하는 금속판의 면적에 비례한다.

③ 금속판 사이의 절연체 절연도에 비례한다.

④ 금속판의 사이에 반비례한다.

2) 정전 용량의 단위

정전 용량의 단위는 패럿(farad ; 기호 F)를 사용하며 1 F 은 1 V 의 전압을 가하였을 때 1쿨롱의 전기가 저장되는 용량을 말한다. 패럿의 단위는 실용상 너무 크기 때문에 그 100만 분의 1의 단위를 사용하며 이것을 마이크로 패럿(μF)이라고 부른다. 또 이것의 100만 분의 1의 작은 단위를 마이크로 마이크로 패럿($\mu\mu$F) 또는 피코 패럿(pF)이라 한다.

3) 축전기의 종류

축전기는 2장의 금속판 사이에 들어가는 절연체의 종류에 따라 공기 축전기, 종이 축전기, 운모 축전기, 유리 축전기, 전해 축전기, 티탄 축전기 등이 있으며, 자동차용 전장품으로 사용되는 축전기는 다음과 같은 것이 있다.

① 종이 축전기

이 축전기는 점화장치의 배전기 단속기 접점의 소손을 방지하기 위해 사용하며 그 용량은 0.2~0.3 μF (저항이 설치된 점화 코일을 사용하는 경우에는 0.14~0.16 μF)이다.

② 전해 축전기

전해 축전기는 방향지시기의 플래셔 유닛으로 사용되며 그 용량은 약 1,500 μF 이다.

♣ 참고사항 ♣

축전기의 시험 항목에는 직렬저항시험, 용량시험, 누설(절연저항)시험 등이 있다.

2.3 동전기(動電氣)

동전기는 전하가 물질속을 이동하는 전기로 시간의 경과에 대하여 전압 및 전류가 일정값을 유지하고 흐름 방향도 일정한 직류 전기와 시간의 경과에 대하여 전압 및 전류가 시시각각으로 변화하고 흐름의 방향도 정방향과 역방향으로 차례로 반복되어 흐르는 교류 전기가 있다.

(1) 전 류(電流)

도체의 단면에 임의의 한 점을 매초 1 쿨롱의 전하가 이동하고 있을 때의 전류의 크기이다. 전류의 측정 단위는 암페어(Amper 약호 A) 사용한다. 1A는 도체 단면의 임의의 한 점을 매초

1쿨롱의 전하가 이동하고 있을 때의 전류 크기이다. 그리고 전류는 발열작용, 화학작용, 자기작용 등의 3 대 작용을 한다.

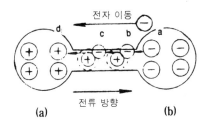

▲ 그림5 전자와 전류의 이동

1) **발열 작용**(發熱作用)

① 도체에는 저항이 있기 때문에 전류를 흐르게 하면 열이 발생된다.

② 열량은 흐르는 전류의 2 승과 저항의 곱에 비례한다.

③ 전류가 많이 흐를수록 또는 도체에 저항이 클수록 열이 많이 발생한다.

④ 발열 작용을 이용 한 것으로는 전구, 예열 플러그(디젤 기관의 시동 보조 기구), 전열기 등에서 이용된다.

2) **화학 작용**(化學作用)

① 묽은 황산에 구리판과 아연판을 넣고 전류를 흐르게 하면 전해 작용이 일어난다.

② 이때 아연판은 황산에 녹아서 ⊖ 전하를 띠게 된다.

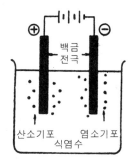

◀ 그림6 전류의 화학작용

③ 이때 황산속의 수소 이온은 아연 이온에 반발되어 구리판은 ⊕ 전하를 띠게 된다.

④ 화학 작용을 이용 한 것으로는 축전지, 전기 도금에 이용한다.

3) 자기 작용(磁氣作用)

① 도체에 전류가 흐르면 그 주위 공간에는 자기 현상이 나타난다.

② 자기 작용을 이용한 것은 전동기, 발전기, 솔레노이드 등이 있다.

(2) 전 압(電壓)

도체의 전하는 같은 전하와는 반발력이 작용하여 다른 전하가 있는 쪽으로 이동하고, 전하가 적은쪽 또는 다른 전하가 있는 쪽으로 이동하려는 힘이 있는데 이것을 전압이라 한다. 전류는 전압의 차가 클수록 많이 흐르며 전압의 단위로는 볼트(V)를 사용한다. 1V란 1옴(Ω)의 도체에 1A의 전류를 흐르게 할 수 있는 전기적인 압력이다.

(3) 저 항

전자가 물질속을 이동할 때 이 전자의 이동을 방해하는 것을 저항이라 한다. 단위는 Ω이다. 1Ω이란 1A의 전류를 흐르게 할 때 1V의 전압을 필요로 하는 도체의 저항을 말한다. 저항은 자유전자의 수, 원자핵의 구조, 물질의 형상, 온도 등에 따라서 변화한다. 그리고 전압이 같아도 도체의 단면적이 작으면 전류가 잘 흐르지 못하고, 도체의 단면적이 크면 전류가 잘 흐른다. 저항에는 다음과 같은 것들이 있다.

1) 물질의 고유 저항

이 저항은 길이 1m, 단면적 1㎡인 도체 2면 사이의 저항값을 비교한 것이며 비저항(比抵抗)이라고도 한다. 기호는 ρ(로)로 표시하며, 1㎤의 고유 저항의 단위는 Ωcm이나 실용상의 단위는 마이크로 옴 센티미터($\mu\Omega$cm)을 사용한다.

♣ 참고사항 ♣

《도체의 고유 저항》　　　　※1.62 $\mu\Omega$cm란 1.62×10-6Ωcm이다.

도체 이름	고유저항($\mu\Omega$cm, 20℃)	도체 이름	고유저항($\mu\Omega$cm, 20℃)
은	1.62	니 켈	6.9
구 리	1.69	철	10.0
금	2.40	강	20.6
알루미늄	2.62	주 철	57 ~ 114
황 동	5.7	니켈 - 크롬	100 ~ 110

2) 도체의 형상에 의한 저항

도체의 저항은 그 길이에 비례하고 단면적에는 반비례한다. 즉 도체속을 전자가 이동할 때 단면적이 커지면 저항이 작아지고, 도체의 길이가 길면 저항이 증가한다. 전압과 도체의 길이가 일정할 때 도체의 지름을 ½로 하면 저항은 4배로 증가하고 전류는 ¼ 로 감소한다.

$$R = \rho \frac{\ell}{A}$$

여기서, R : 물체의 저항(Ω). ρ : 물체의 고유 저항(Ωcm).

ℓ : 도체의 길이(cm).   A : 도체의 단면적(cm)

3) 온도와 저항과의 관계

도체의 저항은 온도에 따라서 변화한다. 즉, 전해액, 탄소, 절연체, 반도체는 온도가 올라가면 저항값이 감소하고 일반적인 금속은 온도가 상승하면 저항값이 증가된다.

4) 접촉 저항

이 저항은 도체의 접촉면에서 발생되는 저항을 말하며, 접촉면이 헐거우면 저항이 증가되어 전류의 흐름이 방해된다. 따라서 접촉 저항은 접촉 면적과 접촉 압력의 증가에 따라 감소한다. 배선 연결시 단자 등을 청소하는 이유는 접촉 저항을 감소하기 위해서 이다.

5) 저항을 사용하는 목적

① 저항은 전기 회로에서 전압 강하를 위하여 사용한다.

② 전류를 감소시키고자 할 때 사용한다.

③ 변동되는 전압이나 전류를 얻기 위해서 사용한다.

6) 저항의 종류

각종 전기 회로에 사용하는 저항에는 저항값이 변화되는 가변저항과 저항값이 일정한 상태로 유지되며 변화가 없는 고정 저항으로 크게 나누어진다.

① 가변 저항(可變抵抗)

이 저항은 흐르는 전류의 세기, 전압 등에 의해 자동적으로 저항값이 변화되는 것이며,

저항값의 변화는 저항 위를 슬라이더(slider)가 미끄럼 운동을 하여 이루어진다. 자동차에서는 연료계의 탱크 유닛부, 유압계 등에서 이용된다.

② 고정 저항(固定抵抗)

이 저항은 가해지는 전압 및 전류에 관계없이 항상 일정한 저항값을 유지하는 것이며, 내전류값이 수십 와트(W)로 부터 ¼와트까지 있다. 종류에는 카본, 솔리드, 권선, 시멘트, 산화 금속 피막, 홀(hall) 저항, 금속 피막 저항이 있으며 이중에서 홀, 권선, 시멘트 저항을 가장 많이 사용하고 있다.

또 각 저항에는 저항값과 허용차의 범위가 표시되어 있으며, 일부 저항은 외부에 절연체 식별을 위한 컬러 코드가 입혀져 있다.

❖ 각 저항의 특징은 다음과 같다.

㉮ 카본 저항

이 저항은 미세한 탄소나 흑연을 분말형태의 절연물과 적당히 혼합하여 필요한 저항값을 갖도록 한 것이다.

그 특징은 저항값의 범위를 넓게 취할 수 있으며, 산화 부식 등의 화학 작용에 대한 저항력이 있고 장기간 변화하지 않은 특수성이 있어 가장 많이 사용되고 있다.

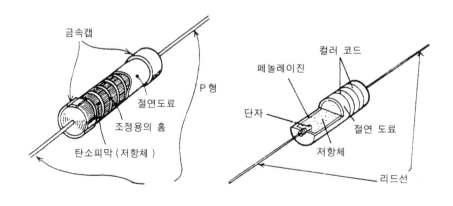

(a) 카본 저항기의 구조   (b) 솔리드의 저항기의 구조

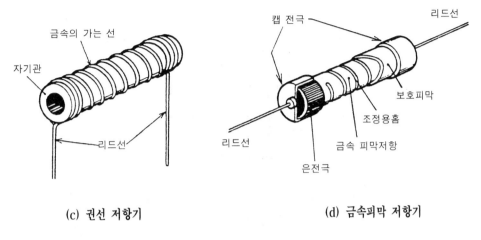

(c) 권선 저항기　　　　**(d) 금속피막 저항기**

▲ 그림7　저항의 종류

㉯ 솔리드 저항 : 주파수 특성이 우수하다.

㉰ 권선(코일) 저항

　이 저항은 저항선을 절연체 외부에 감은 구조로 되어 있으며, 절연체에는 도자기, 시멘트, 페놀수지 등이 사용되며, 권선을 보호하기 위해 바깥쪽에 페인트, 시멘트 또는 유리 등으로 피복한 것이 많다. 특징은 안정되고 신뢰성이 우수하다.

㉱ 시멘트 저항 : 전류 용량이 크다.

㉲ 산화 금속 저항 : 내열성이 우수하다.

㉳ 홀 저항 : 큰 전류를 흐르게 할 수 있다.

㉴ 금속 피막 저항

　이 저항은 절연체 주위에 탄소피막을 입힌 탄소피막 저항기와 유리판 위에 도체 성분을 피막을 한 금속 피막저항기가 있다. 그 특징은 정도가 높고 온도 특성이 우수하다.

② 저항의 컬러 코드 읽는 법

　컬러 코드는 일반적인 저항기 본체의 어느 한쪽에 치우쳐 인쇄되며 치우쳐 있는 쪽부터 순서대로 읽도록 되어 있다. 컬러 코드가 치우쳐 있지 않을 경우에는 공차를 표시하는 은색이나 금색띠가 있는 쪽이 꼬리 쪽이 있다. 컬러 코드가 4개일 경우, 첫 번째와 두 번째는 저항값을 나타내는 숫자 부호, 세 번째는 10의 승수, 네 번째는 공차를 나타낸다.

　예를 들어 470Ω, 공차 ±10%의 저항기라면 황색, 보라색, 갈색 그리고 은색 순서로 배열된다. 5개의 컬러 코드를 가지고 있는 경우에는 세번째 까지는 저항값의 숫자 네 번째는 10의 승수 그리고 다섯 번째가 공차를 나타내며 이를 표로 나타내면 다음과 같다.

《표》「저항기의 컬러 코드부호」

색부호	첫째 수	둘째 수	10의 승수	공차
	저항값			%
무색	—	—	—	±20
은색(silver)	—	—	10^{-2}	±10
금색(gold)	—	—	10^{-1}	±5
흑색(black)	—	0	10^{0}	—
갈색(brown)	1	1	10^{1}	±1
적색(red)	2	2	10^{2}	±2
오렌지색(orange)	3	3	10^{3}	—
황색(yellow)	4	4	10^{4}	—
녹색(green)	5	5	10^{5}	±0.5
청색(blue)	6	6	10^{6}	±0.25
보라색(violett)	7	7	10^{7}	±0.1
회색(gray)	8	8	10^{8}	—
백색(white)	9	9	10^{9}	—

7) 저항의 연결법

저항의 연결법에는 2개 이상의 저항을 차례로 연결하여 전기 회로의 전 전류가 각 저항을 차례로 흐르게 하는 직렬 접속과 2개 이상의 양끝을 두 점에 이어 회로의 전 전류가 각 저항에 나누어 흐르게 하는 병렬 접속이 있다. 또 직렬과 병렬 접속을 혼합한 직·병렬 접속이 있다.

❖ 직렬 접속의 특징

① 합성 저항의 값은 각 저항의 합과 같다

② 각 저항에 흐르는 전류는 일정하다

③ 각 저항에 가해지는 전압의 합은 전원의 전압과 같다

④ 합성저항(전체저항)은 다음과 같이 나타낸다.

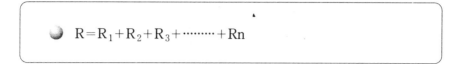

$$R = R_1 + R_2 + R_3 + \cdots\cdots + Rn$$

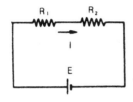
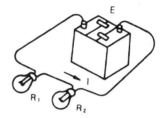

▲ 그림8   저항의 직렬 접속

병렬 접속의 특징

① 적은 저항을 얻으려고 할 때 즉, 전류를 이용 하고자 할 때 접속하여 사용한다.

② 합성 저항의 값은 각 저항의 역수의 합의 역수와 같다.

③ 각 회로에 흐르는 전류는 다른 회로의 저항에 영향을 받지 않는다.

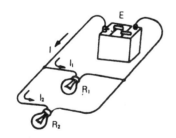
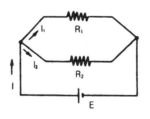

▲ 그림9   저항의 병렬 접속

④ 회로의 양단에 걸리는 전류는 상승한다.

⑤ 각 회로에 동일한 전압이 가해지므로 전압은 일정하다.

⑥ 합성저항은 다음과 같이 나타낸다.

$$\bullet \quad \frac{1}{R} = \frac{1}{R_1} + \frac{1}{R_2} + \frac{1}{R_3} + \cdots\cdots + \frac{1}{Rn}$$

$$또는 \quad \cfrac{1}{\dfrac{1}{R_1} + \dfrac{1}{R_2} + \dfrac{1}{R_3} + \cdots\cdots + \dfrac{1}{Rn}}$$

✿ 직·병렬 접속

① 직렬 접속과 병렬 접속을 혼합하여 결선 하는 방법.

② 전류 및 전압을 동시에 이용하고자 할 때 결선 한다.

③ 직·병렬 접속의 성질

㉮ 합성 저항은 직렬 합성 저항과 병렬 합성 저항을 더한 값이 된다.

㉯ 전압과 전류는 모두 상승한다.

㉰ 합성저항은 다음과 같이 나타낸다.

$$\bullet \quad 합성\ 저항(R) = R_1 + \cfrac{1}{\dfrac{1}{R_2} + \dfrac{1}{R_3}}$$

(4) 전압 강하(電壓降下)

전압 강하란 전선의 저항이나 회로 접속부에 접촉 저항 등에 의해 소비되는 전압을 말하며, 직렬 접속시에 많이 발생된다. 또 전압 강하는 축전지 단자 기둥, 스위치, 배선, 접속부 등에서 발생되기 쉬우며, 전압 강하가 크면 전기 부하의 성능이 저하된다. 따라서 배선의 길이와 굵기는 알맞는 것을 사용하여야 하며 연결부가 확실하게 접속 되도록 하여야 한다.

(5) 옴의 법칙(Ohm' Law)

도체에 흐르는 전류는 도체에 가해진 전압에 정비례하고 도체에 흐르는 전류는 도체의 저항에 반비례한다는 법칙으로 어떤 회로에 전압을 가하면 그 회로에는 전류가 흐르기 때문에 전류, 전압, 저항 사이에는 밀접한 관계가 있으므로 복합적으로 생각하여야 한다. 즉, 회로 중에 전류가 적게 흐르는 것은 저항이 크거나 가해지는 전압이 낮기 때문이다.

$$I = \frac{E}{R} \qquad E = I \times R \qquad R = \frac{E}{I}$$

여기서, I : 도체에 흐르는 전류(A).

E : 도체에 가해진 전압(V). $\qquad$ R : 도체의 저항(Ω)

(6) 키르히호프 법칙(Kirchhoff's Law)

복잡한 회로의 전압·전류 및 저항을 취급할 경우에는 옴의 법칙을 발전시킨 키르히호프의 법칙을 사용한다. 예를 들면 전원이 2개 이상 있는 회로에서의 전체 합성 기전력의 계측이나 복잡한 전기 회로의 각 부 전류 분포 등을 구할 때 이 법칙을 쓰면 편리하다.

1) 제 1 법칙

전류의 법칙으로 회로내의 "어떤 한 점에 유입한 전류의 총합은 유출한 전류의 총합과 같다."는 법칙이다.

2) 제 2 법칙

전압의 법칙으로 "임의의 한 폐회로에 있어서 기전력의 총합과 저항에 의한 전압 강하의 총합은 같다."는 법칙이다.

(7) 전 력(電力)

전력이란 전기가 단위 시간 동안에 하는 일의 양을 말하며, 전류를 흐르게 하여 열이나 기계적 에너지를 발생시키는 힘이다. 전력은 전압과 전류를 곱한 것에 비례한다. 전력의 표시는 다음과 같다.

① I (A)의 전류를 E (V)의 전압을 가하여 흐르게 할 때 $P = EI$ 로 표시한다.

② I (A)의 전류가 R (Ω)의 저항속을 흐르고 있다면 $E = IR$ 의 관계가 있으므로 $P = EI = IR \times I = I^2R$이 되어 전력은 모든 저항에 소비된다.

③ $I = \dfrac{E}{R}$ 의 관계에서 $P = EI = E \times \dfrac{E}{R} = \dfrac{E^2}{R}$ 로 표시할 수 있으며 전력의 단위는 와

트(W)를 사용한다.

위 공식을 정리하면 다음과 같다.

> ● $P = EI, \quad P = I^2R, \quad P = \dfrac{E^2}{R}$
>
> 여기서, P : 전력(W),   E : 전압(V),   I : 전류(A),   R : 저항

♣ 참고사항 ♣

와트와 마력의 관계

❶ 전동기와 같은 기계는 동력의 단위로 마력을 사용한다.

❷ 1마력은 75kgf-m/sec의 일을 하였을 때 일의 비율을 말한다.

❸ 1영 마력 = 1 HP = 550 ft-lb / s = 746 W = 0.746 kW = ¾ kW

❹ 1불 마력 = 1 PS = 75 kg-m / s = 736 W = 0.736 kW = ¾ kW

❺ 1 kW = 1.34 HP, 1 kW = 1.36 PS

(8) 전력량

전력량은 전력과 사용 시간에 비례하는 것으로, 전력량은 전류가 어떤 시간 동안에 한 일의 총량을 말한다. 즉 P(W)의 전력을 t초 동안 사용하였을 때 전력량(W) = P × t 로 표시한다. 그리고 I(A)의 전류가 R(Ω)의 저항속을 t 초 동안 흐를 경우에 W = I² × R × t 로 표시한다.

1) 줄의 법칙

① "전류에 의하여 발생한 열은 도체의 저항과 전류의 제곱 및 흐르는 시간에 비례한다"는 법칙이다.

② 저항 R(Ω)의 도체에 전류 I(A)가 흐를 때 1초마다 소비되는 에너지 I² × R(W)은 모두 열이 된다. 이때의 열을 줄 열이라 한다.

③ 줄 열(H) = 약 0.24 × I² × R × t(cal)의 관계식이 성립된다.

2) 전선의 허용 전류

① 전선에 전류가 흐르면 전류의 2승에 비례하는 줄 열이 발생되어 절연피복이 변질 및 소손되어 화재 발생의 원인이 된다.

② 전선에는 안전한 전류의 상태로 사용할 수 있는 한도의 전류를 전선의 허용 전류라 한다.

3) 퓨 즈

① 재 질 : 납(25%) + 주석(13%) + 창연(50%) + 카드뮴(12%)

② 용융점(68℃)이 극히 낮은 금속으로 되어 있다.

③ 단락 및 누전에 의해 전선이 타거나 과대한 전류가 부하에 흐르지 않도록 한다.

④ 퓨즈는 회로 중에 직렬로 설치되어 있다.

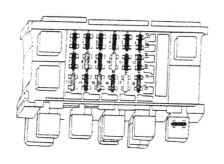

▲ 그림10 퓨즈 박스

(9) 전기와 자기

1) 자기(磁氣)

자기는 자석과 자석의 공간 또는 자석과 전류 사이에서 작용하는 힘의 근원이 되는 것으로 철편 등을 잡아당기는 힘을 자기라 한다. 또 자철광이 철편 등을 잡아당기는 성질을 자성(磁性)이라 한다.

① 자석(磁石)

자기를 가지고 있는 물체이며, 천연 자석과 인공 자석으로 분류한다.

㉮ 인공자석 : 전동기의 계자 코일, 교류 발전기의 로터 코일, 솔레노이드 코일 등에 전류

를 흐르게 하여 이용하고 있다.

㉔ 인공자석과 천연 자석 : 전자 제어 장치의 연료 펌프, 와이퍼 모터 등에서 이용하고
있다.

② 자성체(磁性體)

자기 유도에 의해서 자화되거나 자성을 가지게 되는 물체로 자극에 가까운 쪽에는 다른
종류의 극성이 형성되고 자극의 먼 쪽에는 같은 종류의 극성이 형성되는 철, 니켈, 코발트,
크롬 등이 이에 속한다.

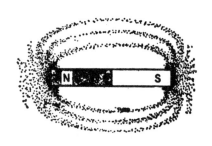

▲ 그림11 자성체

③ 반자성체

자계를 작용시키면 자기 유도에 의해서 자극에 가까운 쪽에는 같은 종류의 극성이 형성
되고 자극의 먼 쪽에는 다른 종류의 극성이 형성되는 물체로 수소, 탄소, 인, 구리, 안티몬
등이 이에 속한다.

④ 비자성체(非磁性體)

자계 중에 놓인 상태에서도 거의 자기를 느끼지 않는 물질체로 알루미늄, 황동, 백금,
베이클라이트 등이 이에 속한다.

⑤ 자극(磁極)

자극이란 자석의 양끝이며, N, S극이 있고 어느 극이나 단독으로 존재할 수 없다. 자극
은 같은 극은 서로 밀고, 다른 극은 서로 잡아당기는 성질이 있다.

⑥ 자계(磁界)

자석 근처에 자력이 미치고 있는 주위 공간을 자계 또는 자장이라 한다.

⑦ 자력선(磁力線)

자력선이란 N극과 S극 사이에서의 자석의 힘 즉 자력이 어떤 경로를 거쳐서 작용하고 있는가를 보이는 선을 말한다.

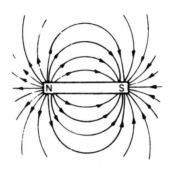

▲ 그림12 자력선

⑧ 자 속(磁束)

자력선의 방향과 직각이 되는 단위면적 1㎠ 에 통과하는 전체의 자력선을 말한다

2) 쿨롱의 법칙(Coulomb' Law)

자극의 세기는 거리의 2승에 반비례하고 2자극의 곱에는 비례한다는 법칙이며, 2자극의 거리가 가까우면 자극의 세기는 강해지고 거리가 멀면 자극의 세기는 약해진다.

$$F = \frac{M_1 \times M_2}{r^2}$$

여기서, F : 자극의 세기

M_1, M_2 : 2개 자극의 세기

r : 자극 사이의 거리

3) 자기 유도(磁氣誘導)

자계 내에 있는 물체가 자기를 띠우는 현상을 자기 유도라 한다. 즉 자석 가까이에 철편을 접근시키면 흡인되는 현상이며, 이때 물체는 자기 유도 작용에 의해 자화되었다고 한다.

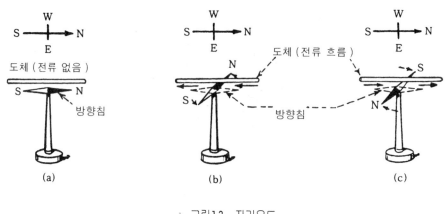

▲ 그림13 자기유도

(10) 전류가 만드는 자계

도선에 전류를 흐르게 하면 그 주위에 전류의 세기에 비례하고 전선의 거리에 반비례하는 자력을 발생한다. 도선에 전류가 흐르면 도선 주위에는 맴돌이 자력선이 형성된다. 전동기 및 릴레이 등에서 응용된다.

1) 앙페르의 오른 나사 법칙

● 오른 나사가 진행하는 방향으로 전류가 흐르면 자력선은 오른 나사가 회전하는 방향과 일치한다.

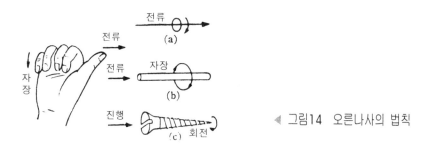

◀ 그림14 오른나사의 법칙

● 전류가 들어갈 때는 시계 방향으로 자력선이 발생하고, 전류가 나올 때는 시계 반대 방향

으로 자력선이 발생한다.

● 전선의 단면에 전류가 들어갈 때를 ⊙으로, 전류가 나올 때를 ⊗로 표시하는 기호를 사용한다.

① 솔레노이드

　㉮ 도선을 코일 모양으로 감고 전류를 흐르게 하였을 때 자석이 되도록 한 것을 말한다.

　㉯ 코일 내부 자계의 세기는 코일의 권수에 비례하고 막대 자석 과 같은 작용을 한다.

　㉰ 솔레노이드 내부에 철심을 넣고 전류를 흐르게 하면 철심에 생기는 자속은 코일의 권수와 코일에 흐르는 전류의 곱에 비례하여 증가한다.

　㉱ 전동기의 전기자 코일과 계자 코일 등에 전류를 흐르게 하여 회전력을 발생하거나 기계식 릴레이가 스위치 역할을 하는 원리이다.

전류의 흐름

◀ 그림15　솔레노이드

② 오른손 엄지손가락 법칙

　㉮ 코일이나 전자석의 자력선 방향을 알려고 하는 법칙이다.

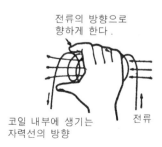

전류의 방향으로
향하게 한다 .

코일 내부에 생기는
자력선의 방향

전류

▲ 그림16　오른손 엄지손가락의 법칙

㉯ 오른손의 엄지손가락을 제외한 네 손가락을 전류의 방향으로 잡았을 때 엄지손가락
의 방향으로 자력선이 나온다.

㉰ 엄지손가락 방향으로 나오는 자력선의 극성은 N 극이며 전류의 흐름 방향과 코일의
감은 방향이 바뀌면 극성도 바뀐다.

㉱ 자력선이 나오는 쪽이 N 극, 들어가는 쪽이 S 극이 된다.

(11) 전자력(電磁力)

자계와 전류 사이에서 작용하는 힘을 전자력이라 하며, 도선에 흐르는 전류와 자력선이 작용
하는 범위에서 힘이 발생된다.

1) 전자력의 크기

① 전자력의 크기는 자계의 방향과 전류의 방향이 직각이 될 때 가장 크다.

② 자계의 세기는 도체의 길이, 도체에 흐르는 전류의 크기에 비례하여 증가한다.

2) 플레밍의 왼손 법칙

이 법칙은 인지를 자력선의 방향에 가운데 손가락을 전류의 방향에 일치시키면 도체에는 엄
지손가락 방향으로 전자력이 작용한다는 법칙이며 기동 전동기, 전류계, 전압계 등의 원리이다.

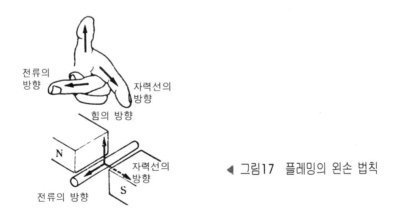

◀ 그림17 플레밍의 왼손 법칙

(12) 전자 유도 작용

이 작용은 도체와 자력선이 교차되면 도체에 기전력이 발생되는 현상을 말하며, 유도 기전력
을 발생시키는 방법은 다음과 같다.

① 도체와 자력선과의 상대 운동에 의한 방법 : 발전기, 전동기 등에서 이용한다.

② 도체에 영향을 주는 자력선을 변화시키는 방법은 점화 코일, 변압기 등에서 이용한다.

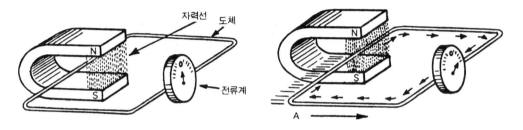

(a) 도체와 자력선과의 상대운동에 의한 방법

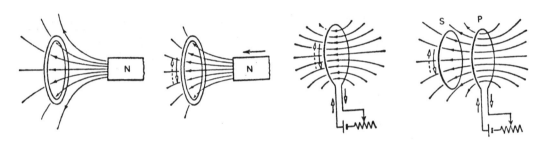

(b) 도체에 영향하는 자력선을 변화시키는 방법

▲ 그림18 전자 유도작용

1) 플레밍의 오른손 법칙

이 법칙은 인지를 자력선의 방향으로, 엄지손가락을 운동의 방향으로 일치시키면 가운데 손가락 방향으로 유도 기전력이 발생한다는 법칙이며, 발전기의 원리이다.

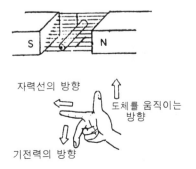

◀ 그림19 플레밍의 오른손 법칙

2) 렌츠의 법칙(Lenz' Law)

"유도 기전력은 코일 내의 자속의 변화를 방해하는 방향으로 생긴다" 는 법칙을 렌츠의 법칙 이라 한다. 즉, 코일에 자석을 가까이 접근시킬 때에는 자석에서 가까운 쪽에 같은 종류의 극이 빌생하도록 코일에 기전력이 발생하여 자석의 접근을 방해하고, 자석을 코일에서 멀리하면 자석에서 가까운 쪽에 다른 종류의 극이 생기도록 기전력이 발생하여 자석이 멀리 가는 것을 방해한다.

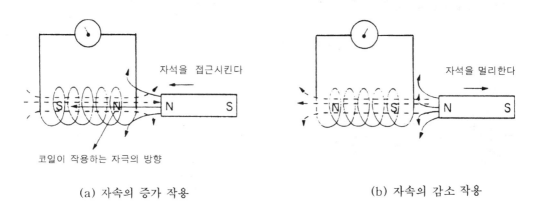

(a) 자속의 증가 작용　　　　　　　　(b) 자속의 감소 작용

▲ 그림20　렌츠의 법칙

(13) 자기 유도 작용

① 코일에 흐르는 전류를 간섭(단속)하면 코일에 유도전압이 발생하는 작용이다.

② 유도 작용은 코일의 권수가 많을수록 크며, 철심이 들어 있으면 더욱 크다.

③ 유도 기전력의 크기는 전류의 변화 속도에 비례한다.

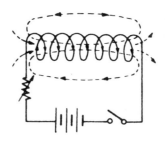

▲ 그림21　자기 유도 작용

(14) 상호 유도 작용

하나의 전기회로에 자력선의 변화가 생겼을 때 그 변화를 방해하려고 다른 회로에 기전력이 발생하는 작용이다.

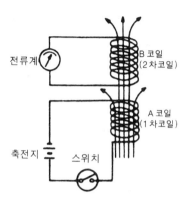

▲ 그림22　상호 유도 작용

제3절　반도체(半導體)

반도체 기술의 발달로 자동차의 전기 장치에도 반도체 소자를 사용하는 전자 회로 부품을 많이 사용하게 되었다. 전자 부품은 수명이 길 뿐만 아니라 신뢰성도 좋으므로 자동차에 있어서 앞으로의 기술 혁신은 각 장치의 전자 제어화가 중심이 될 것이므로 전자 공학의 기초는 매우 중요하다. 여기에서는 자동차의 전자화에 필수적인 반도체 소자와 센서등에 대해서 다루기로 한다.

3.1　반도체

(1) 개 요

여러 가지 물질을 전기적으로 분류하면 전기를 잘 통하게 하는 도체, 전기가 잘 통하지 않는 절연체, 이들의 중간 성질을 띠는 반도체로 나눌 수 있는데 반도체는 도체와 절연체의 중간에 있고 고유 저항이 10^{-3} Ω-cm 로부터 10^6 Ω-cm 정도의 값을 가진 물질이며, 그 중에서도 특히 다음과 같은 성질을 가지는 것을 말한다.

① 도체와 절연체의 중간인 고유 저항을 가지고 있는 물체(실리콘, 게르마늄 등)를 말한다.

② 고유 저항이 10^{-3} Ωcm 로부터 10^6 Ωcm 정도의 값을 가지는 물체를 말한다.

③ 반도체는 온도가 높아지면 저항이 감소하는 부온도 계수의 물질을 말한다.

④ 빛·열 및 자력 등의 외력에 대해 다양한 반응을 한다.

⑤ 온도와 전압 그리고 그 상관 관계에 의해 도체 또는 부도체로 된다.

⑥ 반도체의 성질

㉮ 미소량의 다른 원소를 혼합하면 전기 저항의 변화가 크다.

㉯ 온도가 상승하면 저항이 감소한다.

㉰ 반도체를 전원에 연결하면 빛을 발생한다.

㉱ 반도체에 빛을 가하면 전기 저항이 변화된다.

(2) 반도체의 종류

1) 진성 반도체

순도가 높은 실리콘(Si)이나 게르마늄(Ge) 등 반도체의 원료가 되는 것을 진성 반도체라 하며 외부로부터 전압·열 및 빛 등의 에너지를 가하면 자유 전자나 홀(hole : 정공)의 수가 증가하여 서서히 전도성이 높아지는 물질이다.

2) 불순물 반도체

진성 반도체에 도전성을 좋게 하기 위해 특정의 불순물을 매우 적은 양을 첨가한 반도체를 말한다. 트랜지스터, 다이오드, 서미스터 등 우리들 주위에 있는 반도체로 만든 부품은 거의가 불순물 반도체이다.

① P형 반도체

P형 반도체의 P 는 "양 또는 +" 로 표시한다. 4개의 가전자를 가진 실리콘에 3개의 가전자를 가진 인듐(In)이나 알루미늄(Al) 원자를 첨가하였을 경우 4개의 가전자를 가진 실리

콘이 공유 결합하게 되며, 이때 전자 하나가 부족하게 되며 홀 과잉상태가 된다. 이에 따라 전체로서는 양(+)의 성질을 가진 반도체가 된다.

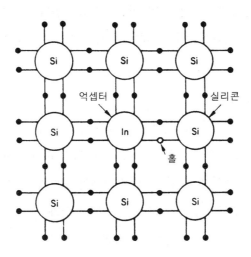

▲ 그림1   P형 반도체

② N형 반도체

N형 반도체의 N은 "음 또는 −"을 표시한다. 4개의 가전자를 가진 실리콘에 5개의 가전자를 가진 비소(As), 안티몬(Sb), 인(P) 등의 원자를 첨가하였을 경우 4개의 가전자를 가진 실리콘이 공유 결합하게 되며, 이때 전자 1개가 남는다. 이 남은 1개의 전자는 원자핵으로부터의 구속력이 약하기 때문에 자유 전자로 된다. 따라서, 전체로서는 음(−)의 성질을 가진 반도체가 된다.

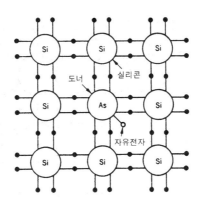

▲ 그림2   N형 반도체

3) 반도체 소자

실리콘이나 게르마늄 등 반도체를 응용하여 만든 것을 말하며 P 형 반도체 및 N 형 반도체만으로 또는 1개 또는 2개 이상의 반도체의 접합으로 되어 있다. P 형 반도체 및 N 형 반도체만의 것을 무접합, 접합면이 하나의 것을 단접합, 2 개의 것을 이중 접합, 3 개 이상의 것을 다중 접합이라 한다.

① 반도체 소자의 성질

㉮ 다른 금속이나 반도체와 접속하여 정류 또는 증폭 작용을 한다(다이오드, TR 등).

㉯ 빛을 받아 고유 저항이 감소하기도 하고 발전 하기도 한다(광전 효과).

㉰ 힘을 받으면 전기가 생기는 피에조 효과가 있다(압전 소자).

㉱ 자계를 받으면 도전도가 변하는 홀 효과가 있다(홀 스위치).

㉲ 열을 받으면 전기가 생기는 지백 효과가 있다(온도 감지 센서).

㉳ 전류가 흐르면 열의 흡수가 일어나는 펠티어 효과가 있다.

㉴ 일반적으로 80~150℃ 이상에서는 사용해서는 안 된다.

② 반도체 내의 전류 흐름

반도체 내의 전류는 열 에너지에 의해 일부의 전자가 튀어 나와 원자에는 전자의 공백이 생기고 ⊕ 전기를 띠는 홀(hole ; 정공)이 남아 가까이에 있는 전자를 끌어 당겨 안정 상태로 되돌아가려 한다. 따라서 연속적으로 홀이 전자를 끌어당기게 되므로 홀과 전자의 이동이 발생되며 전자의 이동에 의해 전류를 운반하게 된다.

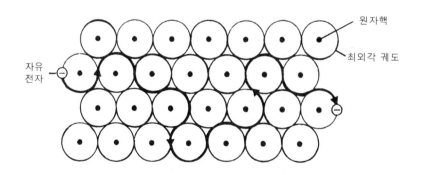

▲ 그림3 반도체내의 전류 흐름

3.2　반도체 소자의 종류

(1) 다이오드(Diode)

다이오드는 P 형 반도체와 N 형 반도체를 접합시켜 양 끝에 단자를 부착한 것으로 정류 작용을 하는 실리콘 다이오드(정류용 다이오드), 전압이 어떤 값에 도달하면 역방향으로도 전류가 흐르는 제너 다이오드, P N접합면에 빛을 가하면 역방향으로 전류가 흐르는 포트 다이오드, 순방향으로 전류를 흐르게 하면 빛을 발생시키는 발광 다이오드 등이 있다.

1) 실리콘 다이오드

실리콘 다이오드는 P 형 반도체와 N 형 반도체를 접합한 것으로 순방향의 접속에서는 전류가 흐르고 역방향 접속에서는 전류가 흐르지 않는 특성이 있어 교류 전기를 직류 전기로 변환시키는 정류 회로에 이용된다.

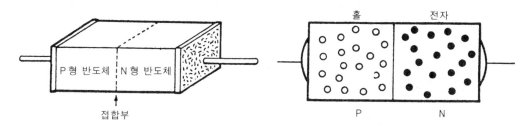

▲ 그림4　실리콘 다이오드

① 전류가 흐를 때(순 방향 바이어스)

P 형 반도체에 ⊕ 극을 연결하고 N 형 반도체에 ⊖ 극을 연결하면 P형의 홀은 ⊕ 극에 반발하여 N형으로 유입되고, N형의 전자는 ⊖ 극에 반발하여 P형 속으로 유입한다. 이에 따라 다이오드에는 전류가 흐르게 된다.

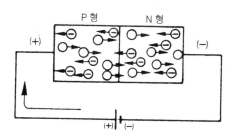

◀ 그림5　전류가 흐를 때

② 전류가 흐르지 않을 때(역 방향 바이어스)

P형 반도체에 ⊖ 극을 연결하고 N 형 반도체에 ⊕ 극을 연결하면 P형의 홀은 ⊖ 극쪽으로, N형의 전자는 ⊕ 극으로 이동하여 P형과 N형의 경계에는 홀이나 전자가 없어져 매우 큰 저항이 발생하게 되어 다이오드에는 전류가 흐르지 못한다.

위에서 설명한 것과 같이 순방향으로는 전류가 흐르고 역방향으로는 전류가 흐르지 않는 작용을 정류 작용이라고 한다.

2) 제너 다이오드

이것은 실리콘 다이오드의 일종으로 어떤 전압하에서는 역방향으로도 전류를 통하게 설계된 것이다. 제너 다이오드는 역방향에 가해지는 전압이 어떤 값에 도달하면 순방향 바이어스와 같이 급격히 전류를 흐르게 한다. 이때의 전압을 제너 전압(또는 브레이크 다운 전압)이라고 한다. 또 역방향 전압이 점차로 낮아져 제너 전압 이하가 되면 역방향 전류가 거의 0이 된다. 이 제너 전압은 온도 및 사용에 의한 변화가 적으며, 이에 따라 자동차용 전압 조정기의 전압 검출이나 정전압 회로에 사용한다.

♣ 참고사항 ♣

브레이크 다운 전압 : 역방향으로 전류가 흐를 때의 전압을 말한다.

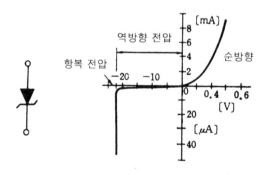

▲ 그림6 제너 다이오드

3) 발광 다이오드

발광 다이오드는 순 방향으로 전류가 흐를 때 빛이 발생되는 특성을 가지고 있다. 가시 광선으로부터 적외선까지 여러 가지 빛을 발생하며, 발광(發光)시 순방향으로 10 mA 정도의 전류가 필요하다. 수명은 백열 전구의 10 배 이상으로 길고 발열이 거의 없으며, 소비 전력이 적다. 사용처는 전자 회로의 파일럿 램프, 배전기 내의 크랭크각 센서와 1번 실린더 TDC 센서에 사용한다.

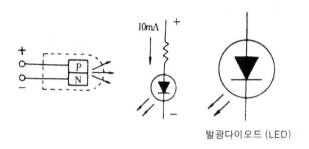

발광다이오드 (LED)

▲ 그림7 발광 다이오드

4) 포토 다이오드

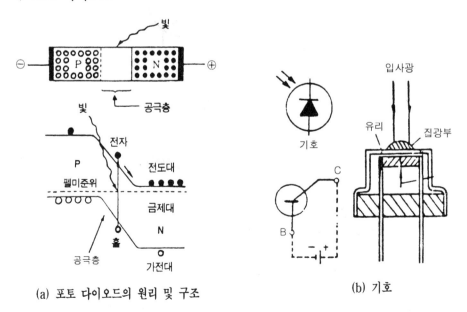

(a) 포토 다이오드의 원리 및 구조

(b) 기호

▲ 그림8 포토 다이오드

포토 다이오드는 P 형과 N 형의 접합부에 입사 광선을 쪼이면 빛에 의해서 역방향으로 전류가 흐르며, 입사 광선이 강할수록 자유 전자수도 증가되어 더욱 많은 전류가 흐르게 된다. 사용처는 배전기 내에 설치된 크랭크각 센서, 1 번 TDC 센서에 사용한다.

(2) 트랜지스터(TR)

트랜지스터는 작은 신호 전류로 큰 전류를 단속하는 스위칭 회로나 작은 전기 신호를 큰 신호로 증폭하는 증폭 회로 및 발진회로 등에 이용된다.

1) PNP 형 트랜지스터

① N 형 반도체를 중심으로 하여 양쪽에 P 형 반도체를 접합한다.

② 이미터, 베이스, 컬렉터의 3 개 단자로 구성되어 있다.

③ 베이스 단자를 제어하여 전류를 단속하며, 저주파용 트랜지스터이다.

④ 전류는 이미터에서 베이스로 흐른다.

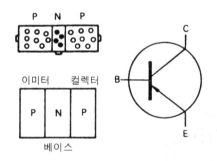

▲ 그림9 PNP형

2) NPN 형 트랜지스터

① P 형 반도체를 중심으로 양쪽에 N 형 반도체를 접합한다.

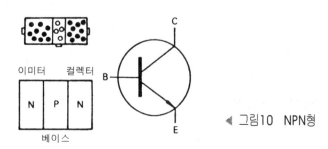

◀ 그림10 NPN형

② 이미터, 베이스, 컬렉터의 3개 단자로 구성되어 있다.

③ 베이스 단자를 제어하여 전류를 단속하며, 고주파용 트랜지스터이다.

④ 전류는 베이스에서 이미터로 흐른다.

3) 트랜지스터의 작용

① 증폭 작용

　이 작용은 적은 베이스 전류로 큰 컬렉터 전류를 제어하는 작용을 말하며, 그 비율을 증폭률이라 한다. 증폭률 100이라는 것은 베이스 전류가 1mA 흐르면 컬렉터 전류는 100 mA로 흐를 수 있다는 것을 의미하며, 트랜지스터의 실제 증폭률은 약 98정도이다.

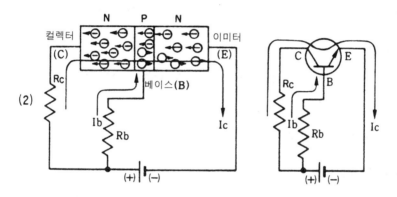

▲ 그림11　증폭 작용

② 스위칭 작용

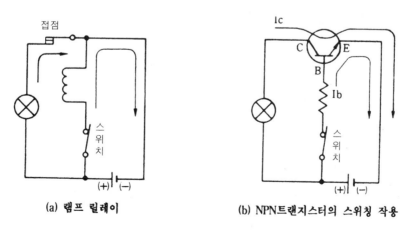

(a) 램프 릴레이　　　　**(b) NPN트랜지스터의 스위칭 작용**

▲ 그림12　스위칭 작용

이 작용은 베이스에 전류가 흐르면 컬렉터도 전류가 흐른다. 그러나 베이스에 전류를 차단하면 컬렉터도 전류가 흐르지 않는다. 베이스 전류를 ON, Off시키면 컬렉터에 흐르는 전류를 단속할 수 있다. 이러한 작용을 스위칭 작용이라 한다.

4) 트랜지스터의 장·단점

☘ 장 점

① 내부의 전압 강하가 매우 적다.

② 소형 경량이며, 기계적으로 강하다.

③ 예열하지 않고 곧 작동한다.

④ 내진성이 크며, 수명이 길고 내부에서 전력 손실이 적다.

☘ 단 점

① 온도 특성이 나쁘다. 접합부의 온도가 게르마늄(Ge)은 85℃, 실리콘(Si)은 150℃ 이상 일 때 파괴된다.

② 과대 전류 및 과대 전압이 가해지면 파손되기 쉽다.

(3) 포토 트랜지스터

포토 트랜지스터는 PN 접합부에 빛을 쪼이면 빛의 에너지에 의해 전자와 홀이 외부의 회로에 흐른다. 이미터와 컬렉터의 2개의 단자로 구성되어 있으며, 베이스는 빛에 의해서 제어되며, 입사 광선에 의해 전자와 홀이 형성되면 역전류가 증가하며, 입사 광선에 대응하는 출력 전류가 흐르게 된다. 이것을 광전류라 한다. 특징은 다음과 같다.

① 베이스 전극이 없다.

② 광출력 전류가 매우 크다.

③ 소형이고 취급이 쉽다.

④ 내구성 및 신호성이 풍부하다.

(4) 사이리스터(SCR)

사이리스터는 애노드, 캐소드, 게이트의 3개 단자로 구성되어 있으며, 이들 단자 중 게이트 단자에 근소한 전기 신호를 주면 애노드와 캐소드 사이에 수 암페어~수 백 암페어 정도의 전류를 단속시킬 수 있다.

이 특성을 이용하여 전기 자동차의 부하 전류 제어에 이용된다.

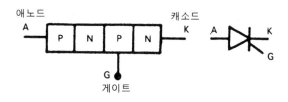

▲ 그림13 사이리스터

(5) 서미스터

서미스터는 온도 변화에 대해 전기 저항이 현저하게 변하는 특성을 가지며 온도, 전기 변화 회로나 저항기와 조합하여 사용하며 온도 보상 회로에 이용된다.

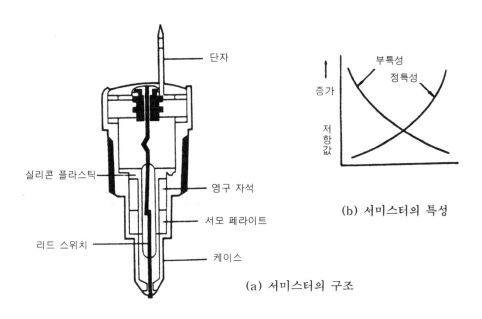

(a) 서미스터의 구조

(b) 서미스터의 특성

▲ 그림14 서미스터

① 니켈, 코발트, 망간 등에 산화물을 혼합하여 결합제와 1000℃ 이상의 고온에서 소결하여 만든 반도체 감온 소자이다.

② 온도 상승에 따라 저항값이 작아지는 특성을 가지고 있다.

③ 전류가 흐르면 자기 가열에 의해서 저항값이 시간과 함께 변화하는 성질을 이용한다.

④ 종류로는 온도 상승에 저항값이 감소되는 NTC 서미스터와 온도 상승에 저항값이 증가하는 PTC 서미스터가 있으나 일반적으로 NTC 서미스터를 사용한다.

⑤ 사용처는 정전압 회로, 온도 보상장치, 온도 측정 회로(수온센서, 흡기온도 센서) 등에 사용한다.

(6) 집적 회로(IC)

IC는 저항, 축전기, 트랜지스터, 다이오드 등의 많은 회로 소자를 1개의 실리콘 기판에 결합하여 고체화시킨 초소형의 전기 회로이다. IC는 회로 소자가 일체로 구성된 회로로 되어 있기 때문에 일반 트랜지스터 회로에 비하여 신뢰성, 내진성, 내구성, 경제성, 소형 경량화, 대량 생산화, 원가의 경감 등이 가능하다.

(7) 반도체 피에조 저항형 센서

이 센서는 반도체의 단결정이 압력을 받으면 결정 자체의 고유 저항이 변하는 현상을 이용한 것이며, 압력의 변화에 대응하여 변화되는 전기 저항을 검출하는 센서이다. 즉 전기 저항의 변화를 전류의 변화로 바꾸어 압력의 상태를 검출한다. 사용처는 MAP 센서, 대기압센서 노크 센서 등에서 사용된다.

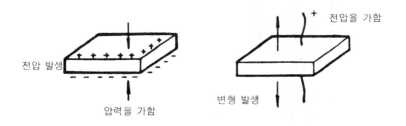

▲ 그림15 반도체 피에조 저항형 센서

(8) 논리 회로

1) OR 회로(논리화 회로)

① 2개의 A, B 스위치를 병렬로 접속한 회로이다.

② 입력 A가 1이고 입력 B가 0이면 출력도 1이 된다.

③ 입력 A가 0이고 입력 B가 1이면 출력도 1이 된다.

④ 입력 A와 B가 모두 1이면 출력도 1이 된다.

⑤ 입력 A와 B가 모두 0이면 출력도 0이 된다.

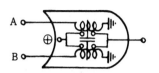

2) AND 회로(논리적 회로)

① 2개의 스위치 A, B를 직렬로 접속한 회로이다.

② 입력 A와 B가 모두 1이면 출력도 1이 된다.

③ 입력 A가 1이고 입력 B가 0이면 출력은 0이 된다.

④ 입력 A가 0이고 입력 B가 1이면 출력은 0이 된다.

⑤ 입력 A와 B가 모두 0이면 출력도 0이 된다.

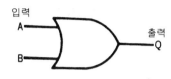

▲ 그림16 OR회로

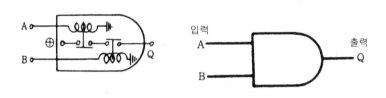

▲ 그림17 AND 회로

3) NOT 회로(부정 회로)

① NOT 회로는 인버터라고도 부른다.

② 입력이 1이면 출력은 0이 된다.

③ 입력이 0이면 출력은 1이 된다.

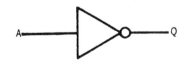

◀ 그림18 NOT회로

4) NOR 회로(부정 논리화 회로)

① OR 회로 뒤에 NOT 회로를 접속한 것이다.

② 입력 A가 1이고 입력 B가 0이면 출력은 0이 된다.

③ 입력 A가 0이고 입력 B가 1이면 출력은 0이 된다.

④ 입력 A와 B가 모두 1이면 출력은 0이 된다.

⑤ 입력 A와 B가 모두 0이면 출력은 1이 된다.

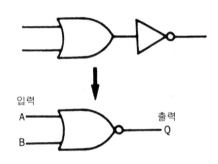

▲ 그림19 NOR회로

5) NAND 회로(부정 논리적 회로)

① AND 회로 뒤에 NOT 회로를 접속한 것이다.

② 입력 A가 1이고 입력 B가 0이면 출력도 1이 된다.

③ 입력 A가 0이고 입력 B가 1이면 출력도 1이 된다.

④ 입력 A와 B가 모두 0이면 출력은 1이 된다.

⑤ 입력 A와 B가 모두 1이면 출력은 0이 된다.

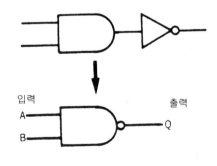

▲ 그림20 NAND 회로

(9) 전기 기호

기호	명칭	설명
─┤╎├─	Battery (축전지)	전원, 축전지를 의미하며 긴 쪽이 (+), 짧은 쪽이 (−)이다.
─┤├─	Condenser (축전기)	전기를 일시적으로 저장하였다가 방출 함. (교류에는 전도성이 있으며 직류는 전류를 전달하지 못함)
─W─	Resistor (저 항)	고유 저항, 니크롬선 등
─W─	Variable Resistor (가변저항)	저항값이 변하는 저항(인위적 또는 여건에 따라)
─⊗─	Bulb (전 구)	램프를 의미함
─⊗─	Double Bulb (더블 전구)	이 중 필라멘트를 가진 램프. 미등, 전조등 등
─መ─	Coil (코 일)	전류를 통하면 전자석이 됨(자장의 발생)
─▣─	Double Magnetic	두 개의 코일이 감긴 전자석 또는 마그넷 기동 전동기의 마그넷 스위치
─≋≋─	Transformer (변압기)	변압기로서 점화 코일이 같은 경우
─╱ o─	S.W (스위치)	일반적인 스위치를 표시함
─▢─	Relay (릴레이)	S₁과 S₂에 전류를 통하면 코일이 전자석이 되어 스위치를 붙여줌
─⤴─	S.W	2단계 스위치로서 평상시 붙어있는 접점은 흑색으로 표시함
─▾─	Delay Relay (지연 릴레이)	일종의 타이머 역할을 의미함. 그림은 OFF 지연 릴레이임
─⊥─	(N,O) Normal Open (스위치)	평상시 접촉이 이루어지지 않다가 누를 때만 접촉됨. 혼 스위치, 각종 스위치 등
─⊥─	(Normal Close) (스위치)	평상시에는 접촉이 이루어지나 누를 때만 접촉 안됨 주차 브레이크 스위치, 림 스위치, 브레이크 스위치 등에 쓰임

	Thermistor (서미스터)	외부 온도에 따라 저항값이 변한다. 온도가 올라가면 저항값이 낮아지는 부특성과 그 반대로 저항값이 올라가는 정특성 서미스터가 있다.
	Diode (다이오드)	한 방향으로만 전류를 통할 수 있다.(화살표 방향)화살표 반대 방향으로 흐르지 못한다.
	Zener Diode (제너 다이오드)	제너 다이오드는 역방향으로 한계 이상의 전압이 걸리면 순간적으로 도통 한계 전압을 유지함
	Photo-Diode (포토 다이오드)	빛을 받으면 전기를 흐를 수 있게 한다. 일반적으로 스위칭 회로에 쓰인다.
	LED (발광 다이오드)	전류가 흐르면 빛을 발하는 파일럿 램프(pilot lamp) 등에 쓰인다.
	TR (트랜지스터)	그림의 위쪽은 NPN형, 아래쪽은 PNP형으로서 스위칭, 증폭, 발진작용을 한다.
	Photo-Transistor (포토 트랜지스터)	외부로부터 빛을 받으면 전류를 흐를 수 있게 하는 감광소자이다. CDS 라고도 한다.
	(SCR) Thyistor (사이리스터)	다이오드와 비슷하나 캐소드에 전류를 통하면 그때서야 도통이 되는 릴레이와 같은 역할
	Piezo-Electric Element (압전소자)	힘을 받으면 전기가 발생하며 응력 게이지 등에 주로 사용, 전자 라이터나 수동 진동자를 의미하기도 한다.
	Logic OR (논리합)	논리회로로서 입력부 A, B 중에 어느 하나라도 1이면 출력 C도 1이다. *1이란 전원이 인가된 상태, 0은 전원이 인가되지 않은 상태
	Logic AND (논리 적)	입력 A, B가 동시에 1이 되어야 출력 C도 1이며 하나라도 0이면 출력 C는 0이 된다.
	Logic NOT (논리 부정)	A가 1이면 출력 C는 0이고 입력 A가 0일 때 출력 C는 1이 되는 회로
	Logic Compare (논리 비교기)	B에 기준 전압 1을 가해주고 입력단자 A로부터 B보다 큰 1을 주면 동력 입력 D에서 C로 1신호가 나가고 B전압보다 작은 입력이 오면 0신호가 나감.(비교 회로)
	Logic NOR (논리합 부정)	OR회로의 반대 출력이 나온다. 즉, 둘 중 하나가 1이면 출력 C는 0이며 모두 0이거나 하나만 0이어도 출력 C는 1이 된다.

	Logic NAND (논리적 부정)	AND회로의 반대 출력이 나온다. A, B모두 1이면 출력 C는 0이며 모두 0이거나 하나만 0이어도 출력 C는 1이 된다.
	Integrated Circuit	IC를 의미하며 A, B는 입력을 C, D는 출력을 나타냄
	Motor (전동기)	전동기
	Disconnection (비접속)	배선이 접속되지 않은 상태
	Connection (접속)	배선이 서로 접속되어 있는 상태
	Earth (접지)	접지, (－)쪽에 접지시킨 것을 의미
	Socket (소켓)	소켓 암컷을 의미, 모든 회로도에서는 주로 암컷 소켓의 배선 색깔을 표시

제4절 축 전 지

4.1 축전지의 개요

축전지는 전류의 화학작용을 이용한 기구이며, 양극판, 음극판 및 전해액이 가지는 화학적 에너지를 전기적 에너지로 꺼낼 수 있고, 반대로 전기적 에너지를 주면 화학적 에너지로 저장할 수 있다.

(1) 축전지의 역할

① 기동장치의 전기적 부하를 부담한다.(가장 중요한 기능이다.)

② 발전기 고장시 주행을 확보하기 위한 전원으로 작동한다.

③ 발전기 출력과 부하와의 언밸런스를 조정한다.

(2) 축전지의 구비조건

① 축전지의 용량이 커야 한다.

② 축전지의 충전 및 점검이 편리해야 한다.

③ 소형이고, 가벼워야 한다.

④ 전해액의 누설 방지가 완전해야 한다.

⑤ 전기적 절연이 완전해야 한다.

⑥ 진동에 견딜 수 있어야 한다.

(3) 축전지의 종류

자동차용으로 사용되고 있는 축전지에는 납산 축전지와 알칼리 축전지(Ni-Cd 축전지)의 두 종류가 있다. 납산 축전지와 알칼리 축전지는 그 장점에 따라 각각 사용 범위가 정해지며 자원상으로 보아 자동차용 축전지와 같이 다량으로 소비되는 것으로는 납산 축전지가 적합하다.

알칼리 축전지는 납산 축전지에 비하여 과충전, 과방전, 장기 방치 등의 가혹한 사용 조건에 견디고 실효 연수도 10~20년이 된다. 또 특히 니켈, 카드뮴, 알칼리 축전지는 고율 방전 성능이 우수하다. 그러나 가격이 몇 배 이상 비싸고 에너지 밀도도 납산 축전지와 같은 정도이며, 자원상 다량으로 자동차에 공급하기가 어려운 단점이 있어 자동차용으로는 사용되지 않고 있다.

다음은 납산 축전지와 알칼리 축전지의 구성을 보인 것이다.

① 납산 축전지 : 양극판은 과산화 납, 음극판은 해면상납을 사용하고 전해액을 묽은 황산으로 하여 만든 것으로 셀당 기전력이 2.1V 이다.

② 알칼리 축전지 : 양극판이 수산화 제 2 니켈, 음극판이 카드뮴이며 전해액은 알칼리성 용액(가성 가리)으로 만든 것으로 셀당 기전력이 1.2V 이다.

4.2 축전지의 충·방전 작용

자동차용 납산 축전지는 묽은 황산($2H_2SO_4$)을 넣은 용기 속에 양극판과 음극판을 넣은 것이며 축전지 작용(충전과 방전)은 극판의 화학 작용에 의해 이루어진다.

그림1 납산 축전지의 원리 ▶

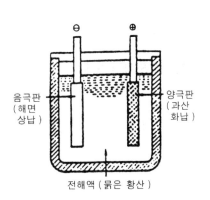

음극판
(해면
상납)

양극판
(과산
화납)

전해액 (묽은 황산)

(1) 방전중 화학 작용

축전지에 기동 전동기를 연결하고 점화 스위치를 시동(start)위치로 돌리면 축전지 내에서는 전위가 높은 양극판의 ⊕ 에서 전위가 낮은 음극판의 ⊖으로 전류가 흘러 기동 전동기에 전류를 공급하여 기관을 크랭킹시키게 된다.

이와 같이 방전시키면 내부 변화를 일으켜 전해액 가운데의 황산이 양극판과 음극판의 양쪽 극판과 작용한다. 방전이 진행되면 이에 따라 극판과 황산이 화합하여 양극판과 음극판 모두 황산납이 된다. 전해액인 묽은 황산 속의 수소(H_2)는 양극판 속의 산소(O)와 화합하여 물(H_2O)을 만든다. 따라서 전해액의 비중은 방전에 따라 점점 낮아진다. 이와 같은 화학 작용을 종합하여 보면 다음과 같이 된다.

① 양극판 : 과산화납(PbO_2) → 황산납($PbSO_4$)

② 음극판 : 해면상납(Pb) → 황산납($PbSO_4$)

③ 전해액 : 묽은황산(H_2SO_4) → 물($2H_2O$)

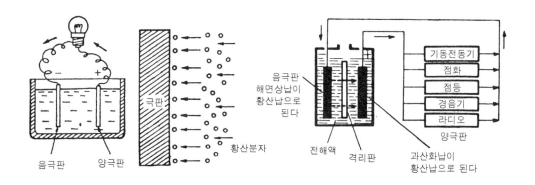

음극판 양극판 극판 황산분자 음극판 해면상납이 황산납으로 된다 전해액 격리판 과산화납이 황산납으로 된다 기동전동기 점화 점등 경음기 라디오 양극판

▲ 그림2 방전중 화학 작용

(2) 충전 중 화학 작용

방전된 축전지에 발전기나 충전기를 접속하여 전류를 흐르게 하면 극판과 묽은 황산이 화학 변화를 일으켜 극판 표면에 부착되어 있던 황산납이 분해되어 전해액 속에 방출된다. 이에 따라 양극판은 다시 과산화납이 되고, 음극판은 해면상납으로 된다. 또 전해액은 양쪽 극판에서 황산이 나오기 때문에 그 비중이 점점 커지고 양극과 음극 사이의 전압도 상승된다. 충전이 완료되면 그 이후의 충전 전류는 전해액 속의 물(H_2O)을 전기 분해하여 양극판에서는 산소를

음극판에서는 수소를 발생시킨다. 이상의 화학 반응을 요약하면 다음과 같다.

① 양극판 : 황산납($PbSO_4$) → 과산화납(PbO_2)

② 음극판 : 황산납($PbSO_4$) → 해면상납(Pb)

③ 전해액 : 물($2(H_2O)$) → 묽은황산(H_2SO_4)

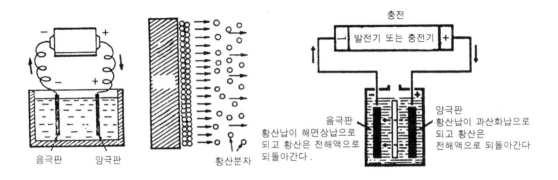

충전

발전기 또는 충전기

음극판
황산납이 해면상납으로
되고 황산은 전해액으로
되돌아간다.

양극판
황산납이 과산화납으로
되고 황산은
전해액으로 되돌아간다

음극판   양극판   황산분자

▲ 그림3 충전중 화학작용

4.3 납산 축전지의 구조

(1) 극 판

극판에는 양극판과 음극판이 있으며 격자 속에 산화납의 가루를 묽은 황산으로 개어서 반죽 (paste)모양으로 된 것을 충전하고, 건조시킨 후 전기 화학 처리를 하면 양극판은 다갈색의 과 산화 납(PbO_2)으로, 음극판은 회색의 해면상 납(Pb)의 작용 물질로 변화된다.

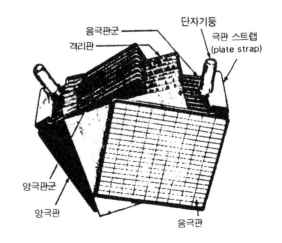

음극판군
격리판
단자기둥
극판 스트랩
(plate strap)

양극판군

양극판

음극판

그림4 극판의 구조 ▶

　　과산화납의 특징은 다공성이며, 전해액의 확산 침투가 잘 되지만 결합력이 작다. 해면상 납의 특징은 다공성이고 반응성이 풍부하고, 결합력이 강하기 때문에 탈락이 양극판보다 적다.

　　그리고 양극판이 음극판보다 더 활성적이므로 양극판과의 화학적 평형을 고려하여 음극판을 1장 더 두고 있다.

(2) 격 자

　　격자는 납과 안티몬의 합금으로 된 극판의 뼈대이며, 극판의 작용 물질의 탈락을 방지한다. 또 작용 물질과의 전기 전도 작용을 한다.

(3) 격리판

　　격리판은 두께 2mm 정도의 절연체이며, 양극판과 음극판 사이에 끼워져 양쪽 극판이 단락되는 것을 방지하는 역할을 하며 다음과 같은 필요 조건이 요구된다

　　① 비전도성이어야 한다.

　　② 기계적 강도가 있어야 한다.

　　③ 전해액의 확산이 잘 되어야 한다.

　　④ 전해액에 부식되지 않아야 한다.

　　⑤ 다공성이어야 한다.

　　⑥ 극판에 좋지 않은 물질을 내뿜지 않아야 한다.

♣ 참고사항 ♣

　　격리판은 홈이 있는 면이 양극판쪽을 향하게 설치하는 이유는
　　❶ 과산화 납에 의한 산화·부식을 방지하고, ❷ 전해액의 확산 도모하기 위함이다.

(4) 극판군

　　극판군은 몇 장의 극판을 각각 조합하여 격자의 한 끝을 접속편에 용접한 것이며 접속편에는 단자 기둥이 일체로 되어 있다. 이와 같이 만든 극판군을 단전지(1셀)라 하며 완전 충전을 하였을 때 2.1V 의 전압을 발생한다. 따라서 단전지를 3 개 직렬로 연결하면 6V, 6 개를 직렬로 연결하면 12 V의 축전지가 된다.

　　셀 당 극판의 수는 일반적으로 자동차용 축전지에서는 양극판의 수가 3~5 장의 것이 많고,

최고 14장 정도의 것도 있다. 음극판의 수는 양극판의 수보다 1장 더 많다. 극판의 장수를 늘리면 이용전류가 많아지고, 축전지 용량이 커진다.

(5) 커넥터와 단자 기둥

셀을 직렬로 접속하기 위해 셀의 음극과 인접한 셀의 양극을 커넥터로 접속하며 커넥터는 큰 전류가 흘러도 파열되거나 전압이 강하되지 않도록 단면적이 큰 납합금으로 되어 있다. 축전지의 단자기둥은 양극 단자와 음극 단자로 구분되어 있으며, 외부 회로와 확실하게 접속하기 위하여 테이퍼식 단자를 사용한다.

또 양극 단자와 음극 단자를 구분하기 위하여 양극 단자를 음극 단자보다 굵게 만들고 단자 끝 면에는 ⊕, ⊖ 또는 Pos, Neg의 부호를 찍어 놓는다. 양극 단자기둥은 양극판이 과산화납이므로 쉽게 산화가 발생하여 부식되기 쉽다. 만약 부식이 발생하였으면 뜨거운 물로 깨끗이 세척한 후 그리스를 얇게 발라준다. 그리고 축전지 단자 기둥으로부터 케이블을 분리할 경우에는 반드시 접지 단자의 케이블부터 분리하고, 설치할 경우에는 나중에 설치하여야 한다.

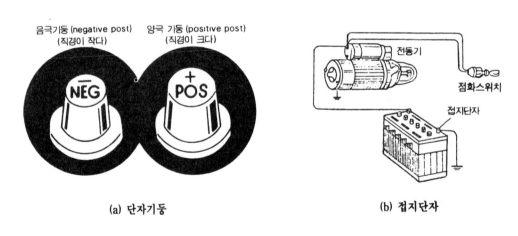

(a) 단자기둥   (b) 접지단자

▲ 그림5 단자 기둥과 접지단자

(6) 전해액

전해액은 순도 높은 무색, 무취의 황산을 증류수로 희석시킨 묽은 황산을 이용한다. 전해액은 양극판의 과산화납, 음극판의 해면상납과 접촉하여 들어온 전류를 저장하던가 전류를 발생시키는 작용을 할뿐만 아니라 셀 내부의 전류 전도의 일도 한다. 전해액의 비중은 완전 충전된 상태 20℃에서 1.280을 표준으로 한다.

1) 전해액 비중과 온도와의 관계

전해액의 비중은 온도에 따라 변화한다. 온도가 높으면 비중이 작아지고 온도가 낮으면 비중은 커진다. 따라서 전해액의 비중은 그 액온(液溫)을 병기하든가 표준 온도(20℃)로 환산하여 표시하여야 한다. 축전지 전해액의 비중은 온도 1℃의 변화에 대하여 0.0007 변화한다.

$$S_{20} = S_t + 0.0007(t-20)$$

S_{20} : 표준 온도로 환산한 비중

S_t : t℃에서 실측한 비중

t : 측정시의 전해액의 온도(℃)

2) 비중의 측정

전해액 비중의 측정은 비중계(hydrometer)를 사용하며, 비중계에는 흡입식과 광학식이 있다. 전해액의 비중은 방전량에 비례하여 저하한다. 그리고 축전지를 방전상태로 방치해 두면 영구 황산납이 되거나 여러 가지 고장을 유발하여 축전지의 기능을 상실한다. 따라서 비중이 1.200(20℃)정도되면 보충전을 실시하여야 하고 한 번 사용하였던 축전지를 사용하지 않고 보관 중일 경우에는 15일에 한 번씩 보충전을 하여야 한다.

♣ 참고사항 ♣

영구 황산납(설페이션)이란 축전지의 방전 상태가 일정한도이상 오랫동안 진행되어 결정화 되는 현상이며, 그 원인은 다음과 같다.

❶ 전해액의 비중이 너무 낮거나 높다.　　❷ 전해액이 부족하여 극판이 노출되었다.

❸ 불충분한 충전이 반복되었다.　　❹ 축전지를 과방전시킨 후 방치하였다.

그리고, 1Ah의 방전량에 대해 전해액 중의 황산은 3.660 g이 소비되고 0.67 g의 물이 생성된다. 반대로 1Ah 의 충전량에 대해 0.67 g 의 물이 소비되고 3.660 g 의 황산이 생성된다. 1.280(20℃)의 묽은 황산 1 ℓ 에 약 35 % 의 황산과 65% 의 물(증류수)이 포함되어 있다.

♣ 참고사항 ♣

1.260(20℃)의 묽은 황산 1ℓ에 약 35%의 황산이 포함되어 있으면

❶ 전체 중량 : 1.260 × 1,000 = 1260g

❷ 황산의 중량 : 1260g × 0.35 = 441g

❸ 물의 중량 : 1260g − 441g = 819g이 들어 있다.

또, 전해액은 다음의 순서로 만든다.

① 그릇은 반드시 절연체(질그릇, 에보나이트, 합성수지제 등)를 사용한다.

② 증류수에 황산을 부어서 혼합하도록 한다.

③ 조금씩 혼합하도록 하며 유리막대 등으로 천천히 저어서 냉각시킨다.

④ 전해액의 온도가 20℃에서 1.260~1.280되게 비중을 조정한다.

(7) 케이스

축전지 케이스는 합성 수지 또는 에보나이트로 되어 있고 밑 부분에는 극판이 놓여지는 엘리멘트 레스트가 설치되어 있다. 또 커버에는 벤트(또는 필러) 플러그가 설치되어 축전지 내부에서 발생되는 수소 가스와 산소 가스를 방출한다. 그리고 축전지 케이스나 커버는 탄소소다와 물 또는 암모니아수로 세척한다.

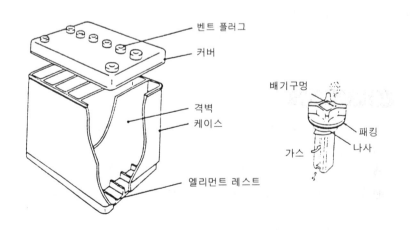

▲ 그림6 축전지 케이스와 벤트 플러그

4.4   축전지의 특성

(1) 기전력

축전지의 기전력은 단전지(셀)당 약 2.1V 이며, 이것은 전해액의 비중, 전해액의 온도, 방전 정도 등에 따라 조금씩 달라진다. 기전력은 전해액의 온도가 저하되는 데에 따라 축전지 내부의 화학 작용이 완만하게 되고 또 전해액의 저항이 증가하기 때문이다.

(2) 방전 종지 전압(방전 끝 전압)

방전 종지 전압이란 축전지를 어느 전압 이하로 방전해서는 안되는 것을 말하며, 1셀당 1.7~1.8V(1.75V)이다. 방전 종지 전압 이하로 방전을 하면 극판이 손상되어 축전지의 기능을 상실한다.

(3) 축전지 용량

축전지 용량은 완전 충전된 축전지를 일정의 전류로 연속 방전하여 방전 중의 단자 전압이 규정의 방전 종지 전압이 될 때까지 축전지에서 꺼낼 수 있는 전기량으로 표시하며 이것을 암페어시 용량(ampere hour rate)이라고 한다. 축전지 용량은 극판의 크기, 극판의 수, 전해액의 양에 의해서 정해진다.

> 축전지 용량의 산출식   Ah=A×h
>
> 여기서, A : 방전 전류   H : 방전 시간

♣ 참고사항 ♣

❶ 축전지의 방전율을 표시하는 방법에는 20 시간율, 25 A율, 냉간율 등이 있다.

❷ 전해액의 온도가 낮으면 화학 반응이 완만하게 진행되기 때문에 축전지의 용량이 감소된다. 따라서 용량을 표시할 때에는 온도(25℃)를 명시하여야 한다.

❸ 극판의 작용 물질이 동일한 조건에서 용량은 비중이 저하되면 감소된다.

❹ 축전지 연결에 따른 용량과 전압의 변화
  ▶ 직렬 연결 : 축전지의 직렬연결이란 같은 전압, 같은 용량의 축전지 2개이상을 ⊕단자 기둥과 다른 축전지의 ⊖단자 기둥에 서로 접속하는 방법이며, 전압은 접속한 개수만큼 증가

하고 용량은 변화하지 않는다.

② 병렬 연결 : 축전지의 병렬연결이란 같은 전압, 같은 용량의 축전지 2개 이상을 ⊕단자기 둥은 다른 축전지의 ⊕단자기둥에, ⊖단자 기둥은 ⊖단자 기둥에 접속하는 방법이며, 전압 은 변화 없고 용량은 접속한 개수만큼 증가한다.

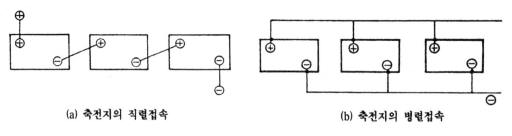

(a) 축전지의 직렬접속   (b) 축전지의 병렬접속

▲ 그림7 축전지 연결 방법

(4) 자기 방전

충전된 축전지는 무부하 상태에서도 자연적으로 방전이 일어나며, 방치하여 두면 조금씩 자 연 방전하여 용량이 감소된다. 이 현상을 자기 방전이라 한다.

1) 자기 방전의 원인

① 축전지 구조상 부득이 하다. - 이 경우는 해면상 납이 황산과의 화학작용으로 황산납이 되면서 자기 방전된다.

② 불순물 유입에 의해서 방전된다.

③ 단락에 의해서 방전된다.

④ 축전지 커버에 부착된 전해액이나 먼지 등에 의한 누전으로 방전된다.

2) 자기 방전량

① 24시간(1일) 동안의 자기 방전량은 실용량의 0.3~1.5% 정도이다.

② 자기 방전량은 전해액의 온도와 전해액의 비중이 높을수록 크다.

전해액 온도	1일 방전량	1일 비중 저하량
전해액 온도 30℃	축전지 용량의 1.0%	0.0020
전해액 온도 20℃	축전지 용량의 0.5%	0.0010
전해액 온도 5℃	축전지 용량의 0.25%	0.0005

③ 자기 방전량은 축전지의 용량이 클수록 크다.

④ 자기 방전량은 날짜가 경과할수록 많아진다.

⑤ 충전 후 시간의 경과에 따라 점차 작아진다.

♣ 참고사항 ♣

축전지를 보존하기 위하여 미전류 충전기의 충전 전류

$$충전 \ 전류 = \frac{축전지 \ 용량 \times 1일 \ 자기 \ 방전율}{24 \ h}$$

4.5 MF 축전지

MF(Maintenance Free Battery)축전지는 일반적인 축전지의 단점이라 할 수 있는 자기 방전이나 화학 반응할 때 발생하는 가스로 인한 전해액의 감소를 방지하기 위해 개발한 것으로 무정비 축전지라 하며 다음과 같은 특징이 있다.

① 증류수를 보충할 필요가 없다.

② 자기 방전이 적다.

③ 장기간 보존할 수 있다.

④ 극판의 격자를 자기 방전과 전해액의 감소를 위해 저 안티몬 합금이나 납 - 칼슘 합금을 사용한다.

⑤ 철망 모양의 극판 격자를 사용한다.

⑥ 촉매 마개를 사용하고 있다.

4.6 축전지 충전

(1) 축전지의 충전

축전지의 보충전 방법에는 크게 보통 충전과 급속 충전이 있으며, 보통 충전 방법에는 정전류 충전, 정전압 충전, 단별 전류 충전 등이 있다.

1) 정전류 충전

① 충전의 시작에서부터 끝까지 일정한 전류로 충전하는 방법이다.

② 정전류 충전시 충전 전류

⑦ 표준 전류 : 축전지 용량의 10%

④ 최소 전류 : 축전지 용량의 5%

④ 최대 전류 : 축전지 용량의 20%

③ 충전 특성

⑦ 충전이 완료되면 셀당 전압은 2.6 ~ 2.7 V에서 일정값을 유지한다.

④ 충전이 진행되어 가스가 발생하기 시작하면 비중은 1.280부근에서 일정값을 유지한다.

④ 충전이 진행되면 양극에서는 산소, 음극에서는 수소가 발생된다.

2) 정전압 충전

① 충전의 시작에서부터 끝까지 일정한 전압으로 충전하는 방법이다.

② 충전 특성은 충전 최초에는 큰 전류가 흐르나 충전이 진행됨에 따라 적은 전류가 흐른다. 또 가스의 발생이 거의 없고 충전 능률이 우수한 장점이 있으나, 충전 초기에 큰 전류가 흘러 축전지의 수명을 단축시키는 요인이 된다.

3) 단별 전류 충전

① 충전 중에 전류를 단계적으로 감소시키는 방법이다.

② 충전 효율을 높이고 전해액 온도의 상승을 완만하게 한다.

4) 급속 충전

① 시간적 여유가 없을 때 급속 충전기를 이용하여 충전하는 방법이다.

② 충전 전류는 축전지 용량의 50 % 이다.

③ 충전시간은 가급적 짧게 하여야 한다.

5) 충전 중 주의 사항

① 통풍이 잘되는 곳에서 충전한다.

② 발전기의 다이오드 파손을 방지하기 위해 축전지의 ⊕, ⊖ 케이블을 떼어 낸다.

③ 충전 중 축전지에 충격을 가하지 않는다.

④ 전해액의 온도가 45℃ 이상이 되면 충전 전류를 감소시킨다.

⑤ 충전중인 축전지 근처에서 불꽃을 가까이 해서는 안 된다. 충전중에 발생하는 수소가스

가 폭발하기 때문이다.

⑥ 양극판 격자의 산화가 촉진되므로 축전지를 과충전시켜서는 안 된다.

⑦ 각 셀의 벤트 플러그(전해액 주입구 마개)를 모두 열어 놓는다.

⑧ 축전지와 충전기를 서로 역접속해서는 안 된다.

⑨ 암모니아 및 탄산소다 등의 중화제를 준비해 두어야 한다.

⑩ 축전지 2개 이상을 동시에 충전시에는 반드시 직렬 접속한다.

6) 회복 충전

① 축전지의 설페이션 현상이 경미할 때 충전하는 방법이다.

② 정전류 충전을 완료한 정전류의 $\frac{1}{2} \sim \frac{1}{3}$의 전류로 다시 몇 시간 과충전한다.

③ 극판의 내부까지 충분한 전기 에너지를 통하게 한다.

4.7 축전지의 점검

(1) 일반적인 점검

① 전해액 양(극판 위 10~13mm)을 정기적으로 점검한다.

② 전해액의 비중을 정기적으로 점검한다(비중이 1.200 이하이면 즉시 보충전).

③ 케이스의 설치 상태와 ⊕, ⊖ 케이블의 설치 상태를 정기적으로 점검한다.

④ 축전지의 ⊕, ⊖ 단자와 커버 윗면을 깨끗하게 유지한다(단자에 그리스를 바를 것).

⑤ 연속적으로 큰 전류로 방전하지 않는다.

  ㉮ 기동 전동기를 10~15초 이상 연속 사용하지 않는다.

  ㉯ 한랭시에는 10초 이상 연속 사용하지 않는다.

⑥ 축전지를 사용하지 않을 때에는 15일마다 보충전을 한다.

⑦ 전해액을 보충할 때는 증류수만 보충한다.

(2) 축전지 충전 불량의 원인

① 축전지 극판의 설페이션 발생되었다.

② 전압 조정기의 전압 조정이 낮다.

③ 충전 회로가 접지 되었다.

④ 발전기에 고장이 있다.

⑤ 전기의 사용량이 많다.

(3) 축전지가 과충전 되는 원인

① 축전지의 충전 전압이 높다.

② 축전지 전해액의 온도가 높다.

③ 축전지 전해액의 비중이 높다.

④ 전압 조정기의 조정 전압이 높다.

⑤ 과충전시 나타나는 영향

㉮ 양극 커넥터가 부풀어 있다.

㉯ 축전지에 전해액의 부족이 자주 발생된다.

㉰ 양극판의 격자가 산화된다.

㉱ 전해액이 갈색을 나타낸다.

(4) 축전지가 쇠약하게 되는 원인

① 충전 전압이 낮다.

② 발전기 또는 발전기 조정기에 결함이 있다.

③ 축전지에 자기 방전이 심하다.

④ 축전지에 과부하가 걸려 있다.

⑤ 축전지 단자 기둥과 케이블의 연결이 불량하다.

(5) 축전지 케이스 균열의 원인

① 축전지가 동결되었다(전해액 비중이 저하되면 겨울철에 발생되기 쉽다).

② 축전지 설치 클램프를 헐겁게 죄었다.

③ 축전지 설치 클램프를 과도하게 죄었다.

(6) 축전지의 용량 시험시 주의 사항

① 축전지 전해액이 옷이나 피부에 묻지 않도록 할 것

② 기름 묻은 손으로 시험기를 조작하지 말 것

③ 부하 전류는 축전지 용량의 3배 이상으로 하지 않을 것

④ 부하 시간은 15초 이상으로 하지 않는다.

(7) 부하 시험의 축전지 판정

1) 경부하 시험

① 전조등을 점등한 상태에서 측정한다.

② 셀당 전압이 1.95 V 이상이면 양호하다.

③ 셀당 전압차이는 0.05 V 이내이면 양호하다.

2) 중부하 시험

① 축전지 용량 시험기를 사용하여 측정한다.

② 축전지 용량의 3 배 전류로 15초 동안 방전시킨다.

③ 축전지 전압이 9.6 V이상이면 양호하다.

제5절   기동 장치

자동차용 내연 기관은 자기기동(self-starting)이 불가능하므로 기관을 시동하려면 외력에 의해 크랭크 축을 회전시켜야 한다. 또 이 크랭크 축의 회전은 일정한 속도 이상되어야 한다. 이와 같이 기관을 시동시키는 장치를 말하며 축전지를 비롯하여 기동 전동기, 점화 스위치, 전기 배선 등으로 구성된다.

기동 전동기는 기관의 실린더 체적, 압축 압력 및 각부의 마찰력 등을 고려하여 기관을 시동 가능 회전수로 구동하여야 하므로 기동 회전력이 크고, 가능하면 소형 경량인 것이 바람직하나. 따라서 기동 전동기는 이 요구에 가장 적합한 직류 직권식 전동기가 사용된다. 기관의 시동 가능한 회전 속도는 기관에 따라 다르나, 일반적으로 가솔린 기관에서는 50~60 rpm, 디젤 기관에서는 70~80 rpm이 표준으로 되어 있다.

그러나 기관을 보다 확실하게 시동시키기 위해서는 가솔린 기관은 100rpm이상, 디젤 기관은 180rpm 이상 회전시켜야 한다.

♣ 참고사항 ♣

❶ 플라이 휠의 링 기어와 기동 전동기 피니언의 감속비는 10 ~ 15 : 1 이다.

❷ 기동 회전력= 회전 저항 × $\dfrac{\text{피니언 이의 수}}{\text{링 기어 이의 수}}$ 이다.

❸ 기동 전동기의 요구 출력

▶가솔린 기관 : 0.5~1.5 PS (0.3~1.1 kW) ▶디젤 기관 : 3~10 PS (2.2~7.4 kW)

5.1   기동 전동기의 구비 조건

① 소형 경량이며, 출력이 커야 한다.

② 기동 회전력이 커야 한다.

③ 소비 전력이 적어야 한다.

④ 자동차 주행시 발생하는 진동에 견딜 수 있어야 한다.

⑤ 기계적 충격력에 견딜 수 있어야 한다.

5.2   기동 전동기의 원리

기동 전동기의 원리는 전류의 자기 작용에 의해 발생하는 전자력을 이용한 것이다. 즉, N극과 S극 사이에 도체(전기자)를 넣고 전류를 흐르게 하면 전류의 자기 작용에 의하여 도체는 전자력을 받게 된다.

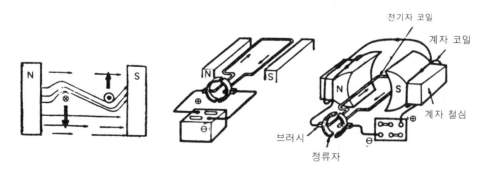

▲ 그림1 기동 전동기의 원리

전자력의 크기는 자계의 세기와 도체에 흐르는 전류 및 자계 내의 도체의 길이에 비례하며, 도체가 자계의 자력선과 직각이 될 때에 최대가 된다.

기동 전동기는 계자 철심 내에 전기자를 배치하고 브러시와 정류자를 통하여 전기자에 전류를 흐르게 하면 자력선이 생겨서 전기자가 회전하게 되어 전기 에너지를 기계적 에너지로 바꿀 수 있게 된다. 기동 전동기의 원리는 플레밍의 왼손 법칙을 이용한 것이다.

5.3　기동 전동기의 종류

(1) 직권 전동기

이 전동기는 전기자 코일과 계자 코일이 직렬로 접속되어 있는 방식이다. 특징은 다음과 같다.

① 기동 회전력이 크다.

② 부하를 크게 하면 회전 속도가 낮아지고 흐르는 전류는 커진다.

③ 전동기의 회전력은 전기자의 전류가 클수록 크다.

④ 전기자 전류는 역기전력에 역비례한다.

⑤ 역기전력은 회전 속도에 비례한다.

⑥ 회전 속도의 변화가 큰 결점이 있다.

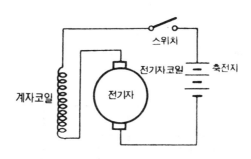

▲ 그림2　직권식 전동기 회로도

(2) 분권 전동기

이 전동기는 전기자 코일과 계자 코일이 병렬로 접속되어 있는 방식이며, 예전에 자동차용 직류 발전기로 사용하였다. 그 특징은 다음과 같다.

① 회전 속도가 거의 일정하다.

② 회전력이 비교적 작다.

③ 회전력은 유입되는 부하 전류에 비례하여 증가한다.

④ 회전 속도는 전압에 비례하고 계자의 세기에 반비례한다.

⑤ 전기자의 전류가 증가하면 축전지 전압이 약간 낮아져 회전 속도는 거의 일정하다.

⑥ 출력은 회전력과 회전수의 곱에 비례한다.

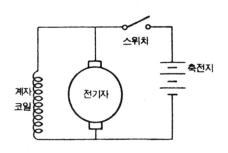

▲ 그림3 분권식 전동기 회로도

(3) 복권 전동기

이 전동기는 전기자 코일과 계자 코일이 직·병렬로 접속되어 있는 방식이며, 윈드 실드 와이퍼 전동기로 사용되고 있다. 특징은 다음과 같다.

① 회전력이 크고 회전 속도가 거의 일정하다.

② 구조가 복잡하다.

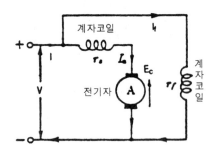

▲ 그림4 복권식 전동기 회로도

5.4 기동 전동기의 구조 및 작동

(1) 전동기의 작동 3 부분

① 회전력을 발생하는 부분

② 회전력을 기관에 전달하는 동력 전달 기구

③ 피니언을 미끄럼 운동시켜 링 기어에 물리게 하는 부분

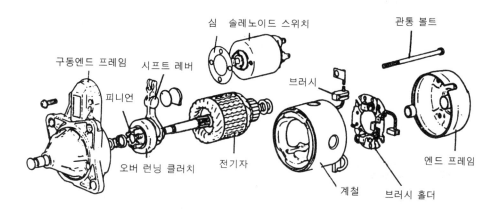

▲ 그림5 기동 전동기의 분해도

1) 전기자(아마추어)

전기자의 구성 요소는 전기자 축, 전기자 철심, 그리고 이들과 절연되어 감겨있는 전기자 코일, 정류자 등으로 구성되어 있으며 축의 양끝은 베어링으로 지지되어 계자 철심 내에서 회전한다. 즉, 전류가 브러시와 정류자를 통하여 전기자 코일로 흐르게 되면 전기자 철심은 계자 코일에서 발생한 자계의 자기 회로가 되어 계자 철심의 자력과 전기자 철심의 자력 사이에서 발생한 힘이 회전력으로 작용한다.

따라서 전기자 철심의 지름이 클수록 회전력은 커지게 된다. 또 전기자 철심은 자력선을 잘 통과시키고 동시에 맴돌이 전류를 감소시켜 사용 중 철심이 발열되지 않도록 두께 0.35~1.0mm의 얇은 강판을 각각 절연하여 겹쳐 만든 성층 철심이 사용되며, 그 바깥 둘레에는 전기자 코일이 들어가는 홈이 있다.

그리고 전기자 코일은 특성상 큰 전류를 흐르므로 단면적이 큰 평각선이 사용되며, 코일의

한쪽은 N극 쪽에, 다른 한쪽은 S극 쪽이 되도록 철심의 홈 속에 절연되어 끼워져 있고 코일의
양끝은 각각 정류자에 납땜되어 있다.

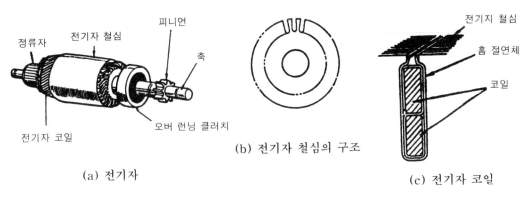

(a) 전기자

(b) 전기자 철심의 구조

(c) 전기자 코일

▲ 그림6 전기자의 구조

♣ 참고사항 ♣

전기자 코일의 전기적 점검은 그로울러 시험기로 하며, 전기자 코일의 단선(개회로), 단락
및 접지 등에 대하여 시험한다.

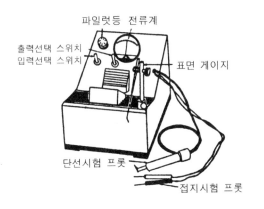

▲ 그림7 그로울러 시험기

2) 정류자(코뮤테이터)

정류자는 경동으로 만든 정류자 편을 운모등의 절연체로 싸서 원형으로 한 것이며, 브러시에
서의 전류를 일정 방향으로만 흐르게 한다. 정류자 편은 아래 부분은 얇고 윗 부분은 두껍게

되어 있으며 회전 중 원심력으로 빠져 나오지 않게 V형 운모와 V형 링 등으로 조여져 있다.

또 정류자편 사이에는 1mm 정도 두께의 운모로 절연되어 있고 정류자 면보다 0.5~0.8(한계 0.2)mm 낮게 파져 있다. 이것을 언더컷(under cut)이라 한다.

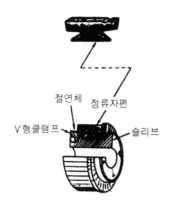

절연체   정류자편

V형클램프   슬리브

▲ 그림8 정류자의 구조

3) 브러시와 브러시 홀더

브러시는 정류자에 미끄럼 접촉을 하면서 전기자 코일에 흐르는 전류의 방향을 바꾸어 주는 역할을 한다. 이 브러시는 구리 분말과 흑연을 원료로 한 금속 흑연계이며, 구리분말이 50~90% 정도로서 윤활성과 전도성이 우수하고 고유 저항, 접촉 저항 등이 다른 것에 비하여 적다.

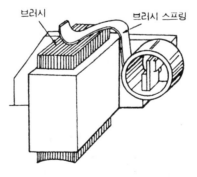

브러시   브러시 스프링

▲ 그림9 브러시와 브러시 홀더

브러시 스프링의 장력은 0.5~1.0kgf/㎠ 이며, 스프링 저울로 측정한다. 브러시는 통상 4개가 설치되는데 2개는 절연된 홀더에 지지되어 있고, 2개는 접지 홀더에 지지되어 있다. 그리고 브러시 본래 길이의 ⅓이상 마멸되면 교환한다.

4) 계철과 계자 철심

① 계철(yoke)

계철은 자력선의 통로가 되며, 전동기의 틀이 되는 부분이다. 안쪽면에는 계자 코일을 지지하고 자극이 되는 계자 철심이 스크루로 고정되어 있다.

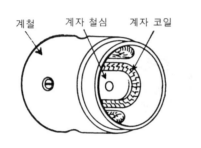

계철　　계자 철심　　계자 코일

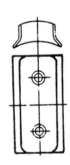

▲ 그림10　계철과 계자 철심

② 계자 철심(필드 코어 ; field core))

계자 철심의 재질은 인발 성형강이나 단조강이며, 계자 코일이 감겨져 있어 전류가 흐르면 전자석이 된다. 계자 철심수에 따라 전자석의 수가 결정이 되며, 4개면 4극이다.

③ 계자 코일(필드 코일 ; field coil)

계자 코일은 철심에 감긴 도체로서 전류가 흐르면 자력을 일으키며, 그 자력은 전기자 전류에 크게 좌우된다. 따라서 큰 전류가 흐르기 때문에 평각 구리선이 사용된다. 코일의 바깥쪽은 테이프를 감고 합성수지 등에 담그어 절연 막을 만든다.

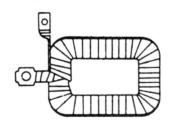

▲ 그림11　계자 코일

(2) 동력 전달 기구

동력 전달 기구는 전동기에 발생한 회전력을 기관의 플라이 휠에 전달하여 기관을 크랭킹시 키는 것이다.

1) 동력 전달 기구의 형식

동력 전달 방식에는 벤딕스식, 피니언 섭동식, 전기자 섭동식 등이 있다.

① 벤딕스식

이 형식은 피니언의 관성과 기동전동기가 무부하 상태에서 고속회전을 하는 성질을 이용 한 것이다. 그리고 벤딕스 형은 기관 시동 후 기동 전동기가 플라이 휠라이 휠에 의해 고속 회전하는 일이 없으므로 오버런링 클러치를 필요로 하지 않으며, 기관이 역회전하거나, 피 니언이 플라이 휠 링기어로부터 이탈되지 않으면 벤딕스 스프링이 파손될 염려가 있다.

▲ 그림12 벤딕스형의 작동 원리

② 피니언 섭동식

이 형식은 기동 전동기로 흐르는 주 전류를 전자적으로 개폐하는 솔레노이드 스위치를 둔 형식이다.

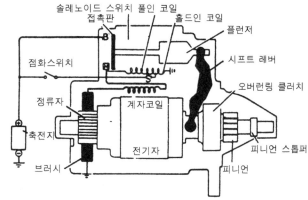

그림13 피니언 섭동식의 기동
전동기 ▶

㉮ 솔레노이드 스위치의 구조

솔레노이드 스위치는 마그넷 스위치라고도 부르며 전자력으로 작동하는 기동 전동기용 스위치를 말한다. 그 구조는 가운데가 비어 있는 철심, 철심위에 감겨져 있는 풀인 코일(pull-in coil ; 흡입력 코일)과 홀드 인 코일(hold-in coil ; 유지력 코일), 플런저, 접촉판(contact disk), 2개의 접점(B단자와 M단자)으로 되어 있다.

또 풀인 코일은 솔레노이드 스위치 St단자(기동단자)에서 감기 시작하여 M단자(또는 F단자 ; 전동기로 축전지 전류가 들어가는 단자)에 접속되며, 홀드인 코일은 St단자에서 감기 시작하여 스위치 몸체에 접지되어 있다.

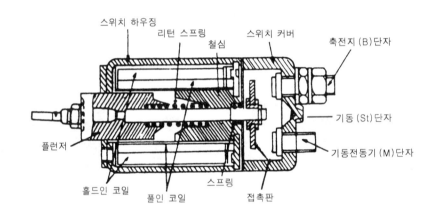

▲ 그림14 솔레노이드 스위치의 구조

㉯ 풀인 코일과 홀드인 코일의 작동

풀인 코일에 전류가 흐르면 강력한 전자석을 형성하여 플런저를 잡아당기고 동시에 기동 전동기의 전기자에도 흘러 전동기를 천천히 회전시킨다. 플런저가 당겨지면 접촉판에 의해 2개의 접점이 닫히며, 풀인 코일은 단락된다. 풀인 코일이 단락되면 자력도 거의 소멸되며 플런저가 제자리로 복귀하게 되어 기관이 시동되기 전에 피니언과 플라이 휠 링기어의 물림이 풀린다. 홀드 인 코일이 이를 방지한다.

즉, 홀드 인 코일은 풀인 코일 보다 가는 전선으로 되어 있어 작은 전류가 흐르나 축전지와 병렬로 접속되어 있기 때문에 2개의 접점의 개폐에 관계 없이 항상 자력이 발생한다. 따라서 풀인 코일이 전자작용을 하지 않을 때에도 플런저가 제자리로 복귀하지 못하도록하여 피니언의 물림을 유지시킨다.

㉘ 피니언 섭동식 기동 전동기의 작동

점화스위치를 시동(Start) 위치로 하면 솔레노이드 스위치의 풀인 코일과 홀드 인 코일이 축전지에서의 전류로 강력한 전자석이 되어 플런저를 흡인한다. 플런저는 시프트 레버를 잡아당겨 피니언을 플라이 휠 링기어 물린다.

이 물림이 완료되는 순간부터 솔레노이드 스위치의 2개의 접점이 닫혀 기동 전동기에 축전지 전류가 흘러 회전을 시작하여 기관을 크랭킹(cranking)시킨다. 이 형식은 기관이 시동된 후 기관의 플라이 휠에 의해 기동 전동기가 고속으로 구동되어 전동기가 소손된다.

이를 방지하기 위하여 기관이 시동 된 후 기동 전동기의 피니언을 공회전시켜 구동되지 않도록 하는 오버런링 클러치(over running clutch)를 두며 그 종류에는 롤러식, 스프래그식, 다판 클러치식 등이 있으며 작동은 다음과 같다.

㉠ 롤러식(roller type)

이 형식은 기관을 시동할 때 전기자 축의 회전력은 슬리브를 거쳐 아우터 클러치 (outer clutch)가 전달되면 롤러가 좁은 쪽으로 밀려 키(key)와 같은 작용을 한다. 이에 따라 아우터 클러치와 피니언이 일체로 되어 전기자 축의 회전력이 플라이 휠 링기어로 전달한다.

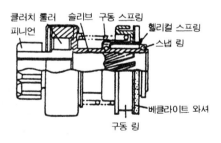

▲ 그림15 롤러식

또 기관이 시동되면 피니언의 회전이 아우터 클러치, 즉 전기자 축보다 빨라진다. 이때 롤러가 간극이 넓은 쪽으로 나와 피니언이 공회전하게 되어 기동 전동기가 플라이 휠에 의해 구동되지 않는다. 그리고 이 형식은 급유를 하지 않아도 된다.

ⓛ 스프래그식

이 형식은 바깥레이스는 기동 전동기에 의해 구동이 되고 기관 시동시 바깥 레이스와 안 레이스는 고정되어 일체가 된다. 또 기관이 시동되어 플라이 휠이 피니언을 구동하게 되면 바깥 레이스 보다 안 레이스가 더 빨리 회선하게 되어 바깥 레이스와 안 레이스의 고정이 풀려 기관이 기동 전동기를 구동하지 않는다. 이 형식은 5W-20번 정도의 기관오일을 주유하여야 한다.

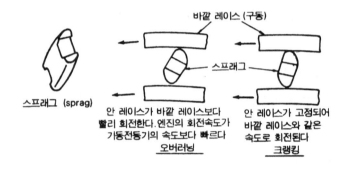

▲ 그림16 스프래그식

ⓒ 다판 클러치식

이 형식은 기동 전동기가 회전을 하면 어드밴스 슬리브(advance sleeve)가 피니언쪽으로 이동하여 구동판(클러치 판 A)과 피동판(클러치 판 B)을 압착한 후 피니언을 회전시킨다. 또 다판 클러치는 피니언에 한계 이상의 힘이 가해지면 미끄러진다.

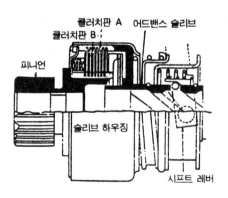

▲ 그림17 다판 클러치식

♣ 참고사항 ♣

❶ 오버런링 클러치 형식의 기동 전동기에서 기관이 시동된 후 계속해서 점화 스위치를 넣고 있으면 기동전동기 전기자는 무부하 상태로 공회전하고, 피니언은 고속회전을 하게 되어 기동 전동기가 소손된다.

❷ 오버런링 클러치에서 기동 전동기의 피니언이 플라이 휠 링기어에 물리는 것은 시프트 레버가 피니언을 밀어주기 때문이다.

③ 전기자 섭동식

이 형식은 계자 철심의 중심과 전기자 중심이 일치되지 않고 약간의 위치 차이를 두고 조립되어 있다. 이에 따라 계자 코일에 전류가 흐르면 자력선의 성질(자력선은 가장 가까운 거리를 통과하려는 성질이 있음)에 의해 전기자 전체가 미끄럼 운동을 하여 피니언이 플라이 휠 링기어에 물리게 된다.

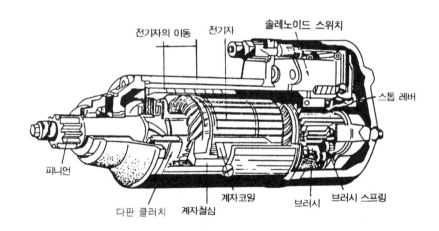

▲ 그림18 전기자 섭동식

그리고 기관이 시동 된 후에 점화 스위치를 놓으면 전기자는 리턴 스프링의 장력으로 제자리로 복귀하고 이때 피니언과 플라이 휠 링기어의 물림이 풀린다. 이 형식은 다판 클러치식 오버 런링클러치를 사용한다.

5.5 기동 전동기의 취급 및 고장 진단

(1) 기동 전동기의 취급시 주의 사항

① 오랜 시간 연속 사용해서는 안된다. 최대 연속 사용 시간은 30초 이내이고, 일반적인 사용 시간은 10~15초이다.

② 기동 전동기의 설치부를 확실하게 조여야 한다.

③ 기관이 기동된 다음 기동 전동기 스위치를 닫아서는 안 된다.

④ 기동 전동기의 회전 속도에 주의하여야 한다.

⑤ 전선의 굵기가 규정 이하의 것을 사용하여서는 안 된다.

(2) 기동 전동기의 시험

기동 전동기의 시험항목에는 무부하 시험, 회전력(토크) 시험, 저항 시험 등 3가지가 있다.

1) 무부하 시험(no-load test)

이 시험에서 필요한 준비물은 축전지를 비롯하여 전류계, 전압계, 가변 저항, 회전계, 기동 전동기, 점퍼 리드 등이다.

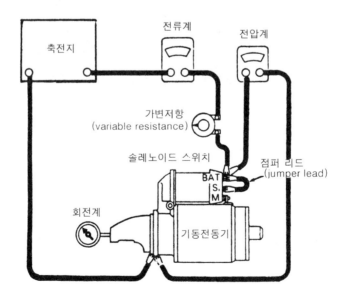

▲ 그림19 무부하 시험 회로도

2) 회전력 시험(torque test)

이 시험은 기동 전동기의 정지 회전력(stall test)을 측정하는 것이다.

3) 저항 시험(resistance test)

이 시험은 정지 회전력의 부하 상태에서 측정하는 것이며, 가변 저항을 조정하여 규정의 전압으로 하고 전류의 크기를 판정한다.

4) 회로 시험

12 V 축전지일 때 기동 회로의 전압 시험에서 전압 강하가 0.2 V 이하이면 정상이다.

(3) 기동 전동기 고장 진단

1) 기동 전동기의 회전이 느린 원인

① 축전지의 전압강하가 크다.

② 축전지 케이블의 접속이 불량하다.

③ 정류자와 브러시의 접촉이 불량하다.

④ 정류자 및 브러시의 마멸이 과다하다.

⑤ 계자 코일이 단락되었다.

⑥ 브러시 스프링의 장력이 약하다.

⑦ 전기자 코일이 접지 되었다.

2) 기동전동기 전기자는 회전을 하지만 피니언과 플라이 휠 링기어가 물리지 않는 원인

① 피니언의 마멸이 크다.

② 오버런링클러치의 작동이 불량하다.

③ 플라이 휠 링기어의 마멸이 크다.

④ 시프트레버의 작동이 불량하다.

⑤ 솔레노이드 스위치의 작동이 불량하다.

3) 기동 전동기의 회전속도가 낮으며, 많은 전류가 흐르나 회전력이 약한 원인

① 전기자 축이 휘었다.

② 전기자와 계자 철심이 단락되었다.

③ 전기자 코일이 단락되었거나 접지되었다.

④ 계자 코일이 단락되었거나 접지되었다.

⑤ 전기자 베어링의 간극이 너무 작다.

⑥ 전기자 베어링이 오손되었거나 마멸되었다.

4) 기동 전동기 전류가 흐르지 못하는 원인

① 계자 코일이 단선(개회로)되었다.

② 전기자 코일이 단선되었다.

③ 정류자가 소손되었다.

④ 브러시 스프링이 절손되었다.

⑤ 브러시와 정류자의 접촉이 불량하다.

5) 기동 전동기가 회전하지 못하는 원인

① 축전지가 과방전 되었다.

② 기동 회로가 단선되었거나 접촉이 불량하다.

③ 솔레노이드 스위치의 접촉판의 접촉이 불량하다.

④ 솔레노이드 스위치의 풀인 코일 또는 홀드 인 코일이 단선 되었다.

⑤ 브러시와 정류자의 접촉이 불량하다.

6) 점화 스위치를 Off시켜도 기동 전동기가 계속회전을 하는 원인

① 스위치가 불량하다.

② 솔레노이드 스위치 접촉판이 단락되었다.

③ 솔레노이드 스위치의 플런저 리턴 스프링이 절손되었다.

④ 기동 전동기 피니언과 플라이 휠 링기어 사이의 간극이 불량하다.

제 6 절　점화 장치

6.1　개 요

점화 장치는 실린더 헤드에 설치되어 있는 점화 플러그에 적절한 시기에 전기 불꽃을 발생시켜 혼합기를 연소시키는 장치로 축전지 전원을 이용하여 점화시키는 방식이 많이 사용된다. 점화 장치의 구성은 점화 스위치, 점화코일, 배전기, 점화 코일, 고압 케이블 등으로 구성되어 있다. 점화장치에 요구되는 조건은 다음과 같다.

① 절연성이 우수할 것

② 잡음 및 전파 방해가 적을 것

③ 불꽃 에너지가 클 것

④ 발생 전압이 높고 여유 전압이 클 것

⑤ 점화 시기 제어가 확실할 것

(1) 점화 장치의 종류

1) 축전지식 점화 장치

이 장치는 축전지를 전원으로 하며 점화 시기를 광범위하게 바꿀 수 있고 기동 성능이 우수해 일반적으로 사용된다.

2) 고압 자석식(마그네틱)점화 장치

이 장치는 고압 자석 발전기를 전원으로 하며 초기에 많이 사용되었으나 현재에는 2 륜 자동차 등의 일부에 사용되고 있다.

3) 전 트랜지터 점화장치

이 장치는 반도체를 이용하여 저속 성능을 안정시키고, 고속 성능을 향상시키며 착화성을 높인 것이며, 전자 제어가 가능하므로 현재 보급이 확산되고 있다.

♣ **참고사항** ♣

축전지 점화식과 고압자석식 점화장치의 비교

❶ 축전지 점화식의 특징

▷ 기관의 회전 속도가 증가함에 따라 불꽃 간극이 작아진다.

▷ 점화 시기를 광범위하게 바꿀 수 있다.

▷ 전원은 축전지의 직류이다.

❷ 고압 자석식(마그네틱) 점화장치의 특징

▷ 기관의 회전 속도가 증가함에 따라 불꽃 간극이 커진다.

▷ 점화 시기를 광범위하게 바꿀 수 없다.　　　▷ 전원은 교류 발전기이다.

▷ 경량급 차량에 사용된다.

▷ 저속 성능이 저하되며, 시동성이 떨어진다.

6.2 단속기 접점식 점화장치

축전지식 점화 장치는 축전지, 점화 스위치, 점화 1차 저항, 점화 코일, 배전기 어셈블리(배전기 어셈블리 내부에 단속기, 축전기 등이 들어 있다), 고압 케이블, 점화 플러그 등으로 구성되어 있다. 또 이 점화 장치는 점화 코일의 1차 전류를 단속하기 위하여 접점을 사용하는 것이다.

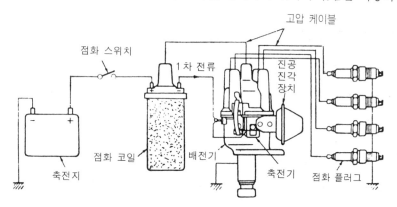

▲ 그림1 단속기 접점식 점화장치의 구성

이는 다음과 같은 특성이 있다.

① 구조가 간단하고 제작이 용이하다.

② 저속시에는 접점에 생기는 아크 때문에 안정된 2차 전압을 얻기가 어렵다.

② 저속시에는 접점에 생기는 아크 때문에 안정된 2차 전압을 얻기가 어렵다.

③ 배전기 축에 의해 구동되는 캠에 의하여 단속기 접점을 열기 때문에 캠 축의 변위에 의해서 점화 시기가 회전 속도에 따라 변동된다.

④ 단속기 암의 러빙 블록(암 힐)을 장시간 사용하면 마멸되어 접점 틈새가 작아지고 점화 시기가 변화한다.

(1) 축전지

점화 장치의 전원으로 납산 축전지를 사용한다.

(2) 점화 스위치

점화 스위치는 축전지의 ⊕ 단자 기둥과 점화 코일의 1차 단자(⊕단자) 사이에 설치되어 운전석에서 점화 1차 회로에 흐르는 전류를 단속한다.

(3) 점화1차 저항

1차 저항은 점화 코일의 온도에 따라서 저항이 변화되는 가변 저항이며, 점화 1차 회로에 직렬로 접속되어 점화 코일의 1차 코일이 전류에 의해서 온도가 상승되는 것을 방지하는 역할을 한다.

(4) 점화 코일

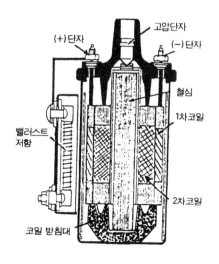
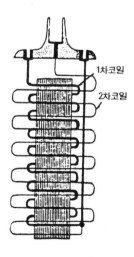

▲ 그림2 점화코일

점화 코일은 자기 유도 작용과 상호 유도 작용을 이용하여 점화 플러그에서 전기 불꽃을 발생시킬 수 있도록 고전압을 발생시키는 승압 변압기이며, 철심에 1차 코일과 2차 코일을 감아 케이스에 넣어 고정시킨 후 코일과 케이스 사이에 컴파운드를 채워 절연시키고, 냉각 효과를 높이기 위해 절연유를 넣었다.

1) 구 조

① 철심

철심은 자화, 비자화가 잘되는 규소 강판을 사용하여 여러장 겹쳐서 만들며 그 위에 2차 코일이 감겨져 있다.

② 1차 코일

1차 코일은 2차 코일의 바깥쪽에 0.6~1.0 mm의 구리선을 200~300회 감았으며 감기 시작은 점화 코일의 ⊕ 단자에, 감기 끝은 ⊖ 단자에 접속되어 있다. 1차 코일을 바깥쪽에 감는 이유는 방열효과를 높이기 위함이다.

③ 2차 코일

2차 코일은 철심 위에 0.06~0.1mm 의 구리선을 20,000회 정도 감았으며, 감기 시작은 1차 코일의 끝에, 감기 끝은 중심 단자에 접속되어 있다. 점화 코일에서 고전압을 얻도록 유도하는 식은 다음과 같다.

$$\bullet \quad E_2 = \frac{N_2}{N_1} \times E_1$$

E_2 : 2차 코일의 유도 전압. E_1 : 1차 코일의 유도 전압

N_1 : 1차 코일의 권수. N_2 : 2차 코일의 권수

♣ 참고사항 ♣

❶ 1차 코일과 2차 코일의 권선비(또는 권수비)는 60~100 : 1이다.

❷ 점화 코일의 고전압(2차 전압)은 1차 전류가 차단이 될 때(단속기 접점이 열릴 때) 점화코일의 2차 코일에 유도된다.

❸ 점화코일의 극성과 축전지의 극성이 일치하지 않으면 점화플러그 전극사이의 전류 방향이

바뀌어 불꽃 방전을 위한 소요전압이 높아진다.

❹ 점화코일의 시험 항목에는 1, 2차 코일 저항시험, 누설시험(절연저항시험), 출력시험 등이 있으며 절연저항은 80℃에서 10MΩ이상, 상온에서는 50MΩ 이상 되어야 한다.

❺ 점화코일의 불꽃시험에서 배전기 축을 1,800rpm으로 회전시켰을 때 불꽃 간극은 6mm이상 되어야 한다.

2) 점화 코일의 작용

점화 스위치를 닫으면 1차 코일에 전류가 흘러 자력이 발생되어 1·2차 코일 주위에 작용한다. 기관의 회전에 의해 1차 코일의 전류를 단속기 접점으로 차단하면 자력은 철심을 통하여 매우 빠른 속도로 붕괴된다. 이 자장의 붕괴로 2차 코일에 전류가 유기되고 유기된 전압에 코일의 수를 곱한 만큼의 고압이 유기 된다.

(5) 배전기 어셈블리

배전기는 2차 고전압을 점화 코일에서 받아 각 점화 플러그로 배전해 주는 고압 배전 작용, 1차 전류를 단속하는 단속작용, 점화 시기를 조정해 주는 진각작용 등을 한다. 구동부는 배전기 축의 아래 부분에 기어를 설치하여 기관의 캠 축 또는 크랭크 축에 의하여 구동되며 4 행정사이클 기관에서는 크랭크 축 회전수의 ½로 회전된다.

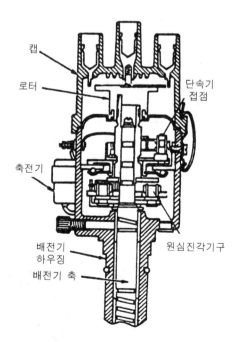

▶ 그림3 배전기 어셈블리

배전기 시험기로 할 수 있는 시험 항목은 캠각(드웰각), 배전기 회로 및 단속기 접점의 저항, 원심 및 진공진각 시험, 캠의 정확도 등이다. 그리고 배전기 시험기로 축전기 용량을 시험할 때에는 단속기 접점은 열려 있어야 한다.

1) 단속기 접점(컨택트 포인트 ; contact point)

단속기 접점은 점화 코일에 흐르는 1차 전류를 단속하는 일을 하며 접지 접점과 암 접점으로 구성되어 있다. 작동은 배전기 축과 함께 회전하는 캠 로브가 단속기 암의 러빙 블록과 접촉할 때 접점이 열린다.

단속기 암 스프링은 접점을 닫아주는 일을 하며, 스프장 장력이 너무 크면 캠이나 러빙 블록이 조기 마멸되고, 너무 약하면 고속시 접촉 불량에 의한 실화의 원인이 된다. 장력은 일반적으로 400~500 g 정도가 알맞다. 점화 장치에 단속기 접점을 두는 이유는 자동차에서 사용하는 전류가 직류이기 때문이며, 단속기의 접점 간극은 0.5 mm 정도이며, 간극이 크거나 적을 때에는 다음과 같은 현상이 발생된다.

접점 간극이 작을 때	접점 간극이 클 때
① 캠각이 커진다	① 캠각이 작아진다.
② 점화 시기가 늦어진다.	② 점화 시기가 빨라진다.
③ 1차 전류가 커진다.	③ 1차 전류가 작아진다.
④ 점화 코일이 발열한다.	④ 고속에서 실화가 발생된다.
⑤ 단속기 접점이 소손 된다.	

① 캠각(캠 앵글, 드웰 각)

캠각이란 단속기 접점이 닫혀 있는 동안 배전기 캠이 회전한 각도를 말한다. 캠각의 기준은 1 실린더에 주어지는 캠각은 전체 캠각의 60%이다.

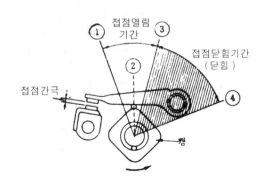

그림4　캠각 ▶

② 파형 시험

파형 시험은 주로 오실로스코프(또는 기관 스코프)로 점검하며 파형에는 1차 파형과 2차 파형이 있다. 여기서는 주로 사용하는 2차파형에 대해서만 설명하기로 한다. 파형의 수평선은 시간을, 수직선은 2차전압을 표시한다. 또 스코프의 기본 파형부에는 점화 라인부, 중간구간(점화코일과 축전기의 상태 표시), 캠각(드웰)부로 구성되어 있다.

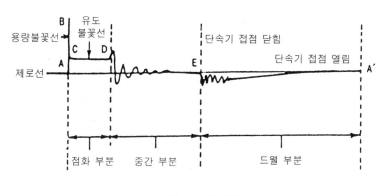

▲ 그림5 2차 파형

🌼 **점화 부분(스파크 라인부) : A→D지점**

이 부분은 점화 플러그에서 점화가 일어나고 있는 구간을 나타내는 것이며, 용량 불꽃선과 유도 불꽃선으로 구성되어 있다.

㉮ 용량 불꽃선 : A→B라인

점화코일에서 고전압이 유도되어 배전기의 로터 간극과 점화 플러그 간극을 건너뛰는데 필요한 전압을 표시하는 수직선이다.

㉯ 유도 불꽃선 : C→D라인

불꽃을 유도하기 위하여 필요한 전압을 표시하는 수평선이다.

㉠ A지점 : 단속기 접점이 열리는 순간 점화코일에서 고전압이 발생하는 지점이다.

㉡ B지점 : 점화코일에 고전압이 형성되어 점화플러그에서 점화되는 지점(이 지점의 높이가 점화전압이다)이다.

㉢ C지점 : 점화가 발생하면 고전압은 이 지점까지 저하되며, 점화가 일어나는 동안 수평선을 유지한다.

ㄹ D지점 : 점화 플러그에서 점화 불꽃이 끝나는 지점이다.

♣ 중간 부분 : D→E지점

이 부분은 점화 부분에 연속적으로 나타나는 부분이며, 점화코일 내부에서의 전류 전압이 점차로 소멸되는 상태이며, 잔류전압은 축전기의 충·방전에 의하여 하나의 파장으로 나타나게 된다.

♣ 캠각(드웰)부분 : E→A′

이 부분은 단속기 접점이 닫혀 있는 동안 배전기의 캠이 회전한 각도를 표시한다.

ㄱ E지점 : 단속기 접점이 닫히는 지점이며, 점화코일에 자장(磁場)이 형성되므로 파형이 파장으로 나타나며, 단속기 접점사이의 진동에 의해 파형은 제로선(zero line) 아래에 나타난다.

ㄴ A′지점 : 단속기 접점이 열리는 지점이다.

$$\text{캠각} = \frac{\text{캠각 부분의 길이}}{\text{총 파형의 길이}} \times \frac{360°}{\text{실린더수}}$$

♣ 참고사항 ♣

드웰 타코 테스터(dwell-tacho test)로 시험할 수 있는 사항은 기관 회전 속도, 단속기 접점의 저항, 캠각(드웰각)등이다.

2) 축전기(콘덴서 ; Condenser)

① 기 능

축전기는 전압을 가하여 전하(電河)를 저장할 수 있는 기구이며, 점화장치에서의 축전기 기능은 다음과 같다.

ㄱ 단속기 접점과 병렬로 접속되어 있다.

ㄴ 접점 사이에 발생되는 불꽃을 흡수하여 접점의 소손을 방지한다.

　㉓ 1차 전류의 차단 시간을 단축하여 2차 전압을 높인다.

　㉔ 축전한 전하를 방출하여 1차 전류의 회복을 신속히 이루어지도록 한다.

② 축전기의 구비조건

　㉮ 직렬 저항이 $1\mu\Omega$ 이내일 것

　㉯ 정전 용량은 $0.2 \sim 0.3 \mu F$ 일 것

　㉰ 절연 내구력은 $1M\Omega$ 이상일 것

　㉱ 내전압은 DC 1,000 V를 가하였을 때 1분 이상 견딜 것

　㉲ 온도에 의한 용량의 변화는 $\pm 5\%$ 이내일 것

　㉳ 내열성은 85℃ 이상일 것

　㉴ 85℃를 1시간 지속한 후 절연 저항이 $1,000M\Omega$ 이고, 상온에서의 절연저항은 $5M\Omega$ 이
　　상 일 것

3) 배전기 캡과 회전자(로터)

　점화 코일의 2차 전압은 배전기 캡의 중심 전극에 카본 피스를 경유하여 로터에 전달되면 로터가 회전하면서 점화순서에 따라 배전기 캡의 점화 플러그 전극에서 고압 케이블을 경유 점화 플러그에 분배된다. 로터와 세그먼트 간극은 마멸 방지와 점화 성능을 향상시키기 위하여 두며 약 $0.35 \sim 0.4 mm$ 정도를 둔다.

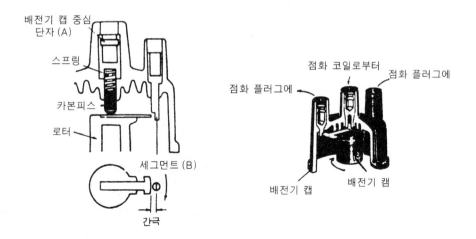

▲ 그림6　배전기 캡과 로터

4) 점화 시기 조정장치

점화 시기 조정 장치는 기관의 회전 속도 및 가해지는 부하에 따라서 적절하게 점화시기를 제어하는 기구이며, 기관의 회전 속도에 따라서 점화 시기를 자동적으로 조질하는 원심식 진각 장치와 기관의 부하에 따라서 점화 시기를 자동적으로 제어하는 진공식 진각 장치 및 연료의 옥탄가에 따라서 수동으로 조절하는 옥탄 셀렉터가 있다. 점화시기를 조정하는 목적은 기관의 효율이 가장 높게되는 최고 폭발 압력을 상사점 후 10~12°에서 얻기 위함이다.

① 원심 진각 기구

이 기구는 기관의 회전수에 따라 변화되는 원심력을 이용하여 자동으로 조정한다. 기관의 회전수 600 ~ 3,000 rpm 내에서 진각량은 15 ~ 20°이며, 기관의 회전수 3,000 rpm 이상에서는 진각을 하지 않는다.

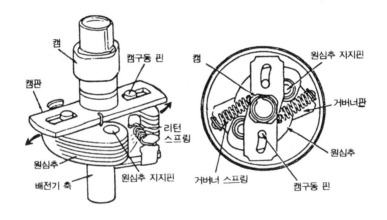

▲ 그림7 원심 진각 기구

② 진공 진각 기구

이 기구는 기관의 흡기 다기관의 진공도(기관의 부하)를 이용하여 자동으로 조정한다.

그림8 진공 진각 기구 ▶

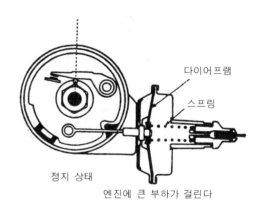

기관의 회전수 1,000 rpm에서 작용하기 시작하여 1,500 rpm에서 민감하게 작용하며, 1,500rpm에서 3,000rpm 사이에서는 약간 둔화된다. 또 3,000rpm 이상에서는 작용하지 않는다.

③ 옥탄 셀렉터

이 기구는 고 옥탄가의 연료를 사용할 때에는 점화 시기를 진각시키고, 저 옥탄가의 연료를 사용할 경우에는 점화 시기를 늦추는 기구이며 1 눈금 움직이면 크랭크 각도로 2° 진각되거나 늦어진다.

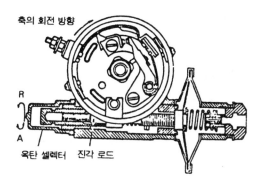

▲ 그림9 옥탄 셀렉터

♣ 참고사항 ♣

점화 지연

❶ 기계적 지연 : 단속기 접점이 열리고 나서 자기 유도 작용에 이길만한 공기 저항을 갖는 최대의 열림에 도달할 때까지 어느 정도의 시간이 소요되는데 이것을 말한다.

❷ 전기적 지연 : 점화코일을 통과하는 1차 전류가 차단 되면서 2차 코일에 고전압이 유도되고 난 후 혼합기에 착화되기까지의 지연을 말한다.

❸ 화염전파적(연소적)지연 : 연소실 내의 혼합기의 1점에 점화되어서 연소가 전파되기까지의 지연이며, 이것은 연소실의 형상, 압축 압력, 연소속도, 연소시간 등에 따라 달라진다.

④ 점화시기 점검

점화시기를 점검할 때에는 기관을 공전시키면서 타이밍 라이트(timming light)로 한다. 타이밍 라이트의 사용법과 특징은 다음과 같다.

타이밍 라이트 사용법

㉮ 고압 픽업 리드선은 제1번 점화 플러그 고압 케이블에 연결한다.

㉯ 적색 클립은 축전지 ⊕ 단자기둥에, 흑색 클립은 ⊖ 단자기둥에 연결한다.

㉰ 청색(또는 녹색)리드 클립은 배전기 1차단자나 점화코일 ⊖ 단자에 연결한다.

㉱ 회전계(태코미터)를 연결한 후 규정된 회전에서 작업을 한다.

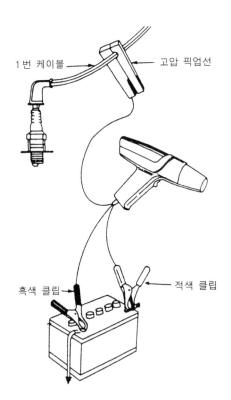

1번 케이블

고압 픽업선

흑색 클립

적색 클립

▲ 그림10 타이밍 라이트 배선방법

특 징

㉮ 순간 플래시(flash)식이므로 발광시간이 짧다.

㉯ 빛이 매우 세어서 낮에도 사용이 가능하다.

㉰ 빛의 다발을 가늘게하여 집중 시킬 수 있다.

점화시기 조정

㉮ 점화시기 측정전에 기관을 시동하여 정상 운전 온도가 되도록 한다.

㉯ 타이밍 라이트를 비추어 타이밍 벨트 커버와 크랭크 축 풀리 사이의 타이밍 마크와

타이밍 지침과의 관계를 점검한다.

㉡ 점화시기가 늦으면 로터 회전 반대방향으로 배전기 몸체를 돌려서 맞춘다.

㉣ 점화시기가 빠르면 로터 회전 방향으로 배전기 몸체를 돌려서 맞춘다.

③ 점화 시기의 영향

✤ 점화시기가 너무 늦을 때

㉮ 연료 소비량이 증대된다.

㉯ 기관의 출력이 저하된다.

㉰ 불안전 연소에 의해 기관이 과열된다.

㉱ 배기 가스 통로에 다량의 카본이 퇴적된다.

✤ 점화 시기가 너무 빠를 때

㉮ 기관의 노킹 현상이 발생된다.

㉯ 기관의 출력이 저하된다.

㉰ 피스톤 및 실린더가 손상되고 변형된다.

(6) 고압 케이블

점화 코일의 2차 단자와 배전기 캡의 중심 단자로, 배전기 캡의 점화 플러그 단자에서 점화 플러그로 연결하는 고압의 절연 전선으로 고압의 전류를 공급한다.

1) 보통 고압 케이블

① 중심부의 도체는 고무 절연체로 보호되어 있다.

② 글라스 섬유에 탄소를 침입시킨 고압 코드와 도체 주위를 니크롬 선으로 감은 고압 코드가 있다.

③ 1 m 당 약 15Ω 의 균일한 저항을 가지고 있다.

2) TVRS 케이블

① 점화 회로에서 고주파 발생을 방지하는 역할을 한다.

② 라디오나 무선 통신기의 고주파 잡음을 방지한다.

③ 케이블 전체에 걸쳐 10kΩ의 저항을 둔 케이블이다.

(7) 점화 플러그

점화 플러그는 점화 코일에서 유도된 고전압을 불꽃방전을 일으켜 압축된 혼합기에 점화시키는 것이며, 전극, 절연체, 셀로 구성되어 있다. 전극은 중심전극과 접지전극으로 구성되어 있으며 이들 사이에는 0.5~0.8mm(전자제어식 기관용은 0.7~1.1mm)간극이 있으며 간극 조정은 접지전극으로 구부려서 조정한다. 절연체는 자기(瓷器)이며, 윗부분에는 고전압의 플래시 오버(flash over)를 방지하는 리브(rib)가 있다.

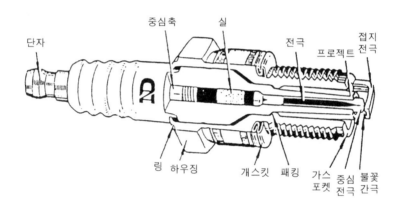

▲ 그림11 점화 플러그의 구조

1) 점화플러그의 구비조건

① 급격한 온도 변화에 견딜 수 있어야 한다.

② 내부식성이 커야 한다.

③ 고온·고압하에서 기밀을 유지 할 수 있어야 한다.

④ 기계적 강도가 커야한다.

⑤ 고전압에 대한 충분한 절연성이 있어야 한다.

⑥ 열전도성이 커야 한다.

⑦ 사용조건 변화에 따른 오염·과열 및 소손 등에 견딜 수 있어야 한다.

2) 자기 청정 온도(自己淸淨溫度)

이것은 기관이 작동되는 동안 점화 플러그 전극부의 온도가 450~600℃ 정도를 유지하도록 하는 온도이다. 즉 점화 플러그 전극부에 부착된 카본을 없애기 위해 고온에서 연소시키는 온도이며, 전극부의 온도가 400℃이하이면 오손되고, 800~1,000℃ 이상 되면 조기 점화의 원인이 된다.

3) 열 값(열가 ; 熱價)

이것은 점화 플러그의 열 방산(熱放散)능력을 나타내는 값이며, 절연체 아래 부분의 끝에서부터 아래 실(low seal)까지의 길이에 따라 결정된다. 길이가 짧고 열 방산이 잘 되는 형식을 냉형(cold type), 길이가 길고 열 방산이 늦은 형식을 열형(hot type)이라고 한다. 냉형은 고압축비, 고속 회전용 기관에서 사용된다.

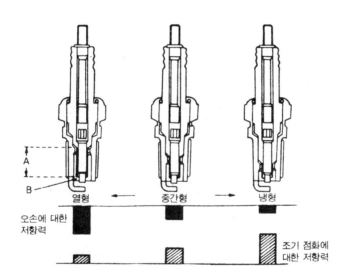

▲ 그림12 점화 플러그 열값

♣ 참고사항 ♣

점화플러그 기호 표시

B - P - 6 - E - S - R

B : 점화 플러그 나사부 지름, P : 프로젝티드 코어 노스 플러그(자기 돌출형), 6 : 열값,

E : 점화 플러그 나사의 길이, S : 표준형, R : 저항 삽입형 플러그

4) 특수 점화 플러그

① P형 플러그(프로젝티드 코어 노즈 플러그)

이 형식의 점화 플러그는 전극과 절연체가 셀 끝부분보다 더 노출된 것이다.

② 저항 플러그

이 형식의 점화 플러그는 전파방해를 방지하기 위해 유도 불꽃 기간을 짧게 하여 중심전극에 10,000Ω 정도의 저항을 둔 것이다.

③ 보조 간극 플러그

이 형식의 점화 플러그는 고전압과 전류를 유지하여 오손된 점화플러그에서라도 실화가 일어나지 않도록 하기 위해 중심 전극 위쪽과 단자 사이에 간극을 둔 것이다.

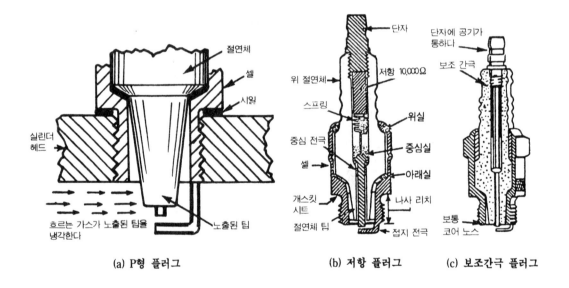

(a) P형 플러그   (b) 저항 플러그   (c) 보조간극 플러그

▲ 그림13 특수 점화 플러그의 종류

5) 점화 플러그 취급

① 점화플러그를 탈·부착시에는 전용의 렌치를 사용한다.

② 기관에 알맞는 점화 플러그 형식을 선택한다.

③ 절연체는 항상 깨끗이 하여 고전압의 플래시 오버를 방지한다.

④ 점화 플러그 청소는 플러그 청소기에서 압축공기와 모래로 한다. 이때 반드시 보안경을 착용한다.

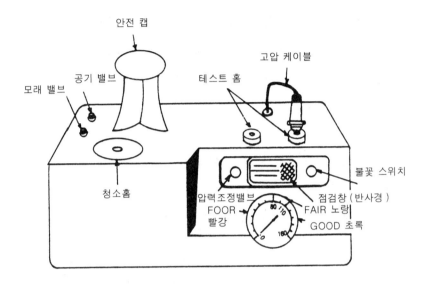

▲ 그림14　점화플러그 시험기

♣ 참고사항 ♣

❶ 점화 플러그는 2,000~4,000Km주행마다 점검하고, 15,000~20,000Km 주행마다 교환한다.

❷ 점화 플러그의 시험항목은 절연시험, 불꽃 시험, 기밀 시험 등이며, 절연저항은 10MΩ정도이다.

❸ 점화 플러그가 오손되는 원인에는 장시간 저속으로 운전할 때, 점화 플러그 열값의 부적당, 공기 청정기 엘리먼트의 막힘 등이다.

❹ 점화 플러그에서 불꽃이 발생하지 않는 원인에는

▶ 점화 스위치가 불량하다.

▶ 단속기 접점이 소손되었다.

▶ 점화코일의 1·2코일이 단락 되었거나 불량하다.

▶ 고압 케이블이 불량하다.

▶ 파워 TR이 불량하다.

6.3 전 트랜지스터식 점화장치

(1) 개 요

이 방식은 점화시기에 맞추어서 미소 신호(微小信號)를 보내어 트랜지스터의 스위칭 작용을 이용하여 점화 1차전류를 단속한다. 전 트랜지스터식의 장점은 다음과 같다.

① 저속 성능이 안정되고, 고속 성능이 향상된다.

② 점화 시기, 캠각 제어 등을 전자석으로 정확하게 조절할 수 있다.

③ 안정된 고전압을 얻을 수 있다.

④ 점화 코일의 권수비를 적게 할 수 있다.

⑤ 제어 정밀도가 높다.

⑥ 기계적 단속기가 없어 점화장치의 신뢰성이 향상된다.

(2) 구 조

전 트랜지스터식의 구조는 구형(舊形)은 픽업 코일, 마그넷 및 접점식 배전기의 캠에 해당하는 실린더 수와 같은 수의 돌기를 지닌 타이밍 로터(시그널 로터)로 구성되어 있으며, 타이밍 로터는 배전기 축에 의해 회전한다.

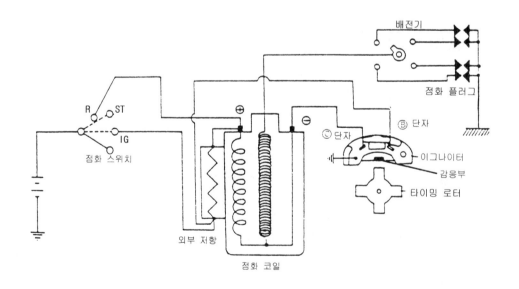

▲ 그림15 전 트랜지터식의 점화 회로도

　　기관에 의해 타이밍 로터가 회전하면 시그널 발전기에 의해 이그나이터로 전류를 공급하면 점화 코일에 흐르는 1차 전류를 트랜지스터에서 단속하는 구조로 되어 있다.

　　그러나 최근에는 단속기 접점식의 축전기와 접점 대신에 이그나이터(ignitor)를 설치하였으며 캠 대신 돌기를 부착한 타이밍로터를 설치하였다. 이그나이터는 IC이며 단속기 판에 설치되며 타이밍 로터는 배전기 축에 설치되어 배전기 축과 함께 회전한다.

(3) 작 동

　　이그나이터에는 ⑧와 ⓒ단자가 있으며, ⑧단자에는 이그나이터 내부의 IC회로를 작동시키기 위한 축전지 ⊕전기가 공급되며, 점화코일 ⊕단자와 연결되고, ⓒ단자는 점화코일 ⊖ 단자와 연결된다. 작동은 점화 스위치를 ON으로 하여 축전지 전원이 이그나이터로 공급되면 IC가 작동하며, 파형 발전기에서는 파형이 발진되어 감응 코일과 공명(resonance)하여 감응 코일에 유도된다.

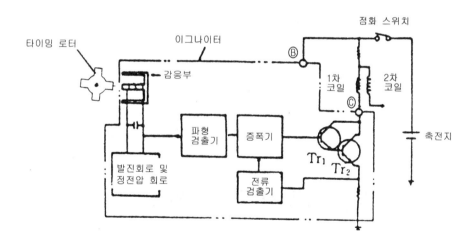

▲ 그림16　이그나이터 내부 회로도

1) 점화코일에 1차전류가 흐를 때

　　1차 전류의 통전은 타이밍 로터의 돌기부가 이그나이터의 감응부(感應部)와 떨어져 있을 때에는 감응코일에는 주파수 발전기에서 발진된 주파수가 동조(同調)유기된다. 감응코일에 주파수가 동조 되면 파형(波形) 검출기는 동조 유기된 파형을 검출한다. 검출된 파형은 증폭기가 증폭하여 Tr_1 의 베이스 전류로 공급된다.

증폭기에서 Tr_1 의 베이스 전류를 공급하면 Tr_1 이 통전되어 Tr_2 의 베이스 전류를 공급 한다. 이에 따라 Tr_2 가 통전되어 점화 1차회로가 형성되어 축전지의 전류는 이그나이터의 ⓒ단자에서 Tr_2 와 저항 R을 거쳐 전류가 흐르므로 1차 코일에 자력이 형성된다. 이 경우는 단속기 접점식에서 접점이 닫혀 점화 코일의 1차코일에 전류가 흐르는 경우와 같다.

2) 점화코일에 1차전류가 차단될 때(고전압이 발생하는 경우)

이그나이터 감응부와 타이밍 로터의 돌기가 일직선으로 정렬되면 1차전류가 차단된 구간이다. 즉, 타이밍 로터가 회전하여 타이밍 로터의 돌기부가 이그나이터 감응부에 도달하면 감응코일의 주파수 동조가 변화하여 주파수 크기가 급격하게 변화하여 주파수가 거의 0이 된다.

주파수의 크기가 0이라 함은 전류 흐름이 차단되는 것을 의미한다. 이때 파형 검출기에도 파형이 발진되지 못하므로 파형을 검출하지 못하므로 증폭기에서 증폭시킬 전압도 0V이므로 Tr_1 의 베이스에 전류 흐름이 차단되어 Tr_1 이 Off된다. 이에 따라 Tr_2 도 Off되어 1차전류가 차단된다. 1차 전류의 차단으로 유도작용에 의해 점화 코일의 2차코일에는 고전압이 유기된다.

♣ **참고사항** ♣

전 트랜지스터식 점화장치에서 타이밍 로터와 이그나이터의 간극이 크면 드웰각이 커지며 드웰각을 $62\pm2°$ 이내로 조정한 다음 점화시기를 조정하여야 한다.

6.4 컴퓨터 제어 방식 점화 장치

이 점화 방식은 기관의 회전속도, 부하 정도, 기관의 온도 등을 검출하여 컴퓨터(ECU)에 입력시키면 컴퓨터는 점화시기를 연산하여 1차전류를 차단하는 신호를 파워 트랜지스터(power TR)로 보내어 점화 코일에서 2차전압을 발생시키는 방식이다. 여기에는 HEI와 DLI가 있으며 다음과 같은 장점이 있다.

① 접점이 없어 저·고속에서 매우 안정된 불꽃을 얻을 수 있다.

② 노킹 발생시 점화 시기를 자동적으로 조정하여 노킹발생을 억제시킨다.

③ 기관 상태를 감지하여 최적의 점화시기를 자동적으로 조절한다.

④ 고출력의 점화 코일을 사용하므로 완벽한 연소가 가능하다.

(1) HEI(High Energy Ignition ; 고 강력 점화 방식)

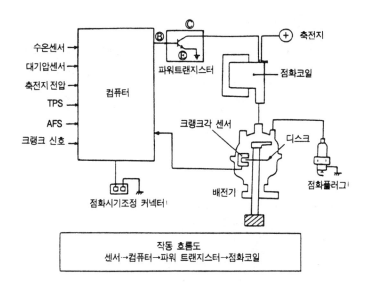

▲ 그림17　HEI의 구성도

1)점화 코일

점화 코일은 폐자로형(몰드형) 철심을 사용하여 자기 유도 작용에 의해 생성되는 자속이 외부로 방출되는 것을 방지하기 위해 철심을 통하여 자속이 흐르도록 한다. 기존의 점화 코일보다 1차코일의 저항을 감소시키고, 1차코일을 굵게 하여 더욱 큰 자속을 형성시킬 수 있어 2차전압을 향상시킬 수 있다. 또한 구조가 간단하고 내열성, 방열성이 우수하여 성능 저하가 일어나지 않는다.

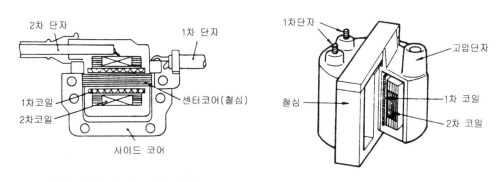

(a) 폐자로 저압 철심형 코일의 단면도　　　(b) 폐자로형 코일의 구조

▲ 그림18　폐자로형 점화 코일

2) 파워 트랜지스터(Power TR)

파워 트랜지스터는 컴퓨터에서 신호를 받아 점화 코일의 1차전류를 단속하는 작용을 한다. 구조는 컴퓨터에 의해 조절되는 베이스(B), 점화 코일과 접속되는 컬렉터(C), 그리고 접지되는 이미터(E) 단자로 구성된 NPN형이다. 파워 트랜지스터의 통전 시험은 1.5V 건전지의 ⊕를 베이스 단자에, ⊖를 이미터 단자에 접속하고 아날로그 멀티 미터의 적색 프로드는 이미터 단자에, 흑색 프로드는 컬렉터 단자에 접속한 후 점검한다.

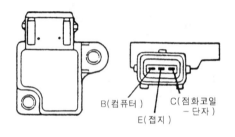

B(컴퓨터) C(점화코일 – 단자) E(접지)

◀ 그림19 파워 트랜지스터의 구조

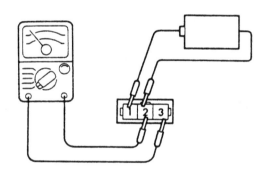

그림20 파워 트랜지스터 점검 방법 ▶

3) 배전기 어셈블리

배전기에는 크랭크 각 센서와 TDC 센서로 구성되며 이들은 전류가 흐르면 빛을 발생하는 발광 다이오드 2개와 발광 다이오드로부터 빛을 받으면 역 방향으로 전류가 흐르는 포토 다이오드가 2개씩 설치된다.

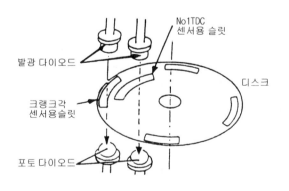

No1TDC 센서용 슬릿
발광 다이오드
디스크
크랭크각 센서용슬릿
포토 다이오드

▲ 그림21 배전기 어셈블리의 구조

또 발광 다이오드와 포토 다이오드 사이에는 빛을 단속하는 디스크가 배전기 축에 설치되어 있다.

4) 크랭크 각 센서(CAS)

이 센서는 점화시기를 결정하기 위한 것이며 크랭크 축의 위치와 회전속도를 검출하는 일을 한다. 그 구성은 발광 다이오드와 포토 다이오드, 크랭크 각 및 TDC 검출용 슬릿(slit)이 있는 디스크 등으로 구성되어 있다. 작동은 배전기 축에 의하여 디스크가 회전하면 발광 다이오드의 빛이 크랭크 각 검출용 슬릿을 통하여 포토 다이오드로 전달된다.

포토 다이오드는 이 신호를 디지털 신호로 변환하여 컴퓨터로 입력 시켜 기관의 회전속도를 연산하여 점화시기를 조절한다. 다시 디스크가 회전하여 빛을 차단하면 이때 전압이 0V가 되며 이 신호가 펄스 신호로 컴퓨터에 입력된다.

5) TDC센서

이 센서는 점화순서를 결정하기 위한 것이며 4실린더의 경우에는 1번 실린더 상사점을 검출하고, 6실린더의 경우에는 1,3,5번 실린더의 상사점을 검출하여 디지털 신호로 입력시키며 그 구조와 작용은 크랭크 각 센서와 같다.

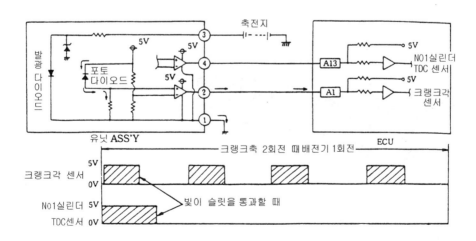

▲ 그림22   크랭크각 센서와 1번실린더 상사점 센서의 신호

♣ 참고사항 ♣

크랭크 각 센서에는 위에서 설명한 형식이외에 톤 휠(ton wheel)과 영구 자석을 이용하는 인덕션 방식(induction type)과 홀 센서(hall sensor)방식이 있다.

(2) DLI(Distributorless Ignition ; 전자 배전 점화 방식)

트랜지스터식 및 HEI 등에서는 1개의 점화 코일에 의해 고전압을 발생시켜 배전기와 고압 케이블을 거쳐 점화 플러그로 공급한다. 이 과정에서 기계력으로 배전을 하므로 전압 강하가 발생한다.

또, 배전기 내의 로터와 배전기 캡 전극 사이의 에어 갭(air gab)을 뛰어 넘어야 하므로 에너지 손실이 발생하고 전파잡음의 원인이 되기도 한다. 이와같은 배전기식 점화 방식의 고전압 배전중에 일어나는 단점을 보완한 점화방식이다.

1) 종류와 그 특징

DLI는 전자 제어 방식에 따라 점화 코일 분배식과 다이오드 분배식이 있으며, 점화 코일 분배식에는 1개의 점화 코일로 2개의 실린더에 동시에 고전압을 분배하는 동시 점화식과 각 실린더마다 1개의 점화 코일과 1개의 점화 플러그가 결합되어 직접 점화시키는 독립 점화식이 있으나 주로 동시 점화식을 사용한다. DLI의 장점은 다음과 같다.

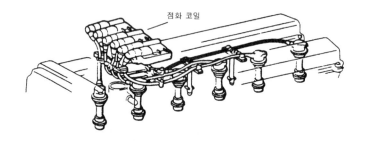

점화 코일

◀ 그림23 동시 점화 방식

① 배전기에서 누전(漏電)이 없다.
② 배전기 로터와 접지전극 사이의 고전압 에너지 손실이 없다.
③ 배전기 캡에서 발생하는 전파잡음이 없다.

④ 점화 진각폭의 제한이 없다.

⑤ 고전압 출력을 감소시켜도 방전 유효에너지 감소가 없다

⑥ 내구성이 크고, 전파방해가 없어 다른 전자제어장치에도 유리하다.

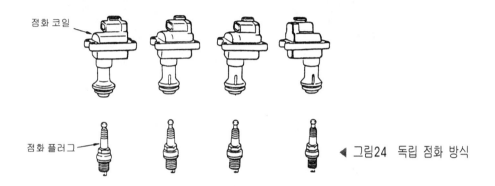

점화 코일

점화 플러그

◀ 그림24 독립 점화 방식

1) 구성과 그 작동

DLI의 구성은 컴퓨터 신호에 의해 1차전류를 단속하는 파워 트랜지스터, 파워 트랜지스터의 작동에 따라 고전압을 유도하는 점화 코일, 크랭크각 센서와 상사점 센서 등으로 구성되어 있다.

① 점화 코일과 파워 트랜지스터

점화 코일은 2개의 폐자로형(몰드형)을 1개로 결합하여 실린더 헤드에 설치하였으며, 이 점화 코일은 한 개의 점화 코일에서 2개의 실린더로 동시에 고전압을 보낼 수 있도록 되어 있다.

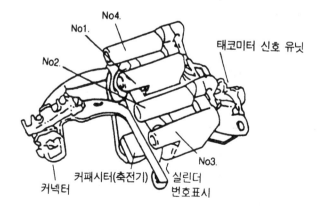

▲ 그림25 점화 코일

점화 코일의 1차전류를 단속하는 파워 트랜지스터는 컴퓨터의 신호에 의해 작동한다.

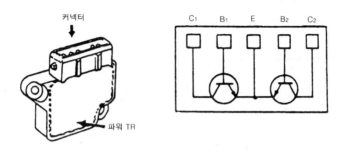

▲ 그림26 파워 트랜지스터의 구조와 회로도

② 크랭크각 센서(CAS)와 상사점 센서

크랭크각 센서는 디스크 바깥쪽에 설치된 4개의 슬릿(slit)에 의해 각 실린더의 크랭크각을 검출하여 그 신호를 컴퓨터로 보낸다. 컴퓨터는 이 신호를 이용하여 기관 회전속도 및 1행정 당의 흡입 공기량을 연산하고, 또 점화 진각을 계산하여 점화 코일의 1차전류 전속 신호를 파워 트랜지스터로 보낸다.

상사점(TDC)센서는 디스크 안쪽에 설치된 2개의 슬릿에 의해 제1번과 제4번 실린더의 압축 상사점을 검출하여 컴퓨터로 보내며, 컴퓨터는 이 신호를 기초로 연료 분사 시기와 점화할 실린더를 결정한다.

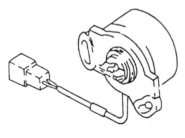

1번 실린더
TDC 센서용 슬릿

크랭크각
센서용 슬릿

4번 실린더
TDC 센서용 슬릿

◀ 그림27 크랭크각 센서의 외관과 디스크의 구조

2) 동시 점화방식의 작동

　　DLI의 점화시기 조절은 기관의 각종 센서들로부터 신호를 받은 컴퓨터는 그 자체에 미리 설정된 데이터(data)와 비교한 후 최적의 점화진각 값으로 연산하여 2개의 파워 트랜지스터로 보내준다.

　　파워 트랜지스터의 작동에 따라 2개의 점화 코일에 흐르는 1차전류가 단속되며, 2차코일에 유도된 고전압은 1(4)→3(2)→4(1)→2(3) 점화순서로 분배되어 동시에 점화한다.(단, 괄호 속의 번호는 동시에 점화되는 실린더 임) 컴퓨터의 신호에 따라 파워 트랜지스터 ⒜가 ON이 되면 점화 코일 ⒜의 1차전류가 ON이 되고, 파워 트랜지스터 ⒜가 Off되면 점화 코일⒜의 2차코일에는 ⊕, ⊖양 극성의 고전압이 유도된다.

　　이때 점화 코일에서 유도된 고전압은 2개의 단자를 통하여 제1번과 제4번 실린더로 공급되며, 제1번 실린더에는 ⊖극성의 고전압이, 제4번 실린더에는 ⊕극성의 고전압이 공급된다. 이에 따라 제1번 실린더가 압축 행정이면 제4번 실린더가 배기행정이며, 제4번 실린더가 압축행정이면 제1번 실린더는 배기행정이므로 실질적인 점화는 2개의 실린더 중 1개의 실린더의 압축행정에서만 형성된다.

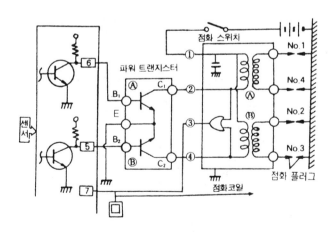

▲ 그림28　점화 회로도

　　기관의 압축 행정에서 공기 분자의 밀도가 크기 때문에 기관에서 요구하는 전압은 높게 되며, 배기 행정에서는 압축 행정에 비해 거의 무저항 상태로 방전되므로 2개 극성 대부분의 고전압이 압축 행정에 있는 점화 플러그로 가해진다. 따라서 이 2개 극성의 고전압은 기존의 점화장치에서 1개의 점화 플러그에 의해 불꽃 방전시키는 경우와 비교하여도 방전 전압에는 별 차이가 없다.

3) 점화 배전 제어

컴퓨터는 상사점 센서(제1번과 제4번 실린더 상사점)의 신호를 기준으로 점화시킬 실린더를 결정하고, 크랭크각 센서 신호를 기준으로 점화 시기를 연산하여 점화 코일의 1차전류 단속 신호를 파워 트랜지스터로 보낸다. 컴퓨터에 크랭크 각 센서의 High(논리 1)신호가 입력되고, 상사점 센서의 High신호가 입력되면 컴퓨터는 제1번 실린더가 압축 행정임을 판단하여 파워 트랜지스터Ⓐ를 Off시켜 제1번과 제4번 실린더에 고전압을 보내 준다.

또 크랭크각 센서의 High신호가 입력되고, 상사점 센서의 Low(논리 0)신호가 입력되면 제3번 실린더가 압축 행정(제2번 실린더는 배기 행정) 임을 판단하여 파워 트랜지스터Ⓑ를 Off시켜 제3번과 제2번 실린더로 고전압을 보낸다. 이와같이 컴퓨터는 크랭크각 센서와 상사점 센서의 신호에 따라 파워 트랜지스터 Ⓐ와 Ⓑ를 번갈아 선택하면서 Off시켜 점화 배전을 한다.

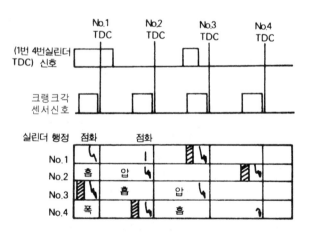

▲ 그림29 각 실린더 점화 배전

♣ 참고사항 ♣

컴퓨터 제어 점화장치에 점화 신호용에 사용되는 센서에는 크랭크 각 센서, TDC센서, 냉각 수온센서 등이 있다.

제7절   충전 장치

자동차에 부착된 모든 전장부품은 발전기나 축전지로부터 전력을 공급받아 작동한다. 그러나 축전지는 방전량에 제한이 따르고, 기관 시동을 위해 항상 완전 충전상태를 유지하여야 한다. 이를 위해 설치된 발전기를 중심으로 한 일련의 장치들을 충전장치라고 한다.

7.1 직류(DC) 충전 장치

(1) 직류 발전기의 원리

1) 유기 전압과 전력

N, S극에 의한 자계 내에서 도체 a, b를 회전시키면 플레밍의 오른손 법칙에 따라 도체 내의 화살표 방향으로 기전력이 유기된다. 또 도체가 180° 회전하면 도체 내의 기전력의 방향은 반대로 된다(즉, 교류(AC)가 발생됨).

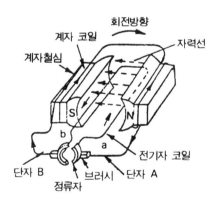

▲ 그림1 직류 발전기의 원리

이 교류를 정류자와 브러시를 통하여 직류로 변화시켜 단자 A, B사이에는 직류가 얻어진다. 이 작용을 정류작용(整流作用)이라고 한다. 그리고 발전기는 구동 벨트를 통하여 크랭크 축에 의해 구동된다.

♣ 참고사항 ♣

　　정류작용 : 기계력에 의해 발전하는 회전형 발전기는 모두 교류(AC)가 발생한다. 자동차에서는 축전지를 충전하기 위해 직류로 바꾸어야 한다. 즉, 교류를 한쪽방향의 흐름(직류)으로 바꾸는 작용을 말한다. 또 정류기의 종류에는 텅가 벌브 정류기(tunger bulb rectifier), 셀렌 정류기(selenium rectifier) 및 실리콘 다이오드 등이 있다.

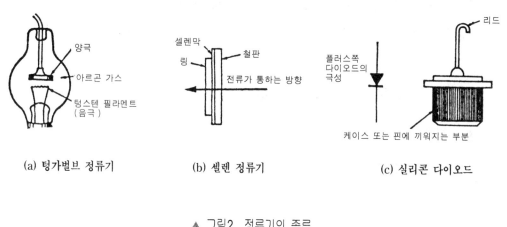

(a) 텅가벌브 정류기　　　　(b) 셀렌 정류기　　　　(c) 실리콘 다이오드

▲ 그림2　정류기의 종류

2) 직류 발전기의 여자 방식

　여자(excite)란 발전기의 계자 코일에 전류를 흐르게 하면 자속이 발생되는 현상을 말하며, 직류 발전기는 전기자가 처음 회전할 때에는 계자 철심에 남아 있는 잔류 자기(殘留磁氣)를 기초로 발전을 시작하는 자려자식 발전기이다. 다음에 발전기 자신의 전기자 코일에서 발생한 전류의 일부를 계자 코일에 공급하여 계자 철심을 자화시키도록 되어 있다. 그리고 직류 발전기는 계자(field)로 출력을 제어하므로 전기자 코일과 계자 코일이 병렬로 결선된 분권식을 사용한다.

♣ 참고사항 ♣

❶ 자려자식 : 직류 발전기는 계자 철심의 잔류자기를 기초로 발전을 시작하므로 자려식이라고 한다.

❷ 타려자식 : 교류 발전기는 발전 초기에 축전지 전류를 공급받아 로터 코일을 여자시키므로 타려자식 이라고 한다.

(2) 직류 발전기의 구성

직류 발전기는 전기자 코일과 정류자, 계철과 계자 철심, 계자 코일과 브러시 등으로 구성되어 있다

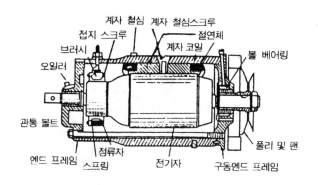

▲ 그림3 직류 발전기의 구조

1) 전기자와 정류자

전기자는 계자 내에서 회전하며 전류를 발생시키는 것이다. 전기자 코일의 양끝은 정류자편에 납땜되어 있으며, 전기자 코일에서 발생한 교류(AC)를 정류자와 브러시를 거쳐 직류로 정류하여 외부로 공급한다.

2) 계철과 계자 철심(yoke & pole core)

계철은 자력선의 통로가 되는 부분을 말하며, 계자 철심은 계자 코일에 전류가 흐르면 각각 강력한 전자석으로 되어 N극과 S극을 형성한다.

3) 계자 코일(field coil)

계자 철심 주위에 감겨져 있는 코일을 말하며, 전류가 흐르면 계자 철심을 자화시킨다.

4) 브러시(brush)

브러시는 정류자와 접촉하여 전기자에서 발생한 교류를 직류로 정류하여 외부로 공급하는 일을 한다. 재질은 정류자 마멸을 감소시키기 위해 전기 흑연계의 것을 사용한다.

(3) 직류 발전기 조정기

발전기는 그 구조상 엔진의 회전속도가 증가하면 전압과 전류가 모두 커진다. 따라서 발전기

에서 발생되는 전압과 전류를 조절하여 전장품과 발전기 자체를 보호하는 조정기(regulator)를 두어야 한다. 직류 발전기 조정기에는 컷 아웃 릴레이, 전압 조정기, 전류 제한기 등의 3유닛으로 되어 있다. 그리고 발전기 조정기는 계자 코일에 흐르는 전류의 크기를 조절하여 발생되는 진압과 전류를 조절한다.

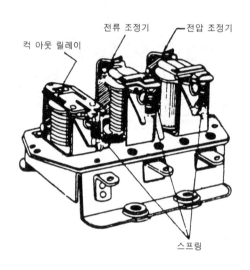

전류 조정기   전압 조정기

컷 아웃 릴레이

스프링

▲ 그림4 직류 발전기 조정기

♣ 참고사항 ♣

　　발전기의 출력은 전기자 코일의 권수, 계자의 세기, 단위 시간당 자속을 자르는 횟수(전기자의 회전수)에 따라 결정된다. 따라서 기관의 회전속도가 증가하면 발전기의 발생전압과 전류가 모두 증가한다.

1) 컷 아웃 릴레이(cut-out relay)

　컷 아웃 릴레이는 발전기가 정지되어 있거나 발생전압이 낮을 때 축전지에서 발전기로 전류가 역류하는 것을 방지하는 장치이다. 발생 전압이 상승하여 컷 아웃 릴레이에서 축전지로 전류가 흐르면 접점이 닫히며 이를 컷인(cut-in)이라고 하며 이때의 전압을 컷인 전압(충전 전압)이라고 한다. 컷인 전압(충전 전압)은 12V축전지의 경우 13.8~14.8V정도이다.

2) 전압 조정기

전압 조정기는 발전기의 발생 전압을 일정하게 유지하기 위한 장치이며, 발생 전압이 규정보다 증가하면 계자 코일에 직렬로 저항을 넣어 여자 전류를 감소시켜 발생 전압을 감소시키고, 발생전압이 낮으면 저항을 빼내어 규정 전압으로 회복시킨다.

3) 전류 제한기(전류 조정기)

전류 제한기는 발전기의 발생 전류를 조절하여 발전기 자체에 규정 출력 이상의 전기적 부하가 가해지지 않도록 하여 발전기 자체가 소손되는 것을 방지한다.

7.2 교류(AC) 충전 장치

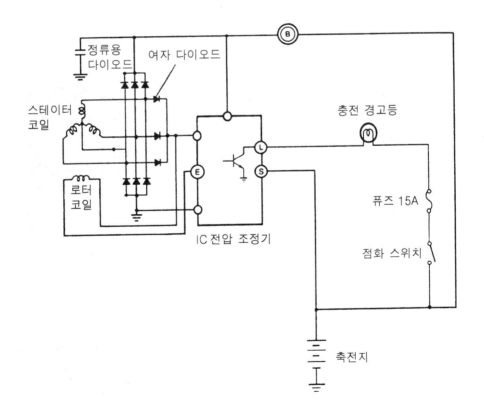

▲ 그림5 교류 충전 장치의 회로도

(1) 교류 발전기(알터네이터)의 특징

① 저속에서도 충전이 가능하다.

② 회전부에 정류자가 없어 허용 회전속도 한계가 높다.

③ 실리콘 다이오드로 정류하므로 전기적 용량이 크다.

④ 소형 경량이며, 브러시 수명이 길다.

⑤ 전압 조정기만 필요하다.

⑥ AC발전기는 극성을 주지 않는다.

(2) 교류 발전기의 구조

교류 발전기는 고정부인 스테이터(고정자), 회전하는 부분인 로터(회전자), 로터의 양끝을 지지하는 엔드 프레임(end frame) 그리고 스테이터 코일에서 유기된 교류를 직류로 정류하는 실리콘 다이오드로 구성되어 있다.

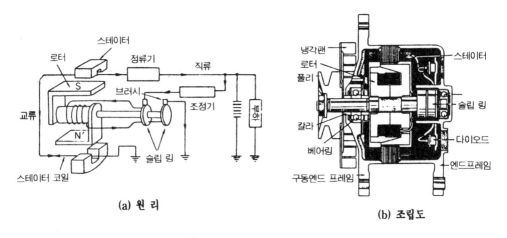

(a) 원 리   (b) 조립도

▲ 그림6 교류 발전기의 구조

1) 스테이터(stator)

스테이터는 직류 발전기의 전기자에 해당되며, 독립된 3개의 코일이 감겨져 있고 여기에서 3상 교류가 유기된다.

그림7 스테이터 ▶

스테이터 코일의 접속 방법에는 Y결선(스타 결선)과 삼각형 결선(델타 결선)이 있으며, Y결선이 삼각형 결선에 비하여 선간 전압이 각 상전압의 √3배가 높아 기관이 공회전할 때에도 충전 가능한 전압이 유기된다.

♣ 참고사항 ♣

❶ 3상교류(three phase AC) : 단상교류 3개를 조합한 것으로서 권수(卷數)가 같은 3개의 코일을 120° 간격을 두고 철심을 감은 후 자석을 일정 속도로 회전시키면 각 코일에 기전력이 발생된다.

❷ Y결선 : 이것은 각 코일의 한 끝을 공통점 0(중성점)에 접속하고, 다른 한끝 셋을 끌어낸 것이다.

❸ 삼각형(delta)결선 : 이것은 각 코일의 끝을 차례로 접속하여 둥글게 하고, 각 코일의 접속점에서 하나씩 끌어낸 것이다.

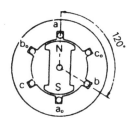
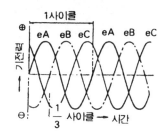

(a) 3상 교류 발전기의 단면   **(b) 3상 교류 기전력**

▲ 그림8   3상 교류

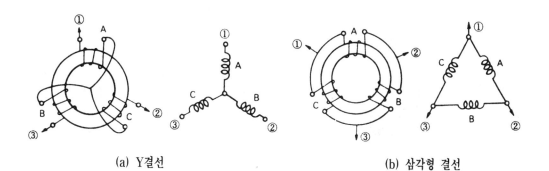

(a) Y결선   (b) 삼각형 결선

▲ 그림9   결선 방법

2) 로 터(rotor)

로터는 직류 발전기의 계자 코일과 철심에 해당되며 자극을 형성한다. 로터의 자극편은 코일에 여자전류가 흐르면 N극과 S극이 형성되어 자화되며, 로터가 회전함에 따라 스테이터 코일의 자력선을 차단하므로 전압이 유기된다.

그리고 슬립링(slip ring)은 축과 절연되어 있으며 각각 로터 코일의 양끝과 연결되어 있다. 이 슬립링 위를 브러시가 미끄럼 운동하면서 로터 코일에 여자 전류를 공급한다. 로터(계자)코일이 단락되면 로터 코일에 과대한 전류가 흐른다.

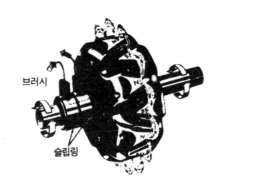

브러시

슬립링

◀ 그림10   로 터

3) 정류기(rectifier)

교류 발전기에서는 실리콘 다이오드를 정류기로 사용한다. 교류 발전기에서 다이오드의 기능은 스테이터 코일에서 발생한 교류를 직류로 정류하여, 외부로 공급하고, 또 축전지에서 발전기로 전류가 역류하는 것을 방지한다. 다이오드수는 ⊕ 쪽에 3개, ⊖쪽에 3개씩 6개를 두며, 최근에는 여자 다이오드를 3개 더 두고 있다.

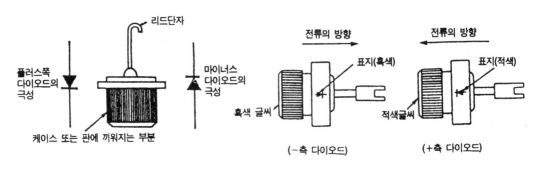

▲ 그림11   다이오드

그리고 다이오드의 과열을 방지하기 위해 엔드 프레임에 히트 싱크(heat sink)를 두고 있다 교류 발전기는 로터(계자) 철심의 잔류 자기만으로는 발전이 어렵기 때문에 타려자 한다. 그 이유는 실리콘 다이오드의 사용에 있다.

즉, 실리콘 다이오드에 인가되는 전압이 매우 낮을 경우에는 큰 저항비를 나타내므로 발전기의 회전속도가 상당히 크지 않으면 전류가 흐르지 않기 때문이다. 그리고 축전지의 단자 전압보다 발전기의 발생 전압이 높아지면 자동적으로 충전을 시작한다.

(3) 교류 발전기 조정기

교류 발전기의 조정기는 전압 조정기만 필요하며, 현재는 트랜지스터형이나 IC 조정기를 사용한다.

1) 트랜지스터형 전압 조정기

트랜지스터 베이스의 전류를 단속하는 제너 다이오드를 사용하며 트랜지스터 T_1 의 베이스 전류 조절은 트랜지스터 T_2 에 의하며, T_2 의 베이스 전류 조절은 제너 다이오드로 한다. 작용은 다음과 같다. 점화 스위치를 ON으로 하면 축전지에서 트랜지스터 T_1 의 이미터, 베이스를 거쳐 컬렉터로 전류가 흐른다.

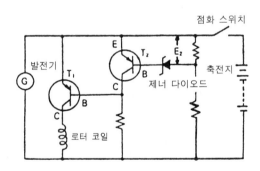

▲ 그림12 트랜지스터형 전압 조정기

이에 따라 트랜지스터 T_1 이 통전되어 발전기 로터 코일로 전류가 흐른다. 발전기 회전속도가 상승하여 발생 전압이 증가하면 제너 다이오드에 가해지는 전압도 그 만큼 커지며 나중에는 제너 전압에 이르러 통전상태가 된다. 따라서 트랜지스터 T_2 의 베이스 전류가 흘러 트랜지스터 T_2 의 이미터, 컬렉터 사이가 통전된다. 트랜지스터 T_2 가 통전되면 트랜지스터 T_1 의 전류가 차단되어 로터 코일에 전류가 흐르지 않게 되어 전압이 강하된다.

여기서 규정 전압 이상이 되었을 때 E_2가 제너 전압이 되게 하면 이 규정전압을 기준으로 하여 출력전압이 단속(斷續) 조절된다.

2) IC형 전압 조정기

✤ 특 징

① 배선을 간소화 할 수 있다.

② 진동에 의한 전압 변동이 없고, 내구성이 크다.

③ 조정 전압의 정밀도 향상이 크다.

④ 내열성이 크며, 출력을 증대시킬 수 있다.

⑤ 초소형화 할 수 있어 발전기 내에 설치할 수 있다.

⑥ 축전지 충전성능이 향상되고, 각 전기부하에 적절한 전력공급이 가능하다.

✤ 작 동

① 기관이 정지된 상태에서 점화 스위치를 ON으로 하였을 때

점화 스위치를 ON으로 하면 교류 발전기의 IG단자 및 충전 경고등 릴레이 IG단자와 A단자를 거쳐 교류 발전기의 L단자로부터 트랜지스터 Tr_1의 베이스로 흐르기 때문에 Tr_1이 ON으로 된다.

Tr_1이 ON이 되면 교류 발전기의 L단자와 IG단자를 거쳐 로터 코일로부터 Tr_1으로 축전지 전류(계자전류)가 흘러 로터가 여자된다. 이때 충전 경고등 릴레이의 코일에 축전지 전류가 흘러 코일에 발생하는 자력(磁力)으로 접점이 닫혀 경고등이 점등된다. 또 초기 여자저항(R_4)은 저항이 크기 때문에(약 100Ω) 점화 스위치를 Off로 하지 않았을 때 로터 코일에 흐르는 전류를 제한하여 축전지의 방전을 방지한다.

② 기관이 시동되어 교류 발전기가 발전을 시작할 때

교류 발전기의 발생 전압이 축전지 단자 전압 이상(12V 축전지의 경우 13.8~14.8V)되면 B단자로부터 축전지로 충전을 시작한다. 이때 교류 발전기의 L단자도 전압이 상승하여 충전 경고등 릴레이 IG단자 사이의 전압 차이가 없어져 충전 경고등 릴레이 코일에는 전류가 차단되어 접점이 열림으로써 경고등이 소등(消燈)된다.

또 스테이터 코일의 전압에 의해 여자 다이오드를 통과한 전류는 역류 방지용 다이오드 (D_2)에 의해서 축전지나 부하로 흐르지 않고 로터 코일과 조정기의 L단자로 흐른다.

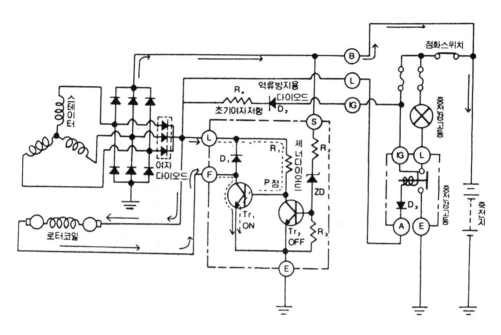

▲ 그림13 IC 조정기 회로도

③ 기관이 고속으로 회전하여 교류 발전기의 발생전압이 규정값 이상 되었을 때

이때는 전압 조정기의 S단자로부터 저항 R_2를 지나서 제너 다이오드(ZD)를 거쳐 트랜지스터 Tr_2의 베이스로 전류가 흘러 Tr_2가 ON이 되면 P점에서의 전압은 지금까지 트랜지스터 Tr_1의 베이스 전류가 흐르기 위한 전압을 유지하기 위한 것이었다. 그러나 Tr_2의 ON에 의해 갑자기 전압이 강하하여 Tr_1의 베이스 전류가 차단되어 Tr_1은 Off된다.

따라서 로터 코일의 여자전류가 차단되어 교류 발전기의 발생전압이 낮아진다. 교류발전기의 발생전압이 조정 전압보다 낮아지면 제너 다이오드에 전류가 흐르지 않게 되며 이에 따라 Tr_2는 Off되고, Tr_1은 다시 ON으로 되어 다시 전압발생이 회복된다.

이와 같이 제너 다이오드의 작동으로 트랜지스터 Tr_1 및 Tr_2를 번갈아 ON, Off시킴으로써 로터 코일에 흐르는 여자 전류를 단속하여 발생 전압을 일정하게 유지시킨다.

7.3 전류계와 충전 경고등

(1) 전류계(ampere meter)

전류계는 축전지의 충·방전 상태와 그 크기를 알려주는 계기이다. 눈금판은 0을 중심으로 하여 좌우로 균일하게 눈금이 새겨져 있으며 0에서 오른쪽으로 바늘이 움직이면 충전을, 왼쪽으로 움직이면 방전을 표시한다. 그리고 전류의 크기는 바늘의 움직임 크기로 표시하며, 전류계는 바이메탈을 이용하지 아니하고 영구자석과 전자석으로 조립되어 있다.

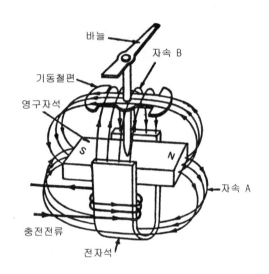

그림14 전류계의 구조 ▶

(2) 충전 경고등

충전 경고등은 경고등의 점멸로 충·방전 상태를 표시한다. 즉, 기관이 정상 작동중에 축전지를 중심으로 한 충전계통이 정상이면 소등되고, 이상이 있으면 점등되어 경고한다.

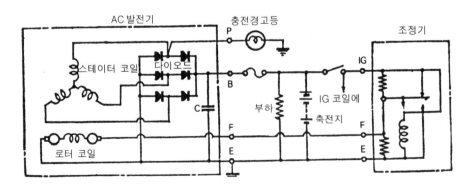

▲ 그림15 단상 검출식의 회로도

종류에는 스테이터 코일의 결선 중성점의 전압을 검출하여 릴레이를 개폐시켜 충전 경고등을 점멸하는 3상 중성점 검출 방식과 스테이터 코일의 3상단자 중 1개의 단자와 접지 사이의 전압을 검출하여 작동시키는 단상 전압 검출 방식이 있다.

제8절　등화 장치

8.1　전 선(電線)

자동차 전기 회로에서 사용하는 전선은 피복선과 비피복선이 있으며, 비피복선은 접지용으로 일부 사용되며 대부분 무명(cotton), 명주(silk), 비닐 등의 절연물로 피복된 피복선을 사용한다. 특히 고압 케이블은 내 절연성이 매우 큰 물질로 피복되어 있다.

♣ 참고사항 ♣

전선의 규격 표시 방법

1.25RG로 표시되어 있는 경우에는 1.25는 전선의 단면적(㎟), R은 바탕색, G는 삽입색을 의미한다.

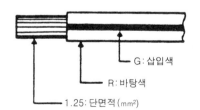

　　G : 삽입색
　　R : 바탕색
　　1.25 : 단면적 (mm²)

◀ 그림1　전선 규격 표시 방법

그리고 배선 방법에는 단선식과 복선식이 있으며, 단선식은 부하의 한끝을 자동차 차체에 접지하는 방식이며 접지쪽에서 접촉불량이 생기거나 큰 전류가 흐르면 전압 강하가 발생하므로 작은 전류가 흐르는 부분에서 사용한다. 복선식은 접지쪽에도 전선을 사용하는 방식으로 주로 전조등과 같이 큰 전류가 흐르는 회로에서 사용된다.

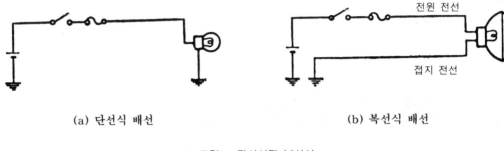

(a) 단선식 배선   (b) 복선식 배선

▲ 그림2   단선식과 복선식

8.2   조명의 용어

(1) 광 속(光速)

광속이란 광원(光源)에서 나오는 빛의 다발을 말하며, 단위는 루멘(lumen, 기호는 lm)이다.

(2) 광 도(光度)

광도란 빛의 세기를 말하며 단위는 캔들(candle, 기호는 cd)이다. 1 캔들은 광원에서 1m 떨어진 1㎡의 면에 1m의 광속이 통과하였을 때의 빛의 세기이다.

(3) 조 도(照度)

조도란 빛을 받는 면의 밝기를 말하며, 단위는 룩스(lux, 기호는 Lx)이다. 빛을 받는 면의 조도는 광원의 광도에 비례하고, 광원의 거리의 2승에 반비례한다. 즉, 광원으로부터 r(m)떨어진 빛의 방향에 수직한 빛을 받는 면의 조도를 Lux, 그 방향의 광원의 광도를 cd라고 하면 다음과 같이 표시한다.

$$Lux = \frac{cd}{r^2}$$

8.3 전조등(head light)과 그 회로

(1) 전조등

전조등에는 실드 빔식(sealed beam type)과 세미 실드 빔식(semi sealed beam type)이 있다. 램프(lamp)안에는 2개의 필라멘트가 있으며, 1개는 먼 곳을 비추는 하이 빔(high beam)의 역할을 하고, 다른 하나는 시내 주행시나 교행할 때 대향 자동차나 사람이 현혹되지 않도록 광도를 약하게 하고, 동시에 빔을 낮추는 로우 빔(low beam)이 있다.

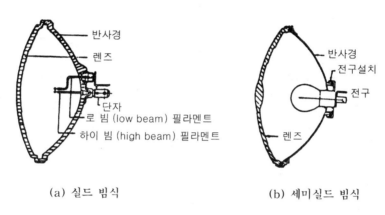

(a) 실드 빔식   (b) 세미실드 빔식

▲ 그림3 전조등

1) 실드 빔식

이 형식은 렌즈·반사경 및 필라멘트를 일체로 한 것이다. 즉 반사경에 필라멘트를 붙이고 여기에 렌즈를 녹여 붙인 후 내부에 불활성 가스를 넣어 그 자체가 1개의 전구가 되도록 한 것이다. 이 형식의 특징은 다음과 같다.

① 대기(大氣)의 조건에 따라 반사경이 흐려지지 않는다.
② 사용에 따르는 광도의 변화가 적다.
③ 필라멘트가 끊어지면 렌즈나 반사경에 이상이 없어도 전조등 전체를 교환하여야 한다.

2) 세미 실드 빔식

이 형식은 렌즈와 반사경은 녹여 붙였으나 전구는 별개로 설치한 것이다. 필라멘트가 끊어지면 전구만 교환하면 된다. 그러나 전구 설치 부분으로 공기 유통이 있어 반사경이 흐려지기 쉽다.

(2) 전조등 회로

전조등 회로는 퓨즈, 라이트 스위치, 디머 스위치(dimmer switch) 등으로 구성되어 있으며, 양쪽의 전조등은 하이 빔(high beam)과 로우 빔(low beam)별로 병렬(竝列)로 접속되어 있다. 라이트 스위치는 2단으로 작동하며 스위치를 움직이면 내부의 접점이 미끄럼 운동하여 전원과 접속하게 되어 있다. 디머 스위치는 라이트 빔을 하이 빔과 로우 빔으로 바꾸는 스위치이다.

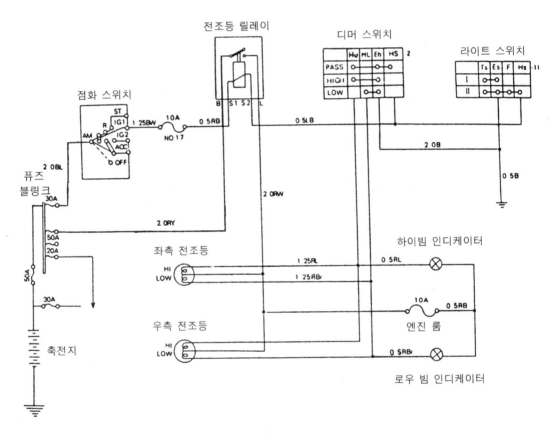

▲ 그림4 전조등 회로

(3) 전조등 시험기의 종류

1) 스크린식

이 형식은 시험기를 자동차 전방(前方)에 바르게 세우고, 수준 조정 스크루로 조정하고 전조등과 시험기와의 거리를 3m로 한 후 측정한다.

2) 집광식

이 형식은 전조등 앞면 1m되는 곳에 자동차의 중심과 렌즈가 직각이 되게 설치하고, 전조등 주광축의 조사광을 광전지로 받아서 그 빛의 세기에 의해 광전지에 발생한 작은 전류를 조도계, 좌우계 및 고저계에 나타나게 한 것이다.

3) 투영식

이 형식은 최근에 개발된 것으로 전조등과 시험기와 3m거리에서 측정한다.

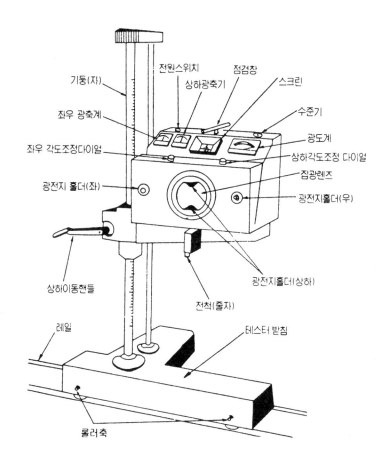

▲ 그림5 투영식 전조등 시험기

그리고 전조등을 시험할 때에는 다음 사항에 주의하여야 한다.

① 각 타이어 공기압력을 규정값으로 한다.

② 수평인 장소에서 측정한다.

③ 전구·렌즈 및 반사경이 모두 정상이어야 한다.

④ 광도를 측정할 때 전조등을 깨끗이 닦아야 한다.

⑤ 광도는 자동차 안전 기준에 맞아야 한다.

(4) 전조등 고장 진단

1) 점등되지 않는 경우

① 불완전한 설치에 의한 경우

② 라이트 스위치의 불량에 의한 경우

③ 디머 스위치의 작동 불량에 의한 경우

④ 배선의 헐거움 등에 의하는 경우

⑤ 퓨즈 홀더의 헐거움, 접촉 불완전, 퓨즈의 단선 등에 의한 경우

2) 전조등의 조도(밝기) 부족 원인

① 렌즈 안팎의 물방울의 부착되었다.

② 반사경의 흐려짐

③ 전구의 장시간 사용에 의한 열화

④ 전구의 설치 위치가 바르지 않을 때

⑤ 설치부 스프링 피로에 의한 주광축의 처짐

⑥ 접속 부분의 불완전(퓨즈, 각 배선 단자의 접촉 불량, 전구의 설치 불량 등)

3) 주광축이 틀려지는 원인

① 전조등 시험기로 시험할 때 시험기 앞면과 차량 중심이 직각을 이루지 않았다.

② 전조등 설치부 스프링의 피로

③ 전조등의 조정불량

④ 타이어 공기압력의 부적합

⑤ 현가 스프링의 피로, 절손에 의한 차량의 경사

8.4　방향 지시등(方向指示燈)

(1) 구조와 작용

　방향 지시등은 자동차의 진행방향을 바꿀 때 사용하는 것이며 플래셔 유닛(flasher unit)을 사용하여 램프에 흐르는 전류를 일정한 주기(자동차 안전 기준상 매분당 60회 이상 120회 이하)로 단속·점멸하여 램프를 점멸시키거나 광도를 증감시킨다. 플래셔 유닛의 종류에는 전자 열선식, 축전기식, 수은식, 스냅 열선식, 바이메탈식, 열선식 등이 있으며 여기서는 현재 주로 사용하고 있는 전자 열선식의 작동에 대하여 설명한다.

　전자 열선식(電子熱線式) 플래셔 유닛은 열에 의한 열선(heat coil)의 신축(伸縮)작용을 이용한 것이며 중앙에 있는 전자석과 이 전자석에 의해 끌어 당겨지는 2조의 가동접점으로 구성되어 있다. 방향지시기 스위치를 좌우 어느 방향으로 넣으면 접점 P_1은 열선의 장력에 의해 열려지는 힘을 받고 있다. 따라서 열선이 가열되어 늘어나면 닫히고, 냉각되면 다시 열리며 이에 따라 방향 지시등이 점멸하게 되고 접점 P_2는 파일럿 등을 점멸시킨다.

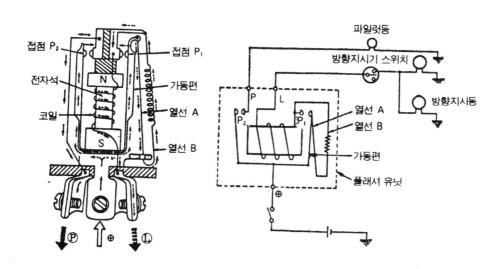

▲ 그림6　전자 열선식 플래셔 유닛

(2) 고장진단

1) 방향지시등의 고장사항

① 전혀 점멸 작동을 하지 않는 경우

② 점멸 작동에 이상이 있는 경우

③ 가끔씩 점멸 작동을 하는 경우

④ 지시등이 점등 채로 있는 경우

2) 좌·우의 점멸횟수가 다르거나 한 쪽만이 작동되는 원인

① 규정 용량의 전구를 사용하지 않았다.

② 접지가 불량하다.

③ 전구 1개가 단선 되었다.

④ 플래셔 스위치에서 지시등 사이에 단선이 있다.

3) 점멸이 느린 원인

① 전구의 용량이 규정보다 작다.

② 전구의 접지가 불량하다.

③ 축전지 용량이 저하되었다.

④ 퓨즈 또는 배선의 접촉이 불량하다.

⑤ 플래셔 유닛에 결함이 있다.

4) 점멸이 빠른 원인

① 전구의 용량이 규정보다 크다.

② 플래셔 유닛이 불량하다.

제9절 경음기(Horn)

경음기의 종류에는 전기식과 공기식이 있다. 전기식의 작동은 경음기 스위치를 ON으로 하면 전류가 축전지에서 접점을 거쳐 코일에 흘러 가동 볼트를 흡인(吸引)한다. 가동 볼트가 흡인되면 접점이 열려 전류가 차단된다. 전류가 차단되면 스톱 스크루(stop screw)의 자력(磁力)이 소멸되며 이에따라 다이어프램과 접점이 스프링의 장력으로 되돌아가 접점이 닫힌다.

접점이 닫히면 다시 코일에 전류가 흘러 가동 볼트를 흡인한다. 이 작동을 반복하여 다이어프램을 일정한 주기로 진동시켜 음(音)을 발생케 한 후 트럼펫을 거쳐서 바깥쪽으로 내보낸다.

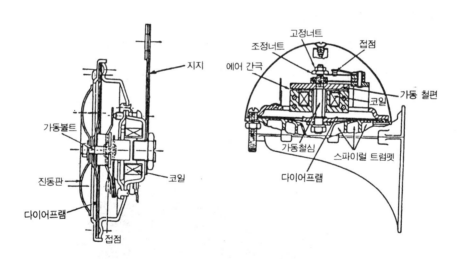

▲ 그림1 경음기의 구조

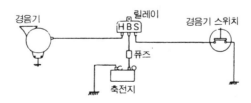

▲ 그림2 경음기의 회로도

윈드실드 와이퍼
(Wind Shield Wiper ; 창닦이기)

10.1 구조와 작동

윈드 실드 와이퍼는 비나 눈이 올 때 운전자의 시야(視野)가 방해되는 것을 방지하기 위해 앞창유리를 닦아내는 작용을 한다. 구조는 와이퍼 전동기, 와이퍼 암과 블레이드 등으로 구성되어 있다.

(1) 와이퍼 전동기(wiper motor)

구조는 직류 복권식 전동기(전기자 코일과 계자 코일이 직·병렬 연결된 것)를 사용하며 전기자 축의 회전을 약 1/90~1/100의 회전속도로 감속하는 기어와 블레이드가 항상 창유리 아래쪽으로 내려갔을 때 정지되도록 하기 위한 자동 정위치 정지장치 등과 저속에서 블레이드 작동속도를 조절하는 타이머 등이 함께 조립되어 있다.

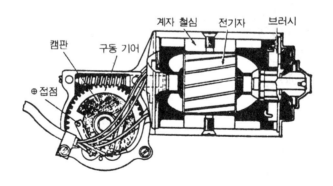

▲ 그림1 와이퍼 전동기의 구조

(2) 와이퍼 암과 블레이드

1) 와이퍼 암(wiper arm)

와이퍼 암은 그 한쪽 끝에 지지되는 블레이드를 창유리면에 접촉시키고, 프로텍션 상자

(protection box)를 통해 링크나 전동기 구동축에 결합하는 일도 한다.

2) 블레이드(blade)

블레이드는 고무 제품이며, 창유리를 닦는 부분이다.

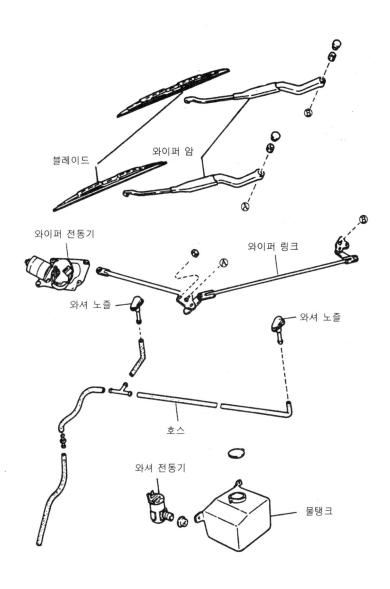

▲ 그림2　윈드 실드 와이퍼의 구성도

(3) 윈드 실드 와이퍼의 작동

1) 저속에서의 작동

이때는 축전지에서 전류가 직류 직권과 분권의 양 계자 코일에 흘러 전동기는 저속으로 강력한 회전을 한다.

2) 고속에서의 작동

이때는 직권 계자 코일로만 전류가 흘러 직권 전동기의 특성을 나타내며 고속으로 작동한다.

10.2 윈드 실드 와셔(wind shield washer)

앞 창유리에 먼지나 이물질이 묻었을 때 그대로 와이퍼로 닦으면 블리이드와 창유리가 손상된다. 이를 방지하기 위해 윈드 실드 와셔를 부착하고, 와이퍼가 작동하기 전에 세정액을 창유리에 분사하는 일을 한다. 구조는 물탱크, 전동기, 펌프, 파이프, 노즐 등으로 구성되어 있다.

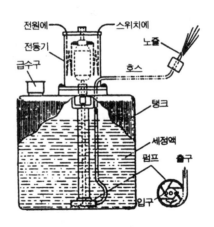

▲ 그림3 윈드 실드 와셔의 구성

제11절 속도계(Speed meter)

속도계는 1시간당의 주행 거리(km/H)로 표시되며, 변속기 출력축에서 속도계 구동 케이블을 통하여 구동된다. 종류에는 원심력식(遠心力式)과 자기식(磁氣式)이 있으며 현재는 자기식을 사용한다. 자기식의 작동은 다음과 같다.

영구자석이 회전하면 로터에는 전자유도작용에 의해 맴돌이 전류가 발생하며, 이 맴돌이 전류와 영구자석의 자속과의 상호작용으로 로터에는 영구자석의 회전과 같은 방향으로 회전력이 발생한다. 따라서 로터는 헤어 스프링(hair spring)의 장력과 평형되는 점까지 회전하며 이 회전 각도 만큼 바늘이 움직여 속도를 표시한다.

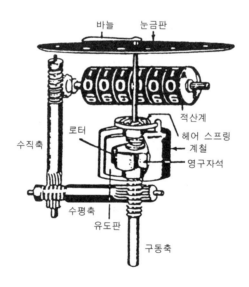

▲ 그림1 자기식 속도계

제12절 냉·난방 장치

12.1 난·냉방 장치

온도, 습도 및 풍속을 쾌적감각의 3요소라고 하며, 이 3요소를 조절하여 안전하고 쾌적한 자동차 운전을 확보하기 위해 설치한 장치를 난·냉방장치라고 한다. 그리고 자동차의 열적부하에는 환기부하, 관류부하, 복사부하, 승원부하 등이 있다.

12.2 난방 장치(heater)

자동차에서 사용하는 난방장치는 실내를 따뜻하게 하고 동시에 앞면 창유리가 흐려지는 것을 방지하는 장치(디프로스터 ; defroster)도 겸하게 되어 있다. 난방장치는 주로 온수(溫水)난방식을 사용하며 이것은 기관의 냉각수를 이용하는 방식이다. 구조는 히터 유닛을 중심으로 하여 기관의 냉각수를 유입하고, 또 히터 유닛에서 기관으로 배출하기 위한 호스 및 냉각수 유통을 차단하기 위한 밸브 등으로 구성되어 있다.

또 기관에서의 냉각수 출구는 수온 조절기의 작동과 관계없는 곳에 설치되며, 입구는 물 펌프의 입구 근처에 설치되어 있다. 온수식 회로는 라디에이터 회로와 병렬로 접속되어 있다.

12.3 냉방 장치(에어 컨디셔너)

(1) 작동 원리

냉동 사이클은 증발→압축→응축→팽창 4가지 작용을 순환 반복한다.

1) 증 발(蒸發)

냉매는 증발기 내에서 액체가 기체로 변화한다. 이때 냉매는 증발잠열을 필요로 하므로 증발기의 냉각된 주위의 공기 즉, 차실 내의 공기로부터 열을 흡수한다. 이에따라 차실 내의 공기를 팬(fan)에 의해서 순환시키며 차실의 온도를 낮춘다.

2) 압 축(壓縮)

증발기 내의 냉매 압력을 낮은 상태로 유지시키고, 냉매의 온도가 0℃가 되더라도 계속 증발하려는 성질이 있으며 상온에서도 쉽게 액화(液化)할 수 있는 압력까지 냉매를 흡입하여 압축시킨다.

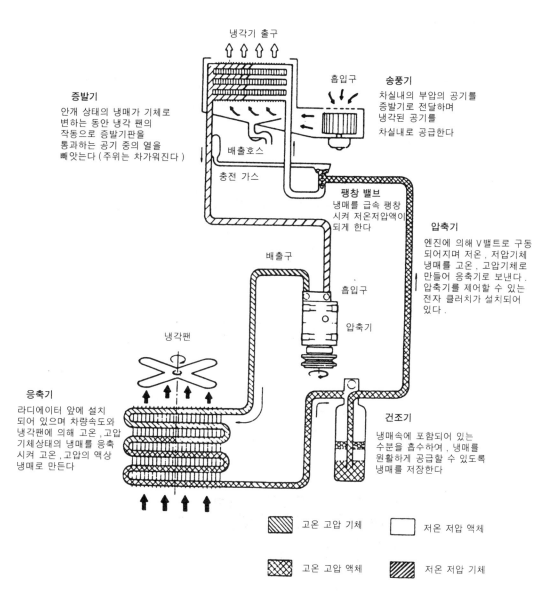

냉각기 출구

증발기
안개 상태의 냉매가 기체로
변하는 동안 냉각 팬의
작동으로 증발기판을
통과하는 공기 중의 열을
빼앗는다 (주위는 차가워진다)

배출호스

충전 가스

흡입구

송풍기
차실내의 부압의 공기를
증발기로 전달하며
냉각된 공기를
차실내로 공급한다

팽창 밸브
냉매를 급속 팽창
시켜 저온저압액이
되게 한다

압축기
엔진에 의해 V밸트로 구동
되어지며 저온 , 저압기체
냉매를 고온 , 고압기체로
만들어 응축기로 보낸다 .
압축기를 제어할 수 있는
전자 클러치가 설치되어
있다 .

배출구

흡입구

압축기

냉각팬

응축기
라디에이터 앞에 설치
되어 있으며 차량속도와
냉각팬에 의해 고온 , 고압
기체상태의 냉매를 응축
시켜 고온 , 고압의 액상
냉매로 만든다

건조기
냉매속에 포함되어 있는
수분을 흡수하여 , 냉매를
원활하게 공급할 수 있도록
냉매를 저장한다

고온 고압 기체   저온 저압 액체

고온 고압 액체   저온 저압 기체

▲ 그림1 냉방장치의 구성도

3) 응 축(凝縮)

냉매는 응축기 내에서 외기(外氣)에 의해 기체로부터 액체로 변화한다. 압축기에서 나온 고온·고압가스는 외기에 의해 냉각되어 액화하며 건조기(receiver-dehydrator)로 공급된다. 이때 응축기를 거쳐 외기로 방출된 열을 응축열이라고 한다.

4) 팽 창(膨脹)

냉매는 팽창 밸브에 의하여 증발되기 쉬운 상태까지 압력이 내려간다. 액화된 냉매를 증발기로 보내기 전에 증발하기 쉬운 상태로 압력을 낮추는 작용을 팽창이라고 한다. 이 작용을 하는 팽창 밸브는 감압작용과 동시에 냉매의 유량도 조절한다.

(2) 주요 구성 부품

1) 냉 매(refrigerant)

냉매란 냉동에서 냉동효과를 얻기 위해 사용하는 물질이며, 1차냉매와 2차냉매로 나누어진다.

① 1차 냉매 : 프레온, 암모니아 등과 같이 저온부에서 열을 흡수하여 액체가 기체로 되고, 이것을 압축하면 고온부에서 열을 방출하여 다시 액체로 되는 것과 같이 냉매가 상태 변화를 일으키므로써 열을 흡수·방출하는 역할을 하는 것이 1차 냉매이다.

② 2차 냉매 : 염화나트륨, 브라인 등과 같이 저온 액체를 순환시켜 냉각시키고자 하는 물질과 접촉하여 냉각작용을 하는 냉매이다.

2) 압축기(compressor)

압축기는 증발기에서 저압 기체로 된 냉매를 고압으로 압축하여 응축기(condenser)로 보내는 작용을 한다. 압축기의 종류에는 크랭크식, 사판식, 베인식 등이 있다.

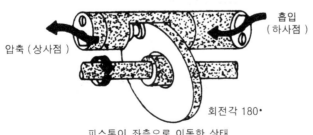

흡입
(하사점)

압축 (상사점)

회전각 180°

피스톤이 좌측으로 이동한 상태

◀ 그림2 사판식 압축기

3) 전자 클러치(magnetic clutch)

압축기는 기관의 크랭크축 풀리에 구동 벨트로 구동되므로 회전 및 정지기능이 필요하다. 이 기능을 원만히 하기 위해 크랭크축 풀리와 구동 벨트로 연결되어 회전하는 로터 풀리가 있고, 압축기의 축(shaft)은 분리되어 회전한다. 따라서 압축이 필요할 때 접촉하여 압축기가 회전할 수 있도록 하는 장치이다.

작동은 냉방이 필요할 때 에어컨 스위치를 ON으로 하면 로터 풀리 내부의 클러치 코일에 전류가 흘러 전자석을 형성한다. 이에 따라 압축기 축과 클러치 판이 접촉하여 일체로 회전하면서 압축을 시작한다.

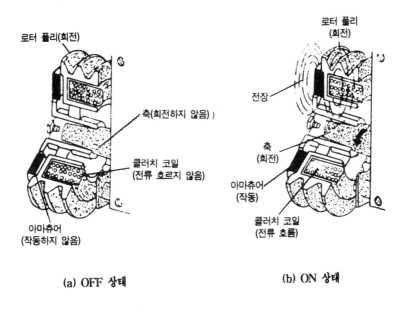

(a) OFF 상태   (b) ON 상태

▲ 그림3 전자 클러치의 작동

4) 응축기(condenser)

응축기는 라디에이터 앞쪽에 설치되며, 압축기로부터 오는 고온의 기체상태인 냉매의 열을 대기 중으로 방출시켜 액체상태로 변화시킨다. 응축기에 있어서 기체냉매에서 어느 만큼의 열량이 방출되는가를 증발기로 외부에서 흡수한 열량과 압축기에서 가스를 압축하는데 필요한 작동으로 결정된다.

응축기에서 방열 효과는 그대로 쿨러(cooler)의 냉각효과에 큰 영향을 미치므로 자동차 앞쪽에 설치하여 냉각팬에 의한 냉각바람과 자동차 주행에 의한 공기 흐름에 의해 강제 냉각된다.

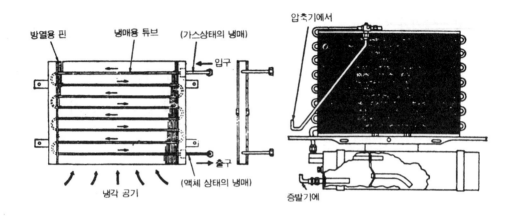

▲ 그림4 응축기

5) 건조기(리시버 디하이드레이터 ; Receiver-Dehydrator)

건조기는 용기, 여과기, 튜브, 건조제, 점검창 등으로 구성되어 있다. 건조제는 용기 내부에 내장되어 있고, 이물질이 시스템 내로 유입되는 것을 방지하기 위해 여과기가 설치되어 있다. 응축기로부터 오는 액체 상태의 냉매와 약간의 기체 상태의 냉매는 건조기로 유입되는 액체는 기체보다 무거우므로 액체는 건조기로부터 떨어져 건조제와 여과기를 통하여 유출 튜브쪽으로 흘러간다.

▲ 그림5 건조기의 구조

건조기의 기능은 다음과 같다.

① 저장 기능 : 열적부하에 따라 증발기로 보내는 액체 냉매를 저장한다.

② 수분 제거 기능 : 냉매중에 함유되어 있는 약간의 수분 및 이물질을 제거한다.

③ 압력 조정 기능 : 건조기 출구 냉매의 온도나 압력이 비정상적으로 높을 때 온도가 90～100℃, 압력 28kg/cm²이 되면 냉매를 불어내도록 하고 있다.

④ 냉매량 점검 기능 : 사이트 글래스를 통하여 냉매량을 관찰할 수 있다.

⑤ 기포 분리 기능 : 응축기에서 액화된 냉매 중에는 다소 기포가 발생하므로 기체 상태의 냉매를 유지하고 있다. 이 기체 냉매를 완전히 분리하여 액체 냉매만 팽창 밸브로 보낸다.

6) 팽창 밸브(expansion valve)

냉방장치가 정상적으로 작동하는 동안 냉매는 중간정도의 온도와 고압의 액체상태에서 팽창밸브로 유입되어 오리피스 밸브를 통과하므로써 저온, 저압이 된다. 이 액체상태의 냉매가 공기중의 열을 흡수하여 기체상태로 되어 증발기를 빠져나간다.

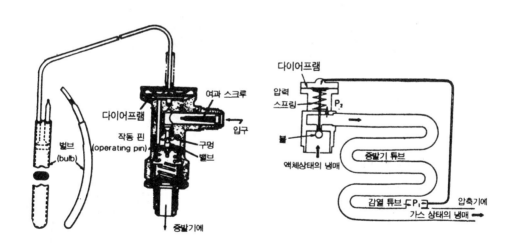

▲ 그림6 팽창 밸브

이때 기체의 온도는 액체상태일 때 보다 약간 상승한다. 팽창밸브를 지나는 액체상태의 냉매 양은 감온 밸브와 증발기 내부의 액체상태의 냉매 압력에 의해 조절된다. 즉, 팽창밸브는 증발기로 들어가는 냉매의 양을 필요에 따라 조절한다.

7) 증발기(이배퍼레이터 ; evaporator)

증발기는 팽창밸브를 통과한 냉매가 증발하기 쉬운 저압으로 되어 무상의 냉매가 증발기 튜브를 통과할 때 송풍기에 의해서 불어지는 공기에 의해 증발하여 기체로 된다. 이때 기화열에 의해 튜브핀을 냉각시키므로 차실 내 공기가 시원하게 된다. 또 공기 중에 포함되어 있는 수분은 냉각되어 물이 되고, 먼지 등과 함께 배수관을 통하여 밖으로 배출된다.

이와 같이 냉매와 공기 사이의 열교환은 튜브(tube) 및 핀(fin)을 사용하므로 공기의 접촉면에 물이나 먼지가 닿지 않도록 하여야 한다. 증발기의 결빙 및 서리 현상은 이 핀 부분에서 발생한다. 따뜻한 공기가 핀에 닿으면 노점 온도(露店溫度)이하로 냉각되면서 핀에 물방울이 부착된다. 이때 핀의 온도가 0℃이하로 냉각되어 있으면 부착된 물방울이 결빙되거나 공기 중의 수증기가 서리로 부착하여 냉방 성능을 현저하게 저하시킨다. 따라서 증발기의 동결을 방지하기 위해 온도 조절 스위치나 가변식 토출 압축기를 사용하여 조절하고 있다.

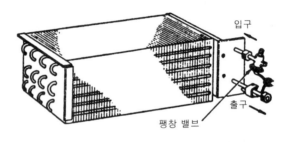

▲ 그림7 증발기

8) 어큐물레이터(accumulator)

어큐물레이터는 증발기 유출 라인과 압축기 사이에 설치되어 있으며 증발기에서 유출된 저압의 액체 상태와 기체 상태가 혼합된 냉매 및 오일을 받아 기체 상태의 냉매는 압축기로 보내고, 액체 상태의 냉매는 저장하였다가 주위 열에 의해 기화시켜 압축기로 보낸다.

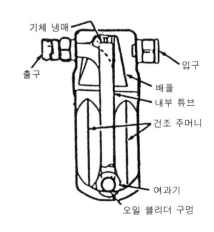

그림8 어큐물레이터 ▶

또 오일은 오일 블리더 구멍(oil bleed hole)을 통하여 압축기로 복귀한다. 어큐뮬레이터 아래 쪽에는 건조제가 들어 있는데 이것은 시스템 내에 들어 있는 습기 및 각종 불순물을 제거하는 일을 한다.

9) 팽창 튜브(orifice tube or expansion tube)

팽창 튜브는 메시 스크린(mesh screen)과 오리피스로 구성되어 있는 플래스틱 튜브를 말하며 증발기 유입쪽에 설치되어 있다. 이 튜브는 액체 라인에서 고압의 액체 상태의 냉매를 제한하고, 냉매의 흐름을 계량하여 저압 액체 상태로 증발기로 들어가도록 한다. 튜브 입구와 출구 양쪽의 여과기는 팽창 튜브가 오염되는 것을 방지한다.

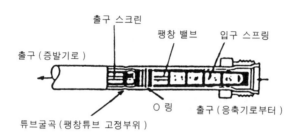

▲ 그림9 팽창 튜브

10) 송풍기(送風機 ; blower)

송풍기는 저온화 된 증발기에 공기를 불어넣는 일을 하며, 대기 중의 공기 또는 실내의 공기를 전동기에 의해 팬(fan)을 회전시켜 증발기 주위로 공기를 통과시킨다. 이때 고온 다습한 공기가 저온(低溫), 제습(除濕)한 공기로 되어 차실 내로 유입되므로 쾌적한 환경을 유지한다.

11) 아이들 업 장치와 자동 온도 조절 장치

① 아이들 업 장치(Idle-Up system)

이 장치는 기관이 공회전할 때 압축기가 작동되면 압축기의 부하에 의해 기관의 작동이 정지되거나 공전속도가 저하하여 진동을 수반하게 되는데 이를 방지하기 위하여 컴퓨터 (ECU)가 공전속도 조절기를 작동시켜 공전속도를 상승시켜 준다.

② 자동 온도 조절 장치

이 장치는 차실 내의 온도 또는 증발기의 온도에 따라 자동적으로 압축기의 전자 클러치를 ON, OFF시키는 것이다. 작동은 감열 파이프를 이용하여 벨로즈의 수축·팽창에 따라 전기 접점을 조작하므로써 압축기의 전자 클러치 전원을 공급하거나 차단한다.

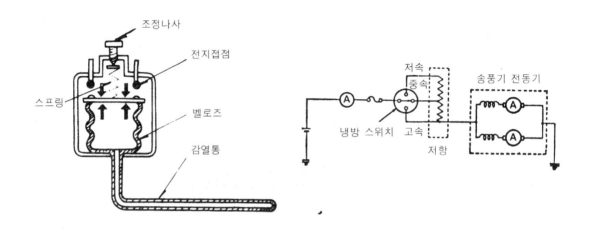

▲ 그림10 자동 온도 조절 장치

제 3 편

섀 시

제1장
자동차 섀시

제1절 동력 전달 장치

　동력 전달 장치는 자동차를 주행시키기 위해 기관에서 발생한 동력을 구동 바퀴로 전달하는 모든 장치의 총칭이다. 따라서 동력 전달 장치는 자동차가 요구하는 기능을 충분히 발휘할 수 있도록 기관의 동력을 구동 바퀴에 효과적으로 전달 시켜야 하므로 동력 전달 효율과 내구성 및 강도가 커야 한다.

　동력 전달 장치의 주요 구성 요소는 클러치, 변속기(또는 트랜스 액슬), 드라이브 라인(슬립이음, 자재이음, 추진축으로 구성), 종감속기어, 차동 장치 및 차축, 구동 바퀴 등으로 되어 있다.

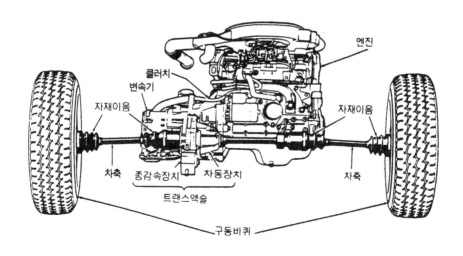

▲ 그림1　동력 전달 장치(FF 형식)

1.1 클러치(Clutch)

클러치는 기관과 변속기 사이에 설치(플라이 휠에 설치 됨)되어 있으며, 기관의 동력을 변속기로 전달 또는 차단하는 장치이다.

(1) 기 능

① 기관의 동력을 동력 전달 장치로 연결 또는 차단한다.

② 변속기로 전달되는 기관의 동력을 필요에 따라 단속한다.

③ 출발할 때는 기관의 동력을 서서히 연결한다.

(2) 필요성

① 기관 시동시 무부하 상태로 하기 위해

② 변속기의 기어를 변속할 때 기관의 동력을 일시 차단하기 위해

③ 관성 운전시 기관과의 연결을 차단하여 위해

(3) 구비 조건

① 동력의 차단이 신속하고 확실할 것

② 동력의 전달이 시작될 경우에는 미끄러지면서 서서히 전달될 것

③ 클러치가 접속되면 미끄러지는 일이 절대로 없을 것

④ 회전 부분의 평형이 좋을 것

⑤ 회전 관성이 적을 것

⑥ 방열이 양호하여 과열되지 않을 것

⑦ 구조가 간단하고 고장이 적을 것

(4) 클러치의 종류

클러치는 동력 전달 방식에 따라 마찰 클러치, 유체 클러치, 전자 클러치로 구분된다.

① 마찰 클러치

마찰 클러치는 고체 사이의 마찰을 이용하여 동력을 전달하는 방식이며, 그 구조가 간단하고, 클러치로서의 필요조건을 충분히 갖추고 있어 각종 자동차에서 많이 쓰이고 있다.

㉮ 원판 클러치 : 코일 스프링형식과 다이어프램 스프링 형식이 있으며, 클러치 판의 수에 따라 단판 클러치, 복판 클러치, 다판 클러치 등이 있다.

④ 원뿔 클러치　　　　ⓓ 원심 클러치

② 유체 클러치

　이 클러치는 동력 전달의 매체로 오일을 사용하는 것이다.

③ 전자식 클러치

　이 클러치는 전자석의 자력을 기관의 회전수에 따라 자동적으로 증감시켜 클러치 작용을 하게 한 것이며 자성을 쉽게 띠는 자성 입자(특수처리를 한 철화합물)를 구동쪽과 피동쪽 사이에 넣고 여자 코일로 자화시켜 결합력이 발생되게 한 형식과 마찰 클러치에서 클러치 스프링 대신에 자력을 이용하는 것도 있다.

(5) 클러치의 작동

1) 기관의 동력을 전달할 때

　클러치 페달을 놓으면 클러치 압력판 스프링의 장력에 의하여 클러치 판이 기관의 플라이 휠과 압력판 사이에 압착되어 플라이 휠과 함께 회전한다. 클러치 판은 클러치 축(변속기 입력축) 스플라인에 설치되어 있어 클러치 축이 회전하므로 기관의 동력이 변속기로 전달된다.

2) 기관의 동력을 차단할 때

　클러치 페달을 밟으면 릴리스 베어링이 릴리스 레버를 밀게 되고 이에 따라 압력판이 뒤쪽으로 움직이게 된다.

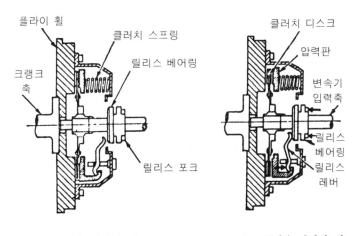

(a) 동력을 전달할 때　　　(b) 동력을 차단할 때

▲ 그림2　클러치의 작동

따라서 기관의 플라이 휠에 압착되어 있던 클러치 판이 플라이 휠과 압력판에서 분리되어 접촉되지 않게 되어 동력의 전달이 차단된다.

(6) 코일 스프링 클러치의 구성과 그 작용

이 형식의 클러치는 구조가 간단하고 작용이 확실하여 자동차에 많이 사용되고 있으며 클러치 판, 압력판, 코일 스프링, 릴리스 레버 등과 이들이 설치되는 기관 플라이 휠 및 클러치 축으로 구성되어 있다.

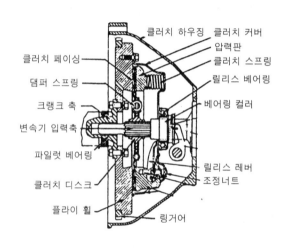

▲ 그림3 코일 스프링 형식

1) 클러치 판(클러치 디스크)

클러치 판은 플라이 휠과 압력판 사이에 끼워져서 마찰력에 의해 기관의 동력을 클러치 축에 전달하는 판이다.

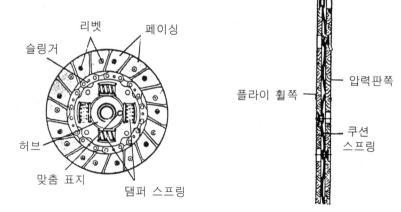

그림4 클러치 판 ▶

구조는 원형 강판(쿠션 스프링)의 가장자리에 페이싱(또는 라이닝)이 리벳으로 설치되어 있고, 중심부에 허브(hub)가 있으며 그 내부에 클러치 축에 끼우기 위한 스플라인(spline)이 파져 있다.

또 허브와 클러치 강판 사이에는 비틀림 코일 스프링이 설치되어 있다. 라이닝의 마찰 계수는 0.3~0.5 정도이며, 리벳 머리의 깊이 한계 (라이닝의 마멸 한계)는 0.3 mm이다.

♣ 참고사항 ♣

❶ 쿠션 스프링의 역할
 ❿ 파도 모양으로 되어 있어 클러치를 급격히 접속시켰을 때 이 스프링이 변형되어 동력 전달을 원활히 해 준다.
 ❷ 클러치 판을 평행하게 회전시킨다.
 ❸ 클러치 판의 편마멸, 변형, 파손 등을 방지한다.
❷ 비틀림 코일 스프링(토션 스프링, 댐퍼 스프링)의 역할
 클러치 판이 플라이 휠에 접속될 때 회전 충격을 흡수하는 일을 한다.
❸ 클러치 페이싱의 구비 조건
 ❿ 마찰계수가 알맞아야 한다.
 ❷ 내마멸성·내열성이 커야 한다.
 ❸ 온도 변화에 따른 마찰계수 변화가 적어야 한다.

2) 클러치 축(변속기 입력 축)

이 축은 클러치 판이 받은 기관의 동력을 변속기로 전달하는 일을 하며, 선단 지지부, 스플라인부, 베어링부 및 기어 등으로 되어 있다. 스플라인부에는 클러치 판이 끼워지고, 축 위를 길이 방향으로 미끄럼 이동한다.

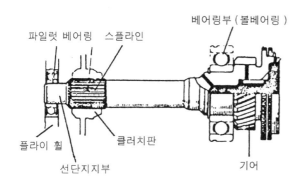

베어링부 (볼베어링)
파일럿 베어링   스플라인
플라이 휠
클러치판
선단지지부
기어

◀ 그림5 클러치 축

앞 끝은 크랭크 축 뒤 끝에 설치된 파일럿 베어링에 의해 지지되고, 뒤 끝은 볼 베어링에 의해 변속기 케이스에 지지된다.

3) 압력판

압력판은 클러치 스프링의 힘으로 클러치 판을 플라이 휠에 밀착시켜 동력을 전달하며 클러치를 접촉할 때에는 클러치 판과의 사이에 미끄럼이 발생하기 때문에 내마멸성, 내열성, 열전도성이 우수한 특수 주철로 되어 있다. 또 압력판과 플라이 휠은 항상 함께 회전하므로 동적 평형이 잡혀 있어야 한다.

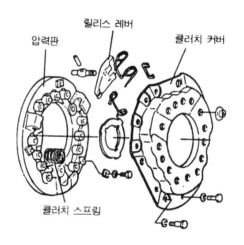

▲ 그림6 압력판

4) 클러치 스프링

클러치 스프링은 클러치 커버와 압력판 사이에 6~12 개의 코일 스프링이 설치되어, 압력판에 압력을 발생시켜 플라이 휠에 클러치 판과 압력판을 일정한 압력으로 밀어 붙이는 작용을 한다.

♣ 참고사항 ♣

❶ 클러치 코일 스프링 점검항목은 장력, 직각도, 자유 높이 등이다.

❷ 스프링의 자유높이가 감소하면 급가속시에 기관의 회전수는 상승해도 차속은 증속되지 않는다.

❸ 스프링의 장력 및 자유높이가 감소하면 클러치가 미끄러진다.

5) 릴리스 레버

클러치를 차단할 때 릴리스 레버는 한쪽 끝이 릴리스 베어링에 의해서 눌리고, 다른 한쪽 끝은 클러치 스프링을 압축시켜 압력판을 클러치 판으로부터 떨어지게 하는 작용을 한다.

6) 클러치 커버

클러치 커버는 강판을 프레스 가공에 의해 성형한 것으로 압력판, 릴리스 레버, 클러치 스프링 등이 조립되어 플라이 휠에 함께 설치되며, 릴리스 레버 높이 조정 장치가 설치되어 있는 것도 있다. 클러치 커버 어셈블리 종류로는 오번형, 인너 레버형, 아웃 레버형, 반원심력형, 다이어프램형 등이 있다.

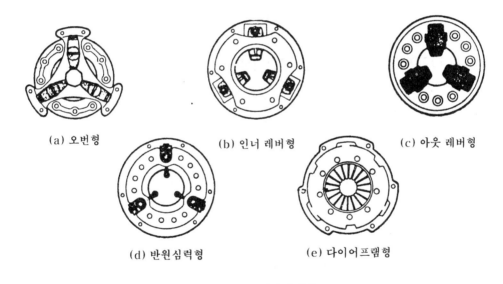

(a) 오번형   (b) 인너 레버형   (c) 아웃 레버형

(d) 반원심력형   (e) 다이어프램형

그림7 클러치 커버의 종류

7) 릴리스 포크

클러치 페달에 연결된 로드에 결합되어 릴리스 베어링을 움직인다.

8) 릴리스 베어링

릴리스 베어링은 릴리스 포크에 의해 클러치 축 방향(길이 방향)으로 움직여서 회전중인 릴리스 레버를 눌러 클러치를 차단시키는 작용을 한다. 릴리스 베어링은 칼라에 스러스트 볼 베어링이 들어 있는 케이스가 압입되어 있으며, 릴리스 베어링은 대개 영구 주유식(오일리스형)

이므로 솔벤트 등의 세척제 속에 넣고 세척해서는 안 된다.

릴리스 베어링은 클러치 페달을 밟아 릴리스 레버와 접촉하였을 때만 기관과 함께 회전한다.

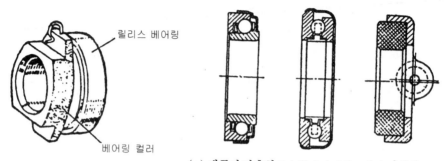

(a) 앵귤러 접촉형 (b) 볼베어링형 　 (c) 카본형

▲ 그림8 　릴리스 베어링

(7) 다이어프램 스프링(막 스프링)형식

이 형식은 스프링 강의 원판을 부채살과 같은 형상으로 프레스 가공한 후 열처리하여 적당한 탄성을 준 다이어프램 스프링을 사용한 것이며, 이것이 코일 스프링 형식의 릴리스 레버와 코일 스프링 역할을 동시에 한다. 특징은 다음과 같다.

① 압력판에 작용하는 압력이 균일하다.

② 부품이 원판형이기 때문에 평형을 잘 이룬다.

③ 고속 회전시에 원심력에 의한 장력의 변화가 없다.

④ 클러치 판이 어느 정도 마멸되어도 압력판에 가해지는 압력의 변화가 적다.

⑤ 클러치 페달을 밟는 힘이 적게 든다.

⑥ 구조와 다루기가 간단하다.

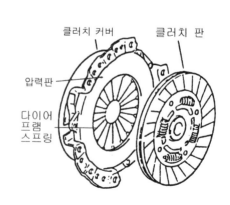

그림9 　다이어프램 스프링 형식 ▶

(8) 클러치의 성능

1) 클러치의 용량

클러치 용량이란 클러치가 전달할 수 있는 회전력의 크기로 일반적으로 기관 회전력의 1.5 ~ 2.5배이다. 용량이 크면 클러치 접속시에 충격이 커 기관이 정지하기 쉬우며, 용량이 작으면 클러치가 미끄러져 클러치 판의 마멸이 촉진된다.

♣ 참고사항 ♣

스프링의 장력을 T, 클러치 판과 압력판 사이의 마찰 계수를 f, 클러치 판의 평균 유효반경을 r, 기관의 회전력을 C 라고 할 때 클러치가 미끄러지지 않으려면 Tfr ≧ C의 식이 만족되어야 한다.

(9) 클러치 조작기구

클러치 조작 기구에는 링크나 와이어를 이용하는 기계식과 유압을 이용하는 유압식이 있으나 최근에는 유압식이 널리 사용된다.

1) 기계식 조작기구

이 방식은 로드나 케이블을 사용하여 클러치를 단속하는 것이며, 구조가 간단하고 작동이 확실하다. 클러치 페달 자유 간극은 케이블 링키지에 마련되어 있는 조정 너트로 조정한다.

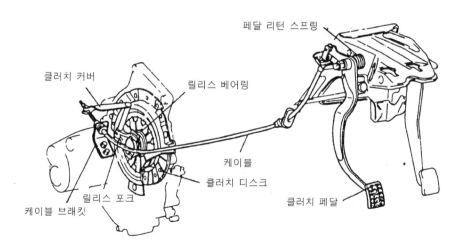

▲ 그림10 기계식 클러치

2) 유압식 조작기구

이 방식은 클러치 페달을 밟을 때 발생되는 유압을 이용하여 클러치를 차단한다.

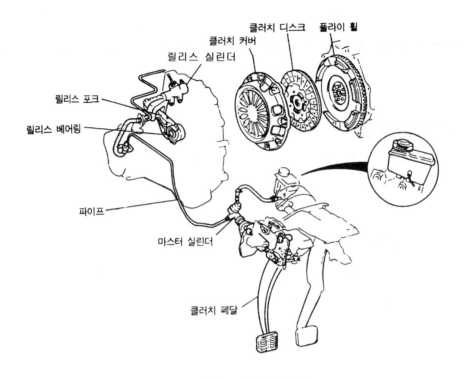

▲ 그림11 유압식 클러치

① 마스터 실린더

마스터 실린더는 오일탱크, 피스톤 및 피스톤 컵, 리턴 스프링, 푸시 로드 등으로 구성된다.

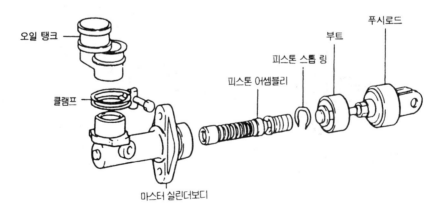

▲ 그림12 마스터 실린더

클러치 페달을 밟으면 푸시 로드에 의하여 피스톤과 피스톤 컵이 밀려서 유압이 발생한다. 이 유압은 오일 파이프를 거쳐서 릴리스 실린더로 전달되어 클러치를 차단하게 된다.

② 릴리스 실린더(슬레이브 실린더, 오퍼레이팅 실린더)

릴리스 실린더는 피스톤 및 피스톤 컵, 푸시 로드 등으로 구성되며 마스터 실린더에서 발생한 유압이 릴리스 실린더에 전달되면 피스톤과 컵이 움직여서 푸시 로드를 밀며, 이것이 릴리스 포크를 작동시켜 클러치를 차단한다.

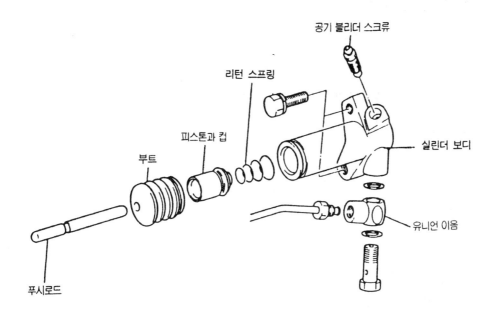

▲ 그림13 릴리스 실린더

③ 장 점

㉮ 마찰이 작기 때문에 클러치 페달을 밟는 힘이 작아도 된다.

㉯ 클러치 조작이 신속하게 이루어진다.

㉰ 기관과 클러치 페달의 설치 위치를 자유롭게 정할 수 있다.

④ 단 점

㉮ 구조가 복잡하다.

㉯ 오일이 누출되거나 공기가 유입되면 조작이 어렵다.

(10) 클러치 페달의 자유 간극(또는 유격)

자유 간극은 릴리스 베어링이 릴리스 레버에 닿을 때까지 클러치 페달이 움직인 거리이며, 기계식의 경우 20~30mm정도 두고 있다. 자유 간극이 너무 크면 클러치의 차단이 불량하여 변속기의 기어 변속시 소음이 나며 기어가 손상된다. 반대로 너무 작으면 클러치가 미끄러진다.

♣ 참고사항 ♣

클러치 판이 마멸되면 릴리스 레버의 높이가 높아져 클러치 페달의 자유간격이 작아지며, 클러치가 미끄러진다.

(11) 클러치 작동 불량의 원인

1) 클러치가 미끄러지는 원인

① 클러치 페달의 자유간격이 작다.

② 클러치 판에 오일이 묻었다.

③ 클러치 스프링의 장력이 작다.

④ 클러치 스프링의 자유높이가 감소되었다.

⑤ 클러치 판 또는 압력판이 마멸되었다.

2) 클러치가 미끄러질 때의 영향

① 기관이 과열한다.

② 증속이 잘되지 않는다.

③ 연료 소비량이 많아진다.

④ 구동력이 감소하여 출발이 어렵다.

⑤ 등판능력이 감소한다.

3) 클러치를 차단하고 공전시 또는 접속할 때 소음의 원인

① 릴리스 베어링이 마멸되었다.

② 파일럿 베어링이 마멸되었다.

③ 클러치 허브 스플라인이 마멸되었다.

4) 클러치 차단이 불량한 원인

① 클러치 페달의 유격이 크다.

② 릴리스 베어링이 소손되었거나 파손되었다.

③ 클러치 판의 런아웃(흔들림 ; run-out)이 크다.

④ 릴리스 실린더 컵이 소손 되었다.

⑤ 유압장치에 공기가 혼입되었다.

5) 발진(출발)시 진동이 발생하는 원인

① 릴리스 레버 상호간의 높이가 불량하다.

② 페이싱의 경화 또는 오일이 부착되었다.

③ 클러치 판의 비틀림 코일 스프링이 약하다.

④ 압력판 및 플라이 휠의 마멸되었거나 변형되었다.

⑤ 페이싱의 밀착이 불량하다.

1.2 수동 변속기

(1) 개 요

　자동차가 주행할 때에 필요로 하는 구동력은 도로의 상태, 적재 하중, 주행 속도, 노면의 경사도 등에 따라 변화되므로, 이에 대응하기 위하여 기관의 동력을 자동차의 주행 상태에 알맞도록 회전력과 속도를 바꾸어 구동 바퀴에 전달하는 장치, 즉 변속기가 필요하다. 변속기는 기관에서 발생한 동력을 자동차의 주행 상태에 알맞게 바꾸어 구동 바퀴로 전달하는 장치이다.

(2) 필요성

① 기관의 회전력을 증대시킨다.

② 기관 시동시 무부하 상태로 있게 한다.(변속레버 중립시)

③ 자동차를 후진 시키기 위함이다.

(3) 구비 조건

① 단계 없이 연속적으로 변속이 되어야 한다.

② 조작이 쉽고, 신속, 확실, 정숙하게 행해져야 한다.

③ 전달 효율이 좋아야 한다.

④ 소형·경량이고 고장이 없으며, 다루기 쉬워야 한다.

(4) 구동력(trative force)

구동력이란 구동 바퀴가 자동차를 미는 힘(kgf)이며, 다음과 관계한다.

① 구동축의 회전력에 비례한다.

② 구동바퀴의 반지름에 반비례한다.

③ 구동력이 주행 저항과 같거나 작으면 자동차는 주행할 수 없다.

④ 구동력은 기관의 회전수에 관계없이 일정하다.

구동바퀴의 반지름 R(m), 구동축의 회전력을 T(m·kgf)라고 하면 구동력 F(kgf)은

$F = \dfrac{T}{R}$ 로 표시된다.

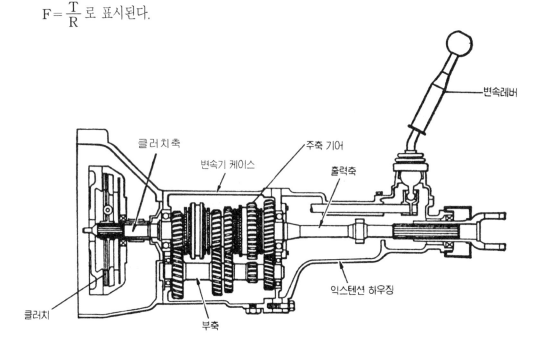

▲ 그림14 변속기(FR형식)

(5) 변속기의 종류

수동 변속기에는 점진 기어식과 선택 기어식이 있으며 주로 선택기어식이 사용되고 있다.

1) 점진 기어식

 이 방식은 운전 중 제1속에서 직접 톱기어로 또는 톱기어에서 제1속으로 변속할 수 없고 반드시 단계를 거쳐서 변속이 되는 형식의 변속기이다.

2) 선택 기어식

 이 방식은 크기가 서로 다른 기어의 조합을 직접 바꾸어 변속을 행하는 변속기로서 활동 기어식, 상시 물림식, 동기 물림식 등이 있으며 자동차용 변속기로서는 주로 동기 물림식 변속기가 사용된다.

① 활동 기어식

 이 방식은 주축과 부축이 평행하게 설치되어 있으며 주축에 설치된 각 기어는 스플라인에 끼워져 축방향으로 미끄럼 운동 할 수 있다.

 예를 들어 전진 3단, 후진 1단형식은 주축의 스플라인에 끼워진 주축 기어를 미끄럼 이동시켜 부축 기어에 물리게 하여 제1속, 제2속의 변속비를 얻고, 후진은 공전(아이들)기어를 이용하여 주축의 회전 방향을 바꾸어 준다.

 제3속은 도그 클러치(dog clutch)에 의하여 클러치 축과 부축을 직결시켜 출력축에 동력을 전달한다.

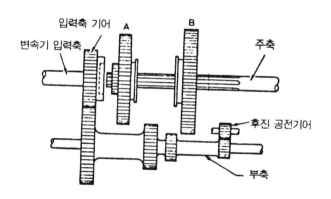

▲ 그림15 활동 기어식

② 상시 물림식

 이 방식은 주축 기어와 부축 기어가 항상 물려 있는 방식으로, 동력의 전달은 변속 레버가 시프트 포크를 작동시켜 주축의 스플라인에 끼워진 도그 클러치를 주축 기어와 물리게 함으로써 이루어진다.

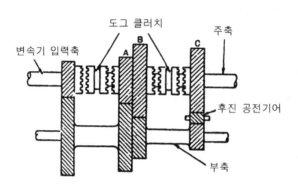

▲ 그림16 상시 물림식

③ 동기 물림식

이 방식은 싱크로메시(동기물림장치)기구를 사용하여 서로 물려있는 기어의 원주 속도를 일치시켜서 기어의 물림을 쉽게 한 변속기로서, 현재는 이 방식의 것이 주로 사용된다.

동기 물림 방식에 따라 일정 부하형과 관성 고정형 등이 있으나, 대부분 관성 고정형의 동기 물림식 변속기를 사용한다. 관성 고정형의 동기 물림식에는 키식, 핀식, 서보식이 있다. 키 형식은 소형 자동차에 핀과 서보 형식은 대형 자동차에 사용된다. 그리고 싱크로메시기구는 기어가 물릴 때만 작용한다.

㉮ 동기 물림식 변속기의 구조

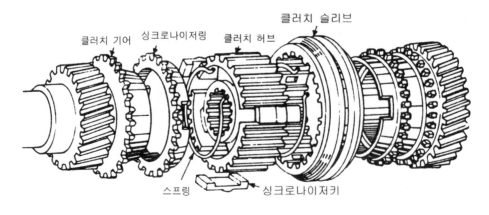

▲ 그림17 동기 물림식

㉠ 클러치 축(변속기 입력축)

이 축은 스플라인에 설치된 클러치 판에 의해서 기관의 동력이 전달되면 뒤쪽에 설치된 구동 기어를 통하여 부축 기어에 전달하는 역할을 한다.

㉡ 부축 기어

이 기어는 클러치가 접속된 상태에서는 클러치 축에 의해서 항상 회전하여 주축에 설치된 각 기어에 동력을 전달하는 역할을 한다.

㉢ 주축 기어(출력축 기어)

이 축에는 제1속 기어, 제2속 기어, 제3속 기어, 제4속 기어 및 후진 기어가 설치되어 공전을 하며 기어와 기어 사이에는 회전을 원활하게 전달하기 위하여 싱크로메시 기구가 설치되어 있다.

㉣ 싱크로메시 기구

이 기구는 변속시에 주축의 회전수와 각 기어의 회전수 차이를 싱크로나이저 링과 콘(cone) 사이에서 발생되는 마찰력으로 동기시켜 변속이 원활하게 이루어지도록 하는 장치이다.

ⓐ 싱크로나이저 허브

이것은 주축의 스플라인에 끼워져 고정되어 있으며, 그 바깥 둘레에 클러치 슬리브가 끼워지는 부분이다.

ⓑ 싱크로나이저 슬리브

이것은 스플라인을 통해 클러치 허브 바깥 둘레에 끼워져 있으며, 그 바깥 둘레에는 기어 시프트 포크가 끼워지는 홈이 파져 있다. 슬리브는 전후 방향으로 이동하여 기어 클러치의 역할을 한다.

ⓒ 싱크로나이저 링

이것은 주축 기어에 설치된 콘에 끼워져 있으며, 콘(원뿔부)과 접촉하여 클러치 작용을 한다. 또 클러치 작용이 유효하게 이루어지도록 안쪽면에 나사 모양의 마찰면을 두고 있다.

ⓓ 싱크로나이저 키

이 것은 슬리브를 고정하여 기어 물림이 빠지지 않게 하는 역할을 하는 키이다. 윗면에 돌기 부분이 있으며, 클러치 허브에 3개의 홈에 끼워지며, 싱크로나이저 스프링에 의해 항상 슬리브 안쪽면에 압착되어 있다. 양쪽 끝은 싱크로나이저 링의 홈에 일정한 틈새를 두고 끼워져 있다.

ⓔ 싱크로나이저 키 스프링

이 스프링은 싱크로나이저 허브와 슬리브 사이에 설치된 키를 슬리브의 안쪽면에 압착시키는 역할과 슬리브를 고정하여 기어의 물림이 빠지지 않도록 하는 역할을 한다.

㉮ 주축

이 축은 추진축과 동일한 회전을 하는 축으로 속도계 구동 기어가 설치되어 있다. 또 후진시는 주축이 역회전할 수 있도록 주축 스플라인에 설치된 후진 기어와 부축의 후진 기어 사이에 공전기어가 설치되어 있다.

(6) 변속 조작 기구

변속기의 조작 기구는 변속 레버와 그 조작 기구로 구성된다. 변속 조작 기구에는 변속기 레버를 직접 설치한 직접 조작 방식과, 변속 레버와 변속기가 멀리 떨어져 있어 그 사이를 링크 기구나 와이어 등으로 조작하는 원격 조작 방식이 있다.

1) 직접 조작 방식

이 방식은 변속 레버가 익스텐션 하우징에 설치되어 변속 레버의 작동이 시프트 레일과 시프트 포크를 통하여 직접 변속시키는 방식으로 변속 레버는 주행 상태에 대응하는 구동력을 얻을 수 있도록 기어의 변속 위치를 결정하여 3개의 시프트 레일 중에서 1개를 선택하여 필요한 기어와 결합이 이루어지도록 한다.

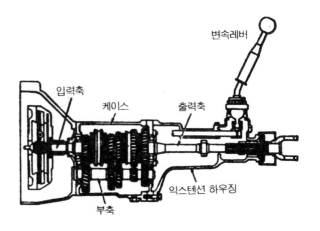

그림18 직접 조작 방식 ▶

2) 원격 조작 방식

이 방식은 변속 레버와 변속기가 분리되어 설치되어 있고 이들 사이를 연결 링크나 시프트 케이블을 이용하여 연결되어 있기 때문에 기어의 변속 위치에 따라 연결 링크나 시프트 케이블을 선택하여 조작된다. 변속 레버의 설치 위치에 따라서 칼럼 시프트 방식과 플로 시프트 방식으로 분류된다.

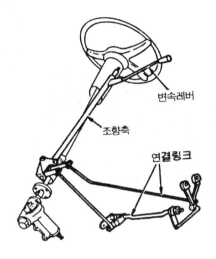

▲ 그림19 원격 조작 방식

(7) 변속기의 부수장치

1) 기어 물림의 빠짐 방지 장치

① 싱크로나이저 슬리브의 챔퍼 가공

이것은 싱크로나이저 슬리브와 기어 스플라인에 챔퍼를 설치하여 회전시에 챔퍼면이 기어 스플라인을 회전 방향으로 밀기 때문에 회전력은 싱크로나이저 슬리브와 기어가 접촉된 챔퍼에 가해지므로 기어의 물림이 빠지는 것을 방지한다.

② 로킹 볼(고정 볼)

이것은 시프트 레일에 몇 개의 홈을 두고 여기에 로킹 볼과 스프링을 설치하여 시프트 레일을 고정하므로서 기어가 빠지는 것을 방지한다.

2) 2중 물림 방지 장치(인터록)

이것은 어느 하나의 기어가 물림하고 있을 때 다른 기어는 중립 위치로부터 움직이지 않도록 하는 장치이다.

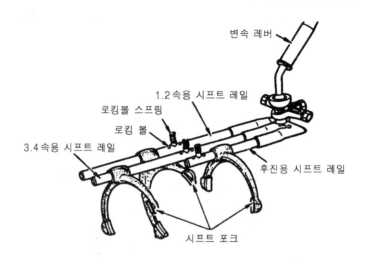

▲ 그림20 로킹 볼

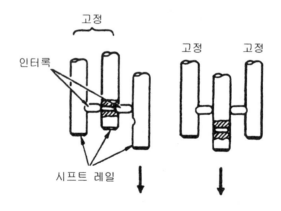

▲ 그림21 2중 물림방지 장치

3) 후진 오조작 방지 기구

이 기구는 변속기어를 후진으로 변속시킬 때 기어의 소손 및 파손되는 것을 방지하기 위하여 설치하는 것으로 그 조작 방법에는 변속 레버를 누르고 후진으로 변속하는 방식과 레버를 끌어올려 후진으로 변속하는 방식을 사용한다.

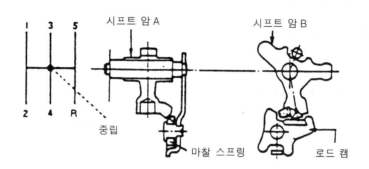

▲ 그림22 후진 오조작 방지 기구

(8) 변속비(감속비)

변속비란 기관의 회전속도와 변속기 주축(또는 추진축)의 회전속도와의 비율을 말한다.

$$변속비 = \frac{기관의\ 회전수}{변속기\ 주축의\ 회전수}$$

또는

$$\frac{부축\ 기어의\ 잇수}{주축\ 기어의\ 잇수} \times \frac{주축\ 기어의\ 잇수}{부축\ 기어의\ 잇수}$$

(9) 변속기의 고장 진단

1) 기어가 빠지는 원인

① 싱크로나이저 허브가 마멸되었다.

② 싱크로나이저 슬리브의 스플라인이 마멸되었다.

③ 로킹 볼 스프링의 장력이 작다.

④ 주축의 베어링이 마멸되었다.

2) 변속기에서 소음이 발생되는 원인

① 기어 오일이 부족하다.

② 기어 오일의 질이 불량하다.

③ 기어 또는 베어링이 마멸되었다.

④ 주축의 스플라인이 마멸되었다.

⑤ 주축의 부싱이 마멸되었다.

3) 기어의 변속이 잘 안되는 원인

① 클러치의 차단이 불량하다.

② 기어 오일이 응고되었다.

③ 각 기어가 마멸되었다.

④ 싱크로나이저가 마멸되었다.

1.3 트랜스 액슬

트랜스 액슬은 앞기관 앞바퀴 구동식 자동차에서 변속기와 종감속기어 및 차동 장치를 일체화 함으로써 기관실의 공간을 유효하게 이용할 수 있다.

또 추진축이 없기 때문에 경량화 할 수 있으며 바닥 중앙 터널의 돌출이 적어져서 운전실 내의 공간이 넓어지는 특징이 있다. 그밖에 구동 바퀴와 조향 바퀴가 동일한 기구상의 특징으로 앞기관 뒷구동 방식의 자동차에 비하여 다음과 같은 조종 안전성이 있으며 승용차에 많이 사용되고 있다.

① 기관과 동력전달 장치를 일체화함으로 차실 내의 유효 공간이 넓다.

② 자동차의 경량화로 인하여 연료 소비율이 감소된다.

③ 자동차의 중심 위치가 앞쪽에 있어 가로방향에서 받는 바람에 대한 안전성 양호하다.

④ 조향 바퀴와 구동 바퀴가 동일하기 때문에 조향 방향과 같은 방향으로 구동력이 작용하여 방향 안전성과 험한 도로 주행시에 안전성이 양호하다.

⑤ 제동시의 안전성이 양호하다.

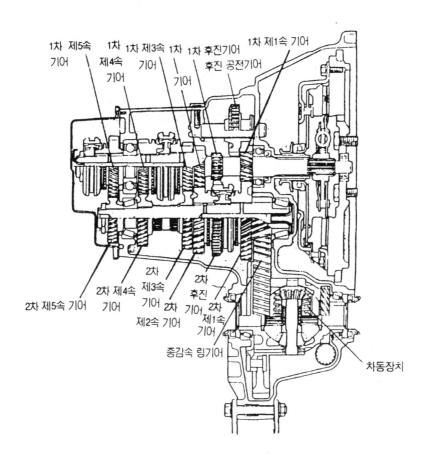

1차 제5속 기어 1차 제4속 기어 1차 제3속 기어 1차 기어 1차 후진기어 후진 공전기어 1차 제1속 기어

2차 제5속 기어 2차 제4속 기어 2차 제3속 기어 2차 제2속 기어 2차 후진 기어 2차 제1속 기어 종감속 링기어 차동장치

▲ 그림23 트랜스 액슬의 구조

1.4 정속 주행 장치(오토 크루즈)

정속 주행 장치란 주행중 운전자가 희망하는 자동차 속도에 도달하였을 때 세트 스위치를 조작하면 가속 페달을 조작하지 않아도 고정된 속도로 주행할 수 있는 장치이다.

그 구성은 스로틀 밸브에 스로틀 암을 하나 더 설치하여 액추에이터가 스로틀 암을 작동시켜 스로틀 밸브를 개폐시킨다(액추에이터가 가속페달의 역할을 한다).

액추에이터의 컨트롤 암에는 전동기의 회전운동이 요동 운동으로 변환되어 전달되며, 전동

기와 컨트롤 암 사이에는 솔레노이드 클러치가 설치되어 정속 주행 장치를 작동시킬 때에만
클러치가 결합되어 전동기의 회전력이 스로틀 밸브가 전달된다.

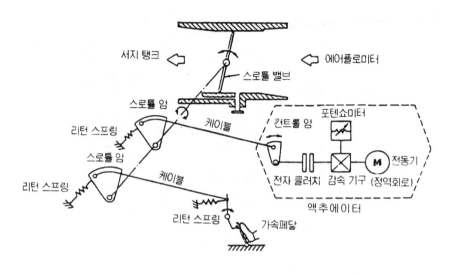

▲ 그림24   정속 주행 장치

(1) 구조와 그 기능

1) 액추에이터

  이것은 전동기, 웜 기어, 웜 휠, 유성 기어 유닛, 솔레노이드 클러치, 리미트 스위치로 구성되
어 있으며, 컴퓨터(ECU)의 제어 신호에 의해 액추에이터 솔레노이드에 전류를 공급한다.

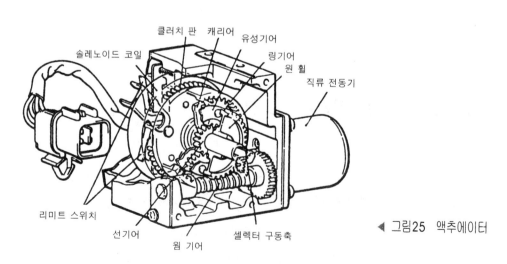

◀ 그림25   액추에이터

이때 전동기는 가속 또는 감속 방향으로 회전하여 작동하며 또 전류를 차단하여 전동기의 과부하를 방지하는 리미트 스위치가 설치되어 있다.

2) 컴퓨터

컴퓨터는 센서와 컨트롤 스위치의 신호를 받아 액추에이터를 제어하며, 세트 제어, 코스트 제어, 리줌 제어, 가속, 해제 등의 기능이 있다.

3) 차속 센서

이 센서는 변속기 주축 회전 속도에 비례하는 펄스 신호를 컴퓨터에 입력시키는 것으로 속도계 내부에 설치되어 있다. 작동은 변속기 주축 1 회전당 4 회의 펄스 신호를 발생한다.

4) 컨트롤 스위치

① 메인 스위치 : 점화 스위치가 ON에 있을 때 컴퓨터의 전원을 ON, Off시킨다.

② 세트 스위치 : 정속 주행 장치의 제어 신호를 컴퓨터에 입력시킨다.

③ 리줌 스위치 : 일시 해제되었던 고정 속도를 다시 회복시키는 기능을 한다.

5) 해제 스위치

① 제동등 스위치 : 액추에이터 솔레노이드 클러치에 전류를 차단하여 해제된다.

② 인히비터 스위치 : 자동변속기의 시프트 레버를 P 또는 N 레인지로 위치시키면 전류를 차단하여 해제된다.

(2) 컴퓨터의 제어

1) 세트 제어(고정 주행)

메인 스위치를 ON시킨 상태로 자동차를 정속 주행하면서 세트 스위치를 Off시키면 액추에이터의 전동기에 의해서 스로틀 밸브를 개폐시킨다. 이에 따라 컴퓨터는 액추에이터를 고정 속도로 주행하도록 조절한다.

2) 코스트 제어(감속 주행)

세트 스위치를 ON시키면 액추에이터의 전동기는 풀림쪽으로 회전하여 감속된다. 이때 자동차의 속도는 세트 스위치를 Off시킬 때까지 감속 주행한다.

3) 리줌 제어(회복 주행)

정속 주행 중 일시 해제되었을 때 리줌 스위치를 ON시키면 고정 속도로 회복된다. 또 자동차의 최저 한계 이하로 주행하면 40 km/h로 증속시켜 고정 속도로 회복시킨다. 그러나 메인 스위치 또는 점화 스위치를 Off시키면 기능이 상실된다.

4) 가속 제어

정속 주행을 하면서 리줌 스위치를 ON시키면 액추에이터의 전동기가 당김쪽으로 회전한다. 이에 따라 컴퓨터는 스위치를 Off시킬 때까지 계속 가속되어 기억한다.

5) 정속 해제

① 브레이크 페달을 밟았을 때

② 자동 변속기의 시프트 레버를 P 또는 N 레인지로 선택하였을 때

③ 케이블이 손상되었거나 제동등 퓨즈가 단락되었을 때

6) 일시 해제

① 주행 속도가 40 km/h 이하로 주행할 때

② 주행 속도가 기억된 속도보다 20 km/h 이상 감속되었을 때

③ 세트와 리줌 스위치를 동시에 Off시켰을 때

④ 주행 속도가 1.5~2.0초 동안 입력되지 않을 때

⑤ 컴퓨터의 액추에이터 솔레노이드 클러치 트랜지스터가 ON이 되었을 때

⑥ 제동등 스위치 또는 인히비터 스위치와 세트 또는 리줌 스위치가 동시에 ON이 되었을 때

1.5 주행 저항

자동차가 진행할 때 받는 저항에는 구름 저항, 공기 저항, 등판(구배)저항, 가속 저항 등이 있다.

(1) 구름 저항

이 저항은 바퀴가 노면 위를 굴러갈 때 발생하는 것이며, 구름 저항이 발생하는 원인에는

도로와 타이어와의 변형, 도로 위의 요철과의 충격, 타이어의 미끄럼 등에 의한다.

> ● 구름 저항(Rr) = $\mu \times W$
>
> 여기서, μ : 구름저항 계수 W : 차량 총중량(kgf)

(2) 공기 저항

이 저항은 자동차가 주행할 때 진행하는 방향과 반대쪽의 공기압력 또는 공기력에 의한 저항이며, 자동차의 전면 투영면적에 비례한다.

> ● $Ra = \mu AV^2$
>
> 여기서, μ : 공기 저항계수, A : 자동차 전면 투영면적,
>
> V : 자동차의 공기에 대한 상태속도

(3) 등판(구배) 저항

언덕길을 올라갈 때 중력에 의해서 진행을 방해하는 저항이다.

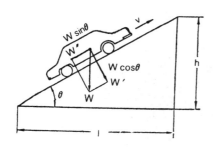

◀ 그림26 등판 저항

> ● $Rg = W \sin\theta$
>
> 여기서, W : 차량 총중량(kgf) $\sin\theta$: 노면의 경사각도

(4) 가속 저항

자동차에 속도 변화를 주는데 필요한 힘으로 관성 저항이라고도 한다.

$$Ri = \frac{1}{g}(1 + \varepsilon)W \cdot a$$

여기서, W : 차량 총중량(kgf)   g : 중력가속도

ε : W/W′   W′ : 관성 상당 중량

a : 가속도

1.6 자동 변속기

자동 변속기는 기관에서 발생한 동력을 단속하는 클러치와, 회전 속도 및 회전력을 변화시키는 변속기의 작용이 자동적으로 이루어지도록 만든 것으로 일반적으로 토크 컨버터와 유성기어식 변속기를 조합한 것이 많이 사용되고 있다.

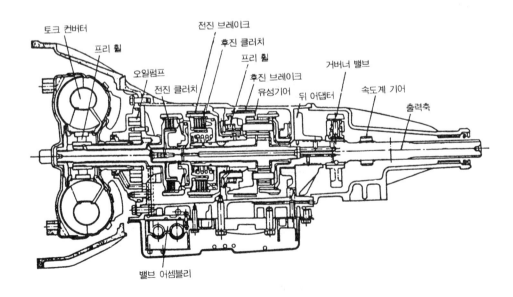

▲ 그림27 자동 변속기의 구조

(1) 특 징

① 기어 변속 중 기관 정지(stall)가 감소하여 안전 운전이 가능하다.

② 저속측의 구동력이 커 등판발진 등이 쉽고 최대 등판능력도 크다.

③ 오일이 완충작용으로 하므로 충격이 적고 기관 보호에 의한 기관 수명이 길어진다.

④ 변속기의 구조가 복잡하고 가격이 비싸다.

⑤ 수동 변속기에 비해 연료 소비율이 10% 정도 많다.

⑥ 자동차를 밀거나 끌어서 시동할 수 없다.

(2) 유체 클러치

1) 유체 클러치의 구조

유체 클러치는 크랭크축에 펌프(또는 임펠러)를, 변속기 입력축에 터빈(또는 런너)를 설치하고 오일의 맴돌이 흐름(와류)를 방지하기 위한 가이드 링(guide ring)을 두고 있다. 유체 클러치는 크랭크축의 비틀림 진동을 완화하는 장점이 있다.

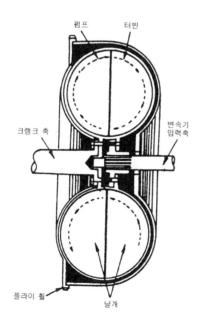

◀ 그림28 유체 클러치의 구조

2) 특성

유체 클러치의 펌프와 터빈사이의 회전력 변환율은 미끄럼 때문에 1 : 1이며, 미끄럼값은

2~3%, 전달효율은 최대 98%정도이다. 유체 클러치의 특성은 속도비 감소와 함께 회전력이 증가하며, 속도비 0에서 최대값이 된다. 이 점을 스텔 포인트(stall point)라고 한다. 또 구동측 (크랭크축)과 피동측(변속기 출력측)의 속도에 따라 클러치 효율이 현저하게 달라진다.

♣ **참고사항** ♣

미끄럼율이란 기관의 크랭크축에 의해 구동되는 펌프는 터빈보다 원심력이 크기 때문에 이 차이만큼 항상 오일이 순환하는 것이며 펌프의 회전 속도를 NP(rpm), 터빈의 회전 속도를 NT(rpm)이라고 하면 미끄럼율(S) = $\dfrac{NP-NT}{NP} \times 100$ 으로 표시하며 전달 회전력의 크기는 미끄럼율이 클수록 (또는 속도비 ($\dfrac{NT}{NP}$)=0에 가까워질수록 커진다. 또 스텔 포인트란 속도 비 0을 말한다.

3) 유체 클러치 오일의 구비조건

① 점도가 낮아야 한다.

② 비중이 커야 한다.

③ 착화점이 높아야 한다.

④ 내산성이 커야 한다.

⑤ 유성이 좋아야 한다.

⑥ 비등점이 높아야 한다.

⑦ 응고점이 낮아야 한다.

⑧ 윤활성이 커야 한다.

(3) 토크 컨버터

1) 토크 컨버터의 구조

토크 컨버터는 클러치 역할만을 하는 기구로서 펌프·터빈 및 스테이터로 구성되어 있다. 펌프는 크랭크 축에, 터빈은 변속기 입력축 스플라인에 연결되며, 스테이터는 오일의 흐름 방향을 바꾸어 출력축의 회전력을 증대시킨다.

그리고 가이드 링은 오일의 충돌에 의한 효율 저하를 방지한다. 유체 클러치에서 속도의 감소는 회전력의 감소를 의미하지만 토크 컨버터에서의 속도감소는 회전력의 증가를 의미한다.

2) 토크 컨버터의 성능

① 유체 충돌의 손실은 속도비 0.6~0.7 에서 가장 작다.

② 속도비 0 에서 회전력 변환비가 가장 크다.

③ 스테이터가 공전을 시작(이때를 클러치점이라고 함)할 때까지 회전력 변환비는 직선적 으로 감소된다.

④ 클러치 점(clutch point)이상의 속도비에서는 회전력 변환비는 1 이 된다.

⑤ 회전력 변환비는 2~3 : 1이다

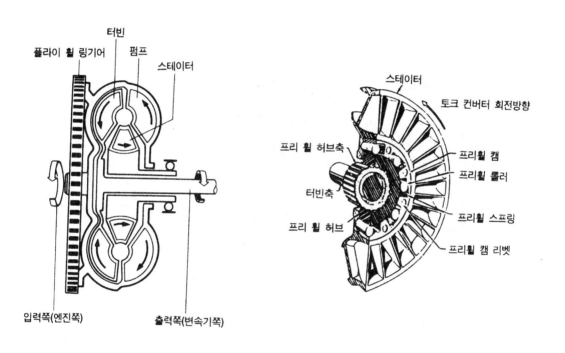

▲ 그림29 토크 컨버터의 구조

3) 댐퍼(로크업) 클러치

이 클러치는 자동차의 주행속도가 일정값에 도달하면 토크 컨버터의 펌프와 터빈을 기계적 으로 직결시켜 미끄러짐에 의한 손실을 최소화하여 정숙성을 도모하는 장치이며, 터빈과 토크 컨버터 커버 사이에 설치되어 있다. 동력 전달 순서는 기관→프런트 커버→댐퍼 클러치→변속 기 입력축이다. 그리고 댐퍼 클러치가 작용하지 않는 범위는 다음과 같다.

① 1속 및 후진시에는 작동하지 않는다.

② 기관 브레이크시에는 작동하지 않는다.

③ 오일의 온도가 60℃ 이하시에는 작동하지 않는다.

④ 기관의 냉각수 온도가 50℃ 이하시에는 작동하지 않는다.

⑤ 3속에서 2속으로 시프트 다운(shift down)될 때에는 작동하지 않는다.

⑥ 기관의 회전수가 800 rpm이하일 때는 작동하지 않는다.

⑦ 기관의 회전 속도가 2,000 rpm이하에서 스로틀 밸브의 열림이 클 때는 작동하지 않는다.

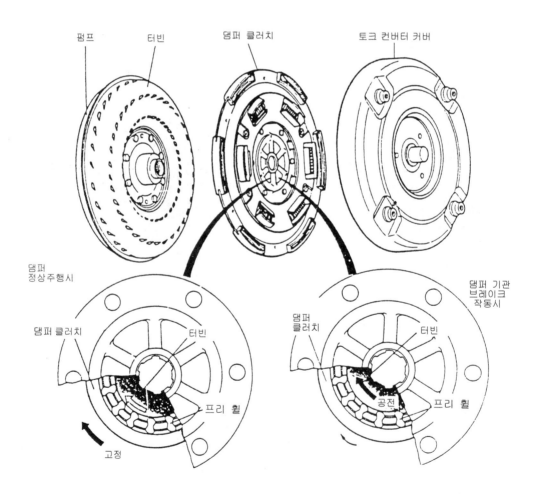

▲ 그림30 댐퍼 클러치

(4) 자동 변속기의 제어 요소

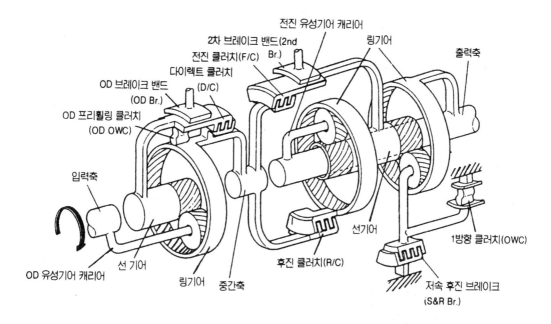

▲ 그림31 자동변속기 제어 요소

1) 엔드 클러치(end clutch)

이 클러치는 제3 속 및 오버 드라이브 주행시에 구동력을 유성 기어 캐리어에 전달한다.

2) 프런트 클러치(front clutch)

이 클러치는 제3 속 및 후진시에 구동력을 후진 선 기어에 동력을 전달한다.

3) 리어 클러치(rear clutch)

이 클러치는 제1~3 속시에 구동력을 전진 선 기어에 전달한다.

4) 다판식 저속 및 후진 브레이크

이것은 L 레인지의 제1 속 및 후진시에 유성 기어 캐리어를 고정한다.

5) 킥다운 브레이크

이 브레이크는 제2 속 및 오버 드라이브 주행시에 킥다운 브레이크 드럼을 고정하여 유성 기어장치의 선 기어를 고정한다.

킥 다운(kick down) : 가속 페달을 전(全)스로틀 부근까지 밟는 것에 의하여 강제적으로 시프트 다운(하향 변속)되는 현상

6) 프리 휠(일방향 클러치)

프리 휠은 D레인지 또는 2속 레인지의 제1속 주행시에 유성 기어 캐리어에 역방향의 회전력을 차단한다.

7) 유성 기어 장치

유성 기어 장치는 유성 기어, 선 기어, 링 기어, 유성 기어 캐리어로 구성되어 있으며, 클러치 및 브레이크에 의해 요소를 고정 및 해제시켜 자동으로 변속이 이루어진다. 작동은 다음과 같다.

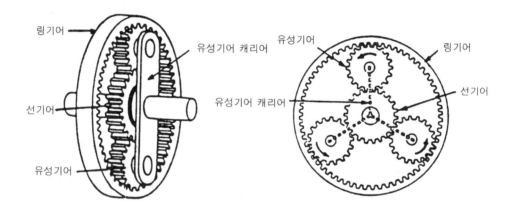

▲ 그림32 유성 기어 장치

① 링 기어 증속 : 선 기어를 고정하고 유성 기어 캐리어를 구동한다. 이때 링기어의 증속은 다음의 식으로 산출한다.

$$N = \frac{A+D}{D} \times n$$

여기서, N : 링기어의 회전수　　A : 선기어의 잇수

D : 링기어의 잇수　　n : 유성기어 캐리어의 회전수

② 선 기어 증속 : 링 기어 고정하고 유성 기어 캐리어를 구동한다.

③ 유성 기어 캐리어 감속 : 선 기어를 고정하고 링 기어를 구동한다.

④ 유성 기어 캐리어 감속 : 링 기어를 고정하고 선 기어를 구동한다.

⑤ 링 기어 역전 감속 : 유성 기어 캐리어를 고정하고 선 기어를 구동한다.

⑥ 선 기어 역전 증속 : 유성 기어 캐리어를 고정하고 링 기어를 구동한다.

⑦ 입력축과 출력축의 직결 : 링기어, 선기어, 유성캐리어의 3요소 중 2개의 요소를 동시에 고정 구동하면 된다.

8) TCU(자동변속기용 컴퓨터)의 제어

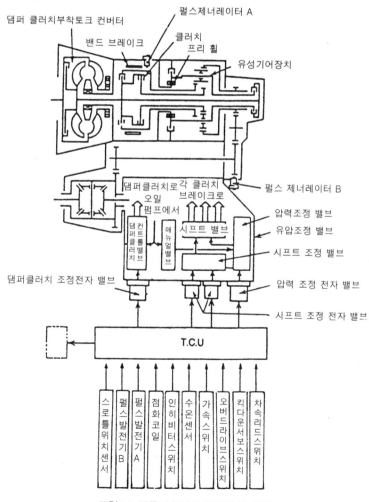

▲ 그림33 자동변속기의 전자제어 구성도

① 댐퍼 클러치 제어

㉮ 제어 방법 : 댐퍼 클러치 솔레노이드 밸브가 35 Hz 이상에서 댐퍼 클러치를 작동시킨다.

㉯ 댐퍼 클러치 제어용 센서

㉠ 유온 센서 : 댐퍼 클러치의 해제 영역을 판정하기 위하여 ATF(자동변속기용 오일)의 온도를 검출한다.

㉡ 가속페달 스위치 : 댐퍼 클러치의 해제 영역을 판정하기 위하여 가속 페달 스위치의 ON, Off를 검출한다.

㉢ 스로틀 포지션 센서 : 댐퍼 클러치의 작동 영역을 판정하기 위하여 스로틀 밸브의 열림량을 검출한다.

㉣ 에어컨 릴레이 : 스로틀 밸브 열림량의 보정을 위하여 에어컨 릴레이의 ON, Off를 검출한다.

㉤ 점화 펄스 : 스로틀 밸브의 열림량을 보정하고 댐퍼 클러치의 작동 영역을 판정하기 위해서 기관의 회전수를 검출한다.

㉥ 펄스 제너레이터 B : 댐퍼 클러치의 작동 영역을 판정하기 위해서 트랜스퍼 드라이브 기어의 회전수를 검출한다.

② 변속 패턴의 제어

㉮ 제어 방법 : 각 센서에서 입력된 신호를 연산하여 시프트 컨트롤 솔레노이드를 제어한다.

㉯ 변속 패턴 제어용 센서

㉠ 인히비터 스위치 : 변속 패턴의 선택을 위해서 시프트 레버의 위치를 검출한다.

㉡ 펄스 제너레이터 B : 변속 패턴에 따른 변속단으로 하기 위해서 트랜스퍼 드라이브 기어의 회전수를 검출한다.

㉢ 파워·이코노미 및 홀드 스위치 : 운전자의 인지에 의해서 주행 조건에 가까운 변속 특성을 얻기 위해서 파워·이코노미 및 홀드 스위치의 ON, Off를 검출한다.

㉣ 오버 드라이브 스위치 : 운전자의 의지에 따라 오버 드라이브 모드의 선택을 검출한다. 이 스위치를 Off로 하면 제3속까지 변속이 되고, ON으로 하면 제4속까지 변

속이 된다.

ⓜ 가속 페달 스위치 : 크리프 영역을 판정하기 위하여 가속페달 스위치의 ON, Off를 검출한다.

ⓗ 유온 센서 : 냉간시의 변속 패턴을 보정하기 위해서 ATF의 온도를 검출한다.

③ 변속시 유압 제어

㉮ 유압 제어 방법 : 각 센서에서 입력된 신호를 연산하여 주행 상태에 따른 변속 시기를 결정하여 각각의 변속에 알맞은 유압 특성을 얻도록 압력 조절 솔레노이드 밸브를 제어한다.

㉯ 유압 제어용 센서

㉠ 펄스 제너레이터 A : 변속시 유압 제어를 위하여 킥다운 드럼의 회전수를 검출한다.

㉡ 파워·이코노미 및 홀드 스위치 : 운전자의 인지에 의해서 주행 조건에 가까운 변속 특성을 얻기 위해 파워·이코노미 및 홀드 스위치의 ON, Off 를 검출한다.

㉢ 킥다운 서보 스위치 : 변속시 유압 제어의 시간을 제어하기 위하여 킥다운 밴드가 작동하기 시작하는 시점을 검출한다.

㉣ 스로틀 포지션 센서 : 변속 패턴에 따른 시프트 컨트롤 솔레노이드 밸브를 제어하기 위하여 스로틀 밸브의 열림량을 검출한다.

㉤ 에어컨 릴레이 : 스로틀 밸브 열림량의 보정을 위하여 에어컨 릴레이의 ON, OFF 를 검출한다.

㉥ 점화 펄스 : 스로틀 밸브의 열림량을 보정하기 위해 공전시 기관의 회전수를 검출한다.

9) 유압 제어 밸브

① 조정(레귤레이터) 밸브

이 밸브는 위밸브 보디에 설치되어 있으며, 오일 펌프에서 발생된 유압을 라인 압력으로 조절한다. 라인 압력은 스로틀 밸브를 완전히 열고 기관의 회전수를 2500rpm으로 하였을 때 제3속 자동 변속기는 3.6~4.2 kgf/㎠ , 제4속 자동 변속기는 8.6~9.0 kgf/㎠ 정도이다.

② 토크 컨버터 컨트롤 밸브(TCCV)

이 밸브는 위 밸브 보디에 설치되어 있으며, 오일을 토크 컨버터 및 각 윤활부에 공급하기 위한 압력으로 조절하는 역할을 한다.

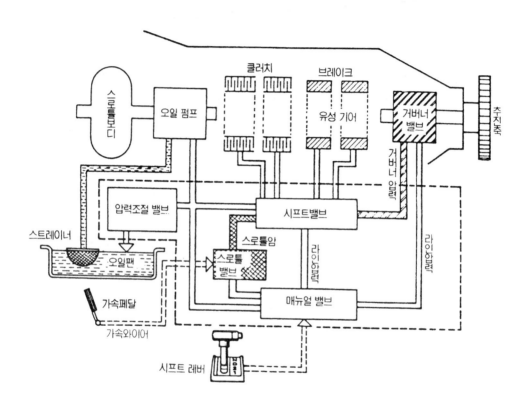

▲ 그림34 각종 밸브의 구성도

③ 댐퍼 클러치 컨트롤 밸브(DCCV)

이 밸브는 아래 밸브 보디에 설치되어 있으며, 유압을 댐퍼 클러치의 작동측과 해제측에 공급하는 역할을 한다.

④ 댐퍼 클러치 컨트롤 솔레노이드 밸브(DCCSV)

이 밸브는 아래 밸브 보디에 설치되어 있으며, TCU의 전기적인 듀티 신호를 유압으로 변환시켜 댐퍼 클러치를 작동 또는 해제시키는 댐퍼 컨트롤 밸브에 공급 또는 차단하는 역할을 한다.

♣ 참고사항 ♣

듀티율 : TCU로부터의 솔레노이드 밸브를 구동하기 위한 35 Hz 의 전기적인 신호 중 ON
되는 시간 비율을 말한다.

⑤ 리듀싱 밸브(감압 밸브)

밸브는 아래 밸브 보디에 설치되어 있으며, 라인 압력을 근원으로 하여 항상 라인 압력보
다 낮은 압력으로 조절하는 역할을 한다. 또 압력 조절 솔레노이드 밸브(PCSV), 댐퍼 클러
치 솔레노이드 밸브(DCCSV)로부터 제어 압력을 만들어 압력 조절 밸브(PCV)와 댐퍼 클
러치 컨트롤 밸브(DCCV)를 작동시킨다.

⑥ 매뉴얼 밸브

이 밸브는 아래 밸브 보디에 설치되어 있으며, 시프트 레버의 조작에 의해서 각 레인지의
유로를 절환 시켜 라인 압력을 공급하거나 배출시킨다. 즉, 시프트 레버의 움직임에 따라
P, R, N, D 등 각 레인지로 변환하여 유로를 변경시켜 준다.

⑦ 시프트 컨트롤 밸브(SCV ; 변속밸브)

이 밸브는 위 밸브 보디에 설치되어 있으며, 시프트 컨트롤 솔레노이드 밸브 A, B에 의해
서 조절되는 라인 압력에 의해서 각 변속단에 맞는 위치로 이동되어 유압이 공급되도록
하는 역할을 한다. 즉 유성기어를 자동차의 주행속도나 기관의 부하에 따라 절환시키는
작용을 한다.

⑧ 시프트 컨트롤 솔레노이드 밸브 A, B(SCSV A, B)

이 밸브들은 TCU의 제어 신호에 의해서 ON, Off 되며, 시프트 컨트롤 밸브(SCV)에 작
용하는 라인 압력을 조절하는 역할을 한다. 즉, 시프트 컨트롤 밸브를 각 변속단에 맞는
위치로 이동시켜 유로를 절환 한다.

⑨ 압력 조절 밸브(PCV)

이 밸브는 위 밸브 보디에 설치되어 있으며, 기관이 작동되고 있을 때에는 토크컨버터로
오일을 보내고 기관이 정지되어 있을 때에는 토크 컨버터로 오일이 역류하는 것을 방지한다.

⑩ 압력 조절 솔레노이드 밸브(PCSV)

이 밸브는 밸브 보디에 설치되어 있으며 TCU의 듀티 신호(35 Hz)를 유압으로 변환시키

는 역할을 한다. 또 각 작동 요소를 제어하는 압력 조절 밸브에 유압을 공급 또는 차단하는 역할을 한다.

⑪ N-R 컨트롤 밸브

이 밸브는 위 밸브 보디에 설치되어 있으며, 시프트 레버를 N 레인지에서 R(또는 P 에서 R) 레인지로 변환시에 충격을 방지한다. 또 저속·후진 브레이크에 작용하는 유압을 제어하는 역할을 한다.

⑫ 1-2 속 시프트 밸브

이 밸브는 위 밸브 보디에 설치되어 있으며, 시프트 컨트롤 밸브에서 제어된 라인 압력으로 작동된다. 또 제1 속에서 제2 속으로 시프트 업(shuft-up) 시는 라인 압력의 흐름을 제어하고, 후진시 저속·후진 브레이크의 유로를 제어하는 역할을 한다.

⑬ 2-3 속 시프트 밸브와 3-4 속 시프트 밸브

이 밸브는 위 밸브 보디에 설치되어 있으며, 프런트 클러치, 리어 클러치, 킥다운 서보의 해제측에 작용하는 유압을 조절한다.

⑭ N-D 컨트롤 밸브

이 밸브는 위 밸브 보디에 설치되어 있으며, 시프트 레버를 N 레인지에서 D 레인지로 변환시 충격을 방지한다. 또 D 레인지로 변환시에만 압력 조절 밸브에서 제어된 유압을 리어 클러치에 공급하며, D 레인지로 변속된 후에는 라인 압력이 리어 클러치에 공급된다.

⑮ 엔드 클러치 밸브

이 밸브는 아래 밸브 보디에 설치되어 있으며, 엔드 클러치에 공급되는 라인 압력의 공급 시기를 제어하는 역할을 한다.

⑯ 리어 클러치 유압 배출 밸브

이 밸브는 위 밸브 보디에 설치되어 있으며, 제3 속에서 제4속으로 시프트 업시에는 리어 클러치에 작동하는 유압을 배출한다. 또 제4 속에서 제3 속으로 시프트 다운시에는 리어 클러치에 공급되는 유압의 시간을 제어하여 충격의 발생을 방지하는 역할을 한다.

⑰ 스로틀 밸브

이 밸브는 스로틀 밸브의 열림량에 따라 라인 압력을 스로틀 압력으로 변환시키는 역할을 하며, 스로틀 압력은 압력 조절 밸브로 유도되어 라인 압력을 조절한다. 또 스로틀 압력은 각 시프트 밸브에 작용하여 스프링의 장력과 함께 거버너 압력에 대응하여 변속점을 조절하는 역할을 한다. 그리고 1차 스로틀 압력은 흡입 다기관의 진공도에 거의 반비례한다.

⑱ 킥다운 밸브

이 밸브는 기관의 스로틀 밸브축에 연결되어 스로틀 밸브의 열림량 따라서 연동되어 작동한다. 또 킥 다운시에 라인 압력을 각 시프트 밸브에 공급하여 변속 시점을 지연시킨다.

10) 자동 변속기의 점검 및 시험

① 오일량 점검

㉮ 오일량 점검은 평탄한 장소에서 실시한다.

㉯ 기관을 시동하여 웜업시킨 후 오일을 작동온도(약 70~80℃)사이에서 변속 레버를 움직여 클러치나 브레이크 서보에 오일을 충분히 채운 후 오일량을 점검한다.

㉰ 오일량은 COLD와 HOT 중간 부위에 있어야 한다.

㉱ 오일이 부족하여 보충할 경우 ATF를 보충한다.

② 자동변속기의 오일 색깔

㉮ 정상 : 투명도가 높은 붉은 색이다.

㉯ 갈색 : 자동변속기가 장시간 고온에 노출되어 열화를 일으킨 상태이다.

㉰ 투명도가 없는 검은색 : 자동변속기 내부의 클러치 판의 마멸 분말에 의한 오일의 오손, 부싱 및 기어가 마멸된 경우이다.

㉱ 니스 모양 : 장시간 고온에 노출된 경우이다.

㉲ 백색 : 다량의 수분이 혼입된 경우이다.

③ 스톨 테스터(stall test)

스톨 테스터는 자동 변속기의 D나 R레인지에서 기관의 최대 속도를 측정하여 변속기와 기관의 종합적인 상태를 시험하는 것이며, 이때 가속페달을 밟는 시간은 5초 이내여야 한다.

1.7 오버 드라이브(over drive)

이 장치는 평탄한 도로에서 주행할 때 기관의 여유 출력을 이용하기 위하여 설치한 것이며, 추진축의 회전속도를 기관의 크랭크 축 회전 속도보다 빠르게 하는 구조로 되어 있다. 오버 드라이브 장치는 유성기어를 변속기와 추진축 사이 둔 것이며, 다음과 같은 특징과 장점을 지니고 있다.

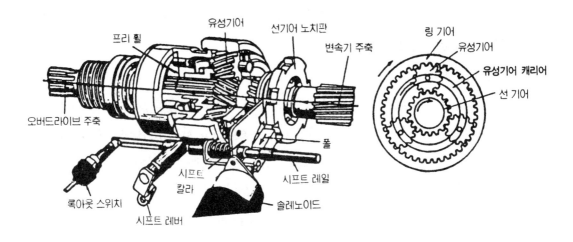

▲ 그림35　오버 드라이브 장치

(1) 오버 드라이브의 특징

① 자동차의 속도가 40 km/h에 이르면 작동한다.

② 오버 드라이브 발전기의 출력이 8.5 V가 되면 작동한다.

③ 오버 드라이브 주행은 평탄로에서 작동한다.

♣ 참고사항 ♣

기관의 여유 출력

❶ 여유 출력 = 기관의 출력 − 주행 저항이다.

❷ 여유 출력은 등판, 가속 등에 이용된다.

❸ 기관의 구동력이 자동차의 주행 저항보다 크거나 같으면 차속을 유지한다.

❹ 여유 출력이 0인 지점에서 자동차는 최고 속도를 낸다.

(2) 오버 드라이브의 장점

① 기관의 회전 속도가 같을 때 30% 정도 주행속도가 빨라진다.

② 기관의 수명이 길어진다.

③ 평탄로 주행시 약 20 % 정도의 연료가 절약된다.

④ 기관의 작동이 정숙하다.

(3) 오버 드라이브 기구

① 유성 기어 캐리어 : 유성 기어를 지지하며, 변속기 주축의 스플라인에 설치된다.

② 선 기어 : 변속기 주축에 베어링을 사이에 두고 설치되어 평상시에는 공전한다.

③ 링 기어 : 안쪽에는 유성 기어와 물리고 뒤쪽은 추진축과 연결되어 있다.

④ 프리휠링 : 기관의 회전력을 구동 바퀴쪽으로만 전달한다.

♣ 참고사항 ♣

오버 드라이브 장치의 기본 작동은 선기어를 고정하고 유성기어 캐리어를 구동하면 링기어가 오버 드라이브가 된다.

1.8 드라이브 라인(drive line)

드라이브 라인은 앞 기관 뒷바퀴 구동(FR)식 자동차에서 변속기의 출력을 종감속기어로 전달하는 부분이며 슬립이음, 자재이음, 추진축 등으로 구성되어 있다.

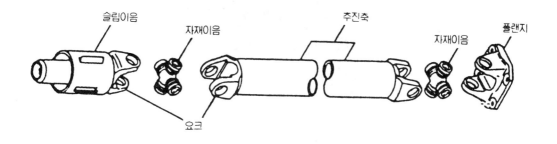

슬립이음　　자재이음　　　　　　추진축　　　　　　자재이음　　플랜지

요크

▲ 그림36 드라이브 라인

(1) 슬립이음(slip joint)

이 이음은 변속기 주축 뒤끝부분에 스플라인을 통하여 설치되며, 뒤차축의 상하 운동에 따라 변속기와 종감속기어 사이의 길이 변화를 수반하게 되는데 이때 추진축의 길이 변화를 주는 것이다.

(2) 자재이음(유니버설 조인트)

자재이음은 변속기와 종감속기어 사이의 구동각의 변화를 주는 장치이며 그 종류에는 십자형 자재이음, 플렉시블이음, 볼엔트 트러니언 이음, 등속도 자재이음 등이 있다.

1) 십자형 자재 이음

이 형식은 중심부의 십자축과 2개의 요크(yoke)로 구성되어 있으며, 십자축과 요크는 니들 롤러 베어링을 사이에 두고 연결한다. 또 십자형 자재이음은 구동축(변속기 주축)이 등속 운동을 하여도 피동축(추진축)은 90° 마다 가속과 감속이 되어 진동을 일으키며 이 진동을 방지하려면 동력 전달 각도는 12~18° 이하로 하여야 하며, 추진축의 앞·뒤에 자재이음을 두어 회전속도 변화를 상쇄하여야 한다.

2) 플렉시블 이음

이 형식은 3가닥의 요크 사이에 가죽이나 경질 고무로 만든 커플링을 끼우고 볼트로 조인 것이며, 동력 전달 각도는 3~5° 이상 되면 진동을 일으키기 쉽다.

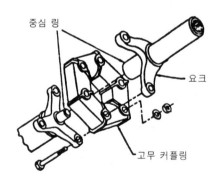

중심 링
요크
고무 커플링

▲ 그림37 플렉시블 이음

3) 등속도(CV)자재 이음

이 형식은 드라이브 라인의 각도와 동력전달 효율이 높으며, 일반적인 자재이음에서 발생하는 진동을 방지하기 위해 개발된 것이며, 주로 앞바퀴 구동 자동차의 앞차축에서 사용된다. 그 종류에는 트랙터형, 벤딕스 와이스형, 제파형, 파르빌레형 등이 있다.

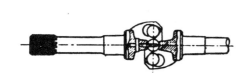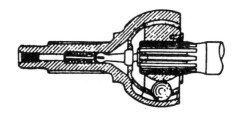

▲ 그림38 등속도 자재 이음

(3) 추진축(프로펠러 샤프트)

추진축은 강한 비틀림을 받으면서 고속 회전하므로 이에 견딜 수 있도록 속이 빈 강철제 파이프를 사용한다. 또 회전 평형을 유지하기 위한 평형추(밸런스 웨이트)가 부착되며 그 양쪽에는 자재이음용 요크가 마련되어 있다.

또 축거(휠 베이스)가 긴 자동차에서는 추진축을 2~3개로 분할하고 각 축의 뒤쪽을 중간(센터) 베어링으로 프레임에 지지하며, 또 어떤 형식에서는 비틀림 진동을 방지하기 위한 토션댐퍼(비틀림 진동 방지기)두기도 한다. 추진축의 스플라인부가 마멸되면 주행 중 소음을 내고 진동하게 된다.

♣ 참고사항 ♣

❶ 추진축의 기하학적 중심과 질량적 중심이 일치하지 않으면 굽음 진동(휠링)을 발생한다.

❷ 추진축이 회전할 때 소음이 발생되는 원인

　㉮ 중간 베어링이 마모되었다.　　㉯ 추진축이 휘었다.

　㉰ 십자축 베어링이 마모되었다.

❸ 추진축이 진동하는 원인

　㉮ 요크의 방향이 다르다.　　㉯ 밸런스 웨이트가 떨어졌다.

　㉰ 중간 베어링이 마모되었다.　　㉱ 플랜지 고정 너트가 풀렸다.

1.9 종감속 기어

이 기어는 추진축에서 받은 동력을 직각이나 또는 직각에 가까운 각도로 바꾸어 뒷차축에 전달함과 동시에 자동차의 용도에 따른 회전력의 증대를 위하여 최종적인 감속을 하기 때문에 종감속 장치라고 한다.

(1) 종감속 기어의 종류

종감속 기어는 구동 피니언과 링 기어로 되어 있으며, 그 종류에는 베벨 기어, 스파이럴 베벨 기어, 하이포이드 기어, 웜 기어가 있으나 주로 스파이럴 베벨 기어나 하이포이드 기어가 많이 사용된다. 하이포이드 기어의 특징은 다음과 같다.

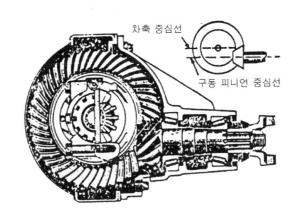

차축 중심선
구동 피니언 중심선

▲ 그림39 하이포이드 기어

① 스파이럴 베벨 기어의 구동 피니언을 편심(오프셋)시킨 기어이다.

② 추진축의 높이를 낮게 할 수 있어 차실 바닥이 낮아진다.

③ 중심 높이를 낮출 수 있어 안정성이 증대된다.

④ 다른 기어보다 구동 피니언을 크게 만들 수 있어 강도가 증대된다.

⑤ 기어의 물림 율이 크고, 회전이 정숙하다.

⑥ 구동 피니언의 편심량은 링 기어 지름의 10 ~ 20 %이다.

⑦ 하이포이드 기어의 전용 윤활유를 사용하여야 한다.

⑧ 제작이 조금 어렵다.

(2) 종감속비 및 자동차 주행속도

1) 종감속비

종감속 기어는 링기어의 잇수와 구동 피니언의 잇수비로 표시된다.

> ● 종감속비 = $\dfrac{\text{링기어의 잇수}}{\text{구동 피니언의 잇수}}$

그리고 종감속비는 나누어지지 않는 값으로 하는데 그 이유는 특정의 이가 항상 물리는 것을 방지하여 이의 마멸을 방지하기 위함이다. 종감속비는 기관의 출력, 차량 중량, 가속 성능, 등판능력에 따라 정해진다. 종감속비를 크게 하면 가속 성능과 등판 능력은 향상되나, 고속 성능이 저하하며, 종감속비를 작게 하면 고속 성능은 향상되나 가속 및 등판 능력은 감소된다.

변속비×종감속비를 총감속비라고 부르며, 변속 기어가 톱 기어(최고속 기어)이면 기관의 감속은 종감속 기어에서만 이루어진다.

2) 자동차 주행속도

> ● $V = \pi D \times \dfrac{N}{r \times rf} \times \dfrac{60}{1000}$
>
> 여기서, V : 주행속도(km/h), D : 바퀴의 지름(m),
> N : 기관 회전속도(rpm), r : 변속비,
> rf : 종감속비

(3) 종감속 기어의 접촉 상태 및 수정

링기어와 구동피니언의 접촉 상태가 불량하면 주행 중 소음을 발생하고 기어의 마멸 원인이 된다. 접촉 상태와 수정의 방법은 다음과 같다.

접촉 상태	개요	수정방법
정상접촉	링 기어 중심부 쪽으로 구동 피니언이 50~70% 정도 물린상태이다.	
힐(heel)접촉	구동 피니언의 잇면의 접촉이 링기어의 힐쪽(바깥쪽)으로 치우친 것으로 백래시가 크고 소음이 생기기 쉽다.	구동 피니언을 안으로
토우(toe)접촉	구동 피니언의 잇면의 접촉이 링기어의 토우 쪽(안쪽)으로 치우친 것으로 백래시가 비교적 크고 소음이 생기기 쉬우며 큰 하중이 걸리면 이가 부러지기 쉽다.	구동 피니언을 밖으로
페이스(face)접촉	구동 피니언의 잇면의 접촉이 페이스(링기어의 상단부)에 접촉되는 것으로 백래시가 커서 소음을 발생하고 특히 이끝의 마멸 및 손상되기 쉽다.	구동 피니언을 안으로
플랭크(flank)접촉	구동 피니언의 잇면의 접촉이 플랭크(링기어의 골자기)에 접촉되는 것으로 백래시가 적어 기어 뿌리부분에 계단형 마멸이 생기고 발열되기 쉽다.	구동 피니언을 밖으로

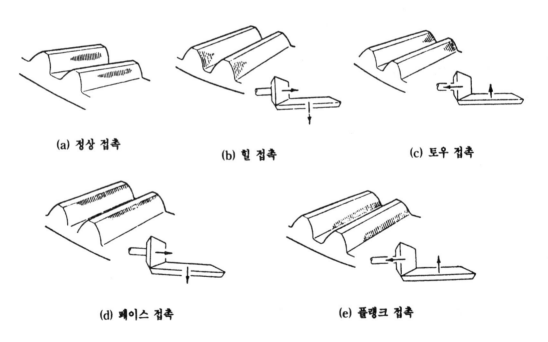

(a) 정상 접촉   (b) 힐 접촉   (c) 토우 접촉

(d) 페이스 접촉   (e) 플랭크 접촉

▲ 그림40 구동 피니언과 링기어의 접촉상태

(4) 링 기어의 회전수

$$\text{링기어의 회전수} = \frac{\text{기관의 회전수}}{\text{변속비} \times \text{종감속비}} \quad \text{또는} \quad \frac{\text{추진축의 회전수}}{\text{종감속비}}$$

♣ 참고사항 ♣

❶ 구동 피니언과 링 기어의 백래시 측정은 다이얼 게이지로 측정하며 한계값은 0.1~0.2 mm 정도이다.

❷ 링 기어의 런 아웃(흔들림) 점검은 다이얼 게이지로 측정하며 한계값은 소형차의 경우 0.05 mm 정도이고 대형차의 경우에는 0.075 mm 정도이다.

❸ 구동 피니언의 프리로드 측정

▶ 측정 기구 : 스프링 저울 또는 토크 렌치

▶ 두는 이유 : 프리로드라함은 베어링에 일정량의 부하가 작용하도록 하는 것으로 베어링의 초기 길들임과 마멸을 방지하기 위하여 둔다.

1.10 차동 장치

(1) 개 요

이 장치는 자동차가 선회할 때 양쪽 바퀴가 미끄러지지 않고 원활하게 선회하려면 바깥쪽 바퀴가 안쪽 바퀴보다 더 많이 회전하여야 하며, 또 울퉁불퉁한 노면을 주행할 경우에도 양쪽 바퀴의 회전속도가 달라져야 한다. 즉 차동 장치는 노면의 저항을 적게 받는 구동바퀴쪽으로 동력이 더 많이 전달되도록 하며 차동 사이드 기어, 차동 피니언, 피니언 축 및 차동기어 케이스 등으로 구성되어 있다.

1) **차동 기어 케이스** : 링 기어와 동일한 회전을 한다.

2) **차동 피니언 축** : 케이스에 차동 피니언을 지지한다.

3) **차동 피니언**

① 직진 주행시에는 공전하고 선회시에는 자전한다.

② 선회시에 좌우의 사이드 기어의 회전수를 변화시킨다.

4) 사이드 기어

① 사이드 기어는 차동 피니언과 맞물려 있다.

② 중앙부의 스플라인은 차축과 접속되어 있다.

③ 직진시에는 좌우의 사이드 기어는 동일 회전수로 차동 기어 케이스와 동일하게 회전한다.

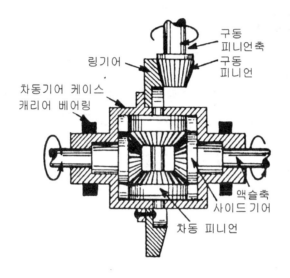

▲ 그림41 차동 장치의 구성도

♣ 참고사항 ♣

차동 장치의 동력 전달순서는 구동 피니언축→구동 피니언→링 기어→차동 기어 케이스→
(차동 피니언→사이드 기어)→차축 순이다.

(2) 원 리

차동 장치의 원리는 래크와 피니언의 원리를 응용한 것으로서 이것은 양쪽의 래크위에 동일한 무게를 올려 놓고 핸들을 들어올리면 피니언에 걸리는 저항이 같기 때문에 피니언이 자전을 하지 못하므로 래크 A와 B를 들어올리게 된다.

그러나 래크 B의 무게를 가볍게 하고 피니언을 들어올리면 래크 B를 들어올리는 쪽으로 피니언이 자전을 하며 양쪽 래크가 올라간 거리를 합하면 피니언을 들어올린 거리의 2배가

된다. 이 원리를 이용하여 양쪽 래크를 베벨 기어로 바꾸고 여기에 좌우 양쪽의 차축(axle)을 연결한 후 차동 피니언을 종감속의 링기어로 구동시키도록 한다.

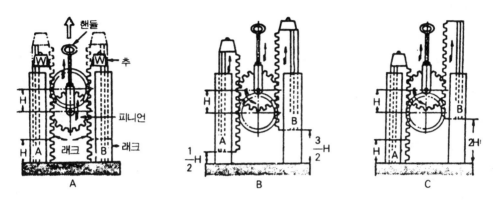

▲ 그림42 차동 장치의 원리

(3) 작 동

차동 장치의 작용은 자동차가 평탄로를 직진할 때는 좌우 구동 바퀴의 회전 저항이 동일하기 때문에 좌우 사이드 기어는 동일 회전수로 차동 피니언의 공전에 따라 움직여 전체가 하나의 덩어리가 되어 회전한다.

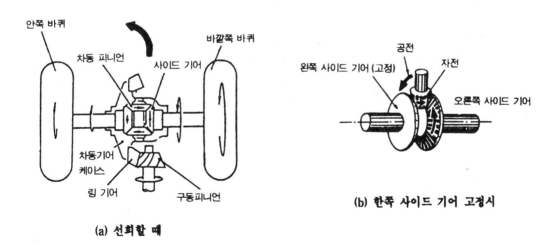

▲ 그림43 차동작용

그러나 차동 작용은 좌우 구동 바퀴의 회전 저항 차이에 의해 발생되고, 바퀴는 통과하는 노면의 길이에 따라서 회전하므로 선회할 때 안쪽 바퀴는 바깥쪽 바퀴보다 저항이 증대되어 회전수가 감소되며 그 분량만큼 반대쪽 바퀴를 가속시키게 된다.

① 한쪽 사이드 기어가 고정되면(가령, 오른쪽 바퀴가 진탕에 빠졌을 경우)

　이 때는 차동 피니언이 공전하려면 고정되어 있는 사이드 기어(왼쪽)위를 굴러가지 않으면 안되기 때문에 자전을 시작하여 저항이 작은 오른쪽 사이드 기어만을 구동하게 된다.

② 양쪽 구동 바퀴를 잭으로 들고 한쪽 바퀴를 손으로 돌리면 차동 피니언이 공전을 하지 않기 때문에 다른 쪽 바퀴는 반대 방향으로 회전한다.

> ● 바퀴의 회전수 $= \dfrac{\text{기관 회전수}}{\text{총 감속비}} \times 2 - (\text{상대 바퀴의 회전수})$
>
> $\dfrac{\text{추진축 회전수}}{\text{종 감속비}} \times 2 - (\text{상대 바퀴의 회전수})$

1.11 자동 제한 차동기어장치(LSD)

차동 장치는 자동차가 선회할 때에 반드시 필요한 장치이나, 때로는 불편한 경우도 있다. 가령 한쪽 바퀴가 진흙탕에 빠진 경우에는 한쪽 바퀴는 노면에서 저항을 받고 진흙탕에 빠진 바퀴는 저항을 받지 않으므로, 노면 쪽의 바퀴에는 동력이 전달되지 않고 진흙탕에 빠진 바퀴만 헛돌아서 자동차는 주행하지 못하게 된다. 이와 같은 경우 차동 장치의 작용을 정지시키면, 진흙탕길에서 빠져나올 수 있기 때문에 차동 제한 자동 장치나 차동 고정 장치가 사용된다.

(1) 구비 조건

① 좌·우 바퀴의 회전차이를 보정하여야 한다.

② 한쪽 바퀴가 미끄러지면 자동적으로 공전을 방지하여 반대쪽 바퀴에 구동력을 전달하여야 한다.

③ 차동 제한력은 진동과 소음이 적은 상태로 작용하여야 한다.

④ 차동 제한력의 발생 특성은 변화가 적어야 한다.

⑤ 구조가 간단하고, 취급이 쉽고, 고장이 적어야 한다.

(2) 특 징

① 미끄러운 노면에서 출발이 쉽다.

② 요철 노면을 주행할 때 자동차의 후부 흔들림이 방지된다.

③ 가속시나 선회시에 바퀴의 공전을 방지한다.

④ 타이어 미끄러짐을 방지하므로 수명이 연장된다.

⑤ 급속 직진 주행시에 안전성이 양호하다.

(3) 종류와 작용

1) 자동제한 차동 장치(크라이슬러 슈어 그립형)

이 형식은 자동차가 직진 주행을 할 때에는 양쪽의 피니언축은 클러치를 작동시키기 위한 위치에 있다. 이에 따라 차동 장치는 작용하지 않고 전체가 하나로 되어 구동된다.

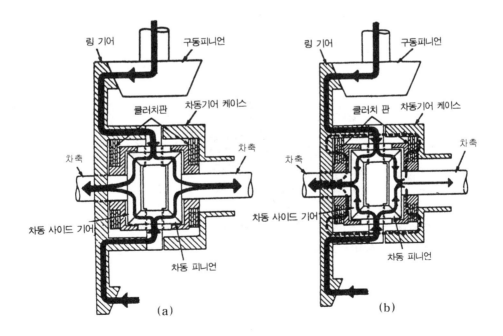

▲ 그림44 자동제한 차동 장치

그러나 오른쪽 바퀴의 저항이 감소하여 왼쪽 바퀴보다 회전속도가 빨라지면 오른쪽 차축의 회전속도가 가장 빠르게 되고, 다음에 차동기어 케이스이며, 왼쪽 차축의 회전속도가 가장 느리게 된다.

이때 일반적인 차동 장치는 링기어의 회전력이 양쪽 차축에 동일하게 분배되지만 자동제한 차동 장치에서는 양쪽의 클러치가 피니언 축에 의해 발생하는 압착력하에서 미끄러지면서 회전하게 되어 회전 속도가 빠른 오른쪽 차축이 클러치를 거쳐서 차동기어 케이스를 구동하므로 그림 44(b)의 점선으로 표시한 것과 같이 그 회전력을 왼쪽 차축에 더하게 된다.

따라서 한쪽 바퀴가 진흙탕길에 빠져 타이어와 노면의 점착력이 작아지면 공전하는 쪽의 바퀴(진흙탕에 빠진 쪽 바퀴)저항과 비슷한 회전력이 반대쪽 바퀴에도 가해져 쉽게 빠져 나올 수 있게 된다.

2) 넌 스핀(non-spin)자동제한 차동 장치

이 형식은 차동 기어 케이스가 종감속 기어에 의해 구동이 되면 직진상태에서는 차동 기어 케이스 → 스파이더 → 클러치 → 사이드 기어 → 차축순으로 동력이 전달된다. 그러나 자동차가 선회를 시작하면 바깥쪽 바퀴가 안쪽 바퀴보다 더 빨리 회전하므로 차축과 직결된 클러치가 백래시 범위 내에서 회전방향으로 전진한다.

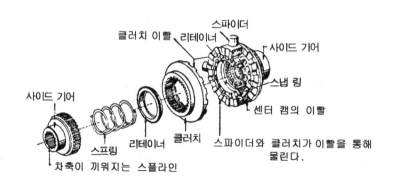

▲ 그림45 넌 스핀 차동 장치

이때 센터 캠(center cam)도 회전하려고 하지만 키(key)에 의해 이동이 제한되고, 또 클러치와도 물려있어 움직일 수 없다. 이에 따라 바깥쪽 클러치가 중심 캠에 의해 밀려 올려져 스파이더와의 클러치 물림이 차단된다. 이때 바깥쪽 클러치가 양쪽 바퀴의 회전속도 차이로 회전방향으로 진행하여 클러치의 이빨이 빠지며 클러치의 이빨이 빠지면 스프링의 장력으로 다음의 이빨과 물리게 된다.

이와 같은 작용을 반복하여 차동작용을 하며 선회시에는 바깥쪽 바퀴가 프리휠링이 되어 안쪽 바퀴만 구동이 된다. 또 한쪽 바퀴가 진흙탕에 빠졌을 경우에는 양쪽의 차축이 직렬된 것과 같이 작용하여 점착력이 작아진 바퀴에 관계없이 주행이 가능하게 된다.

♣ 참고사항 ♣

자동제한 차동 장치를 부착한 차량에서는 한쪽 바퀴를 잭으로 들고 기관의 동력을 전달시키면 차량이 진행하게 된다.

1.12 차축(액슬축)

차축은 바퀴를 통하여 차량의 중량을 지지하는 축이며 구동축과 유동축이 있다. 구동축은 종감속 기어에서 전달된 회전력을 바퀴로 전달하고, 노면에서 받는 힘을 지지하는 일을 한다.

앞바퀴 구동차의 앞차축, 뒷바퀴 구동차의 뒤차축, 4륜 구동차의 앞·뒤 차축 등이 여기에 속한다. 유동축은 차량의 중량만 지지하므로 구조가 간단하다. 여기서는 구동축 만을 설명하기로 한다.

(1) 앞바퀴 구동차의 앞차축

이 방식은 앞바퀴 구동식 승용차나 4륜 구동차의 구동축으로 사용되며 등속도 자재 이음을 설치한 구동축, 조향 너클, 액슬 허브, 허브 베어링 등으로 구성되어 있다.

1) 구동력의 전달

앞바퀴 구동식은 트랜스 액슬에서 직접 구동 축으로 보내지며, 4륜 구동식에서는 트랜스퍼 케이스→앞 추진축→앞 종감속 기어를 통하여 양쪽 끝에 등속도 자재 이음이 설치된 구동축과 차축 허브를 거쳐 앞바퀴로 보내진다.

2) 차량의 하중지지

바퀴에서 차축 허브를 거쳐 허브 베어링에 전달된 반력이 조향 너클과 현가 스프링을 통하여 차체에 전달됨으로써 지지된다. 이 방식에서는 조향과 현가 스프링의 움직임에 따라 바퀴와 종감속 기어와의 거리가 변하기 때문에 더블 오프셋형 등속도 자재 이음을 사용한다.

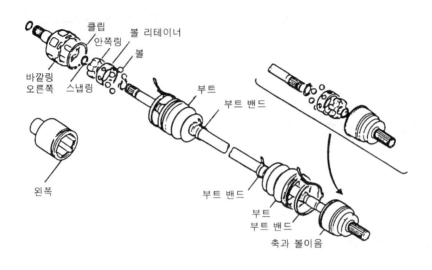

▲ 그림46 더블 오프셋 등속도 자재이음과 차축

(2) 뒷바퀴 구동차의 뒤차축

이 방식은 차동 장치를 통하여 전달된 회전력을 뒷바퀴로 전달하는 것이며, 차축의 끝은 스플라인을 통해 차동 장치의 사이드 기어에 삽입되고 바깥쪽 끝에는 구동 바퀴가 설치된다. 뒤차축의 지지방식에는 전부동식, 반부동식, ¾부동식이 있으며, 구동 방식에는 호치키스 구동, 토크 튜브 구동, 레디어스 암 구동 형식이 있다.

▲ 그림47 뒤차축

1) 뒷차축의 지지방식

뒷 차축의 지지방식으로는 앞에서 설명한 바와 같이 전부동식, 반부동식, 3/4부동식이 있으며 그 특징은 다음과 같다.

① 반부동식

이 형식은 바퀴가 차축에 직접 연결되어 구조가 간단하여 승용차와 같이 무게가 가벼운 차량에서 널리 사용되며, 차축이 동력을 전달함과 동시에 차량의 무게를 $\frac{1}{2}$을 지지한다. 또 반부동식은 내부 고정 장치를 풀지 않고는 차축을 분해할 수 없다.

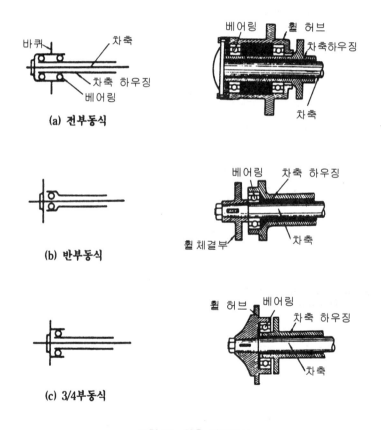

▲ 그림48　차축 지지방식

② $\frac{3}{4}$부동식

이 형식은 차축 바깥쪽에 바퀴 허브를 설치하고 차축 하우징에 1개의 베어링을 사이에 두고 허브를 지지하는 방식이다. 차축은 동력을 전달함과 동시에 차량무게의 $\frac{1}{4}$을 지지한다.

③ 전부동식

이 형식은 차량의 무게 모두를 하우징이 받고 차축은 동력만 전달한다. 전부동식은 바퀴를 떼어 내지 않고 차축을 빼낼 수 있다. 그리고 차축의 허브 베어링 조정은 조정 너트를 힘껏 조인 후 ½회전 풀어준다.

2) 뒷차축의 구동 형식

차체 또는 프레임은 구동 바퀴로부터 추진력을 받아 전진 또는 후진을 하며 구동 바퀴의 구동력을 차체 또는 프레임에 전달하는 방식에는 호치키스 구동, 토크 튜브 구동, 레디어스 암 구동 방식이 있으며 그 특징은 다음과 같다.

① 호치키스 구동

이 방식은 구동축의 현가 스프링으로 판 스프링을 사용할 때 이용되며, 구동 바퀴에 의한 추진력은 스프링 끝을 거쳐 차체에 전달된다. 그리고, 출발 및 제동시에 발생하는 비틀림과 리어 앤드 토크 등도 스프링이 받게 된다.

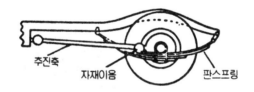

주진축   자재이음   판스프링

♣ 참고사항 ♣

리어 앤드 토크 : 기관의 출력이 동력 전달 장치를 통하여 구동 바퀴를 돌리면 구동축에는 그 반대 방향으로 돌아가려는 힘이 작용된다. 이 작용력을 리어 앤드 토크라 한다.

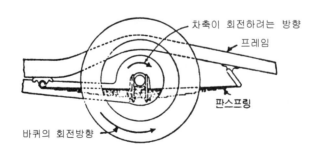

차축이 회전하려는 방향
프레임
판스프링
바퀴의 회전방향

▲ 그림49 리어 엔트 토크

② 토크 튜브 구동

이 방식은 코일 스프링을 사용하는 경우에 사용되는 형식이며, 토크 튜브 내에 추진축을 설치하여 동력을 전달한다. 구동 바퀴의 추진력은 토크 튜브를 통하여 차체 또는 프레임에 전달하며, 리어 앤드 토크를 토크 튜브가 흡수한다.

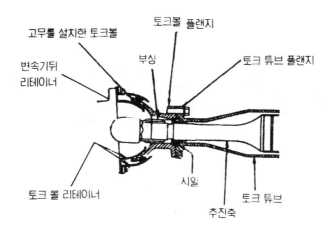

③ 레디어스 암 구동

이 방식은 코일 스프링을 사용하는 경우에 사용하는 형식이며, 바퀴의 추진력은 구동축과 차체 또는 프레임에 연결된 레디어스 암으로 전달한다. 그리고 리어 앤드 토크를 레디어스 암이 흡수한다.

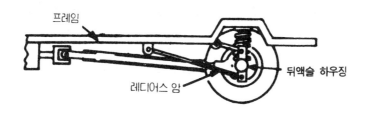

▲ 그림50 구동 방식

1.13 차축 하우징(axle housing)

차축 하우징은 종감속 기어, 차동 장치 및 구동축을 포함하는 튜브 모양의 고정 축이며 중간 부분은 종감속 기어와 차동 장치의 지지를 위해 둥글게 되어 있고, 양끝에는 플랜지 판이나 현가 스프링 등의 지지부가 마련되어 있다. 차축 하우징은 구조상으로 분류할 때 벤조형, 분할형, 빌드업형 등이 있다.

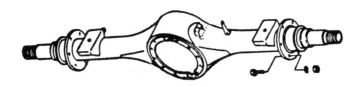

▲ 그림51 차축 하우징

1.14 타이어와 휠(tire & wheel)

(1) 타이어

타이어는 직접 노면과 접촉하면서 회전하여 타이어와 노면 사이에 생기는 마찰에 의해 구동력과 제동력을 전달하고 노면으로부터 받는 충격을 완화시키는 일을 한다. 또, 타이어 내부의 공기에 의해 자동차의 무게를 받쳐 주고 주행시에 받는 충격을 흡수하여 승차감을 좋게 한다.

1) 타이어의 구조

타이어는 트레드부, 브레이커부, 카커스부, 비드부의 4부분으로 구성되어 있으며, 타이어의 구조는 다음과 같다.

　① 트레드부

　트레드 부는 타이어의 바깥 둘레는 카커스를 보호하기 위하여 고무층이 덮여 있고 이 고무층은 트레드부, 숄더부, 사이드 월부로 나뉘어진다.

　　㉮ 트레드부

　　이 부분은 직접 노면과 접하는 곳이며, 브레이커를 보호하고 타이어의 마멸, 외부 손상, 충격 등에 의한 내구성을 높이기 위해 두꺼운 고무층으로 만든다. 또 타이어의 사용 목적에 알맞도록 표면에 여러 가지 모양의 트레드 패턴이 가공되어 있다.

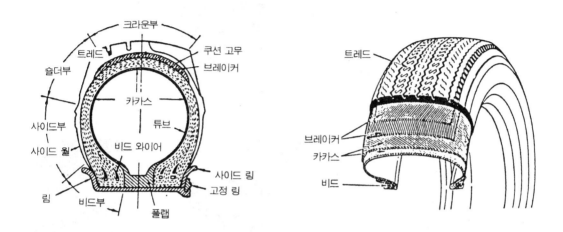

▲ 그림52 타이어의 구조

타이어의 트레드는 제동력, 구동력, 견인력의 증가, 조종성, 안전성, 가로방향 미끄러짐 방지, 타이어 방열, 소음 발생의 감소와 승차감 향상을 위해 두고 있다. 트레드 패턴의 필요성은 다음과 같다.

㉠ 타이어 내부의 열을 발산한다.

㉡ 트레드에 생긴 절상 등의 확대를 방지한다.

㉢ 구동력이나 선회 성능을 향상시킨다.

㉣ 타이어의 옆방향 및 전진 방향의 미끄럼을 방지한다.

그리고 트레드 패턴의 종류에는 리브 패턴, 러그 패턴, 블록 패턴, 리브 러그 패턴, 슈퍼 트랙션 패턴 등이 있다.

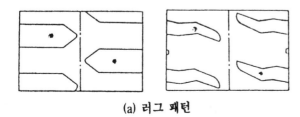

(a) 러그 패턴

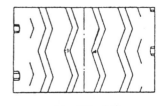

(b) 리브 패턴

(c) 블록 패턴

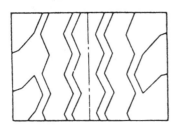  

(a) 리브와 러그 패턴   (b) 슈퍼 트랙션 패턴   (c) 오브 더 로드 패턴

▲ 그림53 타이어 트래드 패턴의 종류

♣ 참고사항 ♣

타이어 트래드의 한쪽 면만이 마멸되는 원인

❶ 휠이 런아웃 되었을 때
❷ 허브의 너클이 런 아웃 또는 비틀림
❸ 허브 베어링의 마멸이 클 때
❹ 킹핀(또는 위·아래 볼 이음부)의 유격이 클 때 등이다.

㉯ 숄더부

이 부분은 트레드와 사이드 월사이의 부분으로 트레드와 같은 두꺼운 고무층으로 되어 있어서 카커스를 보호하고 있다. 주행 중 숄더부의 형상은 둥근 모양의 라운드 숄더와 각(角)이 진 모양으로 된 스퀘어 숄더가 있다.

㉰ 사이드 월부

이 부분은 트레드에서 비드부까지의 카커스를 보호하기 위한 고무층이며, 노면과는 직접 접촉하지는 않는다. 그러나 하중이나 노면으로부터의 충격에 의하여 계속적인 굴곡 운동을 하게 되므로 굴곡성 및 내피로성이 높은 고무이어야 한다.

② 카커스

이 부분은 목면, 나일론, 레이온 코드를 몇 층 서로 엇갈리게 겹쳐서 내열성의 고무로 접착시킨 구조로 타이어의 뼈대가 되는 부분이다. 또 공기 압력과 하중에 의한 체적을 유지 하면서 하중이나 충격에 따라 변형하여 완충 작용을 한다. 카커스를 구성하는 목면 코드의 층수를 플라이 수(PR ; Ply Rating)이라고 한다.

③ 비드부

이 부분은 휠이 림에 밀착될 수 있도록 한 돌출부이며, 몇 줄의 피아노선이 원둘레 방향 으로 들어 있어 비드부의 늘어남과 타이어의 빠짐을 방지한다.

④ 브레이커

이 부분은 카커스와 트레드의 접합부이며, 트레드와 카커스가 분리되지 않도록 하고 노 면에서의 충격을 완화하여 카커스의 손상을 방지한다.

2) 타이어의 분류

① 사용 공기압력에 의한 분류

㉮ 고압 타이어

이 타이어는 사용 공기압이 4.2~6.3kgf/㎠정도로 고하중에 잘 견딘다.

㉯ 저압 타이어

이 타이어는 사용 공기압이 2.0~2.5kgf/㎠정도로 접지압이 낮아 완충 효과가 좋다.

㉰ 초저압 타이어

이 타이어는 사용 공기압이 1.0~2.0kgf/㎠정도로 주로 승용차용으로 사용된다.

② 튜브의 유무에 따른 분류

㉮ 튜브 타이어

이 타이어는 타이어 속에 튜브가 있는 타이어이다.

㉯ 튜브 리스 타이어(튜브 없는 타이어)

이 타이어는 튜브를 사용하지 않고 타이어 안에 특수 고무층이 붙어 있으며 비드부에도 림과 밀착이 잘되어 공기가 새지 않도록 특수 설계한 타이어로 다음과 같은 장·단점을 가지고 있다.

✤ 장 점

㉠ 튜브가 없기 때문에 조금 가볍다.

㉡ 펑크의 수리가 간단하다.

㉢ 고속으로 주행하여도 발열이 적다.

㉣ 못 같은 것이 박혀도 공기가 잘 새지 않는다.

✤ 단 점

㉠ 림이 변형되어 타이어와의 밀착이 좋지 않으면 공기가 누출되기 쉽다.

㉡ 유리 조각 등에 의해 손상되면 수리가 어렵다.

③ 형상에 따른 타이어

㉮ 보통(바이어스)타이어

이 타이어는 카커스 코드가 빗금으로 형성된 타이어이다.

㉯ 편평 타이어

이 타이어는 타이어의 단면을 편평하게(폭을 크게 하고 높이를 낮게)하면 접지 면적이 크게 되어 제동, 출발시 또는 가속시 내미끄럼성 및 선회성을 향상시킨 것이다.

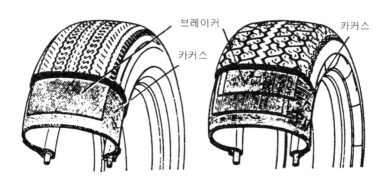

(a) 보통 타이어 (b) 레이디얼 타이어

(c) 스노 타이어   (d) 편평 타이어

▲ 그림54 형상에 따른 타이어의 분류

장점은 다음과 같다.

㉠ 일반 타이어에 비하여 코너링 포스가 15% 정도 향상된다.

㉡ 제동 성능과 승차감이 향상된다.

㉢ 펑크시 공기가 급격히 빠지는 경우가 적다.

㉣ 일반 타이어에 비하여 타이어 수명이 연장된다.

♣ 참고사항 ♣

　타이어 편평비 : 편평비 0.7일 때 70시리즈라고 하며 타이어 폭이 100일 때 높이가 70인 것

을 의미한다. 즉, 타이어편평비 $= \dfrac{\text{타이어의 높이}}{\text{타이어의 폭}}$ 이다.

㉰ 레이디얼 타이어

　이 타이어는 카커스 코드를 단면 방향으로 형성하고, 브레이커를 원둘레 방향으로 제작한 것이며, 반지름 방향의 공기 압력은 카커스가 받고, 원둘레 방향의 압력은 브레이커가 지지한다. 레이디얼 타이어의 장, 단점은 다음과 같다.

장점

㉠ 타이어 단면의 편평율을 크게 할 수 있다.

㉡ 접지 면적이 크며, 고속 주행시 안정성이 크다.

㉢ 트레드의 하중에 의한 변형이 적다.

ㄹ 선회시에 옆방향의 힘을 받아도 변형이 적다.

ㅁ 전동 저항이 적고 로드 홀딩(road-holding ; 점착력)이 향상된다.

ㅂ 스탠딩 웨이브(standing-wave) 현상이 발생되지 않는다.

❖ 단 점

ㄱ 충격이 흡수되지 않는다.　　ㄴ 승차감이 나쁘다.

㉣ 스노 타이어

이 타이어는 눈길에서 체인을 감지 않고 주행이 가능하도록 접지면적을 10~20% 넓게 하고 트레드 패턴의 홈을 50~70% 더 깊게 만든 타이어이며, 장점과 사용할 때 주의 사항은 다음과 같다.

❖ 장 점

ㄱ 제동 성능이 우수하다.　　ㄴ 체인을 탈부착하는 번거로움이 없다.

ㄷ 견인력이 우수하다.

❖ 사용시 주의 사항

ㄱ 급제동을 하지 않는다.

ㄴ 출발할 때에는 가능한 천천히 회전력을 전달한다.

ㄷ 급한 경사로를 올라갈 때에는 저속 기어를 사용하고 서행하여야 한다.

ㄹ 50%이상 마멸되면 타이어 체인을 병용해야 한다.

ㅁ 구동 바퀴에 가해지는 하중을 크게 하여 구동력을 높인다.

3) 타이어 취급시 주의 사항

① 자동차의 용도에 알맞은 크기, 트레드 패턴, 플라이수의 것을 선택한다.

② 타이어의 공기 압력과 하중을 규정대로 지킬 것

③ 급출발·급정지 및 급선회는 타이어 마멸이 촉진되므로 가능한 피한다.

④ 앞바퀴 얼라인먼트를 바르게 조정한다.

⑤ 과부하를 걸지 말고 고속 운전을 삼가한다.

⑥ 타이어의 온도가 120~130℃(임계 온도)가 되면 강도와 내마멸성이 급감된다.

⑦ 알맞은 림을 사용한다.

4) 타이어 평형(휠 밸런스)

회전하는 바퀴에 평형이 잡혀 있지 않으면 원심력에 의해 진동이 발생하고 타이어 편마멸 및 조향 핸들의 떨림이 발생하게 된다.

① 정적 평형

정적 평형은 타이어를 세워 놓은 상태에서 상하의 무게가 서로 다른 것으로 정적 불평형이 발생하면 주행 중 휠 트램핑(바퀴의 상하 진동) 현상이 발생된다.

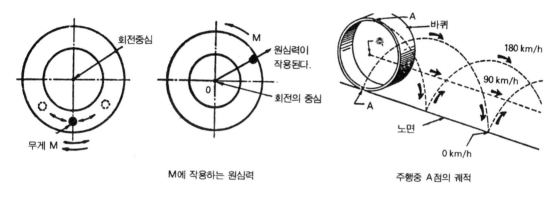

M에 작용하는 원심력   주행중 A점의 궤적

▲ 그림55 정적 평형

② 동적 평형

동적 평형은 타이어를 수직·수평으로 나누어 대각선의 합이 서로 다른 것으로 동적 불평형이 발생하면 주행 중 시미(바퀴의 좌우 흔들림) 현상이 생긴다.

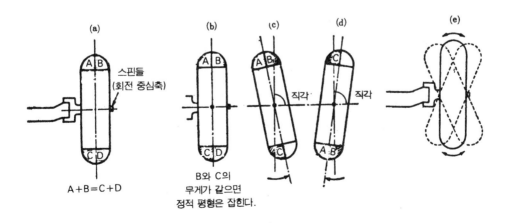

▲ 그림56 동적 평형

5) 타이어의 호칭 치수

타이어의 호칭 치수는 타이어의 폭·타이어 안지름·바깥지름 및 플라이 수, 림의 지름과 최고 허용 속도를 표시한다.

① 보통 타이어

㉮ 저압 타이어 : 타이어 폭－타이어 안지름－플라이 수

> ● **6.70-15-6PR**
>
> 6.70 : 타이어 폭이 6.70inch
>
> 15 : 타이어 안지름이 15inch
>
> 6 : 플라이 수

㉯ 고압 타이어 : 타이어 바깥지름× 타이어 폭 － 플라이 수

② 레이디얼 타이어

레이디얼 타이어는 예를 들어 175/70 SR 14인 타이어의 호칭은 175 : 타이어의 폭, S : 최고 허용 속도(S, H, V 로 분류), R : 레이디얼 타이어임을 표시, 14 : 림의 지름, 70 : 타이어 편평비를 나타낸 것이다.

6) 주행시의 타이어의 이상 현상

① 스탠딩 웨이브(Standing wave)

㉮ 정 의

자동차가 고속 주행시에 타이어가 회전하면서 노면과 접촉하여 주행하므로 접지부가 변형되었다가 접지면을 지나면 공기압력에 의하여 처음 형태로 되돌아오는 성질을 가지고 있다. 그러나 주행 중 타이어 접지면에서의 변형이 처음의 형태로 되돌아오는 빠르기보다도, 타이어의 회전 속도가 빠르면 처음의 형태로 복원되지 않고, 파도(wave) 모양으로 변형된다.

또, 트레드부에 작용하는 원심력은 회전 속도가 증가할수록 커지므로, 복원력이 커지면서 지나친 진동파가 타이어 둘레에 전달된다. 이와 같이 물결 모양의 변형 및 흐름

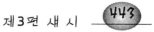

속도가 타이어의 회전 속도와 일치하면 진동파는 움직이지 않고 정지 상태로 된다. 이것을 스탠딩 웨이브 현상이라 한다.

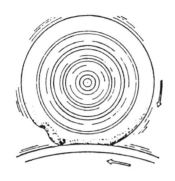

◀ 그림57 스탠팅 웨이브 현상

④ 영 향

스탠딩 웨이브 현상이 발생하면 변형에 의하여 타이어의 피로가 급격히 진전되고, 높은 열이 발생한다. 또, 구름 저항이 커지고, 높은 열과 트레드 고무와 카커스의 밀착력이 떨어져서 마침내 타이어가 파손된다.

⑤ 방지방법

스탠딩 웨이브 현상을 방지하기 위해서는 타이어의 공기압을 15~20% 정도 높이든지, 강성이 큰 타이어를 사용해야 한다.

② 하이드로 플래닝(수막) 현상

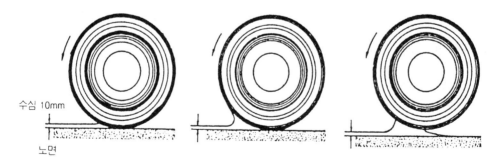

수심 10mm

노면

▲ 그림58 하이드로 플래닝 현상 발생

⑦ 정 의

노면에 물이 괴어 있을 때에 노면을 고속으로 주행하면 타이어의 트레드가 물을 완전히 밀어 내지 못하고 물 위를 떠 있는 상태로 되어 노면과 타이어의 마찰이 없어지는데, 이러한 현상을 하이드로 플래닝(수막 현상)이라 한다.

㉯ 방지방법

히이드로 플래닝 현상을 방지하기 위해서는 트레드의 마멸이 적은 타이어를 사용하고, 타이어의 공기압을 높이며, 리브 패턴형 타이어를 사용해야 한다.

♣ 참고사항 ♣

타이어는 한쪽 부분만의 마멸을 방지하기 위하여 6,000~8,000km주행마다 정기적으로 그 위치를 교환하여야 한다.

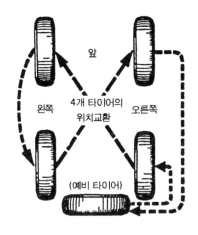

▲ 그림59 타이어 로테이션

(2) 휠(wheel)

1) 기 능

휠은 허브와 림 사이를 연결하며, 타이어와 함께 바퀴를 구성하는 부분이다.

2) 구비조건

① 차량 총중량을 분담·지지할 수 있어야 한다.

② 주행시 회전력, 노면에서의 충격, 선회시 원심력을 이길 수 있어야 한다.

3) 구 성

① 림 : 타이어를 지지하는 부분이다.

② 디스크 : 허브에 설치되는 부분이다.

4) 휠의 종류

① 디스크 휠

이것은 연강판으로 프레스 성형한 디스크 림과 리벳 또는 용접하여 결합한 구조이며, 무게를 가볍게 하고 냉각을 위하여 구멍이 뚫어져 있다.

② 스포크 휠

스포크 휠은 림과 허브를 강선으로 연결한 것이다. 특징은 가볍고, 냉각 효과가 높으나 구조가 복잡하고 정비가 불리하다.

③ 스파이더 휠

스파이더 휠은 방사선상의 림 지지대를 둔 것이며, 냉각이 잘되고 큰 지름의 타이어 사용이 가능하다. 승용차용 알루미늄 휠에서 주로 사용된다.

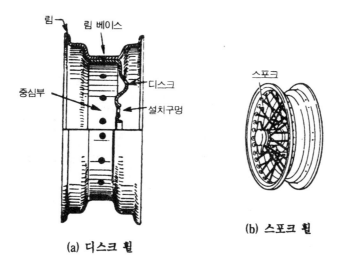

(a) 디스크 휠

(b) 스포크 휠

▲ 그림60 휠의 종류

5) 림의 종류

① 2분할 림 : 림과 디스크를 강철판으로 좌우 같은 모양의 것을 프레스로 제작하여 3~4개

의 볼트로 고정시킨 것이다.

② 드롭 센터 림 : 림 가운데를 깊게 하여 타이어의 탈·부착을 쉽게 한 것이다.

③ 광폭 드롭 센터 림 : 타이어 공기 체적을 증가시킬 수 있도록 림의 폭을 넓게 한 것이다.

④ 인터 림 : 비드 시트를 넓게 하고 사이드 림의 형상을 변형시켜 타이어가 림에 확실히 밀착되도록 한 것이다.

⑤ 안전 리지 림 : 림의 비드부에 안전 턱을 두어 타이어 펑크시에도 비드부가 빠지는 것을 방지하며, 승용차에서 주로 사용한다.

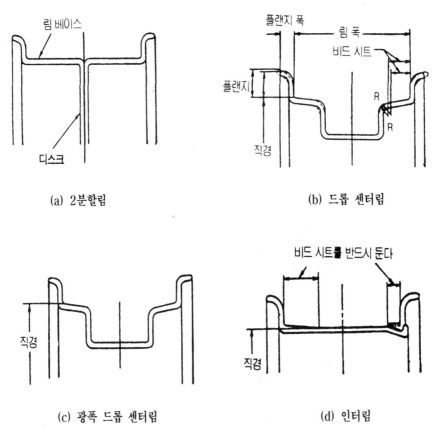

(a) 2분할림   (b) 드롭 센터림

(c) 광폭 드롭 센터림   (d) 인터림

▲ 그림61 림의 종류

제2절 현가 장치

현가 장치란 자동차가 주행 중 노면으로부터 충격이나 진동을 받게 되는데, 이러한 충격이나 진동을 흡수하여 차체나 화물의 손상을 방지하고, 승차감을 향상시키며, 차축과 차체를 연결하는 장치이다. 현가 장치는 노면으로부터의 충격을 완화시키는 스프링과, 스프링의 진동을 흡수하는 속업소버 및 자동차가 옆으로 흔들리는 것을 방지하는 스태빌라이저 등으로 구성된다.

2.1 현가 장치의 구비 조건

① 상하 방향의 연결이 유연할 것
② 충격을 완화하는 감쇄 특성을 유지하여 승객 및 화물을 보호 할 것
③ 바퀴의 움직임을 적절히 제어하여 자동차를 최적의 운동 성능이 유지되도록 할 것
④ 가·감속시 구동력과 제동력에 견딜 수 있는 강도와 강성 및 내구성을 유지할 것
⑤ 선회시 수평 방향의 원심력에 견딜 수 있는 강성와 강도 및 내구성을 유지할 것
⑥ 프레임(또는 차체)에 대하여 바퀴를 알맞은 위치로 유지할 것

2.2 현가 장치의 종류

차축의 현가 장치는 일체 차축 현가 장치와 독립 현가 장치로 크게 구분된다.

(1) 일체 차축 현가 장치

이 형식은 일체로 된 차축의 양 끝에 바퀴가 설치되고, 차축이 스프링을 거쳐 차체에 설치된 형식이다. 종류에는 평행판 스프링 형식과 옆 방향 판 스프링 형식(일반적으로 평행판 스프링 형식이 많이 사용되고 있다.)이 있으며 이 형식의 특징은 다음과 같다.

① 스프링이 차체와 평행하게 설치되어 있다.
② 한쪽 끝은 프레임(또는 차체)에 직접 핀으로 연결되어 있다.

③ 다른 쪽 끝은 스프링이 변형되었을 때의 스팬의 변화를 조절하기 위해 섀클을 이용하여 프레임에 설치되어 있다.

또 일체 차축 현가 장치의 장·단점은 다음과 같다.

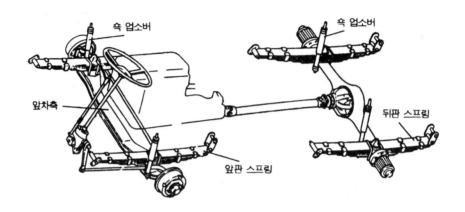

▲ 그림1 일체 차축 현가 장치

1) 장 점

① 자동차가 선회할 때 차체의 기울기가 적다.

② 구조가 간단하고 부품수가 적다.

③ 차축 위치를 정하는 링크나 로드가 필요 없다.

2) 단 점

① 스프링 밑 질량이 크기 때문에 승차감이 저하된다.

② 스프링 상수가 너무 작은 것을 사용할 수 없다.

③ 앞바퀴에 시미가 발생되기 쉽다.

(2) 독립 현가 장치

독립 현가 장치는 프레임(또는 차체)에 컨트롤 암을 설치하고, 이것에 조향 너클을 결합한 것으로서, 양쪽 바퀴가 서로 관계없이 독립적으로 움직이게 함으로써 승차감이나 안정성을 향상시킨 현가 장치이며, 승용차에 많이 사용되고 있다.

이 형식에는 위시본형, 맥퍼슨형, 트레일링 암형 등이 있다.

1) 독립 현가 장치의 장·단점

🔹 장 점

① 스프링 밑 질량이 적어 승차감이 우수하다.

② 바퀴의 시미 현상이 적어 로드 홀딩이 우수하다.

③ 스프링 상수가 적은 것을 사용할 수 있다.

④ 승차감 및 안전성이 우수하다.

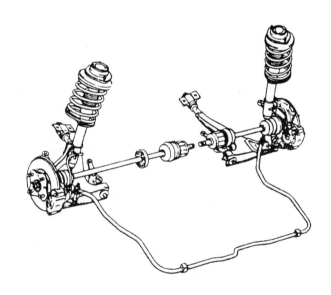

▲ 그림2 독립 현가 장치

🔹 단 점

① 바퀴의 상하 운동에 따라서 윤거나 앞바퀴 얼라인먼트가 변화되어 타이어의 마멸이 촉진된다.

② 구조가 복잡하고 취급 및 정비가 어렵다.

③ 볼 이음이 많기 때문에 마멸에 의해 앞바퀴 얼라인먼트가 틀려지기 쉽다.

2) 종류의 그 특징

① 위시본 형식(Wishbone type)

이 형식은 위아래 컨트롤 암, 조향 너클, 코일 스프링, 볼 조인트 등으로 되어 있으며,

바퀴가 받는 구동력이나 옆 방향 저항력 등은 컨트롤 암이 지지하고, 스프링은 상하 방향의 하중만을 지지하도록 되어 있다.

♣ 참고사항 ♣

위시본 형식은 스프링이 피로하거나 약해지면 바퀴의 윗부분이 안쪽으로 움직여 부의 캠버가 된다.

❶ 평행 사변형식

이 형식은 위·아래 컨트롤 암의 길이가 같으며, 윤거가 변화하는 결점이 있다.

❷ SLA 형식

이 형식은 아래 컨트롤 암이 위 컨트롤 암보다 긴 것이며, 컨트롤 암이 움직일 때마다 캠버가 변화된다. 또 과부하가 걸리면 더욱 부의 캠버가 된다. 그리고 위·볼이음 중심선이 킹핀의 역할을 하며, 코일 스프링은 프레임과 아래 컨트롤 암 사이에 설치되어 있다.

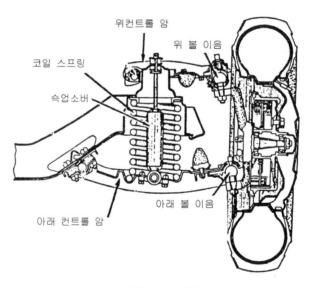

▲ 그림3 SLA 형식

② 맥퍼슨 형식(Macpherson type)

이 형식은 조향 장치와 조향 너클이 일체로 되어 있으며, 쇽업소버가 속에 들어 있는 스트럿(기둥), 볼 이음, 컨트롤 암, 스프링 등으로 구성되어 있다. 스트럿(strut) 위쪽은 현가 지지를 통해 차체에 설치되어 있으며, 현가 지지에는 스러스트 베어링(thrust bearing)이 설치되어 스트럿이 자유롭게 회전한다.

그리고 스트럿 아래쪽은 볼 이음을 통해 현가 암이 설치되어 있다. 또 조향할 때 조향 너클과 함께 스트럿이 회전한다. 맥퍼슨 형식의 특징은 다음과 같다.

① 구조가 간단하고 고장이 적으며, 보수가 쉽다.

② 스프링 밑 질량이 적기 때문에 로드 홀딩이 우수하다.

③ 기관실의 유효 체적을 넓게 할 수 있다.

④ 진동 흡수율이 크기 때문에 승차감이 양호하다.

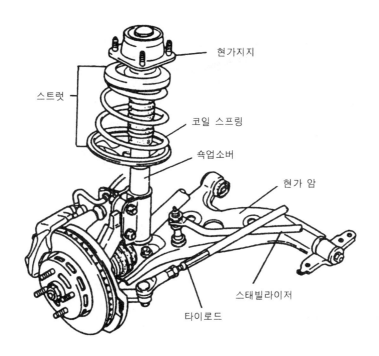

▲ 그림4 맥퍼슨 형식

2.3 현가 스프링

스프링은 차축과 프레임 또는 차체 사이에 설치되어 바퀴로부터 가해지는 충격이나 진동을 완화시켜 차체에 전달되지 않게 하는 역할을 하며, 금속 스프링으로 판 스프링, 코일 스프링, 토션 바 스프링 등이 있고, 비금속 스프링으로는 고무 스프링 및 공기 스프링이 있다.

(1) 판 스프링

판 스프링은 얇고 긴 스프링 강판을 여러 장 겹쳐서 중심 볼트와 리바운드 클립으로 묶어서 사용하며, 주로 일체 차축 현가 장치에서 사용한다. 판 스프링은 하중이 걸릴 때 위쪽은 압축력이 작용하고 아래쪽은 인장력이 걸리게 된다. 따라서, 이들 판 스프링을 여러 장 겹쳐 놓으면 접합면에서 마찰에 의해 진동 흡수 작용을 할 수 있다.

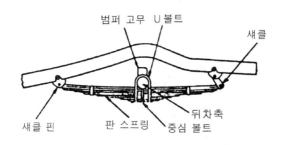

▲ 그림5 판 스프링의 설치 상태

① 판 스프링의 구조

㉮ 스팬(span) : 스프링의 아이와 아이의 중심거리이다.

㉯ 아이(eye) : 주(main) 스프링의 양 끝부분에 설치된 구멍을 말한다.

㉰ 캠버(camber) : 스프링의 휨 양을 말한다.

㉱ 중심 볼트(center bolt) : 스프링의 위치를 맞추기 위해 사용하는 볼트이다.

㉲ U 볼트(U-bolt) : 차축 하우징을 설치하기 위한 볼트이다.

㉳ 닙(nip) : 스프링의 양끝이 휘어진 부분이다.

㉴ 섀클(shackle) : 스팬의 길이를 변화시키며, 스프링을 차체에 설치한다.

㉵ 섀클 핀(행거) : 아이가 지지되는 부분이다.

② 판 스프링의 장·단점

❖ 장 점

㉮ 진동 억제 작용이 크다.

㉯ 비틀림에 대하여 강하다.

㉰ 구조가 간단하다.

㉱ 내구성이 크다.

❖ 단 점

㉮ 작은 진동 흡수율이 낮다.

㉯ 승차감이 저하된다.

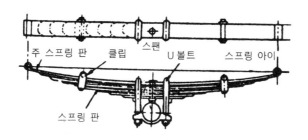

스팬
주 스프링 판   클립   U볼트   스프링 아이

스프링 판

▲ 그림6 판 스프링의 구조

(2) 코일 스프링

스프링 강을 코일 모양으로 감아서 비틀림에 의한 탄성을 이용한 것으로서, 독립 현가 장치에 많이 사용되며, 그 특징은 다음과 같다.

1) 코일 스프링의 장점

① 작은 진동 흡수율이 크다.

② 승차감이 좋다.

2) 코일 스프링의 단점

① 진동의 감쇄 작용을 하지 못한다.

② 비틀림에 대해 약하다.

③ 구조가 복잡하다.

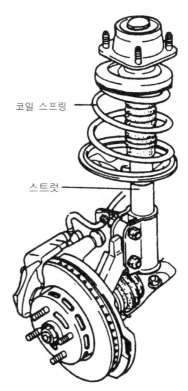

코일 스프링

스트럿

그림7 코일 스프링의 구조 ▶

(3) 토선 바 스프링

토션 바 스프링은 스프링 강으로 만든 가늘고 긴 막대 모양의 것으로서, 막대가 지지하는 비틀림 탄성을 이용하여 완충 작용을 한다. 토션 바 스프링의 특징은 다음과 같다.

① 스프링 장력은 막대의 길이와 단면적에 의해 정해진다.

② 구조가 간단하고 단위 중량당 에너지 흡수율이 크다.

③ 좌·우의 것이 구분되어 있으며, 쇽업소버와 병용하여 사용하여야 한다.

④ 현가 높이를 조절할 수 없다.

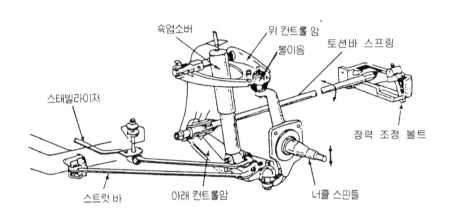

▲ 그림8 토션 바 스프링의 구조

(4) 공기 스프링

공기 스프링은 벨로즈 내에 들어 있는 공기의 압축 탄성을 이용한 것이다. 하중이 증가하여 벨로즈 높이가 규정보다 낮아지면 이 때 레벨링 밸브가 작동하여 압축 공기가 벨로즈로 공급되어 규정의 높이가 되게 하며 주로 고속 버스 등에 사용한다.

① 공기 스프링의 장점

㉮ 고유 진동을 낮게 할 수 있어 유연하다.

㉯ 자체에 감쇄성이 있기 때문에 작은 진동을 흡수한다.

㉰ 차체의 높이를 일정하게 유지한다.

㉱ 스프링의 세기가 하중에 비례한다.

② 공기 스프링의 단점

㉮ 구조가 복잡하다.

㉯ 제작비가 비싸다.

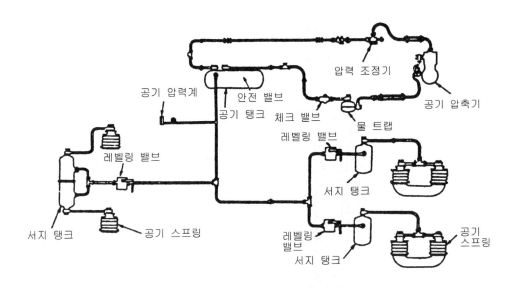

▲ 그림9　공기 스프링

(6) 쇽업소버(shock absorber)

쇽업소버는 스프링이 받는 고유 진동을 흡수·완화하여 승차감을 향상시키기 위하여 설치된다. 또 스프링의 피로를 감소시키고, 스프링의 상하 운동 에너지를 열에너지로 변환시켜 진동을 감쇄시키며, 고속 주행시 정지성을 증가시켜 조종 안정성을 준다.

1) 종 류

① 텔리스코핑 형

이 형식은 가늘고 긴 실린더, 피스톤, 오리피스(오일이 통과하는 작은 구멍), 오일 등으로 구성되어 있으며, 스프링이 압축되었다가 제자리로 복귀할 때 오리피스를 통과하는 오일의 저항으로 진동을 감쇄시키는 단동식과 압축시킬 때에도 감쇄 작용을 하도록 된 복동식이 있다. 텔리스코핑 형의 특징은 다음과 같다.

㉮ 차체(또는 프레임)에 직접 설치할 수 있다.

㉯ 마찰 손실이 적으며, 발생 유압이 낮다.

㉰ 피스톤 행정이 길고, 제작에 약간의 어려움이 있다.

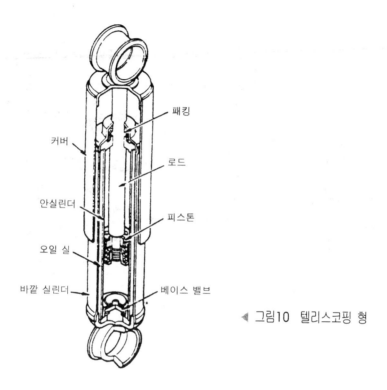

커버
안실린더
오일 실
바깥 실린더

패킹
로드
피스톤
베이스 밸브

◀ 그림10 텔리스코핑 형

② 레버형

이 형식은 링크와 레버를 사이에 두고 설치되며 그 내부에는 피스톤, 앵커 레버, 실린더, 앵커축으로 구성되어 있다.

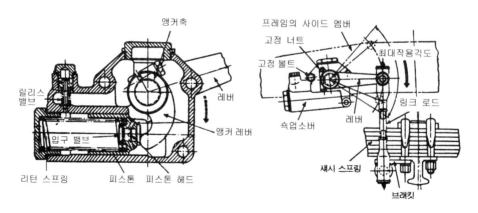

앵커축
릴리스 밸브
입구 밸브
리턴 스프링   피스톤 피스톤 헤드
레버
앵커 레버

프레임의 사이드 멤버
고정 너트
고정 볼트
최대작용각도
쇽업소버
레버
링크 로드
섀시 스프링
브래킷

▲ 그림11 레버형

작동은 압축되었던 스프링이 펴지기 시작하면 레버가 아래쪽으로 내려가며 이 움직임으로 피스톤이 밀려지면서 실린더내의 오일이 릴리스 밸브의 스프링 장력에 대항하여 밸브를 거쳐 나가며 이때 오일이 받은 유동 저항으로 진동의 감쇄작용을 한다. 반대로 스프링이 압축되면 레버가 위쪽으로 올라간다.

이에 따라 피스톤이 리턴 스프링의 장력으로 복귀하며 동시에 입구 밸브가 열려 실린더 내에는 오일이 가득 채워진다. 레버형의 특징은 다음과 같다.

㉮ 차체에 설치가 용이하나 마찰 손실이 많고 구조가 복잡하다.

㉯ 피스톤과 실린더 사이에 기밀 유지가 쉽다.

㉰ 낮은 점도의 오일을 사용할 수 있다.

㉱ 온도에 영향을 적게 받는다.

③ 드가르봉식(가스 봉입식)

이 형식은 실린더 아래쪽에 질소 가스를 봉입하여 작용을 부드럽게 하는 것으로 독립 현가 장치의 앞 속 업소버에 많이 사용된다.

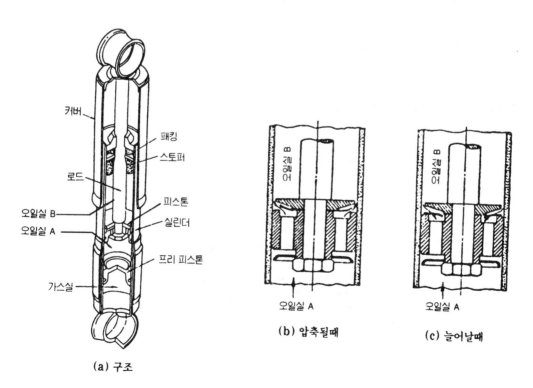

(a) 구조

(b) 압축될때

(c) 늘어날때

▲ 그림12 드가르봉식

작동은 쇽업소버가 압축될 때 오일실 A의 유압에 의해 피스톤에 마련된 밸브의 바깥 둘레가 열려 오일실 B로 유입된다.

이때 밸브를 통과하는 오일의 유동 저항으로 피스톤이 내려감에 따라 프리 피스톤(free piston)이 가압된다. 반대로 쇽업소버가 늘어날 때에는 피스톤의 밸브는 바깥 둘레를 지점으로하여 오일실 B에서 A로 이동을 하지만 오일실 A의 압력이 낮으므로 프리 피스톤이 올라간다. 드가르봉식의 특징은 다음과 같다.

⓪ 구조가 간단하다.

⓫ 장시간 작동되어도 감쇄효과가 저하하지 않는다.

⓬ 실린더가 1개로 되어 있어 방열효과가 좋다.

⓭ 내부에 압력(30kgf/㎠)이 걸려 있어 분해하는 것은 위험하다.

♣ 참고사항 ♣

❶ 감쇄력 : 쇽업소버를 늘릴 때나 압축할 때 힘을 가하면 그 힘에 저항하려는 힘이 더욱 강하게 작용되는 저항력을 말한다.

❷ 언더 댐핑(under damping) : 감쇄력이 적어 승차감이 저하되는 현상이다.

❸ 오버 댐핑(over damping) : 감쇄력이 커 승차감이 저하되는 현상이다.

(7) 스태빌라이저(stabilizer)

이것은 독립 현가 장치에서 사용하는 토션 바의 일종이다. 양끝은 좌·우 컨트롤 암에 연결되며 가운데 부분은 차체에 설치되어 선회할 때 차체가 롤링(rolling)하는 것을 방지하며, 차체의 기울기를 감소시켜 평형을 유지하는 기구이다.

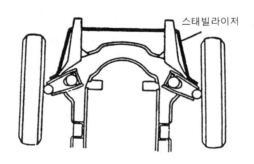

▲ 그림13 스태빌라이저

♣ 참고사항 ♣

저속시미와 고속시미가 발생하는 원인

❶ 저속 시미가 발생하는 원인

㉮ 각 연결부의 볼 이음부가 마멸되었다.
㉯ 타이어의 공기압이 낮다.
㉰ 스프링의 정수가 적다.
㉱ 좌·우 타이어의 공기압이 다르다.
㉲ 앞 현가 스프링이 쇠약하다.

㉳ 링키지의 연결부가 마멸되어 헐겁다.
㉴ 앞바퀴 얼라인먼트의 조정이 불량하다.
㉵ 휠 또는 타이어가 변형되었다.
㉶ 조향 기어가 마멸되었다.

❷ 고속 시미가 발생하는 원인

㉮ 바퀴의 동적 평형이 불량하다.
㉯ 추진축에서 진동이 발생한다.
㉰ 타이어가 변형되었다.

㉱ 기관을 차체에 설치하는 볼트가 헐겁다.
㉲ 자재 이음의 마멸 또는 급유가 부족하다.

2.4 스프링의 질량 진동

(1) 스프링 위 질량 진동

① 바운싱 : 차체가 Z축 방향과 평행 운동을 하는 고유 진동

② 피 칭 : 차체가 Y축을 중심으로 회전 운동을 하는 고유 진동

③ 롤 링 : 차체가 X축을 중심으로 회전 운동을 하는 고유 진동

④ 요 잉 : 차체가 Z축을 중심으로 회전 운동을 하는 고유 진동

▲ 그림14 스프링 위 질량 진동

(2) 스프링 아래 질량 진동

① 휠 홉 : 차축이 Z방향의 상하 평행 운동을 하는 진동

② 휠 트램프 : 차축이 X축을 중심으로 회전 운동을 하는 진동

③ 와인드 업 : 차축이 Y축을 중심으로 회전 운동을 하는 고유 진동

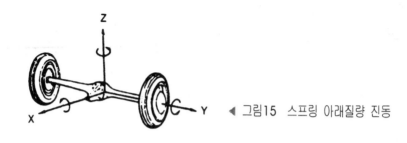

◀ 그림15 스프링 아래질량 진동

♣ 참고사항 ♣

일반적으로 60~120cycle/min의 상하진동을 할 때 가장 좋은 승차감을 얻을 수 있다.

2.5 전자 제어 현가장치(ECS)

이 장치는 컴퓨터, 각종 센서, 액추에이터 등을 설치하고 노면의 상태, 주행조건, 운전자의 선택 등과 같은 요소에 따라 자동차의 높이와 현가특성(스프링 상수 및 감쇄력)이 컴퓨터에 의해 자동적으로 제어되는 현가방식이다.

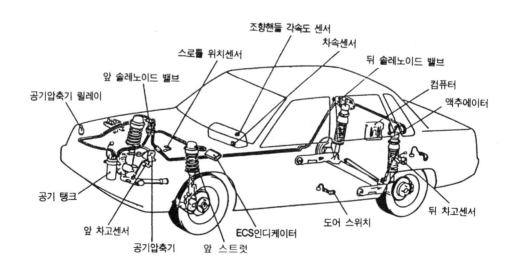

▲ 그림16 전자제어 현가장치의 구성

전자 제어 현가장치를 AAS(auto adjusting suspension)라고도 하며 다음과 같은 특징을 가지고 있다.

① 급 제동시에 노즈 다운(nose down)을 방지한다.

② 급 선회시 원심력에 의한 차체의 기울기를 방지한다.

③ 노면의 상태에 따라서 차량의 높이를 조정할 수 있다.

④ 노면의 상태에 따라서 승차감을 조절할 수 있다.

⑤ 고속 주행시 차량의 높이를 낮추어 안전성을 증대시킨다.

(1) 구성 요소

1) 차속 센서

이 센서는 스프링 상수 및 쇽업소버의 감쇄력 제어에 이용하기 위해 주행 속도를 검출한다.

2) 차고 센서

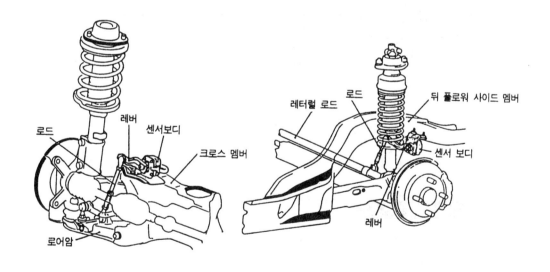

(a) 앞차고 센서   (b) 뒤차고 센서

▲ 그림17 차고 센서의 구조

이 센서는 차량의 높이를 조정하기 위하여 차체(body)와 차축(axle)의 위치를 검출하는 것이며, 광단속기 방식(발광 다이오드와 포토 트랜지스터 사용)를 사용한다.

3) 조향 핸들 각속도 센서

이 센서는 차체의 기울기를 방지하기 위해 조향 핸들의 작동 속도를 검출한다. 작동은 발광 다이오드와 포토 다이오드 사이에 설치된 디스크가 조향 핸들의 회전속도에 따라 회전하면서 발광 다이오드의 빛이 포토 다이오드로 전달여부에 따라 전기적 신호가 발생하여 컴퓨터로 입력된다. 또 자동차 주행중 급선회 상태를 감지하는 일을 한다.

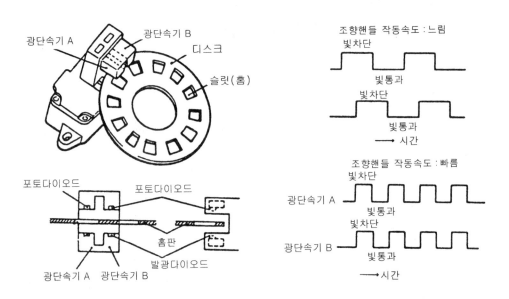

▲ 그림18 조향핸들 각속도 센서

4) 스로틀 위치 센서

이 센서는 스프링의 상수와 감쇄력 제어를 위해 급 가감속의 상태를 검출한다.

5) 중력 센서(G 센서)

이 센서는 감쇄력 제어를 위해 차체의 바운싱(bouncing)을 검출한다.

6) 전조등 릴레이

이 릴레이는 차고 조절을 위해 전조등의 ON, Off 여부를 검출한다.

7) 발전기 L 단자

이 단자에서는 차고 조절을 위해 기관의 시동 여부를 검출한다.

8) 제동등 스위치

이 스위치는 차고 조절을 위해 제동 여부를 검출한다.

9) 도어 스위치

이 스위치는 차고 조절을 위해 도어의 열림 상태를 검출한다.

10) 액추에이터

이것은 유압이나 전기적 신호에 응답하여 어떤 동작을 하는 기구이며, 공기 스프링 상수와 속업소버의 감쇄력을 조절한다.

11) 공기 압축기 및 릴레이

릴레이는 컴퓨터로부터 전원이 공급되면 전동기에 전기를 공급하여 공기 압축기에서 압축 공기를 생산하여 공기탱크로 보내도록 한다.

(2) 컴퓨터(ECU)의 제어

① 스프링 상수와 감쇄력 선택 : AUTO, HARD, SOFT가 있다.

② 차고 조절 선택

③ 조향 핸들의 감도 선택

(3) 감쇄력 및 차고 조절

1) 감쇄력 조절

① Hard제어

Hard 솔레노이드 밸브가 열려 압축 공기가 공기 액추에이터에 공급된다.

② Soft제어

Soft 솔레노이드 밸브가 열려 공기 액추에이터에서 공기가 배출된다.

③ 차고 조절

공기 스프링의 공기 체임버(chamber)에 압축 공기를 공급하여 체임버의 체적과 속업소버의 길이를 증가시켜 차량의 높이를 조절한다.

제3절 조향 장치

조향 장치는 자동차의 진행 방향을 운전자가 의도하는 바에 따라 조향 핸들을 돌려 앞바퀴의 방향을 임의로 바꾸는 장치이며, 조향 핸들을 조작하면 조향 기어에 그 회전력이 전달되고 조향 기어는 이 회전력을 다시 감속하여 앞바퀴에 전달하므로 방향 전환이 이루어진다.

3.1 조향 장치의 원리

자동차가 선회할 때에 양쪽 바퀴가 옆 방향으로 미끄러지거나 조향 핸들을 돌릴 때에 큰 저항을 방지하기 위하여 각각의 바퀴가 동심원을 그리면서 선회하는 구조로 되어 있으며, 이와같은 조향 원리를 애커먼 장토식이라고 한다.

(1) 애커먼 장토식의 원리

① 직진 상태에서 킹핀과 타이로드 엔드와의 중심을 잇는 연장선이 뒤차축 중심점에서 만난다.

② 조향 핸들을 회전시켰을 때 양쪽 바퀴의 조향 너클 중심선의 연장선이 뒤차축의 연장선의 한 점에서 만난다.

③ 앞바퀴는 어떤 선회 상태에서도 동심원을 그린다.

④ 조향 각도는 안쪽 바퀴가 바깥쪽 바퀴보다 크다.

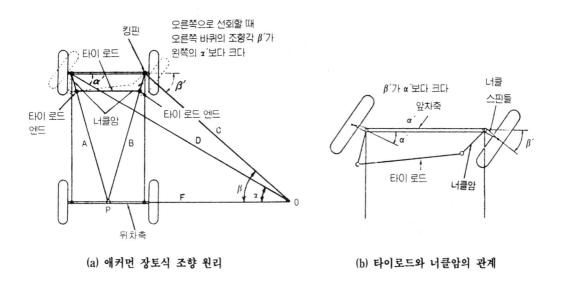

(a) 애커먼 장토식 조향 원리   (b) 타이로드와 너클암의 관계

▲ 그림1   애커먼 장토식

(2) 최소 회전 반지름

   최소 회전 반지름이란 자동차가 오른쪽 또는 왼쪽으로 선회할 때에 조향각을 최대로하여 선회하였을 경우, 바깥쪽 앞바퀴가 그리는 동심원의 반지름 말한다. 최소 회전 반지름은 자동차 안전 기준상 12m 이내로 되어 있다.

● 최소 회전 반지름을 구하는 공식 $R = \dfrac{L}{\sin \alpha} + r$

여기서, R : 최소 회전 반지름(m),

   $\sin \alpha$: 바깥쪽 앞바퀴의 조향 각도

   L : 축간거리

   r : 킹핀 중심선에서 타이어 중심선까지의 거리

3.2 조향 장치가 갖추어야 할 조건

① 조향 조작이 주행 중 충격에 영향받지 않아야 한다.

② 조작하기 쉽고 방향 변환이 원활하게 이루어져야 한다.

③ 회전 반지름이 작아서 좁은 곳에서도 방향 변환을 할 수 있어야 한다.

④ 섀시 및 차체 각부에 무리한 힘이 작용되지 않아야 한다.

⑤ 고속 주행에서도 조향 핸들이 안정되어야 한다.

⑥ 조향 핸들의 회전과 바퀴 선회의 차이가 작아야 한다.

⑦ 수명이 길고 다루기나 정비가 쉬워야 한다.

3.3 조향 장치의 구조

일체식 현가장치의 조향 장치는 조향 기어, 피트먼 암, 드래그 링크, 타이 로드 1개로 구성되어 있으며, 독립 현가의 조향 장치는 조향 기어, 피트먼 암, 중심 링크, 타이 로드 2개로 구성되어 있다.

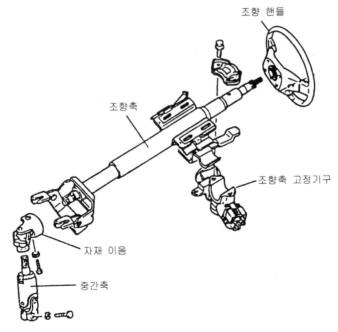

▲ 그림2 조향핸들과 조향 축

(1) 조향 핸들(또는 조향휠 ; steering wheel)

　조향 핸들은 조향 조작을 하는 것으로서 림·스포크 및 허브로 구성되며, 지름은 440~550 mm이다. 바깥쪽은 합성 수지 및 경질 고무 등으로 만들어져 있다.

(2) 조향 축

　조향 축은 조향 칼럼 속에 들어 있으며, 조향핸들의 회전을 조향 기어의 웜(worm)으로 전달한다. 웜과 스플라인을 통하여 자재이음으로 연결되며 설치각은 45~60°로 직접 연결 또는 플렉시블 조인트 연결 방식으로 설치되어 있다.

(3) 조향 기어 상자

　조향 기어 상자는 조향 핸들의 운동 방향을 바꾸고, 조향력을 증대시켜 피트먼 암에 전달하는 일을 하며 그 종류에는 웜 섹터형, 웜 섹터 롤러형, 볼 너트형, 웜 핀형, 스크류 너트형, 스크류 볼형, 래크과 피니언형, 볼 너트 웜 핀형 등이 있다. 그리고 조향 기어 상자의 구비조건은 다음과 같다.

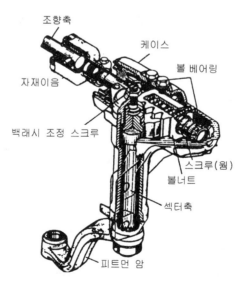

▲ 그림3　조향 기어 상자(볼-너트 형식)

　① 선회시 반력을 이길 수 있어야 한다.

　② 선회시 조향핸들의 회전각과 선회 반지름과의 관계를 느낄 수 있어야 한다.

③ 복원 성능이 있어야 한다.

④ 앞바퀴가 받는 충격을 느낄 수 있어야 한다.

조향 기어는 위의 조건을 만족시키기 위해 알맞는 감속비를 두며, 이 감속비를 조향 기어비라고 하며 다음과 같이 나타낸다.

$$조향\ 기어비 = \frac{조향핸들이\ 움직인\ 각}{피트먼암이\ 움직인\ 각}$$

이 조향 기어비의 값이 작으면 조향핸들의 조작력은 가벼워지지만 큰 조작력이 필요하게 된다. 이에 따라 조향 기어의 형식을 가역식, 반가역식, 비가역식 등으로 하고 있다.

♣ 참고사항 ♣

❶ 조향 기어비는 일반적으로 대형 차량에서는 크게, 소형 차량에서는 작게 하며, 조향 기어비를 크게 하면 조향 핸들의 조작력은 가벼워지나 조향조작이 둔해진다. 또 조향 기어비를 작게 하면 가역성의 경향이 커진다.

❷ 조향 기어비를 너무 크게 하면
  ▶ 조향 핸들의 조작력이 가벼워진다.
  ▶ 좋지 않은 도로에서 조향 핸들을 놓칠 염려가 없다.
  ▶ 복원성능이 좋지 못하다.
  ▶ 조향 링키지의 마멸이 크다.

(4) 조향 기구(조향 링키지)

조향 기구는 조향 핸들의 회전을 조향축과 조향 기어 및 각 로드를 거쳐 조향 너클 암까지 전달하는 장치로 링크 및 로드로 구성된다. 그 종류는 일체 차축식과 독립 현가식 링크 기구로 분류 되고 피트먼 암, 아이들러 암, 타이 로드, 중심링크, 타이 로드와 타이로드 엔드, 조향 너클 암 등으로 구성되어 있다.

1) 일체 차축식 조향기구

이 형식은 피트먼 암, 드래그 링크, 너클 암, 타이로드 및 타이로드 엔드로 구성되어 있으며 그 기능과 구조는 다음과 같다.

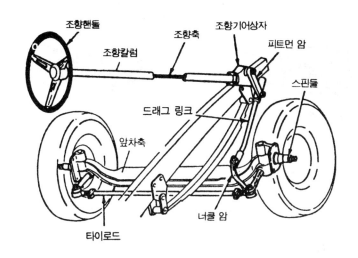

▲ 그림4 일체 차축식 조향기구

① 피트먼 암

이것은 조향 핸들의 움직임을 드래그 링크(일체식의 경우) 또는 중심링크(독립식의 경우)에 전달한다. 그 한쪽 끝은 테이퍼의 세레이션(serration)을 이용하여 섹터 축과 연결되고, 다른 쪽 끝은 링크기구를 연결하기 위한 볼 이음이 부착되어 있다.

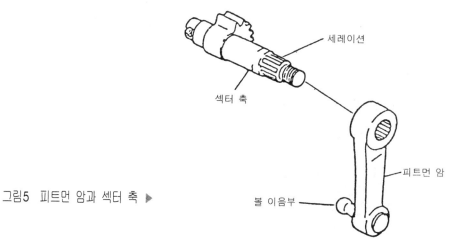

그림5 피트먼 암과 섹터 축 ▶

② 드래그 링크

이것은 피트먼 암과 조향 너클 암을 연결하는 로드이며, 양쪽 끝은 볼 조인트에 의해 암과 연결되고, 앞바퀴가 상하로 움직임에 따라 피트먼 암 쪽을 중심으로 원호 운동을 한다.

또, 수평 방향의 변위와 너클 암의 상하로 움직임에 따라 변위가 일치되어야 한다.

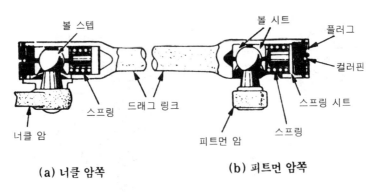

(a) 너클 암쪽 **(b) 피트먼 암쪽**

▲ 그림6 드래그 링크

③ 조향 너클 암

이것은 크롬강 등의 단조품으로 드래그 링크가 결합되는 쪽을 제3암이라고도 부르며, 조향 너클에는 테이퍼와 키를 이용하여 결합하거나 볼트로 고정한다. 그리고 선회할 때 토 아웃을 적절히 주기 위해 직진 상태에서 좌우 너클 암의 연장선이 뒷차축의 중심과 교차하도록 어느 각도를 두고 너클에 연결되어 있다.

④ 타이로드와 타이로드 엔드

이것은 조향 너클 암을 연결하여 좌우 바퀴의 관계 위치를 정확하게 유지하는 역할을 한다. 그리고 노면의 장애물과 부딪치지 않도록 앞차축의 앞이나 뒤쪽으로 설치되어 있다.

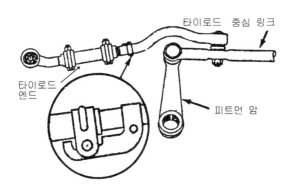

◀ 그림7 타이로드와 타이로드 엔드

　주행할 때 압축력이나 인장력을 받으며 양쪽 끝에는 타이로드 엔드가 나사로 끼워져 있다. 타이로드 엔드의 한쪽은 오른 나사이고, 다른 쪽은 왼 나사로 되어 조향 너클 암에 결합되어 있어 토인(toe-in)을 조정할 수 있다.

⑤ 앞차축과 조향 너클

뒤바퀴 구동 자동차의 앞바퀴는 하중 만을 받으며 앞차축 양 끝에 조향 너클을 통하여 설치되어 있다. 앞차축은 앞에서 설명한 바와 같이 일체식과 독립 현가식이 있으며 여기에서는 일체식에 대해서 설명하기로 한다.

㉮ 앞차축의 구조

앞차축은 강을 형타 단조한 I단면의 빔이나 중공의 파이프를 사용하고 그 양 끝에 킹핀 설치부, 스프링 시트 등이 용접되어 있다. 킹핀 설치부에 킹핀을 통해 조향 너클이 설치되며 그 방식으로는 다음과 같은 것이 있다.

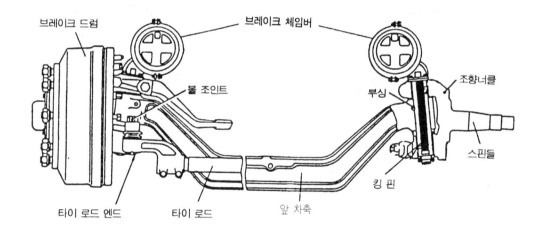

▲ 그림8 일체 차축식의 앞차축과 조향 너클

㉠ 엘리옷형 : 앞차축의 양끝이 요크로 되어 그 속에 조향 너클이 설치된다.

㉡ 역 엘리옷형 : 조향너클에 요크가 설치된 것으로 킹핀이 차축에 고정되어 너클의 상하쪽이 베어링이 함께 움직이는 형식이다.

㉢ 마몬형 : 차축 위에 조향 너클이 설치되며, 킹핀이 아래쪽으로 돌출된 형식이다.

㉣ 르모앙형 : 차축 아래에 조향 너클이 설치되며, 킹핀이 위쪽으로 돌출된 형식이다.

㉯ 조향 너클과 킹핀

㉠ 조향 너클

조향 너클은 킹핀을 통해 앞차축과 연결되는 부분과 바퀴 허브가 설치되는 스핀들부로 되어 있으며, 킹핀을 중심으로 회전하여 조향 작용을 한다.

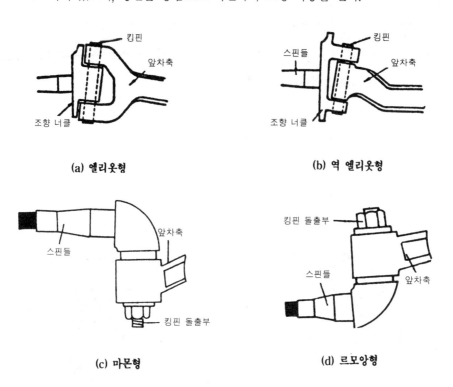

(a) 엘리웃형

(b) 역 엘리웃형

(c) 마몬형

(d) 르모앙형

▲ 그림9 조향 너클의 설치 방식

ⓛ 킹 핀

킹핀은 앞차축에 대하여 규정의 각도를 두고 설치되어 앞차축과 조향 너클을 연결한다.

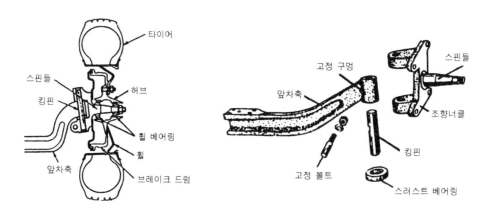

▲ 그림10 킹 핀

2) 독립 현가식 조향기구

이 형식은 드래그 링크가 없으며, 2개의 타이로드를 사용하여 그 길이와 볼 조인트의 위치(차체쪽의 지지점)를 적절히 설정하여 바퀴가 상하로 움직여도 토인이 변하지 않도록 되어 있다.

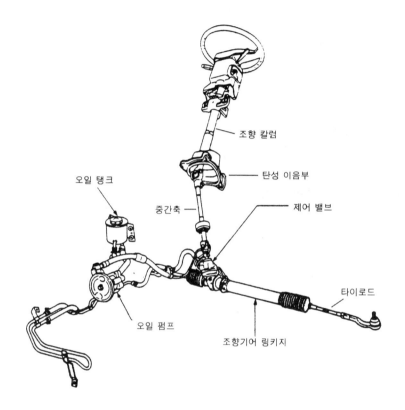

조향 칼럼

탄성 이음부

오일 탱크

중간축

제어 밸브

타이로드

오일 펌프

조향기어 링키지

▲ 그림11 독립 현가식의 조향기구

3.4 조향 장치의 고장 진단

1) 조향 핸들의 조작을 가볍게 하는 방법

① 타이어의 공기압을 높인다.

② 앞바퀴 얼라인먼트를 정확히 한다.

③ 고속으로 주행한다.

④ 조향기어비를 크게(비가역식) 한다.

⑤ 동력 조향 장치를 부착한다.

2) 조향 핸들이 한쪽으로 쏠리는 원인

① 타이어의 압력이 불균일하다.

② 앞차축 한쪽의 스프링이 절손되었다.

③ 브레이크의 라이닝 간극이 불균일하다.

④ 앞바퀴 얼라인먼트가 불량하다.

⑤ 한쪽의 허브 베어링이 마멸되었다.

⑥ 한쪽 쇽업소버의 작동이 불량하다.

⑦ 뒤차축이 자동차 중심선에 대하여 직각이 되지 않았다.

3) 조향 핸들이 무거운 원인

① 타이어 공기압이 낮다.

② 앞바퀴 얼라인먼트가 불량하다.

③ 조향 기어 상자내의 오일이 부족하다.

④ 조향 기어의 백래시 조정이 불량하다.

⑤ 타이어 마멸이 과다하다.

4) 조향 핸들의 유격이 크게 되는 원인

① 조향 기어의 백래시가 크다.

② 조향 기어가 마멸되었다.

③ 조향 링키지의 접속부가 헐겁다.

④ 조향 너클의 베어링이 마모되었다.

⑤ 피트먼 암이 헐겁다.

⑥ 조향 너클 암이 헐겁다.

5) 조향 핸들에 충격을 느끼는 원인

① 타이어 공기압이 높다.

② 앞바퀴 얼라인먼트가 불량하다.

③ 바퀴가 불평형이다.

④ 쇽업소버의 작동이 불량하다.

⑤ 조향 기어의 조정이 불량하다.

⑥ 조향 너클이 휘었다.

3.5 **동력 조향장치**(Power Steering System)

동력 조향 장치는 가볍고 원활한 조향 조작을 위하여 유압을 이용한 것으로서, 작동부, 제어부, 동력부의 세 부분으로 구성되어 있으며, 동력 실린더와 제어 밸브의 형상과 배치에 따라 일체형과 링키지형으로 나누며 다음과 같은 장점을 가지고 있다.

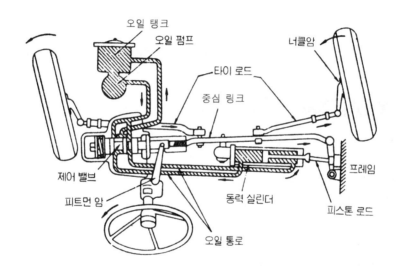

▲ 그림12 동력 조향 장치

(1) 장 점

① 적은 힘으로 조향 조작을 할 수 있다.

② 조향 기어비를 조작력에 관계없이 선정할 수 있다.

③ 노면의 충격을 흡수하여 조향핸들에 전달되는 것을 방지한다.

④ 앞바퀴의 시미 현상을 감쇄하는 효과가 있다.

(2) 종 류

① 링키지형

이 형식은 동력 실린더를 조향 링키지 중간에 설치한 형식이며, 조합형과 분리형이 있다.

㉮ 조합형 : 동력 실린더와 제어 밸브가 일체로 되어 있는 형식이다.

㉯ 분리형 : 동력 실린더와 제어 밸브가 분리되어 있는 형식이다.

② 일체형 : 동력 실린너를 조향 기어 상자 내부에 설치된 형식이며, 인라인형과 오프셋형이 있다.

㉮ 인라인형 : 조향 기어 상자와 볼 너트를 직접 동력 기구로 사용하는 형식이다.

㉯ 오프셋형 : 동력 발생 기구를 별도로 설치한 형식이다.

(3) 구성 요소

① 작동부 : 동력 실린더와 동력 피스톤으로 구성되어 있으며 보조력을 발생한다.

② 제어부 : 오일 통로를 개폐한다.

③ 동력부 : 유압을 발생하는 오일 펌프이며, 주로 베인형 오일펌프를 사용한다.

♣ 참고사항 ♣

❶ 안전 체크 밸브 : 고장시 수동 조작을 가능케 한다.

❷ 파워 스티어링의 오일압력 스위치는 공전 속도를 조절하기 위해 두고 있다.

❸ 동력 조향 장치의 오일 압력시험 방법

❱ 오일펌프에 유압호스를 분리하고 오일펌프와 유압호스 사이에 압력계를 설치한다.

❱ 공기빼기를 실시하고, 기관의 시동을 건 후 조향 핸들을 좌우로 돌려 오일의 온도가 50~60℃정도 되게 한다.

❱ 기관 회전수를 1,000±100rpm으로 상승시킨다.

❱ 압력계의 컷 오프밸브를 닫고, 열며 유압을 측정한다. 이때 컷 오프 밸브를 10초 이상 닫고 있어서는 안된다.

❹ 동력 조향 장치의 공기 빼기 작업은 점화 플러그의 고압 케이블을 분리한 다음 기동 전동기를 주기적(15~20초)작동시키면서 조향 핸들을 좌·우측으로 완전히 5~6회 정도 회전시키면 된다.

(4) 고장진단

1) 동력 조향장치의 유압이 낮은 원인

① 오일펌프의 구동 벨트가 헐겁다.

② 제어 밸브가 고착되었다.

③ 압력 조절 밸브가 고착되었다.

④ 오일이 누출된다.

2) 동력 조향 장치의 조향핸들이 무거운 원인

① 오일 라인에 공기가 유입되었다.

② 오일 펌프의 유압이 낮다.

③ 타이어의 공기압이 낮다.

3.6 전자제어식 동력 조향 장치(EPS)

일반적으로 자동차에 사용되는 조향 장치는 고속으로 주행할수록 조향 핸들의 조작력이 가벼워지며 특히 동력 조향 장치에서는 고속 운전에서 조향핸들이 너무 가볍게 되어 위험을 초래하는 경우가 있다.

따라서 이러한 위험으로부터 안전한 주행을 할 수 있도록 최근에는 기관의 회전수에 따라서 조향력을 변화시키는 회전수 감응식과 자동차의 주행속도에 따라 변화시키는 차속 감응식의 동력 조향 장치가 사용되고 있으며, 일반적으로 차속 감응식이 주로 사용되고 있어 여기에서는 차속 감응식에 대하여 설명하기로 한다.

(1) **차속 감응식**

이 방식은 자동차의 주행 속도에 따라 조향 핸들의 조작력을 제어하는 형식이며, 저속에서는 가볍고, 중·고속에서는 적당한 저항력을 부여한다. 그리고 동력 조향 장치의 조작력은 동력 실린더에 가해지는 힘에 의해 결정되며, 유압을 제어하는 방법에는 유량 제어식과 반력 제어식이 있다.

1) **유량 제어식**

이 방식은 제어 밸브에 의해 유압 회로를 통과되는 오일을 제한하거나 바이패스시켜 유압을 조절하는 방식이며, 그 특징은 구조가 간단하고 조향력 변화가 그다지 크지 않다. 그리고 속도를 감응하는 방법은 다음과 같다.

① 차속 센서에 의하여 주행 속도를 검출하여 주행 속도에 따라 유압을 변화시킨다.

② 저속에서는 동력 실린더에 가해지는 유압을 정상으로 한다.

③ 주행 속도가 빨라질수록 유압을 저하시켜 조향 핸들에 적당한 저항을 주어 조향 감각을 부여한다.

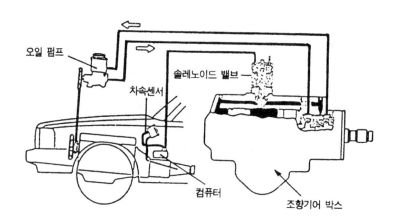

오일 펌프

솔레노이드 밸브

차속센서

컴퓨터

조향기어 박스

▲ 그림13 유량 제어식

또 유압을 제어하는 방법은 다음과 같다.

① 동력 실린더 양쪽 방을 연결하는 바이패스 회로에 솔레노이드 밸브를 설치한다.

② 차속 센서가 자동차의 주행 속도를 컴퓨터에 입력 시킨다.

③ 컴퓨터는 동력 실린더의 유압을 변화시켜 조향 핸들의 저항력을 증가한다.

2) 반력 제어식

이 방식은 제어 밸브의 열림을 직접 조절하는 방식이며, 동력 실린더에 가해지는 유압은 제어 밸브의 열림으로 결정된다.

특징은 조향력의 변화 범위를 크게 할 수 있으나, 반력 플런저 등의 기구가 별도로 필요하게 되어 구조가 복잡해진다. 또 차속 센서가 로터리형 유압 모터로 되어 있고 자동차의 주행 속도에 따라 유량을 조절하고, 이 유량으로 제어 밸브의 움직임을 변화 시켜서 적절한 조향 감각을 얻도록 하고 있다.

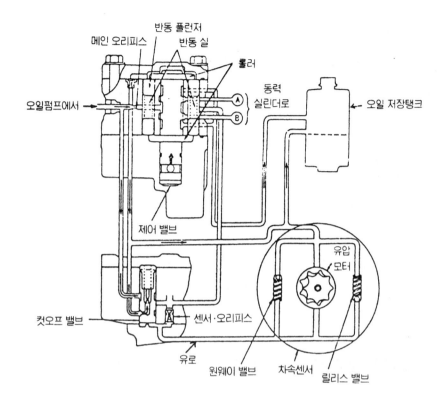

▲ 그림14 반력 제어식

제4절 앞바퀴 얼라인먼트

자동차 앞바퀴는 조향 조작을 하기 위해 조향 너클과 함께 킹핀 또는 볼 이음을 중심으로 하여 좌·우로 방향을 바꾸도록 되어 있다. 따라서 자동차가 주행할 때 항상 올바른 방향을 유지하고 또 조향 핸들 조작이나 외부의 힘에 의해 주행 방향이 잘못되었을 때에는 즉시 직진상태로 되돌아가는 성질이 요구된다.

그리고 조향 장치의 조작을 쉽게 하고, 타이어의 마멸을 감소시켜 효과적인 주행을 하기 위하여 앞바퀴에 기하학적인 각도를 두고 앞차축에 설치되어 있다. 이와 같이 기하학적인 각도를 두는 것을 앞바퀴 얼라인먼트(전차륜 정렬)이라 하며, 그 요소에는 캠버, 캐스터, 킹핀 경사각(또는 조향축 경사각), 토인, 선회시 토아웃이 있으며 서로 보완 작용을 한다.

4.1 필요성

① 조향 핸들의 조작을 작은 힘으로 쉽게 할 수 있도록 한다. : 캠버와 킹핀경사각의 기능
② 조향 핸들의 조작을 확실하게 하고 안전성을 준다. : 캐스터의 기능
③ 조향 핸들에 복원성을 준다. : 캐스터와 킹핀 경사각의 기능
④ 타이어의 마멸을 최소로 한다. : 토인의 기능

4.2 앞바퀴 얼라인먼트의 요소와 그 기능

(1) 캠 버(Camber)

1) 정 의

캠버는 앞바퀴를 앞에서 보면 바퀴의 윗부분이 아래쪽 보다 더 벌어져 있는데 이 벌어진 바퀴의 중심선과 수선사이의 각을 말한다. 캠버는 일반적으로 +0.5～+1.5° 정도 두고 있다.

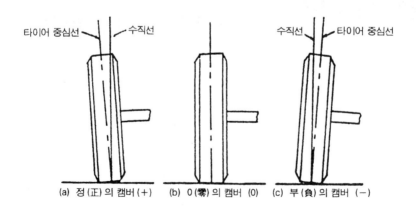

(a) 정 (正) 의 캠버 (+) (b) 0 (零) 의 캠버 (0) (c) 부 (負) 의 캠버 (−)

▲ 그림1 캠 버

2) 분 류

① 정의 캠버 : 타이어의 중심선이 수선에 대해 바깥쪽으로 기울은 상태

② 부의 캠버 : 타이어의 중심선이 수선에 대해 안쪽으로 기울은 상태

③ 0의 캠버 : 타이어 중심선과 수선이 일치된 상태

3) 필요성

① 조향 핸들의 조작을 가볍게 한다.

② 수직 방향의 하중에 의한 앞 차축의 휨을 방지한다.

③ 볼록 노면에서 앞바퀴를 수직으로 둘 수 있다.

4) 캠버·캐스터·킹핀 게이지를 다룰 때의 주의사항

① 보호철판을 떼어낼 때에는 밑으로 밀어서 충격없이 떼어낸다.

② 게이지에 충격 및 진동을 주어서는 안 된다.

③ 자석편이 있는 부분은 깨끗한 헝겊으로 닦는다.

④ 보관할 때에는 보호철판을 붙인 후 규정상자에 넣어 둔다.

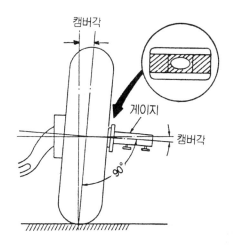

▲ 그림2 캠버 게이지를 바퀴에 부착한 상태

(2) 캐스터(Caster)

1) 정 의

캐스터는 앞바퀴를 옆에서 보았을 때 킹핀(또는 위·아래 볼 이음)의 중심선이 수선에 대해 1~3°의 각도를 이룬 것을 말한다.

2) 분 류

① 정의 캐스터 : 킹핀의 윗부분이 뒤쪽으로 기운 상태

② 0의 캐스터 : 킹핀의 중심선이 수선과 일치된 상태

③ 부의 캐스터 : 킹핀의 윗부분이 앞쪽으로 기운 상태

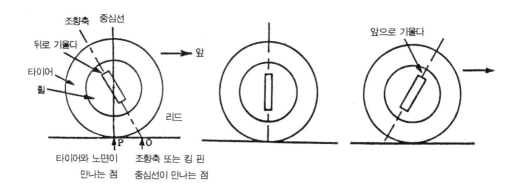

▲ 그림3 캐스터

3) 필요성

① 주행 중 바퀴에 방향성(직진성)을 준다.

② 조향하였을 때 직진 방향으로 되돌아오는 복원력이 발생된다.

♣ 참고사항 ♣

킹핀(또는 조향축)의 중심선과 바퀴 중심을 지나는 수직선이 노면과 만나는 거리를 리드(lead)라고 하며, 이것을 캐스터 효과라고 한다. 캐스터 효과는 정의 캐스터에서만 얻을 수 있으며, 주행중에 직진성이 없는 자동차는 더욱 정의 캐스터로 수정하여야 한다.

(3) 토인(Toe-in)

1) 정 의

토인은 앞바퀴를 위에서 보았을 때 좌우 타이어 중심선간의 거리가 앞쪽이 뒤쪽보다 좁은 것을 말한다. 토인은 일반적으로 2~6mm정도이다

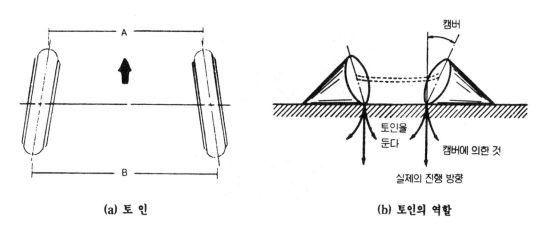

(a) 토 인   (b) 토인의 역할

▲ 그림4 토 인

2) 필요성

① 앞바퀴를 평행하게 회전시킨다.

② 바퀴의 사이드 슬립을 방지한다.

③ 타이어의 마멸을 방지한다.

④ 조향 링키지의 마멸에 의해 토 아웃이 되는 것을 방지한다.

⑤ 토인은 타이로드 길이로 조정한다.

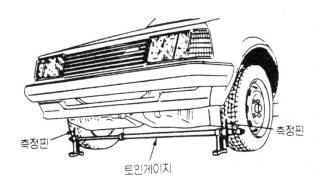

◀ 그림5 토인 측정방법

3) 토인 측정방법

① 토인 측정은 자동차를 평탄한 장소에 직진상태로 놓고 행한다.

② 토인 측정시 타이어에 기선을 그을 때에는 잭으로 바퀴를 들고 긋는다.

③ 토인 측정은 타이어 중앙부(기선을 그은 곳)에서 행한다.

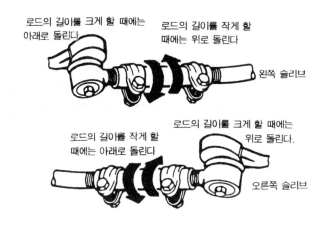

로드의 길이를 크게 할 때에는 아래로 돌린다

로드의 길이를 작게 할 때에는 위로 돌린다

왼쪽 슬리브

로드의 길이를 작게 할 때에는 아래로 돌린다

로드의 길이를 크게 할 때에는 위로 돌린다.

오른쪽 슬리브

▲ 그림6 토인 조정

(4) 킹핀 경사각(또는 조향축 경사각)

1) 정 의

킹핀 경사각은 앞바퀴를 앞에서 보았을 때 킹핀의 중심선이 수선에 대해 5 ~ 8°의 각도를 이룬 것을 말한다.

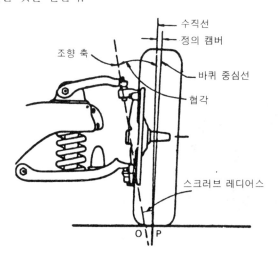

수직선

정의 캠버

조향 축

바퀴 중심선

협각

스크러브 레디어스

O P

◀ 그림7 조향축 경사각

2) 필요성

① 캠버와 함께 조향 핸들의 조작력을 작게 한다.

② 바퀴의 시미 현상을 방지한다.

③ 앞바퀴에 복원성을 주어 직진 위치로 쉽게 되돌아가게 한다.

(5) 선회시 토아웃

자동차가 선회할 때 애커먼 장토식의 원리에 따라 모든 바퀴가 동심원을 그리려면 안쪽 바퀴의 조향 각도가 바깥쪽 바퀴의 조향 각도보다 커야 하므로 발생한다.

♣ 참고사항 ♣

❶ 앞바퀴 얼라인먼트 측정시 주의사항

▶ 자동차는 공차 상태로 한다.

▶ 타이어 공기압력을 규정값으로 한다.

▶ 섀시 스프링은 안정상태로 한다.

▶ 바닥면은 수평한 장소를 선택한다.

▶ 휠 베어링의 헐거움, 볼 이음 및 타이로드 엔드의 헐거움 등을 점검한다.

▶ 조향 링키지의 체결상태 및 마멸 등을 점검한다.

❷ 코너링 포스(cornering force ; 구심력)란 자동차가 선회할 때 원심력과 평형을 이루는 힘을 말한다.

❸ 언더 스티어링(under steering)이란 자동차의 주행속도가 증가함에 따라 조향각도가 커지는 현상이며, 오버 스티어링(over steering)이란 조향각도가 감소하는 현상을 말한다.

제 5 절

제동 장치

제동 장치(Brake System)는 주행중인 자동차를 감속 및 정지시키고 또 주차상태를 유지하기 위하여 설치한 매우 중요한 장치이다. 또 제동장치는 마찰력을 이용하여 자동차의 운동에너지를 열에너지로 바꾸어 제동을 하며 구비조건은 다음과 같다.

① 최고 속도와 차량 중량에 대하여 충분한 제동 작용을 하여야 한다.

② 제동 작용이 확실하고, 효과가 커야 한다.

③ 점검·조정이 쉬워야 한다.

④ 신뢰성과 내구성이 커야한다.

⑤ 조작이 간단하여 운전자에게 피로감을 주지 않아야 한다.

⑥ 제동을 하지 않을 때에는 각 바퀴의 회전을 방해하지 않아야 한다.

5.1 유압식 브레이크의 구조와 그 작용

유압식 브레이크는 파스칼의 원리를 응용한 것으로 브레이크 페달을 밟으면 유압이 발생하는 마스터 실린더와 그 유압을 받아서 브레이크 슈를 드럼에 밀어 붙여 제동력을 발생케하는 휠 실린더 및 유압회로를 형성하는 브레이크 파이프와 호스 등으로 되어 있으며 다음과 같은 장·단점을 가지고 있다.

(1) 장 점

① 제동력이 모든 바퀴에 균일하게 전달된다.

② 마찰 손실이 적다.

③ 페달의 조작력을 적게 할 수 있다.

(2) 단 점

① 유압회로에 공기가 침입하면 제동력이 감소된다.

② 유압회로가 파손되어 오일이 누출되면 기능을 잃게 된다.

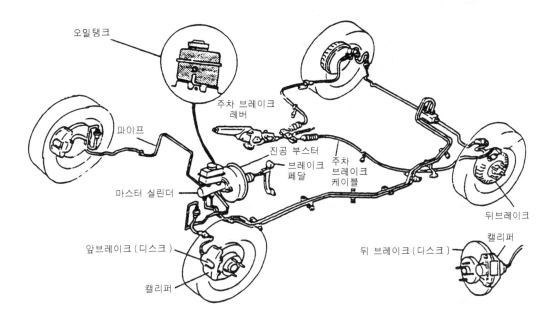

오일탱크

주차 브레이크 레버

파이프

진공 부스터

브레이크 페달

주차 브레이크 케이블

마스터 실린더

뒤브레이크

앞브레이크 (디스크)

캘리퍼

뒤 브레이크 (디스크)

캘리퍼

▲ 그림1　유압 브레이크의 구성도

♣ 참고사항 ♣

　　파스칼의 원리란 밀폐된 용기 속에 액체를 가득 채우고 그 용기에 힘을 가하면 그 내부의 압력은 용기의 각 면에 직각으로 작용하며 용기내의 어느 곳이든지 똑같은 압력으로 작용한다는 원리이다.

(3) 조작 기구

1) 브레이크 페달

　브레이크 페달은 제동력을 발생시키기 위하여 마스터 실린더에 운전자의 조작력을 전달하는 것이며, 조작력을 작게 하기 위하여 지렛대의 원리를 이용한다.

예 제

예제 1

아래 그림을 보고 물음에 답하시오

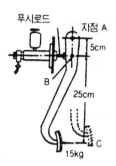

▶ 그림2 펜턴트형 페달의 경우

🅐 브레이크 페달을 15kgf의 힘으로 밟았을 때 푸시로드에 작용하는 힘은 얼마인가?

풀 이

① 먼저 지렛대비를 구하면=(5cm+25cm) : 5cm=6 : 1

② 푸시로드에 작용하는 힘=지렛대비×페달 밟는 힘이므로 6×15kgf=90kgf 이다.

🅑 마스터 실린더의 단면적이 3㎠일 때 마스터 실린더에서 발생하는 유압은 얼마인가?

풀 이

$$유압= \frac{힘}{단면적} = \frac{90kgf}{3㎠} = 30kgf/㎠ 이다.$$

예제 2

아래 그림을 보고 다음 물음에 답하시오

🅐 브레이크 페달을 20kgf의 힘을 가하였을 때 푸시로드에 작용하는 힘은 구하시오.

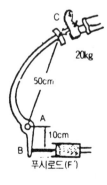

▶ 그림3 플로어형 페달의 경우

풀 이

$$50cm×20kgf=10cm×F에서, \ F= \frac{50cm×20kgf}{10cm} = 100kgf$$

2) 마스터 실린더

마스터 실린더는 브레이크 페달을 밟는 것에 의하여 유압을 발생하는 부분이며 그 구조 및 작용은 다음과 같다.

① 실린더 보디

실린더 보디내에는 피스톤, 피스톤 컵, 피스톤 리턴 스프링, 체크밸브 등이 들어 있으며, 위쪽에는 오일탱크가 설치된다.

② 피스톤

피스톤은 브레이크 페달에 의해 실린더 내를 미끄럼 운동을 하여 유압을 발생한다.

③ 피스톤 컵

피스톤 컵에는 유압을 발생하는 1차컵과 마스터 실린더 밖으로 오일이 누출되는 것을 방지하는 2차컵이 있다.

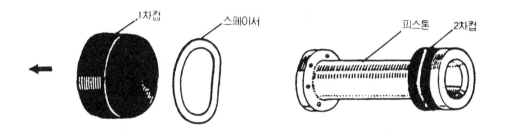

▲ 그림4 피스톤컵과 피스톤의 구조

④ 체크 밸브

체크 밸브는 브레이크 페달을 밟으면 오일을 휠 실린더로 보내주고, 페달을 놓으면 파이프내의 유압과 피스톤 리턴 스프링의 장력이 평형이 될때 닫혀 회로에 0.6~0.8kgf/cm² 의 잔압을 유지한다. 유압 회로 내에 잔압을 두는 이유는 다음과 같다.

　㉮ 브레이크 작용을 신속하게 한다.

　㉯ 휠 실린더에서 오일의 누출을 방지한다.

　㉰ 회로 내에 베이퍼 로크의 발생을 방지한다.

　㉱ 유압회로 내에 공기가 침입하는 것을 방지한다.

♣ 참고사항 ♣

　　베이퍼 로크란 유압회로내의 오일이 비등·기화하여 오일의 압력전달 작용을 방해하는 현상
이며 그 원인은 다음과 같다.

❶ 긴 내리막길에서 과도한 브레이크 사용시
❷ 브레이크 드럼과 라이닝의 끌림에 의한 가열시
❸ 리턴 스프링 장력감소에 따른 잔압 저하시
❹ 오일의 변질에 따른 비등점 저하
❺ 불량한 오일 사용시

⑤ 리턴 스프링

　　피스톤이 신속하게 제자리로 복귀되게 하며 체크 밸브와 함께 잔압을 형성한다.

⑥ 탠덤 마스터 실린더

　　안전성을 향상시키기 위하여 앞뒤 바퀴에 각각 독립적으로 작용하는 2 계통의 회로를
둔 것 형식이며 최근에는 모든 차량이 이 마스터 실린더를 사용하고 있다.

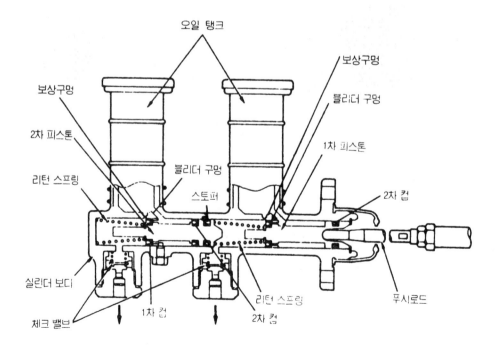

▲ 그림5　탠덤 마스터 실린더의 구조

3) 휠 실린더

휠 실린더는 브레이크 배킹판(backing plate)에 조립되며, 마스터 실린더로부터 유압을 받아 피스톤이 좌우로 확장하여 브레이크 슈를 드럼에 압착하여 바퀴를 제동한다. 또 실린더 보디에는 회로내 공기빼기를 위한 블리드 스크루가 설치되어 있다.

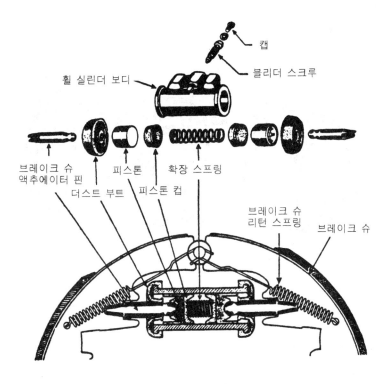

캡

블리더 스크루

휠 실린더 보디

브레이크 슈
액추에이터 핀

더스트 부트

피스톤

피스톤 컵

확장 스프링

브레이크 슈
리턴 스프링

브레이크 슈

▲ 그림6 휠 실린더의 분해도

4) 브레이크 파이프

브레이크 파이프는 마스터 실린더와 휠 실린더의 오일 통로이며, 강철제 파이프와 플렉시블 호스로 구성된다. 파이프는 진동에 견디도록 클립으로 고정하며, 연결부는 금속제 피팅이 설치되어 있다.

5) 브레이크 드럼

브레이크 드럼은 휠 허브에 설치되며, 바퀴와 함께 회전하며 슈와의 마찰로 제동을 일으키는 부분이다. 제동시 발생한 열은 드럼을 통하여 방출되므로 드럼의 면적은 마찰면에서 발생한 열방산 능력으로 결정이 된다. 드럼의 구비조건은 다음과 같다.

① 정적·동적 평형이 잡혀 있어야 한다.

② 충분한 강성이 있어야 한다.

③ 내마멸성이 커야 한다.

④ 방열이 잘 되어야 한다.

⑤ 가벼워야 한다.

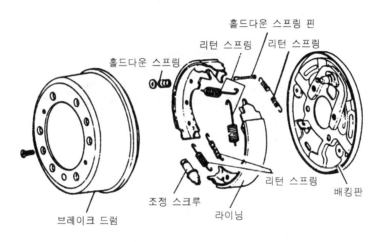

▲ 그림7 브레이크 드럼

6) 브레이크 슈와 라이닝

브레이크 슈는 휠 실린더의 유압에 의해 브레이크 드럼에 압착되는 것으로, 2개가 1조로 되어 브레이크 드럼과의 마찰되는 부분에 라이닝을 부착하여 제동 작용을 한다. 그리고 슈에는 리턴 스프링을 두어 마스터 실린더의 유압이 해제되었을 때 슈가 제자리로 복귀하도록 하며, 홀드 다운 스프링(hold down spring)에 의하여 슈를 알맞은 위치에 유지시킨다.

또 브레이크 라이닝은 석면 섬유와 금속 분말을 섞어서 고무나 합성 수지 등의 결합제로 굳혀 만들며, 브레이크 슈에 리베팅하거나 접착제로 접착시켜 사용한다. 라이닝의 구비 조건은 다음과 같다.

① 내열성이 크고, 페이드 현상이 없어야 한다.

② 기계적 강도가 커야 한다.

③ 온도의 변화, 물 등에 의한 마찰계수 변화가 적어야 한다.

④ 내마멸성이 커야 한다.

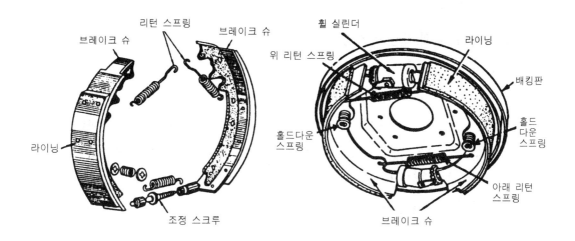

▲ 그림8 브레이크 슈와 라이닝

♣ 참고사항 ♣

❶ 페이드(fade)현상이란 브레이크 페달의 조작을 반복하면 드럼과 슈에 마찰열이 축적되어 제동력이 감소하는 현상이다.

❷ 자동차 주 브레이크 라이닝은 석면과 고무, 합성수지 등 결합제로 가열·가압·성형시킨 몰드 라이닝을 주로 사용한다.

❸ 오버 사이즈 라이닝을 표준 브레이크 드럼에 설치하면 라이닝의 끝부분이 드럼과 접촉하게 된다.

❹ 슈 리턴 스프링의 작용은

　❶ 오일이 휠 실린더에서 마스터 실린더로 되돌아가도록 한다.

　❷ 슈와 드럼의 간극을 유지한다.

　❸ 슈의 위치를 확보해 준다.

🌑 오버사이즈 라이닝 두께 산출식

$$\frac{오버\ 사이즈\ 드럼의\ 지름 - 표준\ 드럼의\ 지름}{2}$$

7) 배킹판(backing plate)

배킹판은 휠 실린더나 브레이크 슈가 설치되는 판으로서 큰 제동력이 걸리기 때문에 두꺼운 강판으로 만든다.

8) 브레이크슈와 드럼의 조합

① 자기 작동 작용

이 작용은 회전중인 드럼에 제동을 걸면 슈는 마찰력에 의해서 드럼과 함께 회전하려는 경향이 발생하여 확장력이 커지므로 마찰력이 커지는 작용이다. 한편 드럼의 회전 반대방향에 있는 슈는 드럼으로부터 떨어지려는 경향이 발생하여 확장력이 감소된다.

이때 자기작동작용을 하는 슈를 리딩슈, 자기작동 작용을 하지 못하며 드럼의 회전방향과 반대방향으로 벌어지는 슈를 트레일링 슈라고 한다.

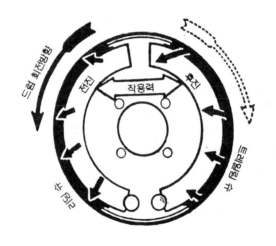

▲ 그림9 자기 작동 작용

② 작동 상태에 따른 분류

㉮ 넌 서보형

이 형식은 제동작용을 할 때 해당 슈에만 자기작동작용이 발생하는 형식이다. 이때 전진 방향에서 자기 작동 작용을 하는 슈를 전진 슈, 후진방향에서 자기 작동 작용을 하는 슈를 후진 슈라고 부른다.

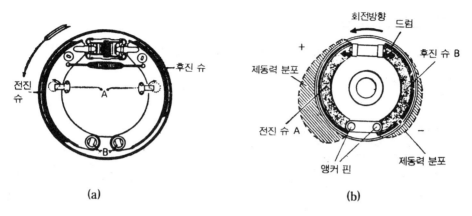

▲ 그림10 넌 서보형

㉯ 유니 서보형

　이 형식은 전진할 때에는 1·2차 슈 모두가 자기작동작용을 하지만, 후진할 때에는 모두 트레일링 슈가 되어 제동력이 감소된다.

㉰ 듀어 서보형

　이 형식은 유니 서보형을 개량한 것으로 전진과 후진에서 모두 자기 작동 작용이 생기게 한 것이다.

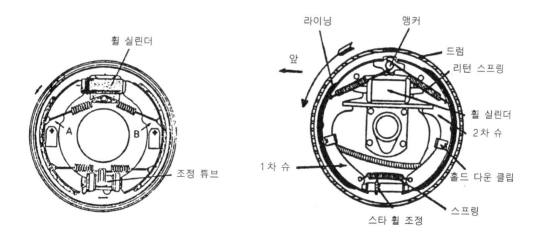

(a) 유니 서보식　　　　　　　　(b) 듀어 서보식

▲ 그림11 유니 서보식과 듀어 서보식

9) 자동 조정 브레이크

브레이크 드럼과 라이닝 사이의 간극 조정이 필요할 때 후진에서 브레이크 페달을 밟으면
자동적으로 조정이 된다.

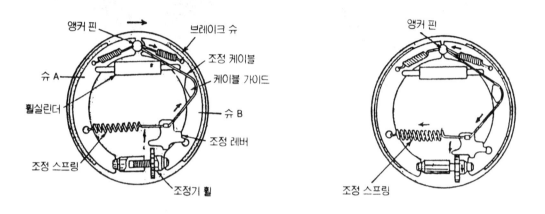

▲ 그림12 자동 조정 브레이크

10) 브레이크 오일

브레이크 오일은 피마자 기름에 알코올을 혼합한 것이 사용되며, 구비조건은 다음과 같다.

① 화학적으로 안정되고 침전물이 생기지 않을 것

② 알맞은 점도를 가지고 온도에 대한 점도 변화가 작을 것

③ 윤활성이 있을 것

④ 비등점이 높아 베이퍼 로크를 일으키지 않을 것

⑤ 빙점이 낮고, 인화점은 높을 것

⑥ 금속 및 고무 제품에 대해 부식, 연화, 팽윤을 일으키지 않을 것

그리고, 오일 보충 및 교환시 주의 사항은 다음과 같다.

① 지정된 오일을 사용하여야 한다.

② 한 번 사용한 오일은 재사용 해서는 안 된다.

③ 브레이크 부품(마스터 실린더 및 휠실린더 등)의 분해후 세척은 알코올 또는 세척용
   오일을 사용하여야 한다.

5.2   배력식 브레이크

배력식 브레이크는 유압 브레이크의 제동력을 증대시키기 위해 사용하는 것이며, 흡입 다기 관의 부압(부분진공)과 대기압의 압력차를 이용한 진공식 배력 장치(하이드로 백)와 압축 공기 와 대기압과의 압력 차이를 이용한 공기식 배력 장치(하이드로 에어 팩)가 있으며, 승용차는 진공식 배력 장치를 이용하고, 트럭 등 대형 자동차에서는 공기식 배력 장치를 이용한다.

(1) 진공식 배력 장치(하이드로 백)

1) 진공 배력식의 원리

이 형식은 흡입 다기관 진공과 대기압과의 차이를 이용한 것이므로 배력 장치에 이상이 발 생하여도 일반적인 유압 브레이크로 작동할 수 있도록 하고 있다. 원리는 흡입 다기관에서 발 생하는 진공이 50cmHg이며, 대기압이 76cmHg이므로 이들 사이에는 76−50=26(cmHg)=0.34 kg/cm²이다.

그러므로 대기압 1.0332kg/cm²−0.34kg/cm²=0.7kg/cm²이 된다. 이 압력차이가 진공 배력식 브 레이크를 작동시키는 힘이다.

2) 진공 배력식의 종류

종류에는 마스터 실린더와 배력 장치를 일체로 한 직접 조작형(마스터 백)과 마스터 실린더 와 배력 장치를 별도로 설치한 원격 조작식(하이드로 백)이 있다.

① 직접 조작식(直接操作式)

이 형식은 브레이크 페달을 밟으면 작동로드가 포핏과 밸브 플런저를 밀어 포핏이 동력 실린더 시트에 밀착되어 진공밸브를 닫으므로 동력 실린더(부스터) A와 B에 진공 도입이 차단된다.

동시에 밸브 플런저는 포핏으로부터 떨어지고 공기 밸브가 열려 동력 실린더 B에 여과 기를 거친 대기(大氣)가 유입되어 동력 피스톤이 마스터 실린더의 푸시로드를 밀어 배력 작용을 한다.

그리고 페달을 놓으면 밸브 플런저가 리턴 스프링의 장력에 의해 제자리로 복귀됨에 따 라 공기밸브가 닫히고 진공 밸브를 열어 동력 실린더 A와 B의 압력이 같아지면 마스터 실린더의 반작용과 다이어프램 리턴 스프링의 장력으로 동력 피스톤이 제자리로 복귀한다.

이 형식의 특징은 다음과 같다.

① 진공 밸브와 공기 밸브가 푸시로드에 의해 작동하므로 구조가 간단하고 무게가 가볍다.

② 배력 장치에 고장이 발생하여도 페달 조작력은 작동로드와 푸시로드를 거쳐 마스터 실린더에 작용하므로 유압 브레이크로 만으로 작동을 한다.

③ 페달과 마스터 실린더 사이에 배력 장치를 설치하므로 설치 위치에 제한을 받는다.

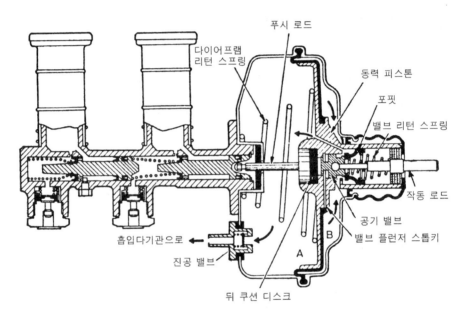

▲ 그림13 직접 조작식

② 원격 조작식(遠隔操作式)

🔧 구 조

원격 조작형은 유압계통(유압 브레이크와 하이드롤릭 실린더)과 진공 계통(동력 실린더, 동력 피스톤, 릴레이 밸브 및 밸브 피스톤, 체크 밸브)으로 나누어진다.

㉮ 진공 계통(眞空系統)

㉠ 동력 실린더(power cylinder)

이 실린더는 강철판을 원형으로 프레스 가공한 것이며, 내부에는 동력 피스톤과 리턴 스프링이 들어 있다.

㉡ 동력 피스톤(power piston)

이 피스톤은 진공(眞空)과 대기압의 양쪽(동력 실린더의 A와 B)압력차이에 의해 작동하며 강력한 유압을 휠 실린더로 보낸다. 동력 피스톤은 2매의 둥근 강철판을 그 둘레 사이에 가죽 패킹을 끼우고 합친 구조로 되어 있다.

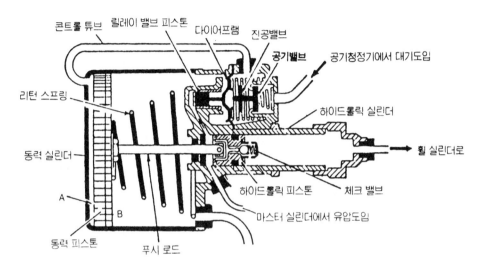

▲ 그림14 원격 조작식

ⓒ 릴레이 밸브와 밸브 피스톤

이들의 작동은 마스터 실린더로부터의 유압에 의해 동력 실린더 A쪽에 진공을 도입하거나 차단하는 일을 한다.

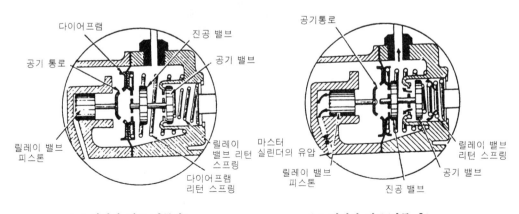

(a) 릴레이 밸브(작동전)   (b) 릴레이 밸브(작동 후)

▲ 그림15 릴레이 밸브와 밸브 피스톤

릴레이 밸브는 공기 밸브와 진공밸브로 되어 있으며, 공기 밸브는 스프링에 의해 닫혀진 상태로 설치된다. 진공밸브는 중앙에 밸브 시트를 두고 있는 다이어프램과 상대하는 위치에 있으며 다이어프램은 릴레이 밸브 피스톤에 의해 작동한다.

㉯ 유압 계통(油壓系統)

㉠ 하이드롤릭 실린더(hydraulic cylinder)

이 실린더의 내부에는 동력 피스톤 푸시로드에 의해 작동하는 하이드롤릭 피스톤이 있다.

㉡ 하이드롤릭 피스톤(hydraulic piston)

이 피스톤은 동력 피스톤의 푸시로드 끝에 설치되며 내부에 체크 밸브와 요크가 설치되어 있다. 체크 밸브는 동력 피스톤이 작동하지 않을 때에는 열려 마스터 실린더의 오일이 휠 실린더로 흐를 수 있도록 하고, 동력 피스톤이 작용하여 하이드롤릭 피스톤이 이동하면 요크가 스톱와셔로부터 떨어지기 때문에 닫힌다. 하이드롤릭 피스톤이 각 휠 실린더로 오일을 압송한다.

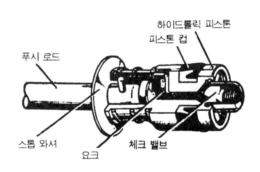

▲ 그림16 하이드롤릭 피스톤

🔧 작 동

㉮ 브레이크 페달을 밟았을 때

페달을 밟으면 마스터 실린더 내의 오일이 하이드롤릭 피스톤의 체크 밸브를 거쳐 휠 실린더로 공급되며 이와 동시에 릴레이 밸브 피스톤에도 유압이 작동된다. 릴레이 밸브 피스톤에 가해지는 유압이 상승하면 피스톤이 이동하여 다이어프램을 사이에 두고 진공밸브가 닫혀 동력 실린더의 A와 B에 진공 도입을 차단한다.

　다음에 공기 밸브가 열려 대기압이 동력 실린더 A로 들어온다. 이에 따라 동력 피스톤이 A에서 B로 이동하여 푸시로드를 거쳐 하이드롤릭 피스톤을 이동시킨다. 하이드롤릭 피스톤이 이동하면 스톱와셔에 밀착되어 있던 요크가 떨어진다.

　이때 체크 밸브를 닫아 마스터 실린더와 휠 실린더 사이의 오일 흐름이 차단되고, 하이드롤릭 실린더 내의 오일을 휠 실린더로 보내어 제동작용을 한다.

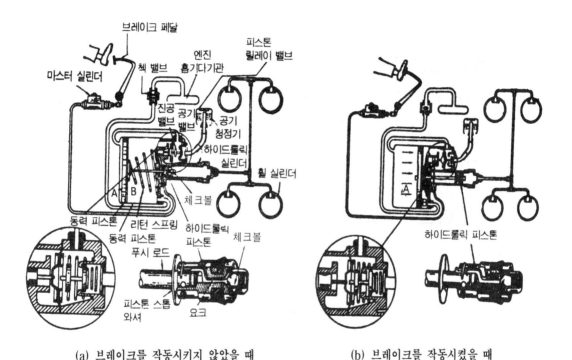

　(a) 브레이크를 작동시키지 않았을 때　　　(b) 브레이크를 작동시켰을 때

▲ 그림17　작 동

④ 브레이크 페달을 놓으면

　페달을 놓으면 릴레이 밸브 피스톤에 작동하던 마스터 실린더의 유압이 낮아져 피스톤이 다이어프램 스프링에 의해 제자리로 복귀하며, 공기 밸브가 닫혀져 대기의 유입을 차단한다. 그 다음 진공 밸브가 다이어프램으로부터 떨어져 진공밸브가 열린다.

　이에 따라 동력 실린더 양쪽에는 압력차가 없어져 리턴 스프링의 장력으로 동력 피스톤과 하이드롤릭 피스톤도 제자리로 복귀하며 하이드롤릭 피스톤의 체크 밸브가 열려 휠 실린더에 작용하였던 오일이 마스터 실린더로 복귀한다.

♣ 특 징

㉮ 배력 장치가 마스터 실린더와 휠 실린더 사이를 파이프로 연결하므로 설치 위치가 자유롭다.

㉯ 진공 밸브와 공기 밸브가 마스터 실린더 유압만으로 작동되며 그 구조가 복잡하다

㉰ 회로 내의 잔압이 너무 크면 배력 장치가 항상 작동하므로 잔압 관계에 주의하여야 한다.

♣ 참고사항 ♣

하이드로 백을 설치한 차량의 브레이크 페달의 조작이 무거운 원인

❶ 진공용 체크밸브의 작동이 불량하다.

❷ 진공 파이프 각 접속부에서 새는 곳이 있다.

❸ 릴레이 밸브 피스톤의 작동이 불량하다.

5.3 디스크 브레이크

디스크 브레이크는 드럼 대신에 바퀴와 함께 회전하는 디스크를 유압에 의하여 작동하는 패드를 양쪽에서 압착하여 마찰력으로 제동하도록 되어 있으며 이와 같은 형식을 캘리퍼형이라 한다. 디스크 브레이크는 페이드 현상이 가장 적은 형식이며 그 장·단점은 다음과 같다.

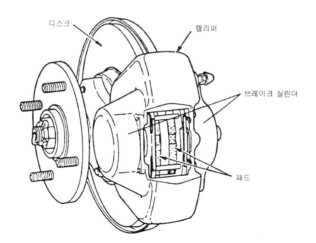

◀ 그림18 디스크 브레이크

(1) 장 점

① 디스크가 대기 중에 노출되어 회전하기 때문에 방열성이 좋아 제동력이 안정된다.

② 제동력의 변화가 적어 제동 성능이 안정된다.

③ 한쪽만 브레이크 되는 경우가 적다.

(2) 단 점

① 마찰 면적이 적기 때문에 압착하는 힘을 크게 하여야 한다.

② 자기 작동을 하지 않기 때문에 페달을 밟는 힘이 커야 한다.

③ 패드를 강도가 큰 재료로 만들어야 한다.

(3) 구 조

1) 디스크

바퀴와 함께 회전하여 양면에 작용하는 패드에 의해 제동되는 부분이다.

2) 캘리퍼

너클 스핀들에 고정되어 있으며 캘리퍼의 양쪽에는 실린더가 설치되어 있다.

3) 브레이크 실린더와 피스톤의 기능

① 브레이크 실린더와 피스톤에는 자동 간극 조정 장치가 설치되어 있다.

② 실린더 내의 압력이 해제 되었을 때에 피스톤을 다시 제자리에 돌아오게 한다.

③ 캠 및 리트랙터 핀과 피스톤 내부에 설치된 리트랙터 부싱, 압축 스프링, 부싱 하우징
등으로 구성되어 있다.

4) 패드

석면과 레진을 혼합하여 소결한 것으로 금속 분말이 포함되어 있다.

(4) 종 류

1) 고정 캘리퍼형

이 형식은 캘리퍼에 실린더를 2 개 설치하고 디스크 양쪽에서 패드를 압착시켜 제동력을 발
생시키는 형식이다. 방열이 좋지 않아 베이퍼 로크를 일으키기 쉽다.

2) 부동 캘리퍼형

이 형식은 캘리퍼 한쪽에만 실린더를 설치하여 제동시에 유압이 작동되면 피스톤이 패드를 압착하고 그 반력으로 캘리퍼 전체가 좌우로 움직여 반대쪽의 패드도 디스크에 압착되어 제동력을 발생하는 형식이다. 구조가 간단하고 무게도 가벼워 소형 차량에 많이 사용된다.

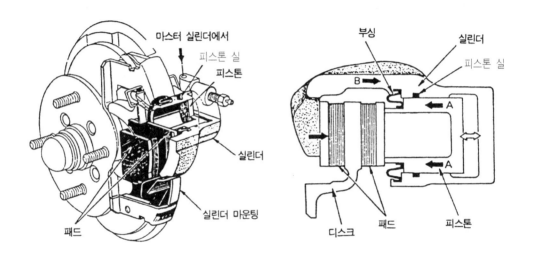

▲ 그림19 부동 캘리퍼형

5.4 공기 브레이크

기관의 크랭크 축으로 공기 압축기를 구동하여 발생한 압축 공기($5 \sim 7 \, kg/cm^2$)를 이용하는 방식으로 구조는 공기 압축기, 공기 탱크, 브레이크 밸브, 릴레이 밸브, 퀵 릴리스 밸브, 브레이크 체임버, 저압 표시기, 체크 밸브 등으로 구성되며, 페달을 밟으면 브레이크 밸브로부터 유입된 공기는 퀵 릴리스 밸브와 릴레이 밸브 입구로 들어가서 밸브를 열고, 좌우 브레이크 체임버로 들어가 브레이크가 작용하게 된다.

페달을 놓으면 브레이크 밸브로부터 공기가 배출되어 공기 입구 압력이 대기압 상태로 되므로 퀵 릴리스 밸브와 릴레이 밸브는 스프링 장력에 의해 본래의 위치로 돌아오고 브레이크 체임버 내의 공기는 배출되어 브레이크가 풀린다.

(1) 공기 브레이크의 장점

① 차량의 중량에 제한을 받지 않는다.

② 공기가 누출되어도 브레이크 성능이 현저하게 저하되지 않는다.

③ 베이퍼 로크 발생 염려가 없다.

④ 페달을 밟는 양에 따라서 제동력이 커지므로 조작하기 쉽다.

⑤ 압축 공기의 압력을 높이면 더 큰 제동력을 얻을 수 있다.

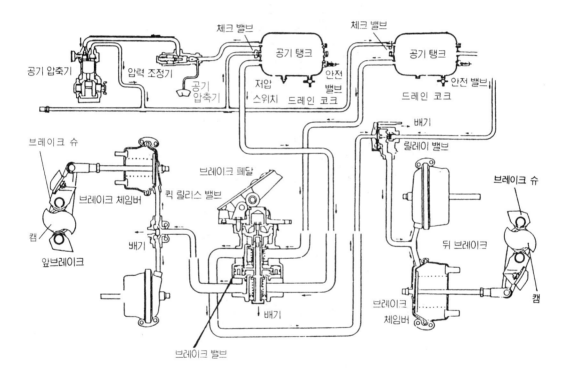

▲ 그림20 공기 브레이크의 배관 및 구조

(2) 구 조

1) 압축 공기 계통

① 공기 압축기(air compressor)

구쪽에는 언로더 밸브가 설치되어 있어 압력 조정기와 함께 공기 압축기가 과다하게 작동하는 것을 방지하고, 공기 탱크 내의 공기압력을 일정하게 조정한다.

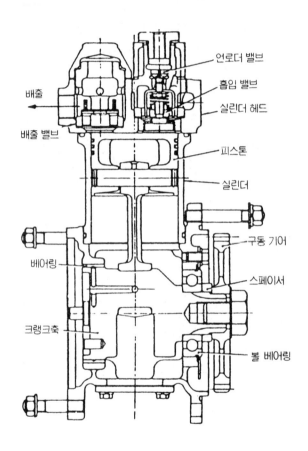

▲ 그림21 공기 압축기

② 압력 조정기와 언로더 밸브

압력 조정기는 공기 탱크 내의 압력이 5~7kg/㎠이상 되면 공기 탱크에서 공기 입구로 들어온 압축공기가 스프링 장력을 이기고 밸브를 밀어 올린다.

이에 따라 압축공기는 공기 압축기의 언로더 밸브 위쪽에 작동하여 밸브를 내려 밀어 열기 때문에 흡입밸브가 열려 공기 압축기 작동이 정지된다.

또 공기 탱크 내의 압력이 규정값 이하가 되면 언로더 밸브가 제자리로 복귀되어 공기 압축 작용이 다시 시작된다.

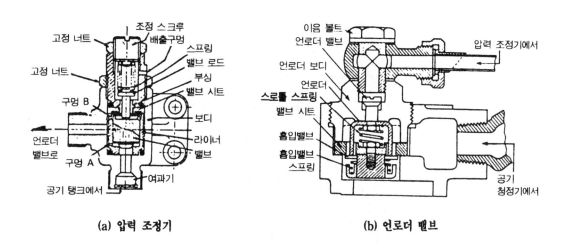

(a) 압력 조정기　　　　　　　　**(b) 언로더 밸브**

▲ 그림22　압력 조정기와 언로더 밸브

③ 공기 탱크

이 탱크는 공기 압축기에서 보내 온 압축 공기를 저장하며 탱크 내의 공기압력이 규정값 이상이 되면 공기를 배출시키는 안전 밸브와 공기 압축기로 공기가 역류하는 것을 방지하는 체크 밸브 및 탱크 내의 수분 등을 제거하기 위한 드레인 코크가 있다.

2) 제동 계통

① 브레이크 밸브(brake valve)

이 밸브는 페달에 의해 개폐되며 페달을 밟는 양에 따라 공기 탱크 내의 압축 공기를 도입하여 제동력을 조절한다.

즉, 페달을 밟으면 상부의 플런저가 메인 스프링을 누르고 배출 밸브를 닫은 후 공급 밸브를 연다.

이에 따라 공기탱크의 압축공기가 앞브레이크의 퀵 릴리스 밸브 및 뒤 브레이크의 릴레이 밸브 그리고 각 브레이크 체임버로 보내져 제동 작용을 한다.

그리고 페달을 놓으면 플런저가 제자리로 복귀하여 배출 밸브가 열리며 제동작용을 한 공기를 대기 중으로 배출시킨다.

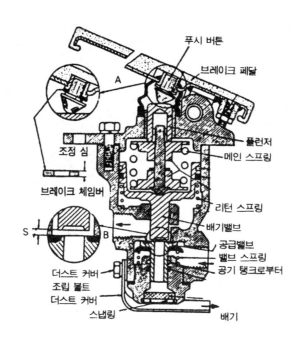

▲ 그림23 브레이크 밸브

② 퀵 릴리스 밸브(quick release valve)

이 밸브는 페달을 밟으면 브레이크 밸브로부터 압축공기가 입구를 통하여 작동되면 밸브가 열려 앞 브레이크 체임버로 통하는 양쪽 구멍을 연다. 이에 따라 브레이크 체임버에 압축공기가 작동하여 제동된다.

또 페달을 놓으면 브레이크 밸브로부터 공기가 배출됨에 따라 입구 압력이 낮아진다. 이에 따라 밸브는 스프링 장력에 의해 제자리로 복귀하여 배출 구멍을 열고 앞 브레이크 체임버 내의 공기를 신속히 배출시켜 제동을 푼다.

③ 릴레이 밸브(relay valve)

이 밸브는 페달을 밟아 브레이크 밸브로부터 공기압력이 작동하면 다이어프램이 아래쪽으로 내려가 배출밸브를 닫고 공급밸브를 열어 공기 탱크 내의 공기를 직접 뒤브레이크 체임버로 보내어 제동시킨다.

또 페달을 놓아 다이어프램 위에 작동하던 브레이크 밸브로부터의 공기압력이 감소하면 브레이크 체임버 내의 압력이 다이어프램 위에 작동하던 압력보다 커지므로 다이어프램을 위로 밀어 올려 윗부분의 압력과 평행이 될 때까지 밸브를 열고 공기를 배출시켜 신속하게 제동을 푼다.

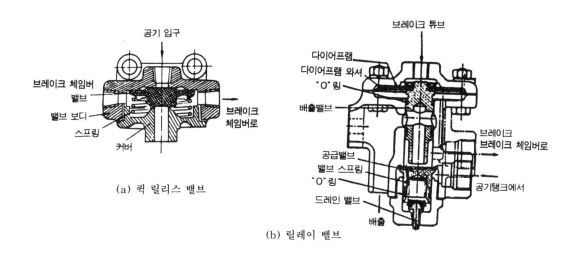

(a) 퀵 릴리스 밸브

(b) 릴레이 밸브

▲ 그림24 퀵 릴리스 밸브와 릴레이 밸브

④ 브레이크 체임버(brake chamber)

이것은 압축공기의 압력을 기계적인 힘(제동력)으로 바꾸어주는 구성품이다.

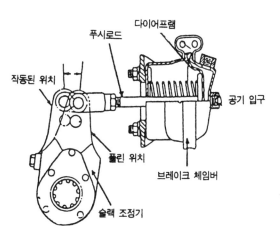

◀ 그림25 브레이크 체임버의 구조

즉 페달을 밟아 브레이크 밸브에서 조절된 압축공기가 체임버 내로 유입되면 다이어프램은 스프링을 누르고 이동한다. 이에 따라 푸시로드가 슬랙 조정기를 거쳐 캠을 회전시켜 브레이크 슈가 확장하여 드럼에 압착되어 제동을 한다. 페달을 놓으면 다이어프램이 스프링 장력으로 제자리로 복귀하여 제동이 해제된다.

3) 안전 계통

① 저압 표시기

이것은 공기 탱크 내의 압력이 낮으면 접점이 닫혀 계기판의 경고등을 점등시킨다.

② 체크 밸브

이 밸브는 언로더 밸브가 작용할 때 공기 탱크의 공기가 역으로 누출되는 것을 방지한다.

③ 안전 밸브

이 밸브는 공기탱크내의 공기압력이 규정값 이상되면 열려 대기중으로 압축공기를 배출한다.

5.5 주차 브레이크

이 브레이크는 주차용으로 사용되는 것으로 사이드 브레이크 또는 핸드 브레이크라고도 하며, 추진축에 설치하는 센터 브레이크식과 뒷바퀴에 장착하여 직접 제동하는 휠 브레이크식이 있다.

(1) 센터 브레이크식

이 형식은 브레이크 드럼이 변속기 출력축의 뒷부분에 설치되어 있으며, 주차 브레이크 레버를 잡아당기면 밴드가 죄어져서 드럼을 압착시켜 정차 상태를 유지한다.

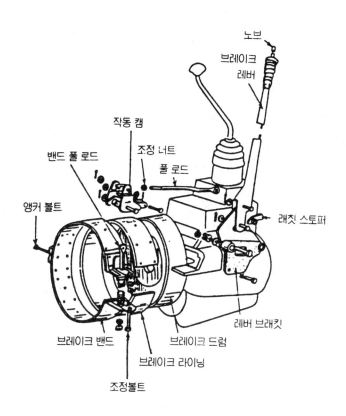

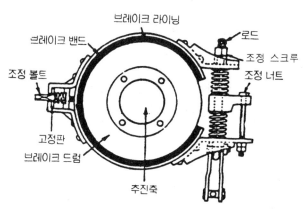

▲ 그림26 센터 브레이크식

(2) 휠 브레이크식

휠 브레이크식은 뒷바퀴의 풋 브레이크와 겸용으로 사용하며, 브레이크 슈를 링크나 와이어를 이용한다. 주차 브레이크 레버에 연결된 와이어를 잡아당겨 브레이크 슈 레버가 스트럿 바를 이동시키고, 브레이크 드럼에 슈를 압착시켜 정차 상태를 유지하게 된다.

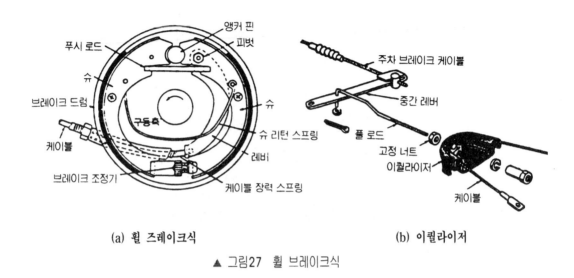

(a) 휠 즈레이크식   (b) 이퀄라이저

▲ 그림27 휠 브레이크식

5.6 감속 브레이크(제3브레이크)

자동차의 고속화 대형화에 따라 브레이크 페이드 현상이나 베이퍼 로크 현상이 일어나 제동 불능의 상태가 발생할 우려가 있으므로 안전성을 높이기 위하여 지금까지의 브레이크 이외에 보조 제동 작동을 하는 기구가 필요하게 되었다. 감속 브레이크의 종류에는 기관 브레이크, 배기 브레이크, 와전류 리타더, 하이드롤릭 리타더 등이 있다.

(1) 배기 브레이크

배기관 내에 브레이크 밸브를 설치하고 밸브를 닫아서 배기관 내의 압력을 높여 기관이 이 배압 때문에 일시 정지하도록 하는 장치이다.

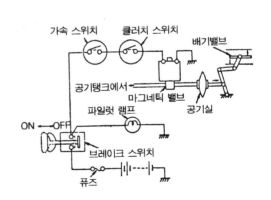

그림28 배기 브레이크 ▶

(2) 와전류 리타더

와전류 리타더는 추진축의 중간에 설치되어 있으며, 프레임에 고정한 전자석의 양쪽에 추진축과 일체로 회전하는 디스크를 설치하여 이것이 추진축과 함께 회전하도록 되어 있다. 작용은 전자석에 전류가 흐르면 자계가 형성되고 디스크는 이 자계 내에서 회전 운동을 하게 된다.

그리고 디스크에 생긴 와전류는 디스크가 도전체이므로 열이 발생한다. 이때 운동 에너지가 열에너지로 변환되어 대기 중에 방산되므로 이 발열 부분 만큼의 회전력이 제동 작용으로 된다.

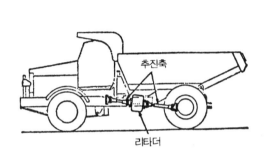
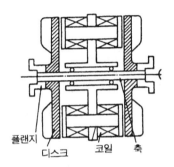

▲ 그림29　와전류 리터더

5.7　브레이크 장치의 고장 진단과 유압회로내의 공기 빼기작업

(1) 브레이크 고장 진단

1) 브레이크가 듣지 않는 원인

① 마스터 실린더에서 오일이 누출된다.

② 휠 실린더에서 오일이 누출된다.

③ 브레이크 오일이 부족하다.

④ 브레이크 오일 라인에 공기가 혼입되었다.

⑤ 라이닝에 물 또는 오일이 묻었다.

⑥ 브레이크 간극이 너무 크다.

⑦ 브레이크 오일 라인에서 오일이 누출되거나 라이닝이 마멸되었다.

2) 브레이크가 풀리지 않는 원인

① 마스터 실린더 리턴 포트가 막혔다.

② 페달의 리턴 스프링이 불량하다.

③ 푸시 로드의 길이를 너무 길게 조정했다.

(2) 유압회로의 공기 빼기 작업

1) 공기 빼기작업을 하여야 하는 경우

① 마스터 실린더 및 휠 실린더를 분해하였을 때

② 브레이크 파이프를 교환하였을 때

③ 마스터 실린더내의 오일량이 매우 부족할 때

2) 공기빼기 작업

① 휠 실린더의 블리더 플러그에 비닐 호스를 끼우고 그 다른 한끝은 브레이크 오일을 반쯤 넣은 유기용기에 넣는다.

② 브레이크 페달을 몇 번 밟고, 밟은 채로 블리더 플러그를 $\frac{1}{3} \sim \frac{1}{2}$회전, 헐겁게 풀었다가 실린더 내의 유압이 낮아지기 전에 다시 조인다. 이 작업을 오일 속의 기포가 모두 나올 때까지 반복한다.

③ 블리더 플러그 캡을 씌우고 마스터 실린더의 오일탱크에 오일을 보충한다.

④ 페달을 밟아 유압을 가한 후 유압회로에서 오일이 새지 않는가를 점검한다.

♣ 참고사항 ♣

❶ 작업 중 브레이크 오일이 부족되지 않도록 마스터 실린더의 오일 탱크 유면을 점검한다.

❷ 오일이 도장면에 묻지 않도록 주의한다.

❸ 마스터 실린더에서 먼 휠 실린더부터 작업을 하는 것이 좋다.

❹ 브레이크 페달의 조작을 너무 빨리하면 기포가 미세화되어 빠지지 않는 경우가 생긴다.

5.8 브레이크 이론

(1) 제동거리(I)

🔵 $L = \dfrac{V^2}{2\mu g}$

여기서, L : 제동거리,

V : 주행속도(m/sec),

μ : 타이어와 노면과의 마찰계수,

g : 중력가속도(9.8m/sec^2)

(2) 브레이크 토크

🔵 $T_B = \mu \times P \times r$

여기서, T_B : 브레이크 토크,

μ : 브레이크 드럼과 라이닝의 마찰계수,

r : 브레이크 드럼의 반지름,

P : 브레이크 드럼에 걸리는 전 제동력

(3) 제동거리(II)

🔵 $S_1 = \dfrac{V^2}{254} \times \dfrac{(W + W')}{F}$

여기서,　S_1 : 제동거리,　　　 V : 제동 초속도,

W : 차량 중량,　　　 W' : 회전부분상당중량,

F : 제동력

♣ 참고사항 ♣

❶ 주제동장치의 급제동 정지거리(안전기준 제15조 1항 제2호 관련)

구 분	최고속도가 80km/h이상	최고속도가 35km/h이상 80km/h미만	최고속도가 35km/h미만
제동초속도(km/h)	50	35	당해 자동차의 최고속도
급제동정지거리(m)	22이하	14이하	5이하

❷ 회전부분 상당 중량
　❶ 승용차 : 차량 중량의 5%
　❷ 화물차·버스 : 차량 중량의 7%

(4) **정지거리＝제동거리＋공주거리**

$$S_2 = \frac{V^2}{254} \times \frac{(W+W')}{F} + \frac{V}{36}$$

5.9 ABS(Anty lock, 또는 Anty skide Brake System)

(1) 개 요

　자동차는 제동시에 감속도에 따라 자동차의 중심이 앞쪽으로 이동하여 앞바퀴의 하중은 증가하고 뒷바퀴의 하중은 감소하는 경향이 생긴다.

　또 바퀴가 정지하여 스키드(skide)를 일으키면 노면과의 마찰력이 감소함과 동시에 방향성을 잃게 되고 제동 성능이 저하되며 불안정한 제동이 된다. 이러한 현상을 방지하기 위하여 개발된 것이 ABS 이다.

　즉 ABS는 급제동시나 눈길과 같은 미끄러운 노면에서 제동시 바퀴의 슬립(slip)현상을 휠 스피드 센서가 감지하여 컴퓨터가 모듈레이터(하이드롤릭 유닛 ; HCU)를 조정함으로써 제동시 방향 안전성 유지, 조정성 확보, 제동 거리를 단축시키는 작용을 한다. 일반적으로 앞바퀴는 독립제어, 뒷바퀴는 셀렉트 로 제어의 4센서 3채널 방식이 많이 사용되고 있다.

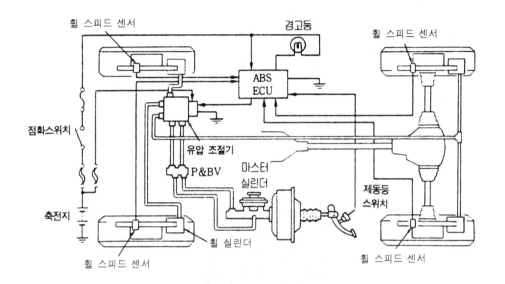

▲ 그림30 ABS구성 부품

♣ 참고사항 ♣

셀렉트 로(select low) : 제동시 좌·우 차륜의 감속비를 비교하여 먼저 슬립하는 바퀴에 맞추어 좌·우 바퀴의 유압을 동시에 제어하는 방법을 말한다.

(2) 설치 목적

① 제동 거리를 단축시킨다.

② 앞바퀴의 고착을 방지하여 조향 능력이 상실되는 것을 방지한다. - 방향 안정성 확보

③ 미끄러짐을 방지하여 차체의 안전성을 유지한다. - 조종성 확보

④ 뒷바퀴 조기 고착에 의한 옆방향 미끄럼을 방지한다. - 타이어 고착 방지

⑤ 노면의 상태가 변화하여도 최대의 조향효과를 얻을 수 있다.

⑥ 타이어의 미끄럼율이 마찰계수 최고값을 초과하지 않도록 한다.

⑦ 미끄럼이 없는 제동효과를 얻을 수 있다.

(3) 구성품

1) 탠덤 마스터 실린더

이것은 브레이크 페달에 의해 유압을 발생한다.

2) 모듈레이터(하이드롤릭 유닛, HCU)

이것은 컴퓨터의 제어 신호에 의해 각 휠 실린더에 작용하는 유압을 조절한다. 조절상태에는 감압, 가압, 유지 등이 있으며, 블록에는 프로포셔닝 밸브(P 밸브), 체크 밸브, 솔레노이드 밸브, 오일탱크, 어큐뮬레이터 등으로 구성된다.

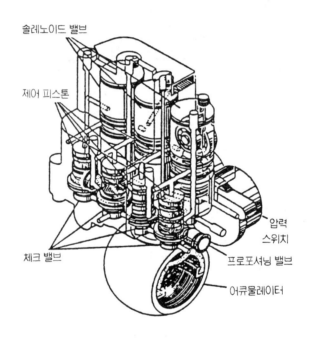

▲ 그림31 모듈레이터

3) 솔레노이드 밸브

이것은 제어 피스톤으로 공급되는 유압을 조절하는 역할을 한다.

4) 어큐뮬레이터

이것은 감압 신호와 유지 신호에 의해서 일시적으로 오일을 저장한다.

5) 체크 밸브

이것은 휠 실린더의 유압이 마스터 실린더보다 높아지는 것을 방지한다.

6) 프로포셔닝 밸브(P밸브)

이것은 마스터 실린더의 유압을 솔레노이드 밸브로 유도하며, 제동시 마스터 실린더 압력이 휠 실린더에 작용하지 않도록 한다. 또 ABS 고장시 뒷바퀴의 조기 고착을 방지하는 작용을 한다.

7) 컴퓨터

이것은 휠 스피드 센서에서 입력되는 신호로 바퀴의 미끄러짐, 고착 상태를 연산하여 증압이나 감압 신호를 솔레노이드 밸브에 보내는 역할을 한다.

8) 휠 스피드 센서

이것은 각 바퀴의 회전 속도를 검출하여 컴퓨터로 입력시킨다. 작용은 톤 휠(ton wheel)의 각 이빨이 센서에 접근하면 영구자석의 자력(磁力)이 강해지며, 이 자력의 변화가 컴퓨터로 입력되는 센서 코일의 전압을 상승시킨다.

또 톤 휠의 각 이빨이 센서 코일의 폴 피스와 일치하면 자력의 변화가 없어져 영구 자석의 자력이 최대로 되고 센서 코일과 컴퓨터 사이의 전압은 0V가 되므로 센서 코일의 폴 피스가 톤 휠에서 멀어져 자력도 약해진다.

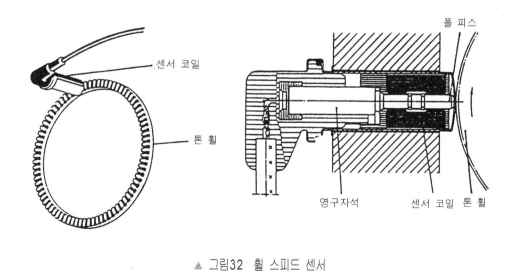

▲ 그림32 휠 스피드 센서

휠 스피드 센서는 바퀴의 lock-up을 감지하며 센서의 폴피스와 톤 휠(로터)사이의 간극은 0.3~0.9mm정도이며, 폴 피스에 이물질이 붙어 있으면 바퀴의 회전속도 감지 능력이 저하한다.

9) ABS 경고등

이것은 고장 코드를 점멸 신호로 내보내는 역할을 한다.

제6절 트랙션 컨트롤 장치(구동력 조절장치 ; TCS)

(1) 개 요

이 장치는 미끄러지기 쉬운 노면에서 가속페달을 밟아 가속하였을 때 구동바퀴가 공회전만 하고 자동차가 움직이지 않거나, 자동차가 옆으로 미끄러져 위험한 상태로 되는 경우가 있다. 이 현상은 특히 뒷바퀴 구동식 2WD(2 Wheel Drive)에서 현저하게 나타나게 된다. 이런 현상을 방지하기 위해 사용하는 장치가 트랙션 컨트롤 장치이다.

(2) 조절 방식

이 장치는 자동차 가속시에 운전자의 가속페달 조절에 의하지 않고 구동바퀴 앞쪽에 나온 바퀴와 노면 사이의 슬립률을 트랙션 컨트롤 영역내의 슬립률로 조절하여 충분한 코너링 포스와 구동력을 확보하는 것이다. 구동바퀴의 슬립을 검출하여 트랙션 컨트롤 영역 내에서 작동시키는 방법에는 3가지가 있다.

1) 기관의 회전력 조절 방식

이 방식은 기관의 회전력을 저하시키는 것으로 스로틀 밸브의 개폐, 연료 분사량 감소 또는 차단, 점화시기를 늦추는 방식 등이 사용되고 있다.

2) 구동력 브레이크 조절 방식

이 방식은 바퀴 그 자체를 직접 조절하므로 응답성은 빠르나 풋 브레이크와 관계없이 유압을 가하기 위한 압력원이 더 필요하다.

그러나 구동바퀴의 좌우를 독립적으로 조절하는 것이 가능하므로 한쪽은 빙판이고 또 다른 한쪽은 아스팔트 노면과 같이 좌·우 바퀴의 마찰계수가 다른 도면에서의 가속성, 진흙탕길에서 탈출 효과가 크다.

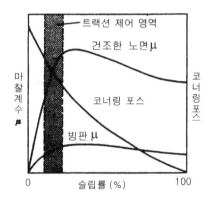

▲ 그림1 바퀴와 도로면 사이의 슬립 특성

3) 기관과 브레이크 병용 조절 방식

이 방식은 조절 기구의 복잡성과 제작 단가 등의 문제점은 있으나 이상적인 조절이 기대된다. ABS와 조합하여 승용차에서 실용화되어 있다.

(3) 구 성 - FR의 기관과 브레이크 병용식의 경우

이 형식은 ABS에서 뒷바퀴(구동바퀴)의 브레이크 파이프를 좌·우 독립 2계통으로 하고 마스터 실린더와 뒷바퀴 계통의 ABS 유압조절기 중간에 트랙션 브레이크 액추에이터가 삽입되어 풋 브레이크와는 관계없이 뒷바퀴 디스크 브레이크 유압을 증·감(增減)시킨다.

기관의 스로틀 밸브 위쪽에 보조 스로틀 밸브가 설치되어 주 스로틀 밸브의 개폐와는 독립된 개폐 작동에 의해 기관의 출력이 조절된다.

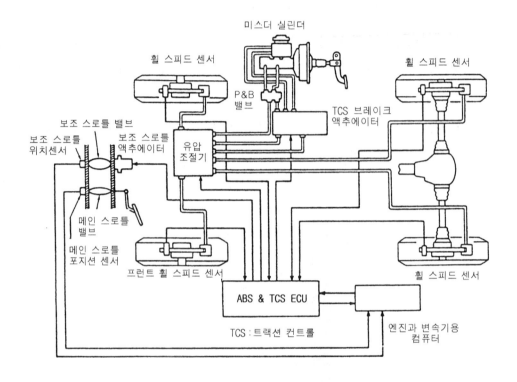

▲ 그림2 트랙션 컨트롤 장치의 구성

제7절 에어 백(air bag)

7.1 개 요

에어 백 시스템은 운전자 및 승객을 보호하기 위한 안전장치로 운전자와 조향 핸들 사이 또는 승객과 계기판 사이에 설치된 에어 백을 순간적으로 부풀게 하여 부상을 최소화하는 장치 이다.

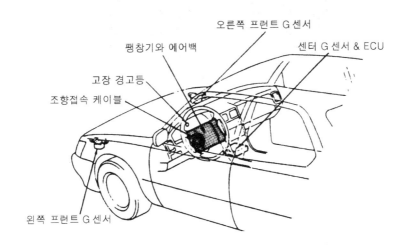

오른쪽 프런트 G 센서
팽창기와 에어백
센터 G 센서 & ECU
고장 경고등
조향접속 케이블
왼쪽 프런트 G 센서

▲ 그림1 에어 백 전체 구성도

7.2 에어 백의 분류

① 대형 에어 백 시스템 : 시트 벨트를 착용하지 않은 운전자를 위한 장치

② SRS 에어 백 시스템 : 3점식 벨트를 착용한 운전자를 위한 장치로 시트 벨트 보조 승객 구속 장치라고도 한다.

7.3 에어 백의 구성

(1) 에어 백

에어 백은 접어서 조향 핸들 허브 안쪽에 설치되어 있으며, 팽창기와 연결되어 있다.

(2) 팽창기 (inflater)

팽창기는 엔헨서(enhancer)에 착화하여 가스 발생제를 연소시켜 순간적으로 질소 가스를 발생한다.

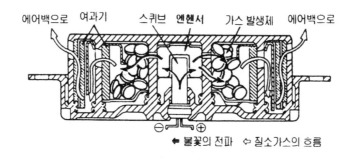

에어백으로　여과기　　스퀴브　엔헨서　가스 발생제　에어백으로

◀ 불꽃의 전파 ⇦ 질소가스의 흐름

▲ 그림2　팽창기의 구조

(3) 접속 케이블

접속 케이블은 스퀴브(squib ; 전기 열선 둘레에 소량의 화약이 들이었음)에 전류를 공급하는 배선이다.

(4) 센터 G 센서와 프런트 G센서

이 센서들은 감속도를 검출하여 컴퓨터에 입력시키는 역할을 한다.

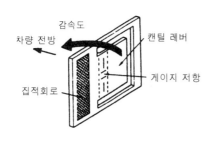

감속도

차량 전방

캔틸 레버

게이지 저항

집적회로

(a) 가속도 센서 칩

캔 케이스

G 센서
(가속도 센서 칩)

단자

(b) G센서 어셈블리

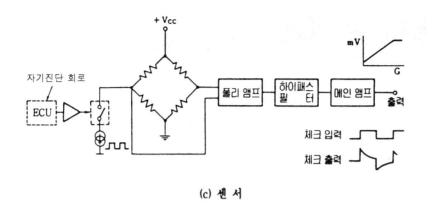

(c) 센 서

▲ 그림3 센터 G센서의 작용

(5) 세핑 센서 (shapping sensor)

이 센서는 에어 백의 오작동을 방지하는 역할을 한다.

7.4 에어 백의 작동

자동차 충돌시 전방의 충격 에너지가 차체에 설치된 센서에 의해 검출되어 제어 모듈에 입력 되면 제어 모듈은 충격 에너지가 규정값 이상이 되었을 때 전기적인 신호로 조향 핸들 내에 설치된 팽창기에 공급하여 가스 발생제를 연소시켜 에어 백을 팽창하여 운전자 및 승객에 전달 되는 충격을 완화한다.

제8절 프레임

프레임은 기관 및 섀시의 부품을 장착할 수 있는 뼈대로서 노면에서의 충격과 휨, 비틀림 등에 대해 충분히 견딜 수 있는 강성과 강도를 가지고 있어야 하며, 무게가 가벼워야 한다. 자동차의 종류, 용도, 구동 방식, 현가 장치의 종류 등에 따라 여러 가지 모양의 프레임이 있다.

(1) 프레임의 구조

프레임은 세로 멤버(부재 ; member)와 가로 멤버로 구성된다. 멤버의 결합 방식은 일반적으로 용접을 이용하며, 일부 대형차에서는 리벳 이음을 사용한다.

(2) 프레임의 종류

프레임의 종류에는 보통 프레임, 특수 프레임, 프레임 일체 구조형 등이 있다.

1) 보통 프레임

2개의 세로 멤버와 몇 개의 가로 멤버를 조립한 것으로서, 세로 멤버와 가로 멤버를 사다리 모양으로 조립한 것을 H형 프레임이라고 하고, 가로 멤버를 X형으로 배치한 것을 X형 프레임 이라고 한다.

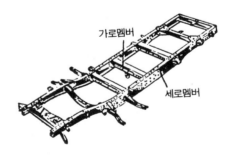

가로멤버

세로멤버

▲ 그림1 H형 프레임

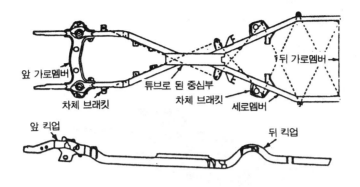

▲ 그림2 X형 프레임

2) 특수 프레임

보통 프레임은 굽힘 강도에 대해서는 알맞은 구조로 되어 있으나, 비틀림 등에 대해서는 적합하지 않고 또 가볍게 만들기가 어렵다. 특수 프레임은 보통 프레임의 단점을 개선하여 가볍게 하고, 또 자동차의 중심을 낮게 할 목적으로 만들어진 것이며, 그 종류에는 다음과 같다.

① 백본형(back-bone type)

이 형식은 하나의 두꺼운 강관을 뼈대로 하고 기관이나 차체를 설치하기 위한 가로 멤버나 브래킷을 고정한 형식이며, 바닥을 낮게 할 수 있으며 자동차의 전체 높이 및 중심이 낮아진다.

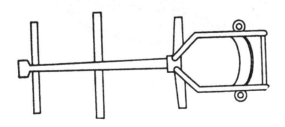

▲ 그림3 백본 형

② 플랫폼형(platform type)

이 형식은 프레임과 차체의 바닥을 일체로 만든 것이며, 차체와 함께 비틀림이나 굽힘에 대해 큰 강성을 가진다.

▲ 그림4 플랫폼형

③ 트러스형(truss type)

이 형식은 20~30mm 지름의 강관을 용접한 트러스 구조로 되어 있는 것이며, 가볍고 또한 강성도 크나 대량 생산에는 알맞지 않다. 일반적으로 스포츠 카나 경주용 차와 같이 소량 생산이고 또 고성능이 요구되는 자동차에 사용된다.

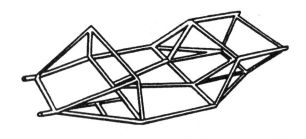

▲ 그림5 트러스형

④ 일체 구조형

이것은 프레임과 차체가 구별없이 일체 구조로 만든 것이며, 차체에 강도를 높여 모든 부품을 장착하도록 제작되어 있어 무게를 가볍게 하고 차체를 낮게 유지할 수 있다. 일체 구조형은 프레임리스 보디 또는 모노코그 보디라고도 부르며 현재 승용차에서 사용되고 있다.

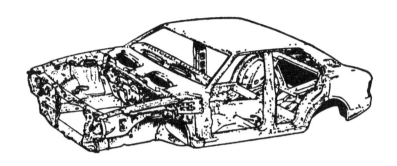

▲ 그림6 일체 구조형

✽ 자동차 구조 & 정비 정가 20,000원

1999년 10월 5일 초판 발행	엮은이 : 박광암 · 이상호
2021년 1월 15일 재판 발행	발행인 : 김 길 현
	발행처 : 도서출판 골든벨
	등 록 : 제 1987-0000182호
	▯ 1999 *Golden Bell*
	I S B N : 89 − 7971 − 152 − 2 − 93550

⑨ ◻0◻4◻3◻1◻1◻6 서울특별시 용산구 원효로 245(원효로 1가 53-1)골든벨빌딩 5~6F

TEL : 영업부 (02) 713-4135／편집부 (02) 713-7452 • FAX : (02) 718-5510

E-mail : 7134135@naver.com • http : // www.gbbook.co.kr

※ 파본은 구입하신 서점에서 교환해 드립니다.